21世纪高等学校电子信息工程规划教材

模拟电子技术基础教程

魏英 主编
姜钧 杨鸿波 杨飞 李春云 王丽霞 编著

清华大学出版社
北京

内容简介

本书以2004年教育部高等学校电子信息科学与电气信息类基础课程教学指导分委员会制定的“模拟电子技术基础”课程教学基本要求为依据，同时兼顾北京信息科技大学对工科电类基础课的要求，结合编者多年的教学经验和讲义编写而成。

全书立足“少学时，重概念，偏集成，兼分立，终应用”，尽量避免复杂的数学推导，强调基本概念和晶体管器件模型，偏重集成电路的教学。全书共9章，包括常用的半导体器件及由其组成的基本放大电路、集成运放的构成及其频率响应、放大电路的反馈、波形发生电路、运算电路、滤波电路、功率放大电路及直流电源。另外为了帮助初学者更好地学习模拟课程，在每一章节的最后，均对本章所述的典型电路利用Multisim的电路设计软件进行了电路仿真。

本书可作为高等院校工科学生电子技术基础课程教材，也可供从事电子技术工作的工程技术人员参考。

图书在版编目(CIP)数据

模拟电子技术基础教程/魏英主编. --北京：清华大学出版社，2015(2024.8重印)
21世纪高等学校电子信息工程规划教材
ISBN 978-7-302-40435-4

Ⅰ. ①模… Ⅱ. ①魏… Ⅲ. ①模拟电路－电子技术－高等学校－教材 Ⅳ. ①TN710

中国版本图书馆CIP数据核字(2015)第122218号

责任编辑：刘向威　薛　阳
封面设计：常雪影
责任校对：焦丽丽
责任印制：刘　菲

出版发行：清华大学出版社
网　　址：https://www.tup.com.cn，https://www.wqxuetang.com
地　　址：北京清华大学学研大厦A座　**邮　　编**：100084
社 总 机：010-83470000　**邮　　购**：010-62786544
投稿与读者服务：010-62776969，c-service@tup.tsinghua.edu.cn
质量反馈：010-62772015，zhiliang@tup.tsinghua.edu.cn
课件下载：https://www.tup.com.cn，010-83470236

印 装 者：三河市龙大印装有限公司
经　　销：全国新华书店
开　　本：185mm×260mm　**印　张**：19.25　**字　　数**：467千字
版　　次：2015年10月第1版　**印　　次**：2024年8月第13次印刷
印　　数：9901～10900
定　　价：49.00元

产品编号：053063-02

出版说明

随着我国高等教育规模的扩大和产业结构调整的进一步完善，社会对高层次应用型人才的需求将更加迫切。各地高校紧密结合地方经济建设发展需要，科学运用市场调节机制，合理调整和配置教育资源，在改革和改造传统学科专业的基础上，加强工程型和应用型学科专业建设，积极设置主要面向地方支柱产业、高新技术产业、服务业的工程型和应用型学科专业，积极为地方经济建设输送各类应用型人才。各高校加大了使用信息科学等现代科学技术提升、改造传统学科专业的力度，从而实现传统学科专业向工程型和应用型学科专业的发展与转变。在发挥传统学科专业师资力量强、办学经验丰富、教学资源充裕等优势的同时，不断更新其教学内容、改革课程体系，使工程型和应用型学科专业教育与经济建设相适应。

为了配合高校工程型和应用型学科专业的建设和发展，急需出版一批内容新、体系新、方法新、手段新的高水平电子信息类专业课程教材。目前，工程型和应用型学科专业电子信息类专业课程教材的建设工作仍滞后于教学改革的实践，如现有的电子信息类专业教材中有不少内容陈旧(依然用传统专业电子信息教材代替工程型和应用型学科专业教材)，重理论、轻实践，不能满足新的教学计划、课程设置的需要；一些课程的教材可供选择的品种太少；一些基础课的教材虽然品种较多，但低水平重复严重；有些教材内容庞杂，书越编越厚；专业课教材、教学辅助教材及教学参考书短缺，等等，都不利于学生能力的提高和素质的培养。为此，在教育部相关教学指导委员会专家的指导和建议下，清华大学出版社组织出版本系列教材，以满足工程型和应用型电子信息类专业课程教学的需要。本系列教材在规划过程中体现了如下一些基本原则和特点：

(1) 系列教材主要是电子信息学科基础课程教材，面向工程技术应用的培养。本系列教材在内容上坚持基本理论适度，反映基本理论和原理的综合应用，强调工程实践和应用环节。电子信息学科历经了一个多世纪的发展，已经形成了一个完整、科学的理论体系，这些理论是这一领域技术发展的强大源泉，基于理论的技术创新、开发与应用显得更为重要。

(2) 系列教材体现了电子信息学科使用新的分析方法和手段解决工程实际问题。利用计算机强大功能和仿真设计软件，使电子信息领域中大量复杂的理论计算、变换分析等变得快速简单。教材充分体现了利用计算机解决理论分析与解算实际工程电路的途径与方法。

(3) 系列教材体现了新技术、新器件的开发应用实践。电子信息产业中仪器、设备、产品都已使用高集成化的模块，且不仅仅由硬件来实现，而是大量使用软件和硬件相结合的方法，使产品性价比很高。如何使学生掌握这些先进的技术、创造性地开发应用新技术是本系列教材的一个重要特点。

(4) 以学生知识、能力、素质协调发展为宗旨，系列教材编写内容充分注意了学生创新能力和实践能力的培养，加强了实验实践环节，各门课程均配有独立的实验课程和课程设计。

(5) 21世纪是信息时代,学生获取知识可以是多种媒体形式和多种渠道的,而不再局限于课堂上,因而传授知识不再以教师为中心,以教材为唯一依托,而应该多为学生提供各类学习资料(如网络教材,CAI课件,学习指导书等)。应创造一种新的学习环境(如讨论,自学,设计制作竞赛等),让学生成为学习主体。该系列教材以计算机、网络和实验室为载体,配有多种辅助学习资料,可提高学生学习兴趣。

繁荣教材出版事业,提高教材质量的关键是教师。建立一支高水平的以老带新的教材编写队伍才能保证教材的编写质量和建设力度,希望有志于教材建设的教师能够加入到我们的编写队伍中来。

21世纪高等学校电子信息工程规划教材编委会
联系人:魏江江 weijj@tup.tsinghua.edu.cn

前　言

本书以2004年教育部高等学校电子信息科学与电气信息类基础课程教学指导分委员会制定的“模拟电子技术基础”课程教学基本要求为依据编写而成，可作为高等院校工科学生电子技术基础课程教材或参考之用。

多年来，编者所在学校模拟电子技术课程使用的都是童诗白编写的《模拟电子技术基础》，而近年的讲课学时大幅度削减，由原来的72至64学时压缩到现在的48学时(理论课学时)，因此，原来的教材就显得篇幅比较庞大，让学生产生畏难情绪。为了适应本科各专业的需要，同时兼顾少学时，我们按照总授课时间不超过60学时的教学大纲，编写了这本教材。

我们编写本书的原则是：“少学时，重概念，偏集成，兼分立，终应用”。目的是在少学时的情况下，保证学生把基本知识和概念掌握扎实，同时努力培养学生处理实际问题和自学的能力，加强工程背景，强调实际操作，以适应培养应用型人才的需要。本书的第1、2章为入门基础内容，编写时压缩了分立元件的设计及其他次要内容，重点突出基本概念、基本原理、基本模型和基本分析方法；第3章为集成运放的组成，重点介绍电路结构、工作原理、性能特点及应用原理，为电路设计时选择和使用合适的集成电路芯片奠定基础；第5～7章为本课程的重点内容，主要讲解集成运放的线性及非线性的应用。全书“重外部，轻内部”，“先单级，后多级”，“先分立，后集成”，让学生从分立元件的外部特性入手，进而分析由分立元件构成的单级放大电路，然后由多级放大电路过渡到集成运放，并落脚于集成运放的应用，最终实现设计和调试由集成运放组成的各种应用电路。

考虑到电子电路设计自动化是目前电子技术发展的重要趋势，在本书每章的最后一节，给出了对本章典型电路的Multisim仿真，所有仿真实例都经编者上机仿真通过。仿真不仅突出了教学的重点内容和基本要求，学生还可以自己进行仿真实验。

本书第2、3、5章由魏英编写，绪言及第1章由杨鸿波编写，第4、6章由姜钧编写，第7、8章由杨飞编写，第9章由王丽霞编写，每章最后一节的仿真部分由李春云编写。全部编写工作是在魏英的具体组织下进行的。

在编写过程中，北京信息科技大学高晶敏教授给予了很大的帮助和指导，提出了许多宝贵意见。本书的编写工作得到了北京信息科技大学教材建设项目的支持，同时北京信息科技大学信息与控制实验教学中心的许多同志给予了热情的支持，在此向他们表示衷心的感谢。

由于编者水平有限，书中难免存在错误和不妥之处，敬请读者批评指正。

编　者

2015年6月

目　录

第1章　半导体器件

电子信息产业已成为当今全球规模最大、发展最迅猛的产业，电子技术是其中的核心技术之一。现代电子信息技术，尤其是计算机和通信技术发展的驱动力，来自于半导体元器件的技术突破，每一代更高性能的集成电路的问世，都会驱动各个信息技术向前跃进，其战略地位十分重要。

贝尔实验室的科学家约翰·拜因等人在1947年11月底发明了晶体管，并在12月16日正式宣布"晶体管"的诞生。1956年因此获诺贝尔物理学奖，自此在大多数领域中已逐渐用晶体管来取代电子管。1958年，在德州仪器公司的实验室里，实现了把电子器件集成在一块半导体材料上的构想。集成电路的出现和应用，标志着电子技术发展到了一个新的阶段。它实现了材料、元件、电路三者之间的统一；同传统的电子元件的设计与生产方式、电路的结构形式有着本质的不同。随着集成电路制造工艺的进步，集成度越来越高，出现了大规模和超大规模集成电路，进一步显示出集成电路的优越性。

1.1　半导体基础知识

自然界的各种物质就其导电性能来说，可以分为导体、绝缘体和半导体三大类。导体具有良好的导电特性，常温下，其内部存在着大量的自由电子，它们在外电场的作用下做定向运动形成较大的电流。因此导体的电阻率很小，只有$10^{-6}\sim10^{-4}\Omega\cdot cm$。金属一般为导体，如金、银、铜、铝、铁等。绝缘体几乎不导电，如橡胶、陶瓷、塑料等，在这类材料中，几乎没有自由载流子，即使受外电场作用也不会形成电流，所以，绝缘体的电阻率很大，在$10^{10}\Omega\cdot cm$以上。

电阻率介于金属和绝缘体之间并有负的电阻温度系数的物质称为半导体。半导体的导电能力介于导体和绝缘体之间，如硅(Si)、锗(Ge)等，它们在室温条件下的电阻率约为$10^{-2}\sim10^{9}\Omega\cdot cm$。半导体材料很多，按化学成分可分为元素半导体和化合物半导体两大类。锗和硅是最常用的元素半导体；化合物半导体包括Ⅲ-Ⅴ族化合物(砷化镓、磷化镓等)、Ⅱ-Ⅵ族化合物(硫化镉、硫化锌等)、氧化物(锰、铬、铁、铜的氧化物)，以及由Ⅲ-Ⅴ族化合物和Ⅱ-Ⅵ族化合物组成的固溶体(镓铝砷、镓砷磷等)。除上述晶态半导体外，还有非晶态的玻璃半导体、有机半导体等。半导体之所以得到广泛应用，主要是因为它的导电能力受掺杂、温度和光照的影响十分显著。半导体具有这种性能的根本原因在于半导体原子结构的特殊性。

半导体具有以下三个重要的特性。

1. 热敏特性

半导体的电阻率随温度变化会发生明显的改变。利用半导体的热敏特性，可以制作感温元件——热敏电阻。

2. 光敏特性

半导体的电阻率对光的变化十分敏感。有光照时，电阻率很小；无光照时，电阻率很大。例如，常用的硫化镉光敏电阻。利用半导体的光敏特性，可以制作各种类型的光电器件，如光电二极管、光电三极管及硅电池等。

3. 掺杂特性

掺入极微量的杂质元素，就会使半导体的电阻率发生极大的变化。例如，在纯硅中掺入百万分之一的硼元素，就会使硅的导电能力提高五十多万倍。

1.1.1 本征半导体

在半导体晶体中，每个原子与邻近原子之间由共价键连接。在电子器件中，用得最多的半导体材料是硅和锗，它们的简化原子模型如图1-1所示。硅和锗都是四价元素，在其最外层原子轨道上具有4个价电子。由于原子呈中性，惯性核用带圆圈的+4符号表示。

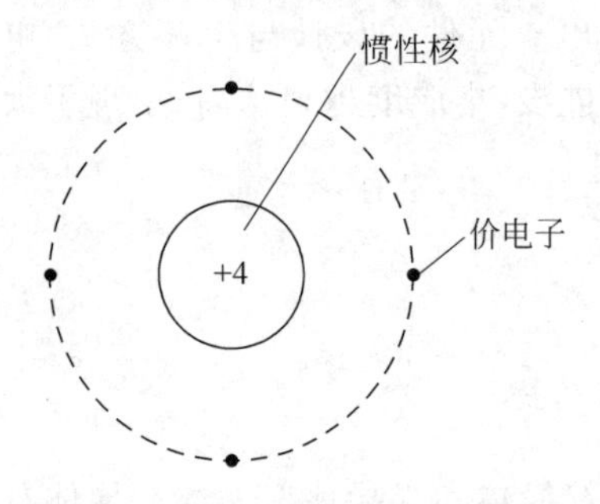

图1-1 硅和锗的简化原子模型

半导体与金属和许多绝缘体一样，均具有晶体结构，它们的原子排列整齐，邻近原子之间由共价键连接，如图1-2所示。实际上半导体晶体结构是三维的。本征半导体(Intrinsic Semiconductor)是一种完全纯净的、结构完整的晶体。本征半导体在绝对零度($T=0$K)和没有外界激发时，它的每一个原子的最外层电子(价电子)被共价键所束缚，而不能参与导电。

随着温度升高或者存在其他外界激发时(如光照)，本征半导体共价键中的价电子在室温下获得足够的能量挣脱共价键的束缚，成为自由电子的现象称为本征激发(如图1-3所示)。本征激发产生电子-空穴(Hole)对。可以把空穴看成是一个带正电的粒子所带的电量，即电量与电子相等，符号相反。空穴在外加电场作用下，可以自由地在晶体中运动，从而

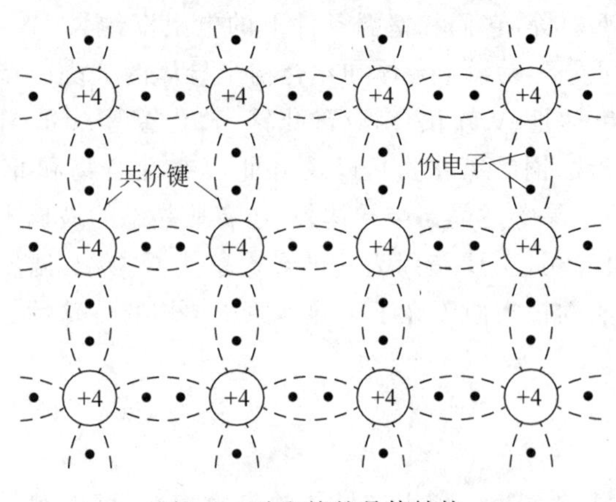

图1-2 硅和锗的晶体结构

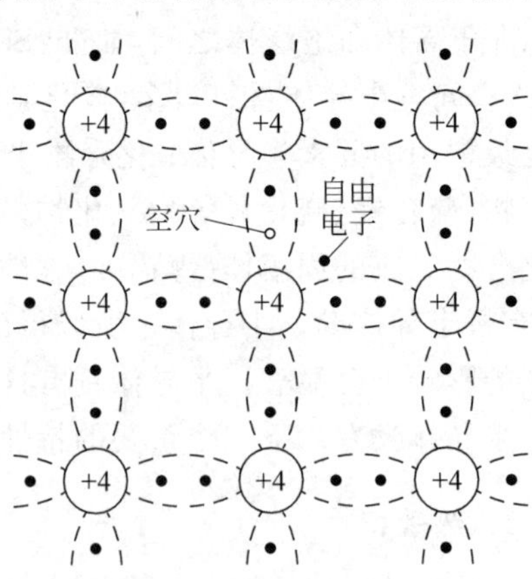

图1-3 本征激发示意图

和自由电子一样可以参加导电。由于自由电子和空穴都参与导电，因此可以把两者统称为半导体中的“载流子”，所谓“载流子”就是可以运载电荷的粒子。在外加电场的作用下，载流子可以自由地在晶体中运动，从而和自由电子一样可以参加导电。不过空穴的运动，是人们根据共价键中出现空穴的移动而虚拟出来的，它实际上是因为共价键中束缚电子移动形成的。空穴浓度越大，半导体中的载流子数目就越多，因此形成的电流就越大。由于在本征半导体内自由电子和空穴是由本征激发产生的，所以自由电子和空穴总是成对出现的。也就是说，有一个自由电子就必定有一个空穴，因此在任何时候，本征半导体中的自由电子和空穴浓度总是相等的。当自由电子转移到某个空穴的时候，自由电子与空穴相碰同时消失的现象称为复合，因此可以认为空穴的移动方向和电子移动的方向是相反的。在一定的温度下，本征激发所产生的自由电子与空穴达到一定浓度的时候，新增的自由电子与空穴对数目，复合的自由电子与空穴对数目相等，达到动态平衡。

1.1.2　杂质半导体

当温度一定时，本征半导体中载流子的浓度是一定的，并且自由电子与空穴的浓度相等。当温度升高时，热运动加剧，挣脱共价键束缚的自由电子增多，空穴也随之增多(即载流子的浓度升高)，导电性能增强；当温度降低时，载流子的浓度也降低，导电性能变差。因此本征半导体的导电性能与温度有关。半导体材料性能对温度的敏感性，是其可制作热敏和光敏器件的原因，但也是造成半导体器件温度稳定性差的原因。

在本征半导体中掺入某些微量元素作为杂质，可使半导体的导电性能发生显著变化。掺入的杂质主要是三价或五价元素。掺入杂质的本征半导体称为杂质半导体。制备杂质半导体时一般按百万分之一数量级的比例在本征半导体中掺杂。

本征半导体的导电能力很弱，热稳定性也很差，因此，不宜直接用它制造半导体器件。半导体器件多数是用含有一定数量的某种杂质的半导体制成。根据掺入杂质性质的不同，杂质半导体分为 N 型半导体和 P 型半导体两种。

1. N 型半导体

在本征半导体硅(或锗)中掺入微量的五价元素，例如磷(P)，则磷原子就会取代硅晶体中少量的硅原子，占据晶格上的某些位置。由图 1-4 可见，磷原子最外层有 5 个价电子，其中 4 个价电子分别与邻近 4 个硅原子形成共价键结构，多余的 1 个价电子在共价键之外，只受到磷原子对它微弱的束缚，因此在室温下，即可获得挣脱束缚所需要的能量而成为自由电子，游离于晶格之间。失去电子的磷原子则成为不能移动的正离子。磷原子由于可以释放 1 个电子而被称为施主(Donor)原子，又称施主杂质。在本征半导体中每掺入 1 个磷原子就可产生 1 个自由电子，而本征激发产生的空穴的浓度不变。这样，在掺入磷的半导体中，自由电子的浓度就远远超过了空穴数目，成

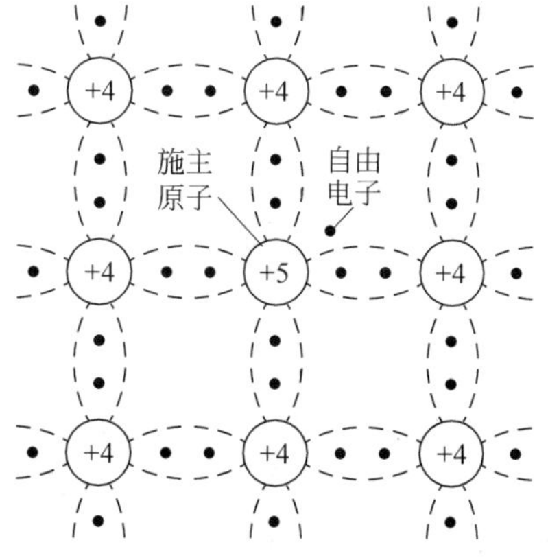

图 1-4　N 型半导体

为**多数载流子**(简称多子),空穴则为**少数载流子**(简称少子)。显然,参与导电的主要是电子,故这种半导体称为电子型半导体,简称 N 型半导体。掺入杂质越多,多子浓度越高,导电性越强,因此通过控制掺杂浓度就可以实现控制杂质半导体导电性的目的。

2. P 型半导体

在本征半导体硅(或锗)中,若掺入微量的三价元素,如硼(B),这时硼原子就会取代晶体中的少量硅原子,占据晶格上的某些位置。由图 1-5 可知,硼原子的 3 个价电子分别与其邻近的 3 个硅原子中的 3 个价电子组成完整的共价键,而与其相邻的另一个硅原子的共价键中则缺少一个电子,出现了一个空穴。这个空穴被附近硅原子中的价电子填充后,使三价的硼原子获得了一个电子而变成负离子。同时,邻近共价键上出现一个空穴。由于硼原子起着接受电子的作用,故称为受主(Acceptor)原子,又称受主杂质。在本征半导体中每掺入一个硼原子就可以提供一个空穴,当掺入一定数量的硼原子时,就可以使半导体中空穴的浓度远大于本征激发电子的数目,成为多数载流子,而电子则成为少数载流子。显然,参与导电的主要是空穴,故这种半导体称为空穴型半导体,简称 P 型半导体。

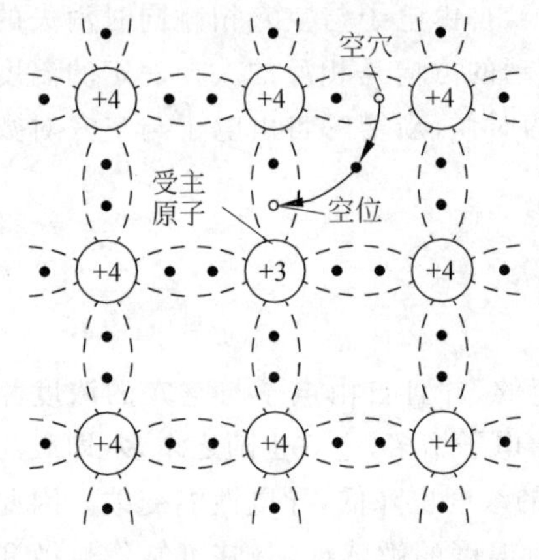

图 1-5 P 型半导体

1.1.3 PN 结

采用不同的掺杂工艺,通过扩散作用,将 P 型半导体与 N 型半导体制作在同一块半导体(通常是硅或锗)基片上,在它们的交界面就会形成空间电荷区,称为 PN 结(PN Junction)。PN 结具有单向导电性。在一块半导体中,一部分掺有受主杂质是 P 型半导体,另一部分掺有施主杂质是 N 型半导体时,P 型半导体和 N 型半导体的交界面附近的过渡区就称为 PN 结。PN 结有同质结和异质结两种。用同一种半导体材料制成的 PN 结叫同质结,由禁带宽度不同的两种半导体材料制成的 PN 结叫异质结。制造 PN 结的方法有合金法、扩散法、离子注入法和外延生长法等。制造异质结通常采用外延生长法。

1. PN 结的形成

下面简单描述 PN 结的形成过程。在一块本征半导体的两侧通过扩散不同的杂质,分别形成 N 型半导体和 P 型半导体。此时将在 N 型半导体和 P 型半导体的结合面上形成如下物理过程:在 P 型半导体中有许多带正电荷的空穴和带负电荷的电离杂质。在电场的作用下,空穴是可以移动的,而电离杂质(离子)是固定不动的。N 型半导体中有许多可动的负电子和固定的正离子。当 P 型和 N 型半导体接触时,在界面附近空穴从 P 型半导体向 N 型半导体扩散(因为 P 区的空穴浓度大,物质因浓度差而产生的运动称为扩散运动,气体、液体、固体均有这种运动),电子从 N 型半导体向 P 型半导体扩散(因为 N 区的电子浓度大)。空穴和电子相遇而复合,载流子消失。因此在界面附近向两侧逐渐形成一段缺少载流子、却有分布在空间的带电的固定离子的区域,称为空间电荷区(由于缺少多子,所以也称耗尽层或势垒层)。P型半导体一边的空间电荷是负离子,N型半导体一边的空间电荷是正离子。**正负离子在界面附近产生的电场称为内建电场**,该电场的方向由N指向P,因此阻止了载流子进一步扩散,促使少子漂移。其结果是多子扩散和少子的漂移达到平衡,最终载流子浓度在各处保持不变,空间电荷区宽度也不发生变化(空间电荷区的宽度直接决定了内建电场的强度)。PN结形成的过程可参阅图1-6。

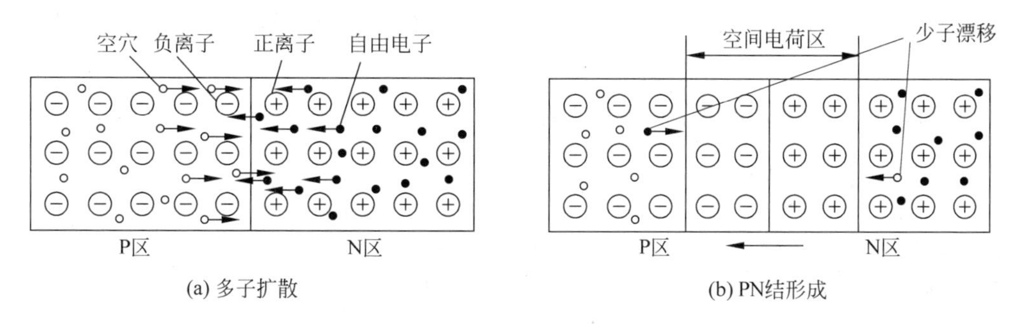

(a) 多子扩散　　(b) PN结形成

图1-6　PN结形成的过程

2. PN结的单向导电性

PN结的最主要的电特性为单向导电性。若外加电压使PN结P区的电位高于N区的电位则称为加正向电压,简称**正偏**;若PN结P区的电位低于N区的电位则称为加反向电压,简称**反偏**。所谓单向导电性即若外加正偏电压,PN结呈低阻性;反之若外加反偏电压,PN结呈高阻性。其原因是:

当PN结加正偏电压时,外加的正偏电压有一部分降落在PN结区,方向与PN结内电场方向相反,削弱了内电场(如图1-7(a)所示),即**空间电荷区变窄**。于是,内电场对多子扩散运动的阻碍减弱,扩散电流加大。扩散电流远大于漂移电流,可忽略漂移电流的影响,PN结呈现低阻性,称之为PN结导通。

当PN结加反偏电压时,外加的反向电压有一部分降落在PN结区,方向与PN结内电场方向相同,加强了内电场(如图1-7(b)所示),即**空间电荷区变宽**。内电场对多子扩散运动的阻碍增强,扩散电流大大减小。此时PN结区的少子在内电场作用下形成的漂移电流

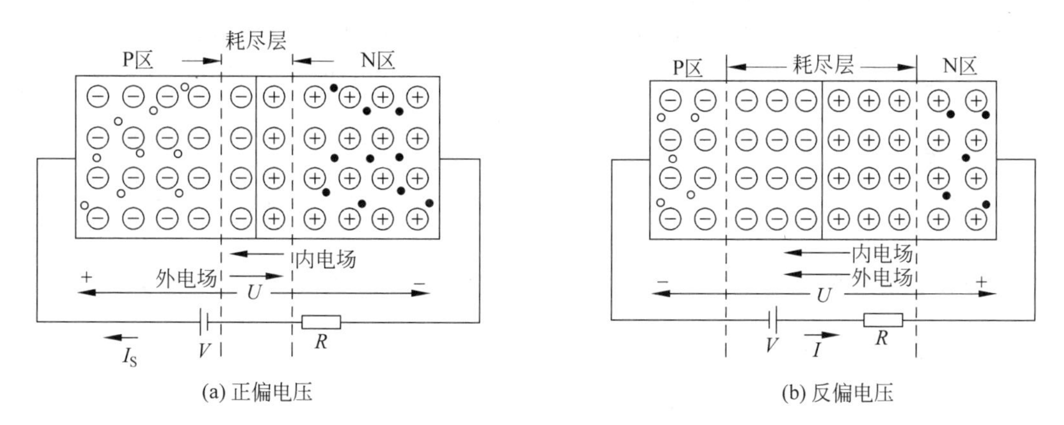

(a) 正偏电压　　(b) 反偏电压

图1-7　PN结的单向导电性

大于扩散电流，可忽略扩散电流，同时由于漂移电流由少子运动形成，导致漂移电流很小，因此PN结呈现高阻性，称之为PN结截止。

在一定的温度条件下，由本征激发决定的少子浓度是一定的，故少子形成的漂移电流是恒定的，基本上与所加反向电压的大小无关，这个电流也称为反向饱和电流。

3. PN结的伏安特性

由理论推导可知，PN结所加端电压U与流过它的电流i如图1-8所示，其关系为：

$$i = I_S(e^{\frac{qu}{kT}} - 1) \tag{1-1}$$

式(1-1)中，I_S为反向饱和电流；q为电子的电量；k为波耳兹曼常数；T为热力学温度。如果令$U_T=\frac{kT}{q}$，则可以得到：

$$i = I_S(e^{\frac{u}{U_T}} - 1) \tag{1-2}$$

一般设常温下，即$T=300\text{K}$时，$U_T\approx 26\text{mV}$。根据式(1-1)可以得到PN结的伏安特性曲线如图1-9所示。

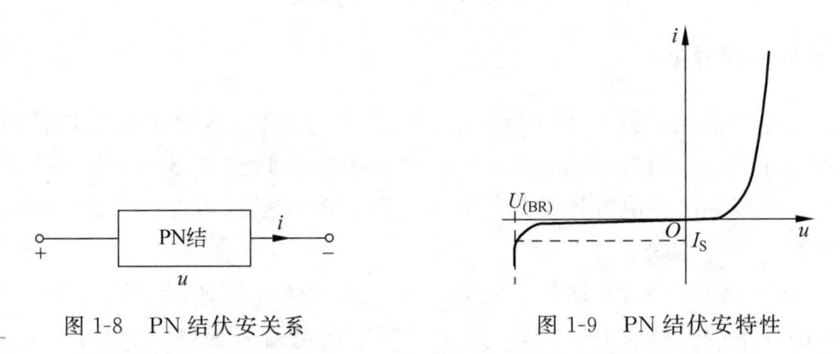

图1-8　PN结伏安关系　　　图1-9　PN结伏安特性

由图1-9 PN结的伏安特性曲线可以看出，当反向电压增大到一定值时，PN结的反向电流将随反向电压的增加而急剧增加，这种现象称为PN结的击穿，此时所对应的电压为$U_{(BR)}$，称为反向击穿电压，PN结的反向击穿有雪崩击穿和齐纳击穿两种。

1）雪崩击穿

耗尽层中的少子漂移速度随内部电场的增强而相应加快到一定程度时，其动能足以把束缚在共价键中的价电子碰撞出来，产生自由电子-空穴对，新产生的载流子在强电场的作用下，再去碰撞其他中性原子，又产生新的自由电子-空穴对，如此连锁反应，使载流子数量急剧增加，像雪崩一样。

2）齐纳击穿

当PN结两边掺杂浓度很高时，耗尽层很薄，但当加不大的反向电压时，耗尽层中的电场很强，足以把中性原子中的价电子直接从共价键中拉出来，产生新的自由电子-空穴对，这个过程称为齐纳击穿。一般击穿电压在6V以下是齐纳击穿，在6V以上是雪崩击穿。

4. PN结的电容效应

在一定条件下，PN结具有一定的电容效应，它由两方面的因素决定。一是**势垒电容**C_b，二是**扩散电容**C_d。

(1) 势垒电容 C_b

势垒电容是由空间电荷区的离子薄层形成的。当外加电压使 PN 结上压降发生变化时，空间电荷区(势垒层)的厚度也相应地随之改变(如图 1-10(a))，这相当于 PN 结中存储的电荷量也随之变化，犹如电容的充放电，这种效应称为势垒电容 C_b。势垒电容随电压的变化情况见图 1-10(b)。

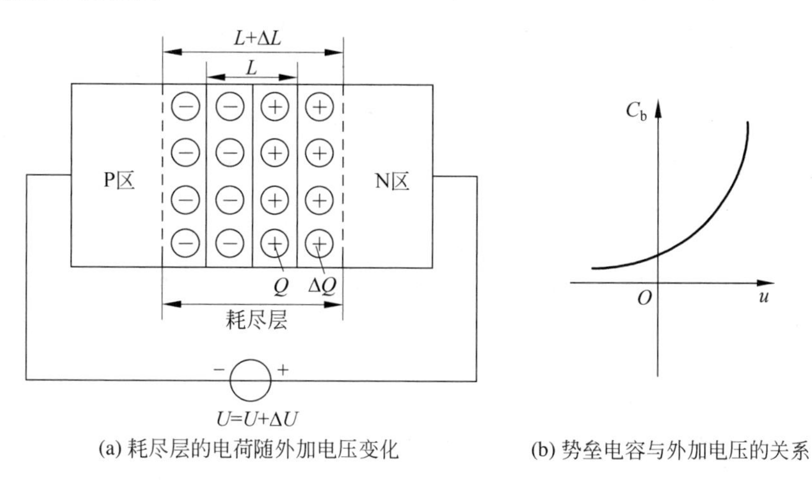

(a) 耗尽层的电荷随外加电压变化　(b) 势垒电容与外加电压的关系

图 1-10　PN 结的势垒电容

(2) 扩散电容 C_d

扩散电容是由多子扩散后，在 PN 结的另一侧面积累而形成的。因 PN 结正偏时，由 N 区扩散到 P 区的电子，与外电源提供的空穴相复合，形成正向电流。刚扩散过来的电子就堆积在 P 区内紧靠 PN 结的附近，形成一定的非平衡少子浓度梯度分布曲线，如图 1-11 所示。图 1-11 所示的三条曲线是在不同电压下 P 区少子浓度的分布情况，各曲线与 $n_p = n_{p0}$ 所对应的水平线之间的面积代表了非平衡少子在扩散区域的浓度。当外加正向电压增大时，曲线由①变成②，非平衡少子浓度增加；当外加正向电压减少时曲线由①变为③，非平衡少子浓度增加减少。扩散区内，电荷的积累和释放过程与电容器充放电过程相同，这种效应称为扩散电容 C_d。反之，由 P 区扩散到 N 区的空穴，在 N 区内也会形成类似的浓度梯度分布曲线。所以 PN 结两侧堆积的多子的浓度梯度分布也不同，这就相当于电容的充放电过程。势垒电容和扩散电容均是非线性电容。

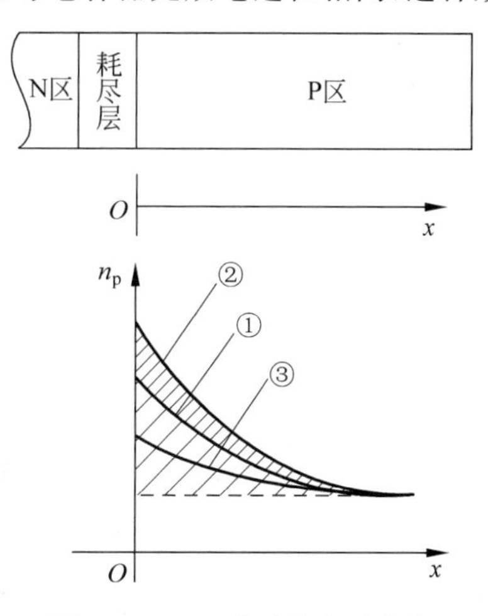

图 1-11　P 区非平衡少子浓度分布曲线

PN 结的总电容 C_j 为 C_b 和 C_d 两者之和，即：

$$C_j = C_b + C_d \tag{1-3}$$

外加正向电压 C_d 很大，C_j 以扩散电容为主(几十 pF 到几千 pF)，外加反向电压 C_d 趋于零，C_j 以势垒电容为主(几 pF 到几十 pF)。由此可见势垒电容 C_b 和扩散电容 C_d 对于低频信号均呈现出很大的容抗，其作用可以忽略不计，因而只有在信号频率较高时才考虑结电容的作用。

1.2 半导体二极管及其基本电路

将PN结用外壳封装起来,并加上电极引线就构成了半导体二极管(Diode),简称二极管。由P区引出的电极为阳极,由N区引出的电极为阴极。因此半导体二极管的特性与上节讨论的PN结基本一致。二极管的种类有很多,按材料分有锗、硅或砷化镓二极管等;按结构分有点接触、面接触、平面、肖特基势垒、异质结二极管;按原理分有隧道、变容、雪崩和阶跃恢复二极管等。二极管在电子技术中得到了广泛的应用,主要用于开关、稳压、整流、检波、混频等。光通信发展后,出现了发光、光电、雪崩光电、pin光电、半导体激光等二极管。图1-12显示了点接触(图1-12(a))、面接触(图1-12(b))、平面(图1-12(c))二极管的基本结构,二极管的电路符号如图1-12(d)所示。不同结构的二极管应用场合不同,工程中需要根据参数指标选择合适的二极管类型。

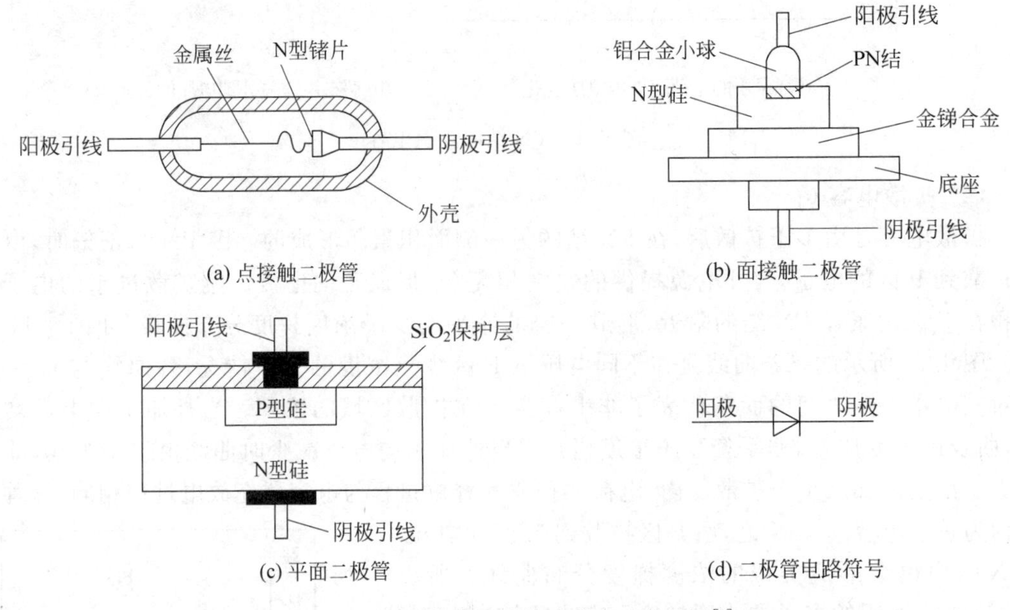

图1-12 二极管常见结构及其电路符号图[1]

1.2.1 半导体二极管的电路模型

二极管电路模型实际上以等效电路的形式描述二极管电流和端电压之间的关系。二极管的伏安特性如图1-13所示,可见其伏安特性属于**非线性**,并随温度有一定的变化,在室温附近,温度每升高1℃,正向管压降将减少2~2.5mV;温度每升高10℃,反向饱和电流I_S约增大一倍。为了分析简便,在电路分析过程中,以等效电路替代二极管,然后建立回路方程、计算求解。不同的电路仿真软件中采用的模型不完全相同,模型参数的名称和个数也不尽相同。二极管电路模型对分析含有二极管的电路来说至关重要。一般说来器件模型越精确,电路分析结果越好,但是计算量也越大,因此在实际工程中应该折衷考虑。常用的二极管电路模型主要有**理想二极管模型、恒压降二极管模型、二极管折线模型、低频小信号模型**。

1）理想二极管模型

理想二极管的伏安特性如图 1-14(a)所示，虚线为实际二极管的伏安特性。图 1-14(b)为空心的二极管符号，它是理想二极管的电路模型符号。理想二极管在正向偏置时，其管压降为 0V，反向偏置时，它的电阻为无穷大，电流为零。

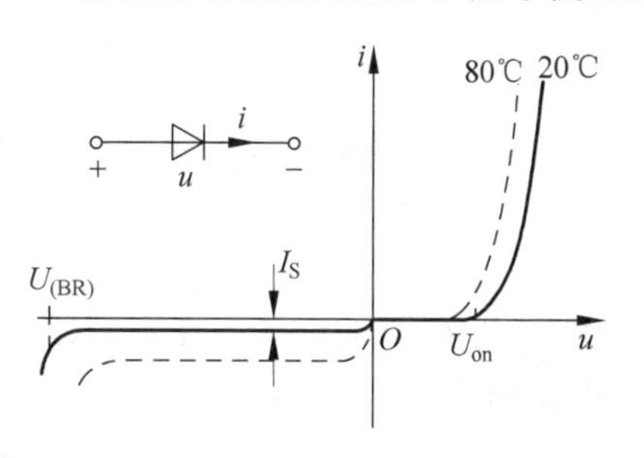

图 1-13　二极管的伏安特性

2）恒压降二极管模型

恒压降二极管模型的伏安特性如图 1-14(c)所示。当二极管导通后，其管压降认为恒定，不随电流 i 而变（硅管典型值为 $U_{on}=0.7V$，锗管典型值为 $U_{on}=0.2\sim0.3V$）。当二极管截止时反向电流为 0。此模型提供了合理的近似，因此应用较广。在实际使用时只有当二极管的电流 i 近似等于或大于 1mA 时才是正确的。图 1-14(d)为恒压二极管模型的等效电路，在此等效电路中，二极管等效为一个理想二极管与直流电压源 U_{on} 之和（请注意 U_{on} 的参考方向）。

3）二极管折线模型

对恒压降模型作一定的修正可以得到二极管折线模型，如图 1-14(e)所示，实际上二极管正向导通后的管压降是随着通过二极管电流的增加而增加的，在模型中用一个直流电压源 U_{th} 和一个电阻 r_D 来作进一步的近似（硅管典型值为 $U_{th}=0.5V$，锗管典型值为 $U_{th}=0.1V$）。如图 1-14(f)给出了二极管折线模型的等效电路。

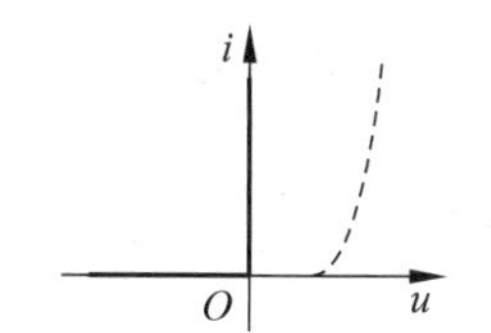

(a) 理想二极管模型伏安特性

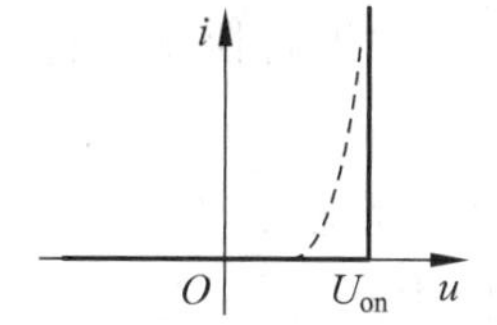

(c) 恒压降二极管模型伏安特性

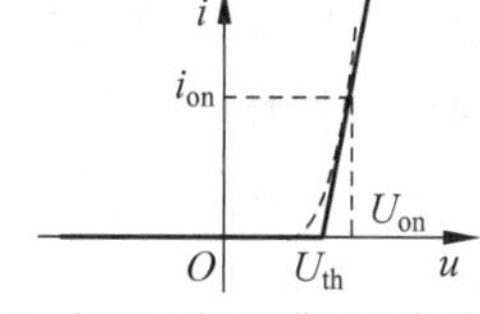

(e) 折线二极管模型伏安特性

(b) 理想二极管模型等效电路　(d) 恒压降二极管模型等效电路　(f) 折线二极管模型等效电路

图 1-14　二极管的理想二极管、恒压降二极管及二极管折线模型伏安特性及其等效电路

例 1-1　设图 1-14(e)中 $U_{on}=0.7V$，$U_{th}=0.5V$，$i_{on}=1mA$，求等效电阻 r_D。

解： $r_D=\dfrac{U_{on}-U_{th}}{i_{on}-0}=\dfrac{0.7-0.5}{1mA}=200\Omega$。

4）低频小信号模型

所谓的小信号，是指如果二极管电压 $u=U+\Delta u$，其中 U 为直流电压，Δu 为微变交流信号，而且 Δu 的幅度远远小于 U。根据电路分析的叠加原理，可以叠加地考虑两个电压的作用。首先设 $\Delta u=0V$，则可以根据直流电压 U 及前述三个等效电路中的一个求解出二极管的静态工作点（Q 点）电压 U_D 和电流 I_D；之后只考虑微变交流信号 Δu 的时候可以采用二极管的低频小信号模型，如图 1-15 所示。图 1-15(a)为二极管动态电阻的物理意义，

图 1-15(b)为二极管的低频小信号等效电路,其中二极管等效为动态电阻:

$$r_d = \frac{\Delta u}{\Delta i} \tag{1-4}$$

根据二极管的伏安关系可以推导出:

$$r_d \approx \frac{U_T}{I_D} \tag{1-5}$$

其中 I_D 为 Q 点的电流。在高频段,二极管的结电容不可忽略,所以高频段还需考虑结电容对电路的影响。

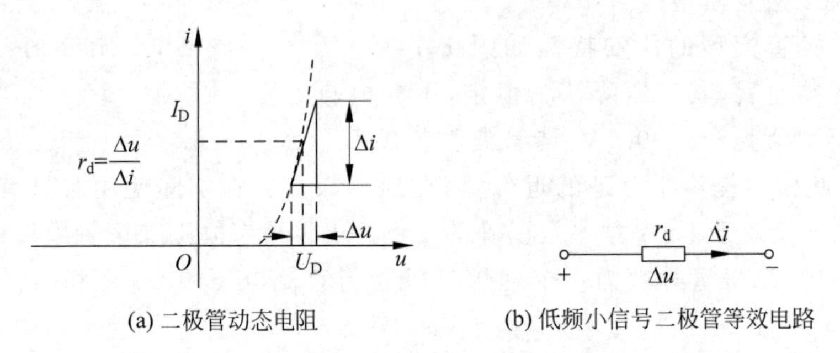

(a) 二极管动态电阻　　(b) 低频小信号二极管等效电路

图 1-15　低频小信号二极管伏安特性及其等效电路

1.2.2　半导体二极管电路分析

含有二极管电路的分析要点在于要首先判断二极管的状态,确定二极管是处于导通、截止或击穿哪一种状态。之后选择合适的二极管模型进行分析。二极管状态的判定可以采用戴维南定理或者按照如下的步骤。

(1) 假设二极管处于截止状态,基于此假设条件,求出二极管的端电压 u_{off}(在二极管截止的状态下,其参考方向为二极管阳极为高,阴极为低)。

(2) 如果 $u_{off} \geqslant u_{on}$(对于理想二极管模型 $u_{on}=0V$),则二极管截止的假设错误,二极管导通;如果 $u_{off} \leqslant u_{on}$(对于理想二极管模型 $u_{on}=0V$),则二极管截止的假设可能正确,之后进行第 3 步判断;

(3) 如果 $u_{off} \leqslant u_{on}$(对于理想二极管模型 $u_{on}=0V$)并且 $|u_{off}| \geqslant |U_{(BR)}|$,二极管反向击穿;如果 $u_{off} \leqslant u_{on}$(对于理想二极管模型 $u_{on}=0V$)并且 $|u_{off}| \leqslant |U_{(BR)}|$,二极管截止,电流为 0。

一旦二极管状态判断完毕,就可以应用二极管的合适等效电路对整个电路进行分析了。

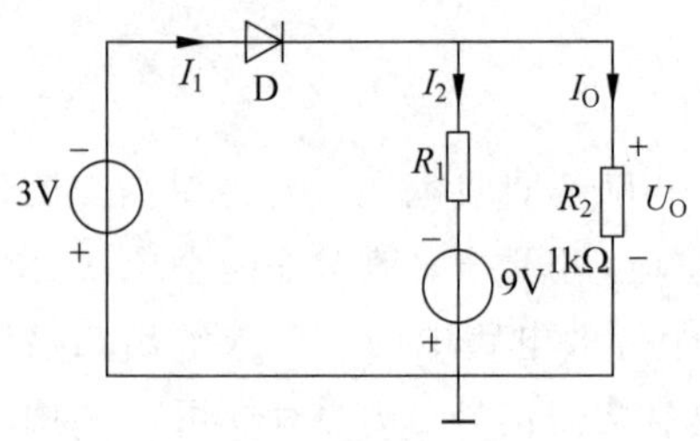

图 1-16　例 1-2 电路图

例 1-2　二极管电路如图 1-16 所示,已知二极管的导通电压 $u_{on}=0.7V$,反向击穿电压 $U_{(BR)}=-6V$,利用二极管的恒压降模型分别求 $R_1=1k\Omega$、$4k\Omega$ 时,电路中的电流 I_1, I_2, I_O 和输出电压 U_O。

解:

(1) 当 $R_1=1k\Omega$ 时,首先判断二极管的状态。假设二极管 D 处于截止断开状态，可以求出：

$$u_{\text{off}} = -3 - \frac{R_2}{R_1 + R_2} \times (-9) = -3 - \frac{1000}{1000 + 1000} \times (-9) = 1.5\text{V}$$

可见，$u_{\text{off}} \geqslant u_{\text{on}} = 0.7\text{V}$，所以二极管 D 处于**导通状态**。因此利用二极管的恒压降模型，可得：

$$U_{\text{O}} = -3 - u_{\text{on}} = -3 - 0.7 = -3.7\text{V}$$

利用欧姆定律可得：

$$I_{\text{O}} = \frac{U_{\text{O}}}{R_2} = \frac{-3.7}{1000} = -3.7\text{mA}$$

利用基尔霍夫电压定律和欧姆定律可得：

$$I_2 = \frac{U_{\text{O}} + 9}{R_1} = \frac{-3.7 + 9}{1000} = 5.3\text{mA}$$

利用基尔霍夫电流定律可得：

$$I_1 = I_2 + I_{\text{O}} = 5.3 - 3.7 = 1.6\text{mA}$$

(2) 当 $R_1 = 4\text{k}\Omega$ 时，首先判断二极管的状态。假设二极管 D 处于截止断开状态，可以求出：

$$u_{\text{off}} = -3 - \frac{R_2}{R_1 + R_2} \times (-9) = -3 - \frac{1000}{4000 + 1000} \times (-9) = -1.2\text{V}$$

可见，$u_{\text{off}} < u_{\text{on}} = 0.7\text{V}$，并且 $|u_{\text{off}}| < |U_{(\text{BR})}| = 6\text{V}$，所以二极管 D 处于**截止断开状态**，说明假设是正确的，因此利用二极管的恒压降模型，可得：

$$U_{\text{O}} = \frac{R_2}{R_1 + R_2} \times (-9) = -1.8\text{V}$$

$$I_1 = 0\text{mA}$$

利用欧姆定律可得：

$$I_{\text{O}} = \frac{U_{\text{O}}}{R_2} = \frac{-1.8}{1000} = -1.8\text{mA}$$

利用基尔霍夫电流定律可得：

$$I_2 = I_1 - I_{\text{O}} = 0 - (-1.8) = 1.8\text{mA}$$

例 1-2 的结果说明，同样的电路结构，二极管的不同状态影响了其他元件的电压和电流。

例 1-3　在图 1-17 所示各电路中，设二极管均为理想二极管，设 $|U_{(\text{BR})}|$ 足够大，试判断各二极管是导通还是截止，并求出输出电压 U_{O}。

解：如果电路中有多个二极管，必须首先判断每个二极管的状态。本例中均为理想二极管，图 1-17(a) 中假设二极管 D_1 和 D_2 均截止断开，则可以求出：

$$u_{1\text{off}} = 10 - 0 = 10\text{V} > u_{\text{on}} = 0\text{V}, \quad u_{2\text{off}} = 10 - (-6) = 16\text{V} > u_{\text{on}} = 0\text{V}$$

因此二极管 D_1 和 D_2 均可能导通，但是由于 $u_{2\text{off}} > u_{1\text{off}}$，所以 D_2 优先导通。由于已经判断出 D_2 优先导通，接下来再重新判断 D_1 的状态，可以求出：

$$u'_{1\text{off}} = -6 - 0 = -6\text{V} < u_{\text{on}} = 0\text{V}$$

因为 $|U_{(\text{BR})}|$ 足够大，则 D_1 应该处于反向截止状态。输出电压 $U_{\text{O}} = -6\text{V}$。

图 1-17(b)中假设二极管 D_1 和 D_2 均截止断开，则可以求出：

$$u_{1off}=0-(-10)=10V>u_{on}=0V,\quad u_{2off}=(-6)-(-10)=4V>u_{on}=0V$$

因此二极管 D_1 和 D_2 均可能导通，但是由于 $u_{1off}>u_{2off}$，所以 D_1 优先导通。由于已经判断出 D_2 优先导通，接下来再重新判断 D_2 的状态，可以求出：

$$u'_{2off}=(-6)-0=-6V<u_{on}=0V$$

因为设 $|U_{(BR)}|$ 足够大，则 D_2 应该处于反向截止状态。输出电压 $U_O=0V$。

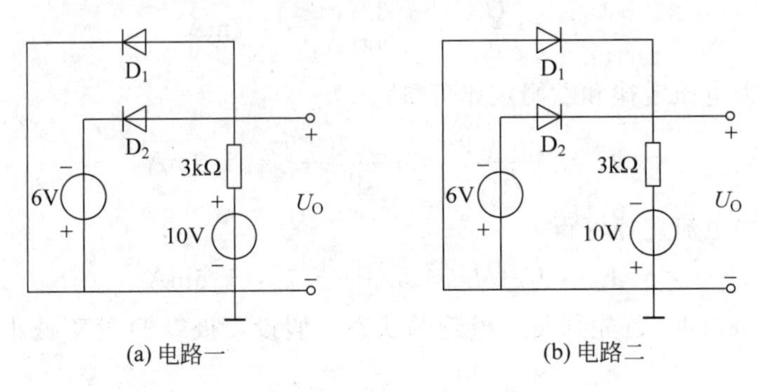

图 1-17　例 1-3 电路图

1.2.3　半导体二极管的主要参数

描述二极管特性的物理量称为二极管的参数，它是反映二极管电性能的质量指标，是合理选择和使用二极管的主要依据。在半导体器件手册或生产厂家的产品目录中，对各种型号的二极管均用表格列出其参数。

1. 最大整流电流 $I_{F(Av)}$

$I_{F(Av)}$ 是指二极管长期工作时，允许通过的最大正向平均电流。它与 PN 结的面积、材料及散热条件有关。实际应用时，工作电流应小于 $I_{F(Av)}$，否则，可能导致结温过高而烧毁 PN 结。

2. 最高反向工作电压 U_{RM}

U_{RM} 是指二极管所允许加的最大反向电压。实际应用时，当反向电压增加到击穿电压 $U_{(BR)}$ 时，二极管可能被击穿损坏，因而，U_{RM} 通常取为 $(1/2\sim 2/3)U_{(BR)}$。

3. 反向电流 I_R

I_R 是指二极管未被反向击穿时的反向电流。I_R 越小，表明二极管的单向导电性能越好。另外，I_R 与温度密切相关，使用时应注意。

4. 最高工作频率 f_M

f_M 是指二极管正常工作时，允许通过交流信号的最高频率。实际应用时，不要超过此值，否则二极管的单向导电性将显著退化。f_M 的大小主要由二极管的电容效应来决定。

1.2.4　二极管应用电路举例

二极管的应用范围很广，主要都是利用它的单向导电性。下面介绍几种应用电路。

(1) **限幅电路**：限幅电路的功能就是限制输出电压的幅度。

例 1-4　图 1-18(a)是利用二极管 D 作为正向限幅器的电路图，设二极管 D 为理想二极管。已知 $u_i = U_m \sin\omega t$ V 且 $U_m > U_S$，试分析该电路工作原理，并画出输出电压 u_o 的波形。

解：因为二极管 D 为理想二极管，且输入电压虽然是正弦电压，但是幅值较大不属于小信号。

首先判断二极管状态，假设二极管 D 为截止断开：

$$u_{off} = u_i - U_S$$

则当 $u_i \geqslant U_S$ 时二极管 D 的状态为导通，由于 D 为理想二极管，D 一旦导通，管压降 $u_{on} = 0$V，此时 $u_o = U_S$；当 $u_i < U_S$ 时二极管 D 为截止断开状态，此时 $u_o = u_i$。根据以上分析，可作出 u_o 的波形，如图 1-18(b)所示，由图可见，输出电压的正向幅度被限制在 U_S 值。

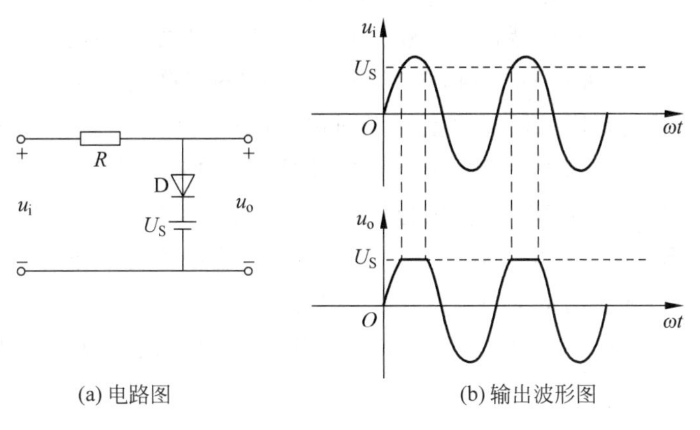

图 1-18　例 1-4 限幅电路及波形图

(2) **半波整流电路**：它把交流电变成方向不变，但大小随时间变化的脉动直流电。

例 1-5　图 1-19(a)是利用二极管 D 实现正弦电压整流的电路图，设二极管 D 为理想二极管。已知 $u_i = U_m \sin\omega t$ V，设 $|U_{(BR)}|$ 足够大，试分析该电路工作原理，并画出输出电压 u_o 的波形。

解：因为二极管 D 为理想二极管，首先判断二极管状态，假设二极管 D 为截止断开：

$$u_{off} = u_i$$

则当 $u_i \geqslant 0$ 时二极管 D 为导通，由于 D 为理想二极管，D 一旦导通，管压降 $u_{on} = 0$V，此时 $u_o = u_i$；当 $u_i < 0$ 时二极管 D 为截止断开状态，此时 $u_o = 0$。根据以上分析，可作出 u_o 的波形，如图 1-19(b)所示。

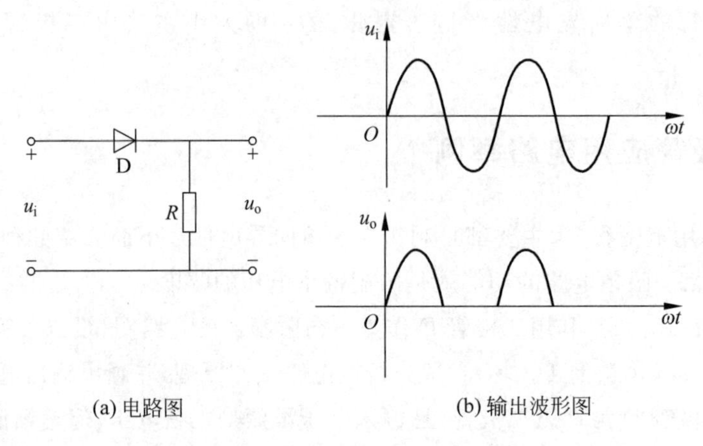

(a) 电路图 (b) 输出波形图

图 1-19 例 1-5 限幅电路及波形图

1.2.5 稳压二极管

稳压管是一种特殊的面接触型半导体硅二极管，具有稳定电压的作用。图 1-20(a)为稳压管在电路中的正确连接方法，如果稳压二极管 D_z 反向击穿时，则输出电压 $u_o=U_z$，U_z 是稳压二极管 D_z 的稳定电压；图 1-20(b)为稳压管的伏安特性；图 1-20(c)为稳压管的图形符号及等效电路，在等效电路中，二极管 D_1 表示稳压管加正向电压与虽加反向电压但未击穿时的情况，理想二极管 D_2、电压源 U_z 和电阻 r_d 的串联支路表示稳压管反向击穿时的等效电路。稳压管与普通二极管的主要区别在于，稳压管是工作在 PN 结的反向击穿状态的。通过在制造过程中的工艺措施和使用时限制反向电流的大小，能保证稳压管在反向击穿状态下不会因过热而损坏。从稳压管的反向特性曲线可以看出，当反向电压较小时，反向电流几乎为零，当反向电压增高到击穿电压 U_z(也是稳压管的工作电压)时，反向电流 I_z(稳压管的工作电流)会急剧增加，稳压管反向击穿。在特性曲的击穿区，当 I_z 在较大范围内变化时，稳压管两端电压 U_z 基本不变，具有恒压特性，利用这一特性可以起到稳定电压的作用。

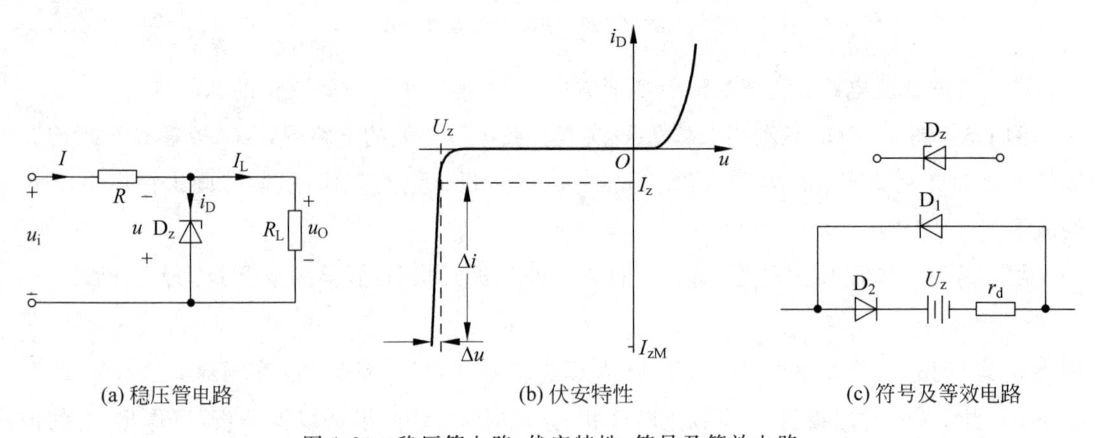

(a) 稳压管电路 (b) 伏安特性 (c) 符号及等效电路

图 1-20 稳压管电路、伏安特性、符号及等效电路

稳压二极管有三种工作状态，**导通、截止和反向击穿**(**稳压**)。判断方法见 1.2.2 节的分析方法，导通和截止状态判断与普通二极管相同，只是如果稳压二极管反向击穿的话，则会起到稳定电压的作用。

稳压管与一般二极管不一样，它的反向击穿是可逆的，只要不超过稳压管的允许值，PN 结就不会因过热损坏，当外加反向电压去除后，稳压管恢复原性能，所以稳压管具有良好的重复击穿特性。

稳压管的主要参数有：

(1) 稳定电压 U_z：稳定电压 U_z 指稳压管正常工作时管子两端的电压。由于制造工艺的原因，稳压值也有一定的分散性，如 2CW14 型稳压值为 6.0～7.5V。

(2) 动态电阻 r_z：动态电阻是指稳压管在正常工作范围内，端电压的变化量与相应电流的变化量的比值。

$$r_z = \frac{\Delta U_z}{\Delta I_z} \tag{1-6}$$

稳压管的反向特性越陡，r_z 越小，稳压性能就越好。

(3) 稳定电流 I_z：稳压管正常工作时的参考电流值。只有 $I \geqslant I_z$，才能保证稳压管有较好的稳压性能。

(4) 最大稳定电流 I_{zmax}：允许通过的最大反向电流。$I > I_{zmax}$ 时管子会因过热而损坏。

(5) 最大允许功耗 P_{zM}：管子不致发生热击穿的最大功率损耗。$P_{zM} = U_z I_{zmax}$。

(6) 电压温度系数 α：温度变化 10℃时，稳定电压变化的百分数定义为电压温度系数。电压温度系数越小，温度稳定性越好，通常硅稳压管在 U_z 低于 4V 时具有负温度系数，高于 6V 时具有正温度系数，U_z 在 4～6V 之间时，温度系数很小。

稳压管正常工作的条件有两个，一是工作在反向击穿状态，二是稳压管中的电流要在稳定电流和最大允许电流之间。当稳压管正偏时，它相当于一个普通二极管。图 1-20(a)为最常用的稳压电路，当 u_i 或 R_L 变化时，稳压管中的电流发生变化，但在一定范围内其端电压变化很小，因此能够起到稳定输出电压的作用。

例 1-6　图 1-20(a)所示电路中，已知 $U_z = 12\text{V}$，$I_{zmax} = 18\text{mA}$，$I_z = 5\text{mA}$，负载电阻 $R_L = 2\text{k}\Omega$，当输入电压由正常值发生±20%的波动时，要求稳压管处于稳压状态，负载两端电压基本不变，试确定输入电压 u_i 的正常值和限流电阻 R 的数值。

解：稳压管处于稳压状态时，负载两端电压 u_o 就是稳压管的端电压 U_z，当 u_i 发生波动时，必然使限流电阻 R 上的压降发生变动，引起稳压管电流的变化，只要在 $I_{zmax} \sim I_z$ 范围内变动，可以认为 U_z 即 u_o 基本上未变动，这就是稳压管的稳压作用。

当 u_i 向上波动 20%，即 $1.2u_i$ 时，认为 $I_z = I_{zmax} = 18\text{mA}$。因此有：

$$I = I_{zmax} + I_L = 18 + \frac{U_z}{R_L} = 18 + \frac{12}{2} = 24\text{mA}$$

由基尔霍夫电压定律得：

$$1.2u_i = IR + u_o = 24 \times 10^{-3} \times R + 12 \tag{1-7}$$

当 u_i 向下波动 20%，即 $0.8u_i$ 时，认为 $I_z = 5\text{mA}$。因此有：

$$I = I_z + I_L = 5 + \frac{U_z}{R_L} = 5 + \frac{12}{2} = 11\text{mA} \tag{1-8}$$

由基尔霍夫电压定律得：

$$0.8u_i = IR + u_o = 11 \times 10^{-3} \times R + 12$$

联立式(1-7)和式(1-8)可得：$u_i = 26\text{V}, R = 800\Omega$。

1.2.6 其他类型二极管

除了上述普通二极管外，还有一些特殊二极管，如光电二极管、发光二极管等，分别介绍如下。

(1) 光电二极管又称光敏二极管。它的管壳上备有一个玻璃窗口，以便于接受光照。其特点是，当光线照射于它的 PN 结时，可以成对地产生自由电子和空穴，使半导体中少数载流子的浓度提高。这些载流子在一定的反向偏置电压作用下可以产生漂移电流，使反向电流增加。因此它的反向电流随光照强度的增加而线性增加，这时光电二极管等效于一个恒流源。当无光照时，光电二极管的伏安特性与普通二极管一样。光电二极管的等效电路如图 1-21(a)所示，图 1-21(b)为光电二极管的符号。

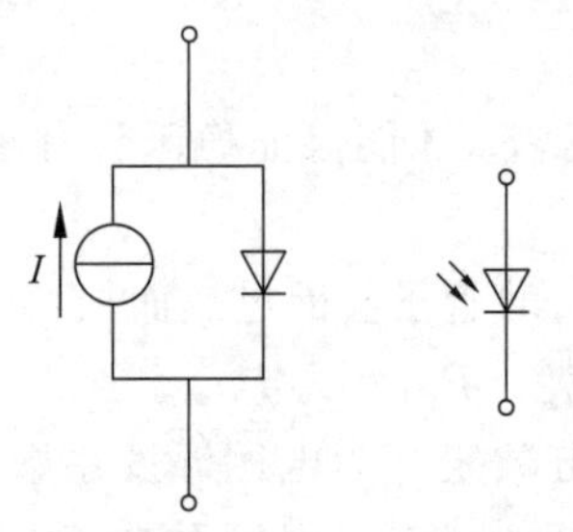

(a) 光电二极管等效电路　(b) 光电二极管电路符号

图 1-21　光电二极管等效电路及电路符号

光电二极管的主要参数有：

① 暗电流：无光照时的反向饱和电流。一般小于 $1\mu\text{A}$。

② 光电流：指在额定照度下的反向电流，一般为几十毫安。

③ 灵敏度：指在给定波长(如 $0.9\mu\text{m}$)的单位光功率时，光电二极管产生的光电流。一般大于等于 $0.5\mu\text{A}/\mu\text{W}$。

④ 峰值波长：使光电二极管具有最高响应灵敏度(光电流最大)的光波长。一般光电二极管的峰值波长在可见光和红外线范围内。

⑤ 响应时间：指加定量光照后，光电流达到稳定值的 63%所需要的时间，一般为 10^{-7}s。

光电二极管作为光控元件可用于各种物体检测、光电控制、自动报警等方面。当制成大面积的光电二极管时，可当作一种能源而称为光电池。此时它不需要外加电源，能够直接把光能变成电能。

(2) 发光二极管

发光二极管是一种将电能直接转换成光能的半导体固体显示器件，简称 LED(Light Emitting Diode)。和普通二极管相似，发光二极管也是由一个 PN 结构成的。发光二极管的 PN 结封装在透明塑料壳内，外形有方形、矩形和圆形等。发光二极管的驱动电压低、工作电流小，具有很强的抗振动和冲击能力、体积小、可靠性高、耗电省和寿命长等优点，广泛用于信号指示等电路中。在电子技术中常用的数码管，就是用发光二极管按一定的排列组成的。

发光二极管的原理与光电二极管相反。当这种管子正向偏置通过电流时会发出光来，这是由于电子与空穴直接复合时放出能量的结果。它的光谱范围比较窄，其波长由所使用的基本材料而定。不同半导体材料制造的发光二极管能发出不同颜色的光，如磷砷化镓(GaAsP)材料发红光或黄光，磷化镓(GaP)材料发红光或绿光，氮化镓(GaN)材料发蓝光，碳化硅(SiC)材料发黄光，砷化镓(GaAs)材料发不可见的红外线。

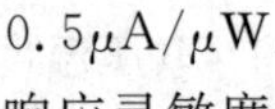

图 1-22　发光二极管电路符号

发光二极管的符号如图 1-22 所示。它的伏安特性和普通二极管相似，死区电压为0.9～1.1V，其正向工作电压为1.5～2.5V，工作电流为5～15mA。反向击穿电压较低，一般小于10V。

1.3 双极型晶体管

双极型晶体管(Bipolar Junction Transistor，BJT)又称晶体三极管、半导体三极管等，简称三极管。有两种不同极性的载流子(电子与空穴)同时参与导电，故称为双极型晶体管。双极型晶体管是一种电流控制器件，开关速度快，但输入阻抗小，功耗大。双极型晶体管体积小、重量轻、耗电少、寿命长、可靠性高，已广泛用于广播、电视、通信、雷达、计算机、自控装置、电子仪器、家用电器等领域，起到放大、振荡、开关等作用。其常见外形如图1-23所示。

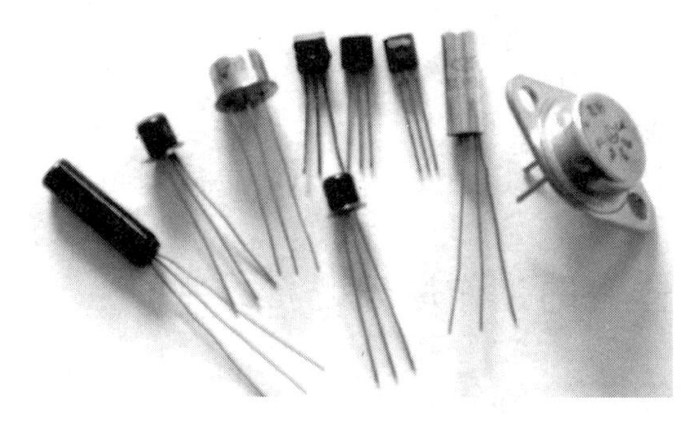

图1-23 常见的三极管

1948年，人们发现原始的点接触晶体管具有放大作用，但由于金属丝与晶体表面的接触很不可靠，因此点接触晶体管使用受到很大限制。在PN结理论发展的基础上，加上锗材料、硅材料制备技术的进展，1951年用合金法制成了合金结晶体管。1955年杂质向半导体中扩散的新技术得到发展，1956年制成了扩散型晶体管，使晶体管的工作频率提高了两个数量级。1959年硅表面热生长二氧化硅工艺和光刻技术的发展，促使1960年研制成功平面型晶体管。由于晶体管表面有了钝化层，使器件的稳定性大为提高。平面技术为集成电路和大规模集成电路的研究打下了基础。

1.3.1 双极型晶体管的结构及类型

平面型晶体管就是用不同的掺杂方式在同一个硅片上制造出三个掺杂区域，并形成两个PN结，由于两个PN结的相互影响，双极型晶体管具有电流放大功能。晶体管可以分为：NPN型管和PNP型管两大类。三极管有三个区：基区(Base Region)、集电区(Collector Region)和发射区(Emitter Region)；两个PN结：集电区和基区之间的PN称为集电结(Collector Junction)，基区和发射区之间的PN结称为发射结(Emitter Junction)；三个电极：基极b(Base Electrode)、集电极c(Collector Electrode)和发射极e(Emitter Electrode)。其结构特点是发射区掺杂浓度高，集电区掺杂浓度比发射区低，且集电区面积比发射区大，基区掺杂浓度远低于发射区且很薄[1]。晶体管的结构和符号见图1-24。

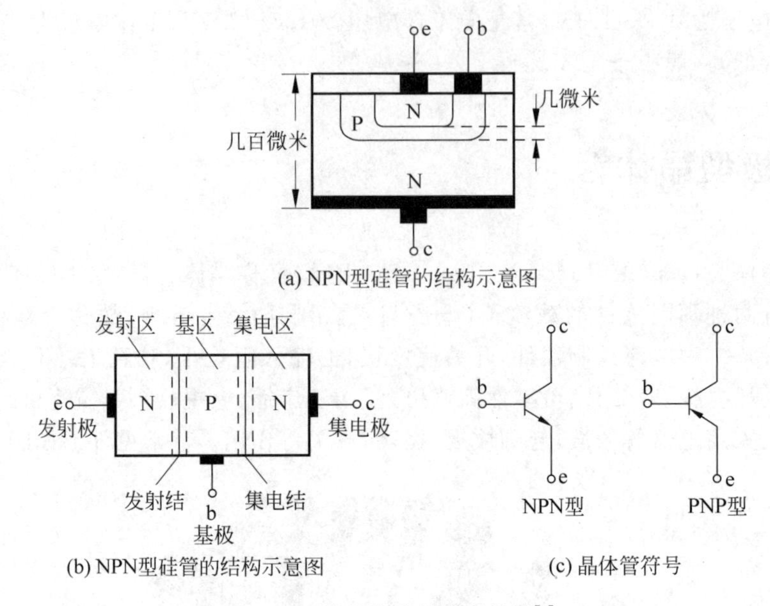

图 1-24　晶体管的结构和符号[1]

1.3.2　双极型晶体管的工作原理

1. 三极管放大交流信号的外部条件

要使三极管正常放大交流信号，除了需要满足内部条件外，还需要满足外部条件：发射结外加正向电压（正偏压），集电结外加反向电压（反偏压），对于 NPN 管，$u_{BE} > U_{on}$，$u_{BC} < U_{on}$；对于 PNP 管，$u_{BE} < -U_{on}$，$u_{BC} > -U_{on}$。

2. 晶体管内部载流子运动过程

(1) 发射区的电子向基区运动。

如图 1-25 所示，由于发射结外加正向电压，多数载流子不断越过发射结扩散到基区，形成了发射区电流 I_{EN}。同时基区的多子——空穴也会向发射区扩散，形成空穴电流 I_{EP}。

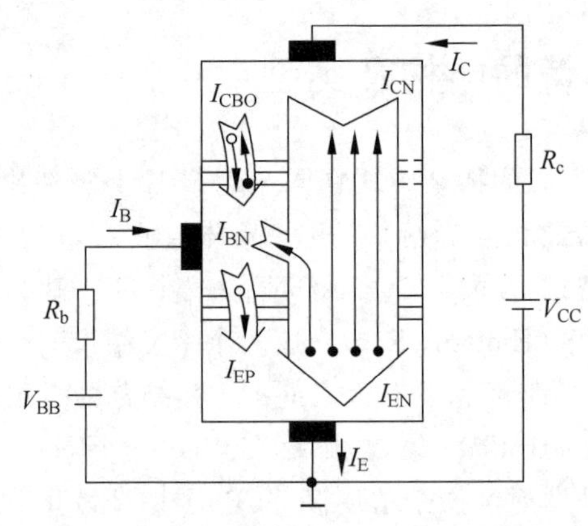

图 1-25　三极管内部载流子运动示意图[1]

(2) 发射区注入到基区的电子在基区的扩散与复合。

当发射区的电子到达基区后，由于浓度的差异，且基区很薄，电子会很快运动到集电结。在扩散过程中有一部分电子与基区的空穴相遇而复合。

(3) 集电区收集发射区扩散过来的电子。

由于集电结加反向电压，基区中扩散到集电结边缘的非平衡“少子”，在电场力作用下，几乎全部漂移过集电结，到达集电区，形成集电极电流 I_{CN}。同时，集电区“少子”和基区本身的“少子”，也向对方做漂移运动，形成反向饱和电流 I_{CBO}。I_{CBO}是由“少子”形成的电流，称为集电结反向饱和电流。

3. 三极管的电流分配关系

根据基尔霍夫电压和电流定律可以得到以下的关系：

$$I_E = I_B + I_C \tag{1-9}$$

$$u_{BC} = u_{BE} - u_{CE} \tag{1-10}$$

根据图 1-25 所示的三极管内部载流子运动示意图，可以得出：

$$I_E = I_{EN} + I_{EP} = I_{CN} + I_{BN} + I_{EP} \tag{1-11}$$

$$I_C = I_{CN} + I_{CBO} \tag{1-12}$$

$$I_B = I_{BN} + I_{EP} - I_{CBO} = I_{B'} - I_{CBO} \tag{1-13}$$

联立式(1-11)，式(1-12)，式(1-13)可以得出式(1-9)的结论。

4. 三极管的电流放大系数

三极管的电流放大系数有：共射直流电流放大系数 $\bar{\beta}$、共射交流电流放大系数 β、共基直流电流放大系数 $\bar{\alpha}$ 和共基交流电流放大系数 α。其中

$$\bar{\beta} = \frac{I_{CN}}{I'_b} = \frac{I_C - I_{CBO}}{I_B + I_{CBO}} \tag{1-14}$$

整理得：

$$I_C = \bar{\beta} I_B + (1 + \bar{\beta}) I_{CBO} = \bar{\beta} I_B + I_{CEO} \tag{1-15}$$

式(1-15)中 I_{CEO}称为穿透电流，物理意义为：基极开路(O 表示开路)时，$I_B=0$，在集电极电源 V_{CC}作用下的集电极与发射极之间形成的电流。一般情况下，$I_B \gg I_{CBO}$，$\bar{\beta} \gg 1$，所以

$$I_C \approx \bar{\beta} I_B \tag{1-16}$$

$$I_E \approx (1 + \bar{\beta}) I_B \tag{1-17}$$

共射交流电流放大系数 β 的定义为：

$$\beta = \frac{\Delta i_C}{\Delta i_B} \approx \bar{\beta} \tag{1-18}$$

共基直流电流放大系数 $\bar{\alpha}$ 的定义为：

$$\bar{\alpha} = \frac{I_{CN}}{I_E} \tag{1-19}$$

根据式(1-12)可得

$$I_C = \bar{\alpha} I_E + I_{CBO} \tag{1-20}$$

经过换算可以得到

$$\bar{\beta}=\frac{\bar{\alpha}}{1+\bar{\alpha}} \quad 或 \quad \bar{\alpha}=\frac{\bar{\beta}}{1+\bar{\beta}}\approx 1 \quad (\bar{\beta}\gg 1) \tag{1-21}$$

共基直流电流放大系数 α 的定义为：

$$\alpha=\frac{\Delta i_C}{\Delta i_E}=\frac{\beta}{1+\beta}\approx\bar{\alpha}\approx 1 \quad (\beta\gg 1) \tag{1-22}$$

1.3.3　晶体管的伏安特性

晶体管的伏安特性指的是晶体管三个极电流 i_B，i_C，i_E 与电压 u_{BE}，u_{BC} 和 u_{CE} 之间的关系，为了便于估算，通常分为输入特性和输出特性进行分析。测试电路如图 1-26 所示，其中的三极管为 NPN 型。

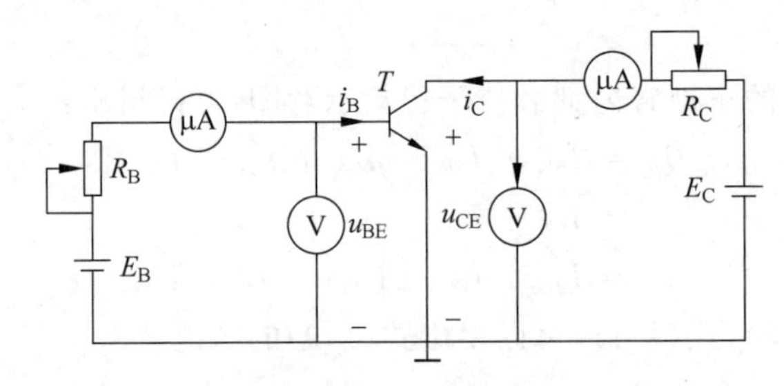

图 1-26　三极管的伏安特性测试电路

1. 输入特性曲线

晶体管的输入特性曲线如图 1-27 所示。它描述了在管压降 u_{CE} 一定的情况下，基极电流 i_B 与发射结压降 u_{BE} 之间的关系，即

$$i_B = f(u_{BE}) \mid u_{CE} = 常数 \tag{1-23}$$

由图 1-27 可以看出这簇曲线有下面几个特点。

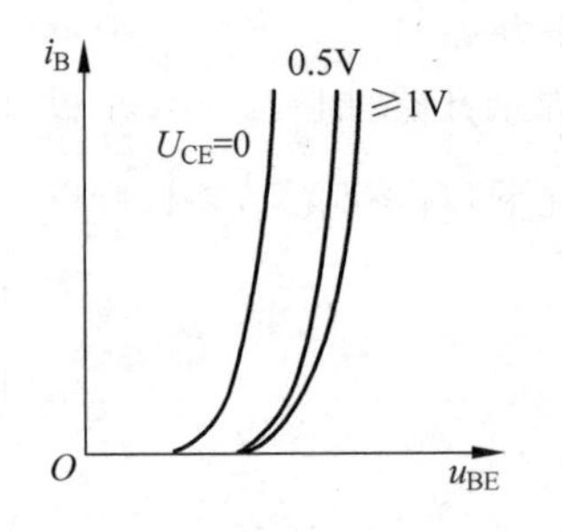

图 1-27　三极管的输入特性曲线

(1) $u_{CE}=0$ 的一条曲线与二极管的正向特性相似。这是因为 $u_{CE}=0$ 时，集电极与发射极短路，相当于两个二极管并联，这样 i_B 与 u_{CE} 的关系就成了两个并联二极管的伏安特性。

(2) u_{CE} 由零开始逐渐增大时输入特性曲线右移，而且当 u_{CE} 的数值增至较大时(如 $u_{CE}>1V$)，各曲线几乎重合。这是因为 u_{CE} 由零逐渐增大时，使集电结宽度逐渐增大，基区宽度相应地减小，使存储于基区的注入载流子的数量减少，复合几率减小，因而 I_B 减小。如保持 I_B 为定值，就必须加大 u_{BE}，故使曲线右移。当 u_{CE} 较大时(如 $u_{CE}>1V$)，集电结所加反向电压，已足能把注入基区的非平衡载流子绝大部分都拉向集电极去，以致 u_{CE} 再增加，I_B 也不再明显地减小，这样，就形成了各曲线几乎重合的现象。

(3) 和二极管一样，三极管也有一个门限电压 U_{th}，通常硅管的门限电压约为 0.5～

0.6V，锗管的门限电压约为0.1～0.2V。

2. 输出特性曲线

晶体管的输出特性曲线如图1-28所示。它描述了在基极电流 i_B 一定的情况下，集电极电流 i_C 与管压降 u_{CE} 之间的关系，即

$$i_C = f(u_{CE}) \mid i_B = \text{常数} \tag{1-24}$$

由图1-28还可以看出，输出特性曲线可分为4个区域：

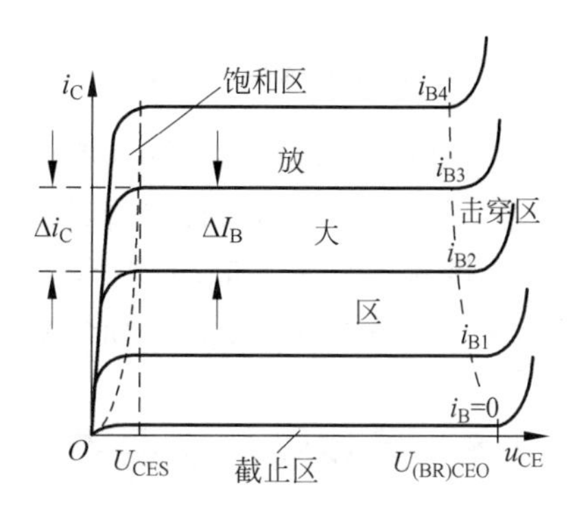

图1-28 三极管的输出特性曲线

(1) **截止区**：指 $i_B=0$ 的那条特性曲线以下的区域。在此区域里，三极管的发射结和集电结都处于反向偏置状态，三极管失去了放大作用，集电极只有微小的穿透电流 I_{CEO}。在截止区有 $u_{BE} \leqslant U_{on}$，$u_{CE} > u_{BE}$，即发射结电压小于开启电压且集电结反向偏置。

(2) **饱和区**：在此区域内，对应不同 i_B 值的输出特性曲线簇几乎重合在一起。也就是说，u_{CE} 较小时，i_B 虽然增加，但 i_C 增加不大，即 i_B 失去了对 i_C 的控制能力。这种情况，称为三极管的饱和。饱和时，三极管的发射极和集电结都处于正向偏置状态。如果将三极管饱和区理想化，即认为 u_{CE} 小于饱和管压降 U_{CES}，则三极管饱和。U_{CES} 很小，通常中小功率硅管 $U_{CES}<1V$。在临界饱和线上的每一点应有 $|u_{CE}|=|u_{BE}|$。在饱和区有 $u_{BE} \geqslant U_{on}$，$u_{CE} < u_{BE}$，即发射结电压大于开启电压且集电结正向偏置。

(3) **放大区**：在截止区以上，介于饱和区与击穿区之间的区域为放大区。在此区域内，特性曲线近似于一簇平行等距的水平线，表现出 i_B 对 i_C 的控制作用，即 $I_C=\bar{\beta} I_B$，同时 i_C 的变化量与 i_B 的变量也基本保持线性关系，即 $\Delta i_C=\beta \Delta i_B$，就是说在此区域内，三极管具有电流放大作用。此外集电极电压对集电极电流的控制作用也很弱，当 $u_{CE}>1V$ 后，即使再增加 u_{CE}，i_C 也几乎不再增加，此时，若 i_B 不变，则三极管可以看成是一个恒流源。在放大区，三极管的发射结处于正向偏置，集电结处于反向偏置状态。在放大区有 $u_{BE} \geqslant U_{on}$，$u_{CE} \geqslant u_{BE}$，即发射结电压大于开启电压且集电结反向偏置。

(4) **击穿区**：u_{CE} 过大，$u_{CE} > U_{(BR)CEO}$ 时导致三极管击穿。

以上的分析是针对NPN型的三极管，PNP型三极管的输入、输出特性曲线与NPN型类似，只需要将各电流和电压的极性取反即可，这里不再赘述。

1.3.4 温度对晶体管特性的影响

和二极管一样，温度对晶体管三极管的特性有着不容忽视的影响。所以了解这些影响，并在电路中采取措施加以克服就成了十分必要的问题。温度对晶体管特性的影响通常要考虑以下三个方面。

1. 温度对 I_{CBO} 的影响

I_{CBO} 是集电结的反向饱和电流，它随温度变化的规律和二极管反向饱和电流的一样，即

温度升高，I_{CBO}增大，一般地，每升高 10℃，I_{CBO}增大约一倍。I_{CEO}的变化规律大致与 I_{CBO}相同。在输出特性曲线图上，当温度升高时，曲线向上移。

2. 温度对输入特性的影响

对于 NPN 型三极管来说，输入特性曲线随温度升高向左移，这样在 i_B 不变时，u_{BE}将减小。u_{BE}随温度的变化规律与二极管正向导通电压的一样，即温度每升高 1℃，u_{BE}减小 2～2.5mV。

3. 温度对电流放大倍数的影响

晶体管的电流放大系数 β 随温度升高而增大，其变化规律是：温度每升高 1℃，β 增大 0.5%～1%。在输出特性曲线图上，曲线间的距离随温度升高而增大。

温度对 I_{CBO}、u_{BE}和 β 的影响反映在管子的集电极电流 i_C 上，它们都是使 i_C 随温度升高而增大。其造成的后果以及如何限制 i_C 的增加，将在以后的章节中讨论。

1.3.5 晶体管的主要参数

三极管的参数反映了三极管各种性能的指标，是分析三极管电路和选用三极管的依据。

1. 电流放大系数

1) 共发射极电流放大系数

(1) 共发射极直流电流放大系数 $\bar{\beta}$，它表示三极管在共射极连接时，某工作点处直流电流 I_C 与 I_B 的比值，当忽略 I_{CBO}时 $I_C \approx \bar{\beta} I_B$。

(2) 共发射极交流电流放大系数 β，它表示三极管共射极连接且 u_{CE}恒定时，集电极电流变化量 Δi_C 与基极电流变化量 Δi_B 之比，即 $\beta = \dfrac{\Delta i_C}{\Delta i_B} \approx \bar{\beta}$。管子的 β 值太小时，放大作用差；β 值太大时，工作性能不稳定。

2) 共基极电流放大系数 $\bar{\alpha}$

(1) 共基极直流电流放大系数 $\bar{\alpha}$，它表示三极管在共基极连接时，某工作点处 I_C 与 I_E 的比值。在忽略 I_{CBO}的情况下 $\bar{\alpha} = \dfrac{\bar{\beta}}{1+\bar{\beta}}$。

(2) 共基极交流电流放大系数 α，它表示三极管作共基极连接时，在 u_{CB}恒定的情况下，i_C 和 i_E 的变化量之比，即 $\alpha = \left.\dfrac{\Delta i_C}{\Delta i_E}\right| u_{CB} =$ 常数。

通常在 I_{CBO}很小时，$\bar{\beta}$ 与 β、$\bar{\alpha}$ 与 α 相差很小。因此，实际使用中经常混用而不加区别。

2. 极间反向电流

1) 集—基反向饱和电流 I_{CBO}

I_{CBO}是指发射极开路，在集电极与基极之间加上一定的反向电压时，集电极与基极所对应的反向电流。它是少子的漂移电流。在一定温度下，I_{CBO}是一个常量。随着温度的升高

I_{CBO}将增大，它是三极管工作不稳定的主要因素。在相同环境温度下，硅管的 I_{CBO} 比锗管的 I_{CBO} 小得多。

2）穿透电流 I_{CEO}

I_{CEO}是指基极开路时，集电极与发射极之间加一定反向电压时的集电极电流。I_{CEO}与 I_{CBO} 的关系为：

$$I_{CEO} = (1+\beta)I_{CBO} \tag{1-25}$$

该电流好像从集电极直通发射极一样，故称为穿透电流。I_{CEO}和 I_{CBO}一样，也是衡量三极管热稳定性的重要参数。

3. 频率参数

频率参数是反映三极管电流放大能力与工作频率关系的参数，表征三极管的频率适用范围。

1）共射极截止频率 f_β

三极管的 β 值是频率的函数，中频段 $\beta=\beta_o$，几乎与频率无关，但是随着频率的增高，β 值下降。当 β 值下降到 $\beta_o/\sqrt{2}$ 时，所对应的频率称为共射极截止频率，用 f_β 表示。

2）特征频率 f_T

f_T 是当三极管的 β 值下降到 1 时所对应的频率，称为特征频率。在 $f_\beta \sim f_T$ 的范围内，β 值与频率几乎成线性关系，频率越高，β 越小，当工作频率 $f>f_T$ 时，三极管便失去了放大能力。

4.　极限参数

1）最大允许集电极耗散功率 P_{CM}

P_{CM}是指三极管集电结受热而引起晶体管参数的变化不超过所规定的允许值时，集电极耗散的最大功率。当实际功耗 P_C 大于 P_{CM}时，不仅使管子的参数发生变化，甚至还会烧坏管子。P_C 可由式(1-26)计算。

$$P_C = i_C \cdot u_{CE} \tag{1-26}$$

当已知管子的 P_{CM}时，利用上式可以在输出特性曲线上画出 P_{CM}曲线。

2）最大允许集电极电流 I_{CM}

当 i_C 很大时，β 值逐渐下降。一般规定在 β 值下降到额定值的 2/3（或 1/2）时所对应的集电极电流为 I_{CM}。当 $i_C>I_{CM}$时，β 值已减小到不实用的程度，且有烧毁管子的可能。

3）反向击穿电压 $U_{(BR)CBO}$与 $U_{(BR)CEO}$

$U_{(BR)CBO}$是指发射极开路时，集电极与基极间的反向击穿电压；$U_{(BR)CEO}$是指基极开路时，集电极与发射极间的反向击穿电压。一般情况下同一管子的 $U_{(BR)CEO}=(0.5\sim0.8)U_{(BR)CBO}$。三极管的反向工作电压应小于击穿电压的 1/2～1/3，以保证管子安全可靠地工作。

三极管的三个极限参数 P_{CM}、I_{CM}、$U_{(BR)CEO}$和前面讲的临界饱和线、截止线所包围的区域，便是三极管安全工作的线性放大区。一般作放大用的三极管，均需工作于此区。

1.3.6　直流偏置下晶体管的工作状态分析

在进行低频小信号放大分析时，首先要确定晶体管的工作状态。一般遵循“先直流，后交流”的顺序，本小节通过例题简单介绍一下直流偏置下晶体管的工作状态分析的一般方法。

例 1-7　已知 NPN 型硅管 T1～T3 各电极的直流电位如图 1-29 所示，试确定各晶体管的工作状态，硅管 PN 结导通电压 $U_{on}=0.7V$。

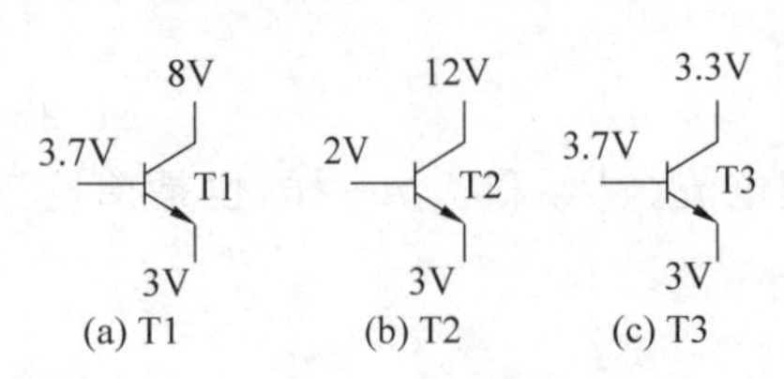

图 1-29　例 1-7 图

解：(a) $u_{BE}=0.7V=U_{on}$，$u_{BC}=-4.3V<0$，可知发射结导通，集电结反偏截止，因此 T1 工作在放大区。

(b) $u_{BE}=-1V<U_{on}$，$u_{BC}=-10V<0$，可知发射结截止，集电结截止，因此 T2 工作在截止区。

(c) $u_{BE}=0.7V=U_{on}$，$u_{BC}=0.4V>0$，可知发射结导通，集电结正向偏置截止，因此 T3 工作在饱和区。

由此例题看出三极管的工作状态可以通过发射结和集电结的电压偏置情况来判断。

例 1-8　图 1-30 所示晶体管 T1 和 T2 均处于放大工作状态，已知各电极直流电位，试确定晶体管的类型(NPN/PNP、硅/锗，硅 PN 结导通电压为 0.7V，锗 PN 结导通电压为 0.3V)，并说明 x、y、z 代表的电极。

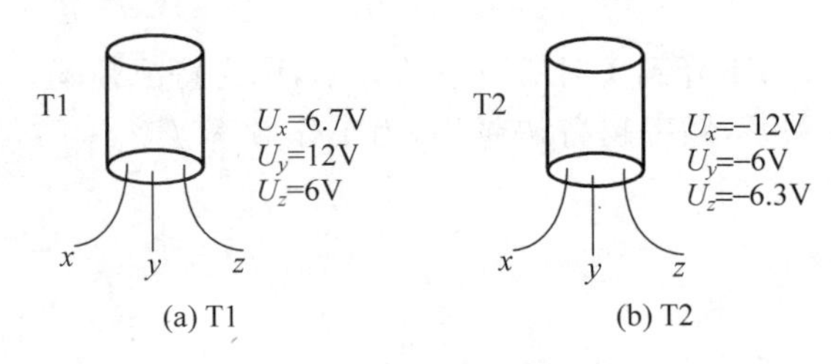

图 1-30　例 1-8 图

分析：NPN 型晶体管如果工作在放大区，根据放大区的特点可以得到以下结论：

$$U_C > U_B > U_E$$

PNP 型晶体管如果工作在放大区，根据放大区的特点可以得到以下结论：

$$U_E > U_B > U_C$$

解：根据分析得到的两个结论，以及晶体管 T1 和 T2 均工作在放大区的条件，对于 T1 来说，$U_y>U_x>U_z$，说明 x 为基极；对于 T2 来说，$U_y>U_z>U_x$，说明 z 为基极。

又因为对于 T1，$U_{xz}>U_x-U_z=0.7V$，说明 z 为发射极，y 为集电极，根据发射结导通时电压为 0.7V，可以确定 T1 为 NPN 硅管。对于 T2，$U_{zy}>U_z-U_y=-0.3V$，说明 y 为发射极，x 为集电极，根据发射结导通时电压为−0.3V，可以确定 T2 为 PNP 锗管。

例 1-9　图 1-31 所示晶体管电路中，已知电流放大倍数 $\beta=50$，$U=12V$，$R_B=70k\Omega$，$R_C=6k\Omega$，饱和管压降 $U_{CES}=0V$，当 $U_{BB}=-2V$、2V、5V 时，晶体管的静态工作位于哪个区？

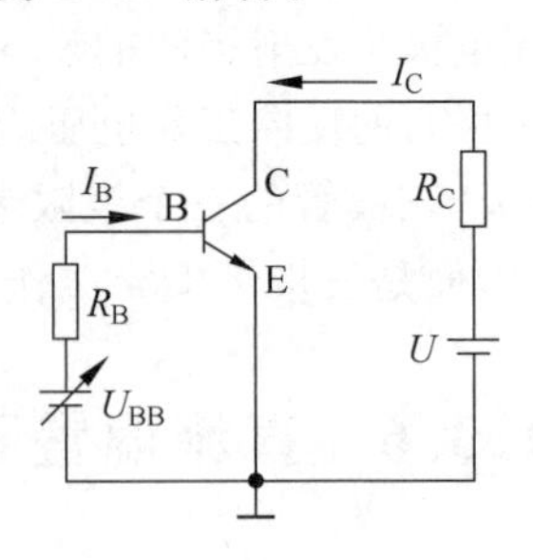

图 1-31　例 1-9 电路图

解：(1) $U_{BB}=-2V$ 时，设晶体管工作在截止区(各电压电位下标的 off 表示发射结截止)，那么 $I_B=0$，由基尔霍夫电压定律可得：

$$U_{BEoff} > U_{Boff} - U_{Eoff} = U_{BB} = -2V < U_{on} = 0.7V$$

所以假设正确，则 $I_B=0$，$I_C=0$，晶体管工作在截止区。

(2) $U_{BB}=2V$ 时,设晶体管工作在截止区(各电压电位下标的 off 表示发射结截止),那么 $I_B=0$,由基尔霍夫电压定律可得:

$$U_{BEoff} > U_{Boff} - U_{Eoff} = U_{BB} = 2V > U_{on} = 0.7V$$

所以假设错误,发射结应该导通。发射结一旦导通,根据 PN 结的特性,$U_{BE}=U_{on}=0.7V$,由基尔霍夫电压定律可得:

$$U_{BB} = U_{BE} + I_B R_B$$

$$I_B = \frac{U_{BB} - U_{BE}}{R_B} = \frac{2-0.7}{70} = 0.019mA$$

再假设晶体管工作在放大区,根据晶体管电流放大的性质可得:

$$I_C = \beta I_B = 50 \times 0.019mA = 0.95mA$$

晶体管最大的饱和电流为:

$$I_{Cmax} \approx \frac{U - U_{CES}}{R_C} = \frac{12-0}{6} = 2mA$$

此时 $I_C < I_{Cmax}$,所以晶体管工作于放大区。

(3) $U_{BB}=5V$ 时,设晶体管工作在截止区(各电压电位下标的 off 表示发射结截止),那么 $I_B=0$,由基尔霍夫电压定律可得:

$$U_{BEoff} > U_{Boff} - U_{Eoff} = U_{BB} = 5V > U_{on} = 0.7V$$

所以假设错误,发射结应该导通。发射结一旦导通,根据 PN 结的特性,$U_{BE}=U_{on}=0.7V$,由基尔霍夫电压定律可得:

$$U_{BB} = U_{BE} + I_B R_B$$

$$I_B = \frac{U_{BB} - U_{BE}}{R_B} = \frac{2-0.7}{70} = 0.061mA$$

再假设晶体管工作在放大区,根据晶体管电流放大的性质可得:

$$I_C = \beta I_B = 50 \times 0.061mA = 3.05mA$$

晶体管最大的饱和电流为:

$$I_{Cmax} \approx \frac{U - U_{CES}}{R_C} = \frac{12-0}{6} = 2mA$$

此时 $I_C > I_{Cmax}$,所以晶体管工作于放大区的假设错误,应该工作在饱和区。

附:晶体管的发展史

1883 年,闻名世界的大发明家爱迪生发明了第一只白炽照明灯。就在这个过程中,爱迪生还发现了一个奇特的现象:一块烧红的铁会散发出电子云,后人称之为爱迪生效应。

1904 年,弗莱明在真空中加热的电丝(灯丝)前加了一块板极,从而发明了第一只电子管。他把这种装有两个极的电子管称为二极管。利用新发明的电子管,可以给电流整流,使电话受话器或其他记录装置工作起来。

此后不久,穷困潦倒的美国发明家德·福雷斯特,在二极管的灯丝和板极之间巧妙地加了一个栅板,从而发明了第一只真空三极管。它集检波、放大和振荡三种功能于一体。

电子管的问世,推动了无线电电子学的蓬勃发展。电子管除应用于电话放大器、海上和空中通信外,也广泛渗透到家庭娱乐领域,将新闻、教育节目、文艺和音乐播送到千家万户。

就连飞机、雷达、火箭的发明和进一步发展,也有电子管的一臂之力。但是,不可否认,电子管十分笨重,能耗大、寿命短、噪声大,制造工艺也十分复杂。

在第二次世界大战中,电子管的缺点更加暴露无遗。在雷达工作频段上使用的普通的电子管,效果极不稳定。移动式的军用器械和设备上使用的电子管更加笨拙,易出故障。因此,电子管本身固有的弱点和迫切的战时需要,都促使许多科研单位和广大科学家集中精力,迅速研制能成功取代电子管的固体元器件,于是就有了晶体管的诞生。通俗地说,晶体管是由半导体做的固体电子元件,这类材料最常见的便是锗和硅两种。

1947 年,美国物理学家肖克利、巴丁和布拉顿三人捷足先登,合作发明了晶体管。1948 年 11 月,肖克利构思出一种新型晶体管,其结构像“三明治”夹心面包那样,把 N 型半导体夹在两层 P 型半导体之间。这是一个多么富有想象力的设计啊! 可惜的是,由于当时技术条件的限制,研究和实验都十分困难。直到 1950 年,人们才成功地制造出了第一个 PN 结型晶体管。晶体管的发明是电子技术史中具有划时代意义的伟大事件,它开创了一个崭新的时代——固体电子技术时代。他们三人也因研究半导体及发现晶体管效应而共同获得 1956 年的最高科学奖——诺贝尔物理奖。

芯片以后不用硅制作,碳化硅更适合制作半导体。

众所周知,硅对于电脑来说,可谓举足轻重。传统的电脑芯片是通过对硅进行熔化和冷却等多个过程后制成的。但是,硅有一个缺点,就是对温度过于“敏感”,有时硅在高温下不能正常工作,甚至受不了电脑本身电路产生的热量。因此,电脑中必须安装风扇或降温设备。而硅的这一局限性也阻碍了电脑功能的进一步发展。但日本科学家最近宣称,他们攻克了碳化硅锻造过程中的难关,可以用碳化硅来代替硅制成芯片。这种芯片不仅具有硬度高、抗高温、抗辐射等特点,而且可靠性更强,它的运用可能在电脑、汽车甚至航天领域引发一次不小的“革命”。

碳化硅是已知最硬的物质之一,其单晶体可制作半导体材料。但正是由于它硬度高、熔化及锻制的过程相当费劲,而且制成的晶片容易产生瑕疵,如杂质、气泡等,这些物质会严重影响或削弱电流。因此,碳化硅一直无法被用来制造芯片。日本研究人员在最新一期《自然》杂志中称,他们找到了锻制碳化硅晶体的新方法,使碳化硅晶片成本低、用途广、性能更可靠。

碳化硅半导体能应对“极端环境”,据称,碳化硅晶片甚至可以经受住金星或太阳附近的热度。前期的研究表明,即使在 560℃的高温中,碳化硅晶片在没有冷却装置的情况下仍能正常运作。碳化硅晶片在通信领域具有广阔的运用前景,能让高清晰电视发射器提供更清晰的信号和图像;也可以用在喷气和汽车引擎中,监测电机运转;同时,它还可以被运用于太空探索领域,帮助核动力飞船执行更繁杂的任务。法国物理学家预言,在芯片制造领域,碳化硅取代硅已为时不远。

1.4 场效应晶体管

场效应管(Field Effect Transistor,FET)是利用电场效应来控制半导体中电流的一种半导体器件,故因此而得名。场效应管是一种电压控制器件,只依靠一种载流子参与导电,故又称为单极型晶体管。与双极型晶体三极管相比，它具有输入阻抗高、噪声低、热稳定性好、抗辐射能力强、功耗小、制造工艺简单和便于集成化等优点。

场效应管的类型若从参与导电的载流子来划分，它有电子作为载流子的 N 沟道器件和空穴作为载流子的 P 沟道器件；从场效应三极管的结构来划分，它有结型场效应三极管 JFET 和绝缘栅型场效应三极管 IGFET 之分。IGFET 也称金属-氧化物-半导体三极管 MOSFET，简称 MOS 管。

1.4.1 结型场效应管

图 1-32 为 N 沟道结型场效应管(JFET)结构示意图和它的图形、符号。它是在同一块 N 型硅片的两侧分别制作掺杂浓度较高的 P 型区(用 P+表示)，形成两个对称的 PN 结，将两个 P 区的引出线连在一起作为一个电极，称为栅极(g)，在 N 型硅片两端各引出一个电极，分别称为源极(s)和漏极(d)。在形成 PN 结的过程中，由于 P+区是重掺杂区，所以 N 区一侧的空间电荷层宽度比较大。

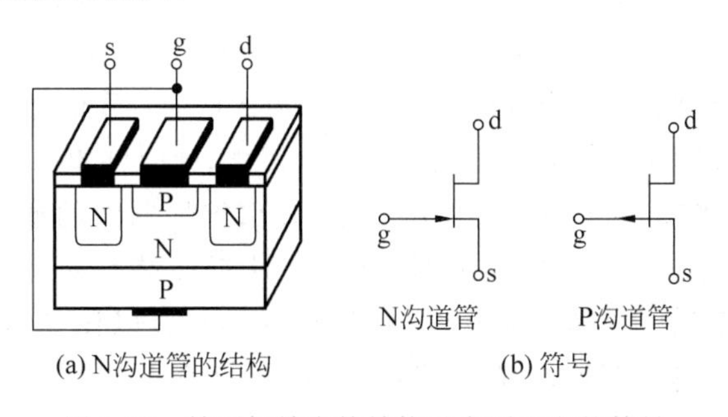

图 1-32　结型场效应管结构示意图和它的符号

1. 工作原理

N 沟道和 P 沟道结型场效应管的工作原理完全相同，只是偏置电压的极性和载流子的类型不同而已。下面以 N 沟道结型场效应管为例来分析其工作原理。为使 N 沟道结型场效应管能正常工作，需要在栅源间加反向电压，导致两侧 PN 结均处于反向偏置，栅源电流几乎为零。漏源之间加正向电压使 N 型半导体中的多数载流子-电子由源极出发，经过沟道到达漏极形成漏极电流 i_D。

(1) 栅源电压 u_{GS}对导电沟道的控制作用(设 $u_{DS}=0V$)。

在图 1-33 所示电路中，当 $u_{GS}=0$ 时，导电沟道未受任何电场的作用，导电沟道最宽，当外加 u_{DS}时，i_D 最大(如图 1-33(a))；$u_{GS}<0$ 时，两个 PN 结处于反向偏置，耗尽层有一定宽度，i_D 将减小。若$|u_{GS}|$增大，耗尽层变宽，沟道被压缩，截面积减小，沟道电阻增大；若$|u_{GS}|$减小，耗尽层变窄，沟道变宽，电阻减小。这表明 u_{GS}控制着漏源之间的导电沟道(如图 1-33(b))。当 u_{GS}负值减少到某一数值 $U_{GS(off)}$时，两边耗尽层合拢，整个沟道被耗尽层完全夹断(如图 1-33(c))($U_{GS(off)}$称为夹断电压)。此时，漏源之间的电阻趋于无穷大。管子处于截止状态，$i_D=0$。

(2) 漏源电压 u_{DS}对漏极电流 i_D 的控制作用(设 $U_{GS(off)}< u_{GS}<0V$)。

当 $u_{DS}=0$ 时，显然 $i_D=0$；当 $u_{DS}>0$ 且电压尚小时，PN 结因加反向电压，使耗尽层具有

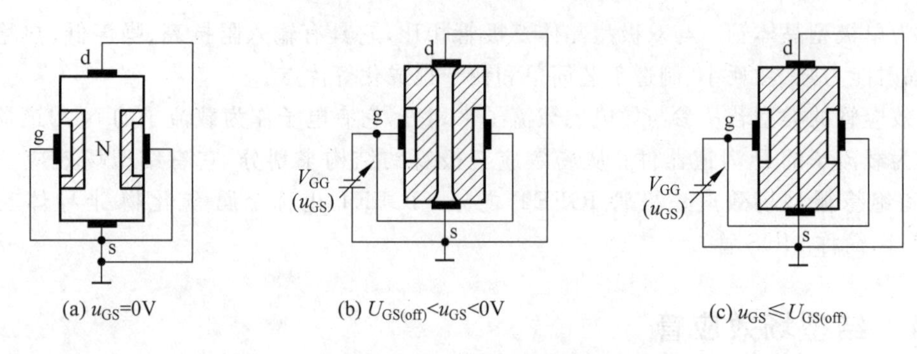

图 1-33　$u_{DS}=0V$ 时 u_{GS}对导电沟道的控制作用

一定宽度,但宽度上下不均匀,这是由于漏源之间的导电沟道具有一定电阻,因而漏源电压 u_{DS}沿沟道递降,造成漏端电位高于源端电位,使近漏端 PN 结上的反向偏压大于近源端,因而近漏端耗尽层宽度大于近源端。显然,在 u_{DS}较小时,沟道呈现一定电阻,i_D 随 u_{DS}成线性规律变化(如图 1-34(a),对应图 1-35 输出特性曲线的可变电阻区);若 u_{GS}再继续向负值减小,耗尽层也会随之增宽,导电沟道相应变窄,尤其是近漏端更加明显。由于沟道电阻的增大,i_D 增长变慢了,当 u_{DS}增大使得 u_{GD}等于 $U_{GS(off)}$时,沟道在近漏端首先发生耗尽层相碰的现象。这种状态称为预夹断($u_{GD}=u_{GS}-u_{DS}$)。这时管子并不截止,因为漏源两极间的场强已足够大,完全可以把向漏极漂移的全部电子吸引过去,此时如果 $u_{GS}=0$,则形成的电流成为漏极饱和电流 I_{DSS}(如图 1-34(b),对应图 1-35 输出特性曲线的预夹断轨迹上的 A 点):当 u_{DS}继续增大使得 $u_{GD}<U_{GS(off)}$再增加时,耗尽层从近漏端开始沿沟道加长它的接触部分,形成夹断区。由于耗尽层的电阻比沟道电阻大得多,所以比$|U_{GS(off)}|$大的那部分电压基本上降在夹断区上,使夹断区形成很强的电场,它完全可以把沟道中向漏极漂移的电子拉向漏极,形成漏极电流。因为未被夹断的沟道上的电压基本保持不变,于是向漏极方向漂移的电子也基本保持不变,管子呈恒流特性(如图 1-34(c),对应图 1-35 输出特性曲线的恒流区)。但是,如果再增加 u_{DS}达到 $u_{(BR)DS}$时($u_{(BR)DS}$称为击穿电压),进入夹断区的电子将被强电场加速而获得很大的动能,这些电子和夹断区内的原子碰撞发生连锁反应,产生大量的新生载流子,使 i_D 急剧增加而出现击穿现象(对应图 1-35 输出特性曲线的击穿区)。

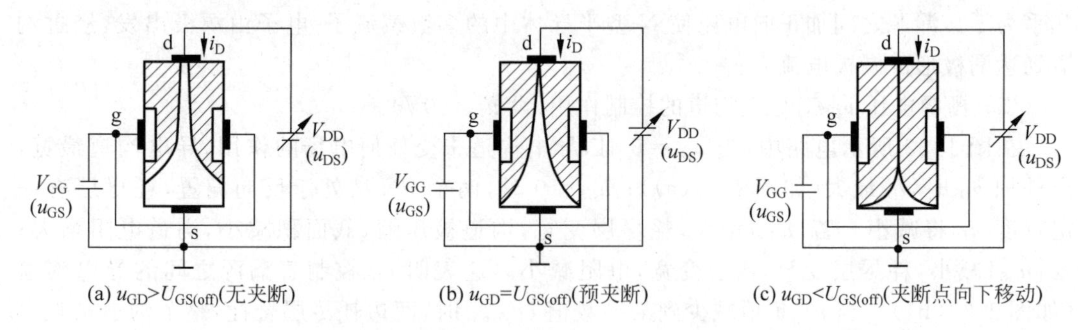

图 1-34　u_{DS}对导电沟道的控制作用

由此可见,结型场效应管的漏极电流 i_D 受 u_{GS}和 u_{DS}的双重控制。这种电压的控制作用,是场效应管具有放大作用的基础。

2. 结型场效应管特性曲线

1）输出特性曲线

结型场效应管的输出特性曲线如图1-35所示，它是栅源电压u_{GS}取不同定值时，漏极电流i_D随漏源电压u_{DS}变化的一簇关系曲线，记为：

$$i_D = f(u_{DS})\big|_{u_{GS}=\text{常数}} \tag{1-27}$$

由图1-35可知，各条曲线有共同的变化规律。u_{GS}越负，曲线越向下移动，这是因为对于相同的u_{DS}，u_{GS}越负，耗尽层越宽，导电沟道越窄，i_D越小。

由图1-35还可以看出，输出特性可分为4个区域即可变电阻区、恒流区、夹断区和击穿区。

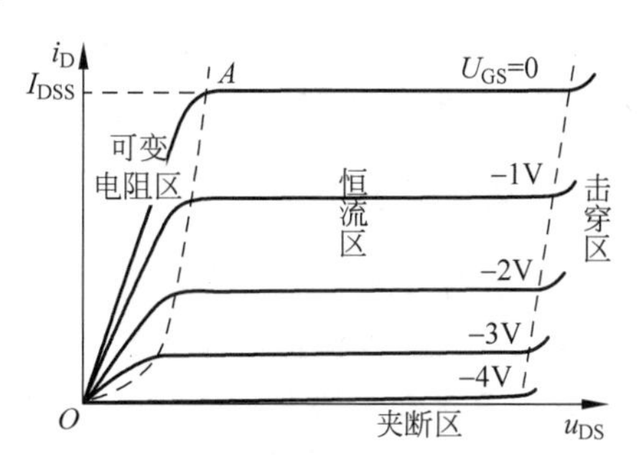

图1-35　某结型场效应管（N沟道）输出特性

（1）**可变电阻区**：即预夹断以前的区域。其特点是，当$0<u_{DS}<u_{GS}-U_{GS(off)}$，即$u_{GD}>U_{GS(off)}$时，$i_D$几乎与$u_{DS}$呈线性关系增长，$u_{GS}$越负，曲线上升斜率越小。在此区域内，场效应管等效为一个受u_{GS}控制的可变电阻。

（2）**恒流区**：图中两条虚线之间的部分。其特点是，当$u_{DS}>u_{GS}-U_{GS(off)}$，即$u_{GD}<U_{GS(off)}$时，$i_D$几乎不随$u_{DS}$变化，保持某一恒定值。$i_D$的大小只受$u_{GS}$的控制，两个变量之间近乎成线性关系，所以该区域又称线性放大区。

在恒流区，当u_{DS}是一个常量时，对应于确定的u_{GS}就有确定的i_D。可以用低频跨导g_m来描述动态的栅源电压对漏极电流的控制作用，记为：

$$g_m = \frac{\Delta i_D}{\Delta u_{GS}} \tag{1-28}$$

其单位为电导的单位西门子（S）。

（3）**击穿区**：即右侧虚线以右的区域。在此区域内$u_{DS}>u_{(BR)DS}$，管子被击穿，i_D随u_{DS}的增加而急剧增加。

（4）**夹断区**：当$u_{GS}<U_{GS(off)}$时，两边耗尽层合拢，整个沟道被耗尽层完全夹断。此时，漏源之间的电阻趋于无穷大。管子处于截止状态，$i_D=0$。

2）转移特性曲线

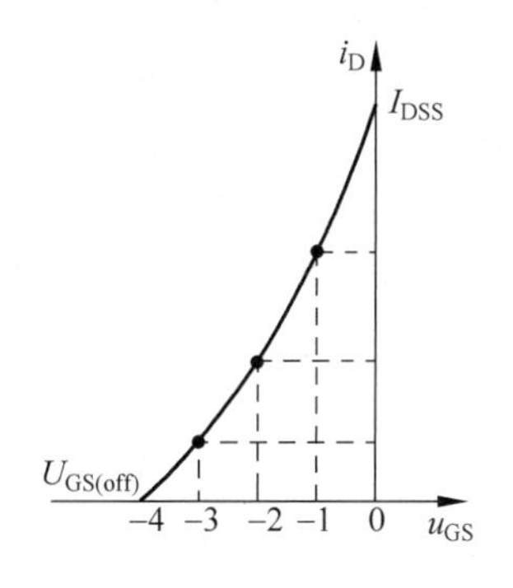

图1-36　某结型场效应管（N沟道）转移特性

当u_{DS}一定时，i_D与u_{GS}之间的关系曲线称为转移特性曲线，如图1-36所示。实验表明，当$u_{DS}>u_{GS}-U_{GS(off)}$，即$u_{GD}<U_{GS(off)}$后，在恒流区内，$i_D$受$u_{DS}$影响甚小，所以转移特性通常只画一条。在工程计算中，与恒流区相对应的转移特性可以近似地用式(1-29)表示。

$$i_D = I_{DSS}\left(1-\frac{u_{GS}}{U_{GS(off)}}\right)^2 \quad (U_{GS(off)} < u_{GS} < 0) \tag{1-29}$$

其中I_{DSS}是$u_{GS}=0$时的漏极饱和电流。为保证栅源间加反向电压，P沟道管$u_{GS}\geqslant 0$V。

1.4.2 绝缘栅场效应管

在结型场效应管中，栅极和沟道间的 PN 结是反向偏置的，所以输入电阻很大。但 PN 结反偏时总会有一些反向电流存在，这就限制了输入电阻的进一步提高。如果在栅极与沟道间用一绝缘层隔开，便制成了绝缘栅型场效应管（IGFET，MOSFET），其输入电阻可以得到提高。根据绝缘层所用材料的不同，绝缘栅场效应管有多种类型，目前应用最广泛的一种是以二氧化硅（SiO_2）为绝缘层的金属—氧化物—半导体（Meial-Oxide-Semiconductor）场效应管，简称 MOS 场效应管（MOSFET）。它也有 N 沟道和 P 沟道两类，每类按结构不同又分为**增强型和耗尽型**。

1. 增强型 MOS 管

1）结构与符号

图 1-37 是 N 沟道增强型 MOS 管的结构示意图及增强型 MOS 管的符号。N 沟道增强型 MOS 管是在一块 P 型硅衬底上，扩散两个高浓度掺杂的 N+区，在两个 N+区之间的硅表面上制作一层很薄的二氧化硅（SiO_2）绝缘层，然后在 SiO_2 和两个 N 型区表面上分别引出三个电极，称为源极 s、栅极 g 和漏极 d。在其图形符号中，箭头表示漏极电流的实际方向。

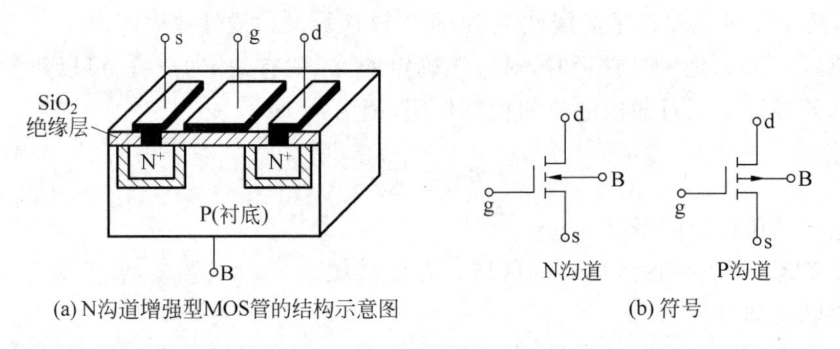

图 1-37 N 沟道增强型 MOS 管的结构示意图和增强型 MOS 管的符号

2）工作原理

绝缘栅场效应管的导电机理是利用 u_{GS}控制“感应电荷”的多少来控制和改变导电沟道的宽窄，从而控制漏极电流 i_D。若 $u_{GS}=0$，则源、漏之间不存在导电沟道的为增强型 MOS 管；若 $u_{GS}=0$，则漏、源之间存在导电沟道的为耗尽型 MOS 管。

图 1-37(a)中衬底为 P 型半导体，在它的上面是一层 SiO_2 薄膜、在 SiO_2 薄膜上盖一层金属铝，如果在金属铝层和半导体之间加电压 u_{GS}，且设 $u_{DS}=0$，则金属铝与半导体之间会产生一个垂直于半导体表面的电场，在这一电场作用下，P 型硅表面的多数载流子-空穴会受到排斥（如图 1-38(a)所示），使硅片表面产生一层缺乏载流子的薄层。同时在电场的作用下，P 型半导体中的少数载流子-电子被吸引到半导体的表面，并被空穴所俘获而形成负离子，组成不可移动的空间电荷层（耗尽层又叫受主离子层）。u_{GS}越大，电场排斥硅表面层中的空穴越多，则耗尽层越宽，且 u_{GS}越大，电场越强；当 u_{GS}增大到某一栅源电压值 $U_{GS(th)}$（叫**临界电压**或**开启电压**）时，则电场在排斥半导体表面层的多数载流子-空穴形成耗尽层之后，

就会吸引少数载流子-电子，继而在表面层内形成电子的积累，从而使原来为空穴占多数的P型半导体表面形成了N型薄层（如图1-38(b)所示）。由于与P型衬底的导电类型相反，故称为**反型层**。在反型层下才是负离子组成的耗尽层。这一N型电子层，把原来被PN结高阻层隔开的源区和漏区连接起来，形成导电沟道。

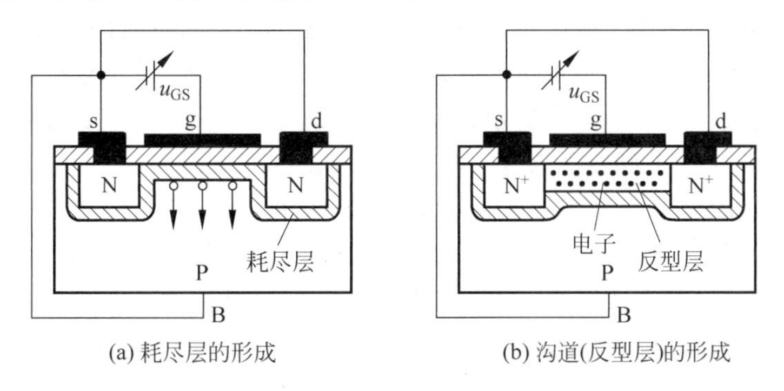

(a) 耗尽层的形成　　(b) 沟道(反型层)的形成

图1-38　N沟道增强型MOS管，u_{GS}对导电沟道的影响

可见栅源电压u_{GS}能够控制导电沟道宽窄，改变漏极电流i_D的关系。当$u_{GS}=0$时，因没有电场作用，不能形成导电沟道，这时虽然漏、源间外接有u_{DS}电源，但由于漏、源间被P型衬底所隔开，漏源之间存在两个PN结，因此只能流过很小的反向电流，$i_D\approx0$；当$u_{GS}>0$并逐渐增加到$U_{GS(th)}$时，反型层开始形成，漏、源之间被N沟道连成一体。这时在正的漏、源电压u_{DS}的作用下，N沟道内的多子（电子）产生漂移运动，从源极流向漏极，形成漏极电流i_D。显然，u_{GS}越高，电场越强，表面感应出的电子越多，N型沟道越宽沟道电阻越小，i_D越大。

3）特性曲线

N沟道增强型MOS管特性曲线如图1-39所示。在图1-39(a)所示的转移特性曲线上，i_D与u_{GS}的关系为：

$$i_D = I_{DO}\left(\frac{u_{GS}}{U_{GS(th)}}-1\right)^2 \quad (u_{GS}>U_{GS(th)}) \tag{1-30}$$

其中I_{DO}是$u_{GS}=2U_{GS(th)}$时的i_D。

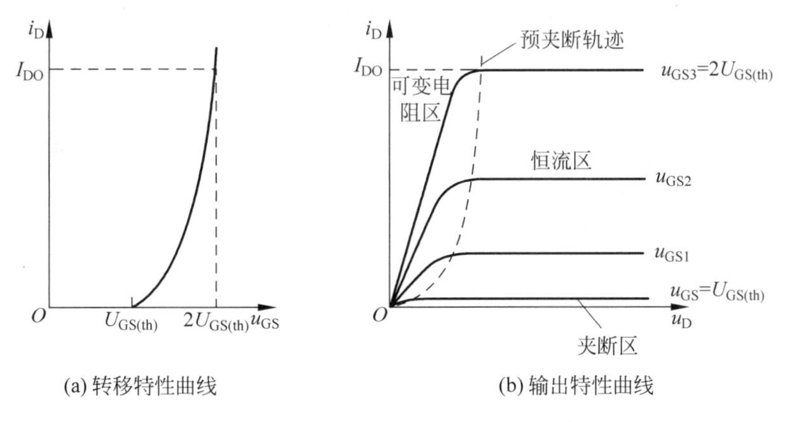

(a) 转移特性曲线　　(b) 输出特性曲线

图1-39　N沟道增强型MOS管特性曲线

图 1-39(b)所示的输出特性是 u_{GS}为不同定值时,i_D 与 u_{DS}之间关系的一簇曲线。可见,各条曲线变化规律基本相同。以一条曲线为例来进行分析。显然 $u_{GS}>U_{GS(th)}$,导电沟道形成。当 $u_{DS}=0$ 时,沟道里没有电子的定向运动,$i_D=0$;当 $u_{DS}>0$ 且较小时,沟道基本保持原状,表现出一定电阻,i_D 随 u_{DS}线性增大;当 u_{DS}较大时,由于电阻沿沟道递增,使 u_{DS}沿沟道的电位从漏端到源端递降,所以沿沟道的各点上,栅极与沟道间的电位差沿沟道从 d 至 s 极递增,导致垂直于 P 型硅表面的电场强度从 d 至 s 极也递增,从而导致沟道宽度不均匀,漏端最窄,源端最宽(如图 1-40(a)所示)。随着 u_{DS}的增加,漏端沟道变得更窄,电阻相应变大,i_D 上升变慢,此区称为可变电阻区;当 u_{DS}继续增大到 $u_{DS}=u_{GS}-U_{GS(th)}$,即 $u_{GD}=U_{GS(th)}$时,近漏端的沟道开始消失,漏端一点处被夹断(如图 1-40(b)所示),称为预夹断;如果 u_{DS}再增加,将出现夹断区。这时,u_{DS}增加的部分基本上降在夹断区上,使夹断部分的耗尽层变得更厚,而未夹断的导电沟道不再有多大变化,所以 i_D 将维持刚出现夹断时的数值,趋于饱和,管子呈现恒流特性(如图 1-40(c)所示)。

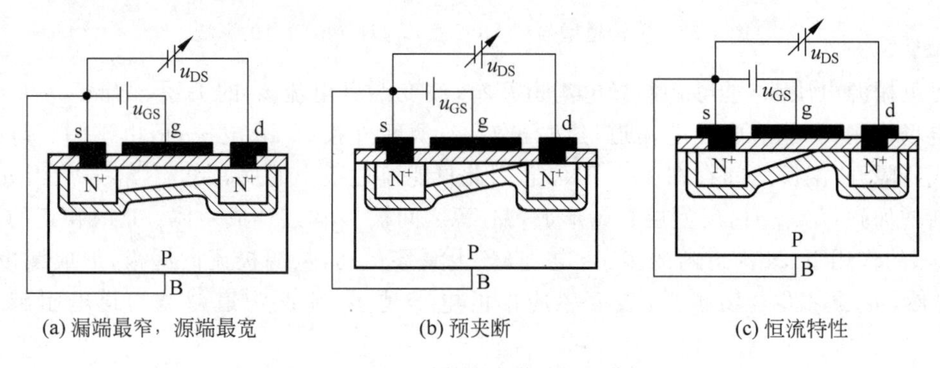

(a) 漏端最窄，源端最宽　　(b) 预夹断　　(c) 恒流特性

图 1-40　u_{DS}对导电沟道的控制作用

对于不同的 u_{GS}值,沟道深浅也不同,u_{GS}越大,沟道越深。在恒流区,对于相同的 u_{DS}值,u_{GS}大的 i_D 也较大,表现为输出特性曲线上移。

2. 耗尽型 MOS 管

图 1-41 是 N 沟道耗尽型 MOS 管的结构示意图及耗尽型 MOS 管的符号。N 沟道耗尽型 MOS 管和 N 沟道增强型 MOS 管的结构基本相同。差别在于耗尽型 MOS 管的 SiO_2 绝缘层中掺有大量的正离子,故在 $u_{GS}=0$ 时,就在两个 N 区之间的 P 型表面层中感应出大量

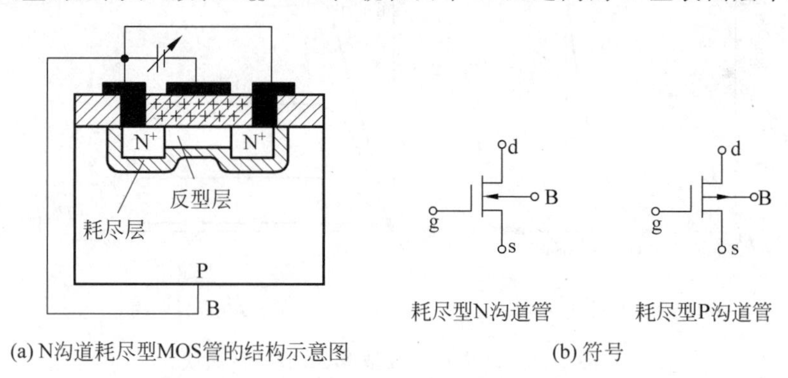

(a) N沟道耗尽型MOS管的结构示意图　　(b) 符号

图 1-41　N 沟道耗尽型 MOS 管的结构示意图及耗尽型 MOS 管的符号

的电子来，形成一定宽度的导电沟道。这时，只要 $u_{DS}>0$ 就会产生 i_D。

对于N沟道耗尽型MOS管，无论 u_{GS} 为正或负，都能控制 i_D 的大小，并且不出现栅流。这是耗尽型MOS管区别于增强型MOS管的主要特点。

对于P沟道场效应管，其工作原理、特性曲线和N沟道相类似。仅仅电源极性和电流方向不同而已。

各种场效应管的符号及特性总结如图1-42所示。

1.4.3　场效应管的参数

场效应管的参数很多，包括直流参数、交流参数和极限参数，但一般使用时关注以下主要参数。

(1) I_{DSS}——饱和漏源电流。是指结型或耗尽型绝缘栅场效应管中，当 $u_{GS}=0$ 时的漏源电流。

(2) $U_{GS(off)}$——夹断电压。是指结型或耗尽型绝缘栅场效应管中，当 u_{DS} 为某一固定值(例如10V)，使 i_D 等于某一微小电流(例如50mA)时，栅源极间所加的电压即夹断电压。

(3) $U_{GS(th)}$——开启电压。是指增强型绝缘栅场效管中，当 u_{DS} 为某一固定值，使 $i_D>0$ 所需最小的源极电压 $|u_{GS}|$ 的值。

(4) g_m——跨导。是表示栅源电压 u_{GS} 对漏极电流 i_D 的控制能力，即漏极电流 i_D 变化量与栅源电压 u_{GS} 变化量的比值。g_m 是衡量场效应管放大能力的重要参数。

(5) $U_{(BR)DS}$——漏源击穿电压。是指栅源电压 u_{GS} 一定时，场效应管正常工作所能承受的最大漏源电压。这是一项极限参数，加在场效应管上的工作电压必须小于 $U_{(BR)DS}$。

(6) P_{DM}——最大耗散功率。这也是一项极限参数，是指场效应管性能不变坏时所允许的最大漏源耗散功率。使用时，场效应管实际功耗应小于 P_{DM} 并留有一定余量。

(7) I_{DM}——最大漏源电流。是一项极限参数，是指场效应管正常工作时，漏源间所允许通过的最大电流。场效应管的工作电流不应超过 I_{DM}。

(8) $R_{GS(DC)}$——直流输入电阻。它是在漏源极间短路的条件下，栅源极间加一定电压时的栅源直流电阻。由于栅极几乎不索取电流，因此输入电阻很高。结型为场效应管 $10^6\Omega$ 以上，MOS管可达 $10^{10}\Omega$ 以上。

(9) 极间电容——场效应管三个电极之间的电容，包括 C_{GS}、C_{GD} 和 C_{DS}。这些极间电容越小，则管子的高频性能越好。一般为几个皮法。

场效应管与三极管的性能存在一些联系和区别，在使用时需要特别注意，主要有：

(1) 场效应管的源极s、栅极g、漏极d分别对应于三极管的发射极e、基极b、集电极c，它们的作用相似。

(2) 场效应管是电压控制电流器件，由 u_{GS} 控制 i_D，其放大系数 g_m 一般较小，因此场效应管的放大能力较差；三极管是电流控制电流器件，由 i_B 控制 i_C。

(3) 场效应管栅极几乎不取电流；而三极管工作时基极总要吸取一定的电流。因此场效应管的输入电阻比三极管的输入电阻高。

(4) 场效应管只有多子参与导电；三极管有多子和少子两种载流子参与导电，因少子浓度受温度、辐射等因素影响较大，所以场效应管比三极管的温度稳定性好、抗辐射能力强。

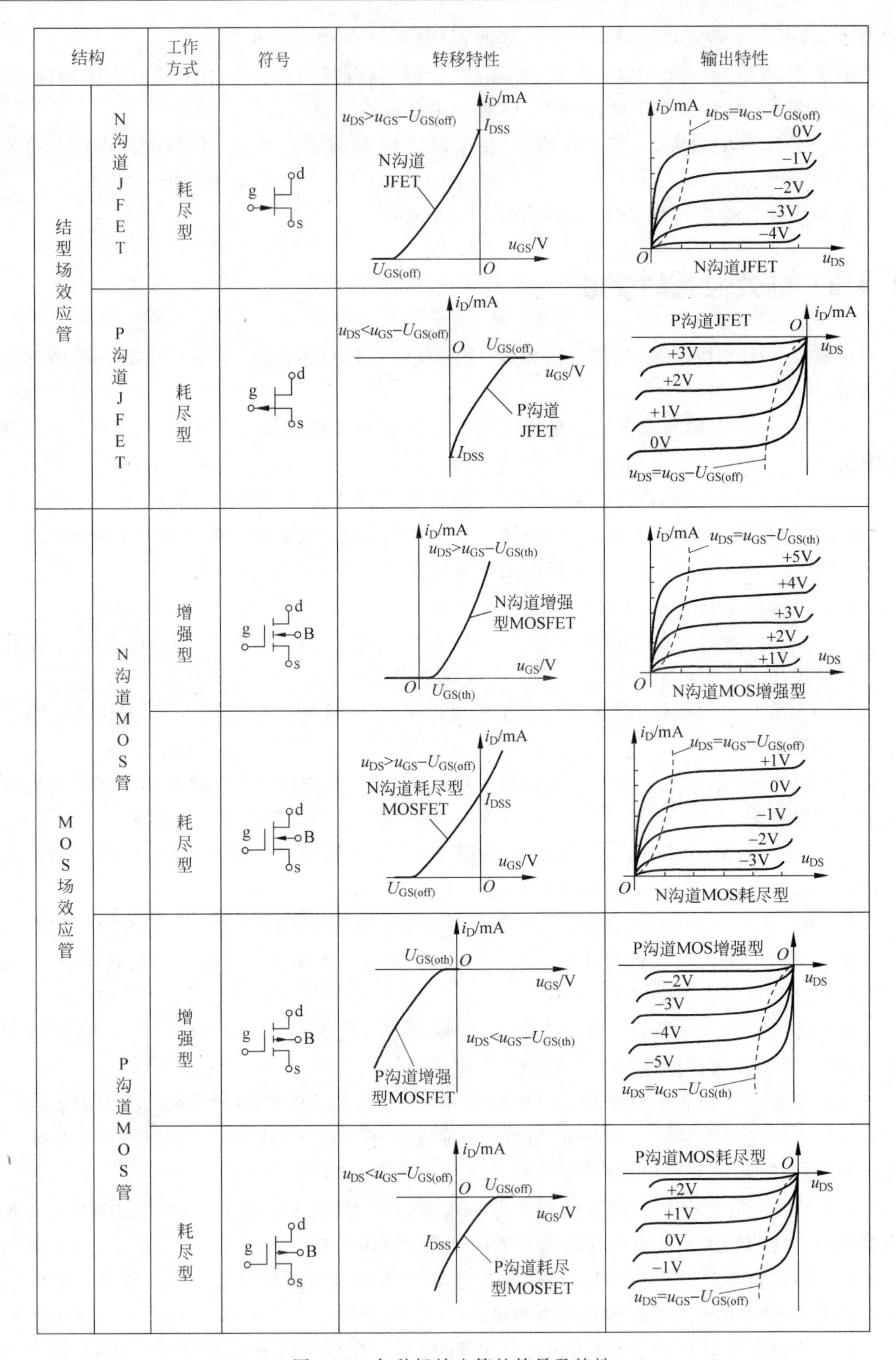

图 1-42　各种场效应管的符号及特性

在环境条件(温度等)变化很大的情况下应选用场效应管。

(5) 场效应管在源极未与衬底连在一起时,源极和漏极可以互换使用,且特性变化不大;而三极管的集电极与发射极互换使用时,其特性差异很大,β值将减小很多。

(6) 场效应管的噪声系数很小,在低噪声放大电路的输入级及要求信噪比较高的电路中要选用场效应管。

(7) 场效应管和三极管均可组成各种放大电路和开关电路,但由于前者制造工艺简单,且具有耗电少、热稳定性好、工作电源电压范围宽等优点,因而被广泛用于大规模和超大规模集成电路中。

1.4.4 直流偏置下场效应管工作状态分析

与晶体管类似,在进行低频小信号放大分析时,首先要确定场效应管的工作状态。一般遵循"先直流,后交流"的顺序,本节通过例题简单介绍一下直流偏置下效应管的工作状态分析的一般方法。

例 1-10 已知各场效应管的输出特性曲线如图 1-43 所示。试分析各管子的类型。

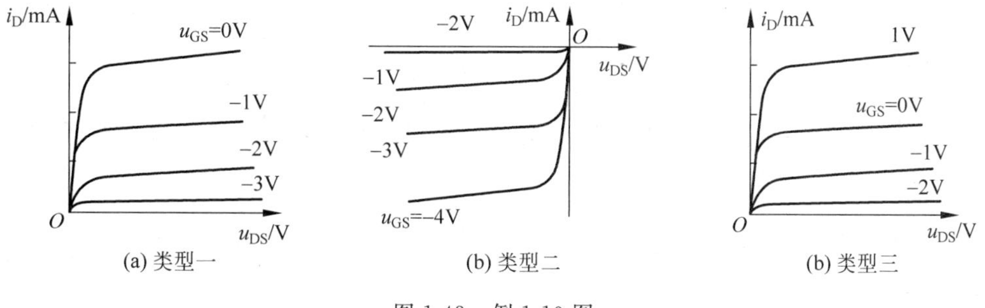

图 1-43 例 1-10 图

分析:可以根据场效应管工作于恒流区的曲线特点判断管子的类型。从图 1-42 中可以得到场效应管工作于恒流区具有以下特点:

① N 沟道增强型 MOS 管:$u_{DS}>0$,$u_{GS}>U_{GS(th)}>0$;P 沟道反之。

② N 沟道耗尽型 MOS 管:$u_{DS}>0$,u_{GS}可正、可负,也可为 0;P 沟道反之。

③ N 沟道 JFET:$u_{DS}>0$,$u_{GS}<0$;P 沟道反之。

解:

(a) $i_D>0$(或 $u_{DS}>0$),则该管为 N 沟道;$u_{GS}<0$,故为 JFET(耗尽型)。

(b) $i_D<0$(或 $u_{DS}<0$),则该管为 P 沟道;$u_{GS}<0$,故为增强型 MOS 管。

(c) $i_D>0$(或 $u_{DS}>0$),则该管为 N 沟道;u_{GS}可正、可负,故为耗尽型 MOS 管。

例 1-11 测得某放大电路中三个 MOS 管的三个电极的电位如表 1-1 所示,它们的开启电压也在表中。试分析各管的工作状态(截止区、恒流区、可变电阻区),并填入表内。

表 1-1 MOS 管电位值

管　号	$U_{GS(th)}$/V	u_S/V	u_G/V	u_D/V	工作状态
T_1	4	−5	1	3	
T_2	−4	3	3	10	
T_3	−4	6	0	5	

解：因为三只管子均有开启电压，所以它们均为增强型 MOS 管。根据表中所示各极电位可判断出它们各自的工作状态。

T_1：$U_{GS(th)}=4V$，说明其为 N 沟道 MOS 管。而且 $u_{GS}=u_G-u_S=1-(-5)=6V>U_{GS(th)}$，$u_{GD}=u_G-u_D=1-3=2V<U_{GS(th)}$，其有沟道，并且在 d 极附近有夹断，因此 T_1 工作在恒流区。

T_2：$U_{GS(th)}=-4V$，说明其为 P 沟道 MOS 管。而且 $u_{GS}=u_G-u_S=3-3=0V<|U_{GS(th)}|=4V$，其未形成导电沟道，因此 T_2 工作在夹断区。

T_3：$U_{GS(th)}=-4V$，说明其为 P 沟道 MOS 管。而且 $u_{GS}=u_G-u_S=0-6=-6V$，$|u_{GS}|>|U_{GS(th)}|=4V$，$u_{GD}=u_G-u_D=0-5=-5V$，$|u_{GD}|>U_{GS(th)}=4V$，其形成导电沟道，并且在 d 极附近没有夹断，因此 T_3 工作在可变电阻区。综合以上可得表 1-2。

表 1-2 MOS 管工作情况判断

管 号	$U_{GS(th)}$/V	u_S/V	u_G/V	u_D/V	工作状态
T_1	4	−5	1	3	恒流区
T_2	−4	3	3	10	夹断区
T_3	−4	6	0	5	可变电阻区

1.5 利用 Multisim 软件分析半导体器件的伏安特性曲线

1.5.1 利用 Multisim 观察二极管的单向导电特性

1. 题目

利用 Multisim 软件观察二极管的单向导电特性，分析半导体器件的伏安特性曲线。

2. 仿真电路

在 Multisim 中构建二极管电路，如图 1-44(a)所示。图中 V_D 是虚拟二极管，在输入端加入峰值 $U_i=4V$，频率为 1kHz 的正弦信号，接入一台虚拟双通道示波器，示波器 A 端接入信号源输入端，B 端接电路输出端。

3. 仿真内容

仿真时，由示波器观察电路输入输出波形，如图 1-44(b)所示。从图 1-44(b)中可见，输入信号为一个双向正弦波电压，经过二极管电路后，在输出端得到的波形为减去 2V 直流电压，是一个单方向的脉动电压，可见二极管具有单向导电性。

4. 仿真结果分析

仿真电路中，若 V_D 正向导通，管压降为 0.65V，当输入信号电压大于等于−1.35V 时，二极管正向导通；当输入信号电压小于−1.35V 时，二极管反向截止。

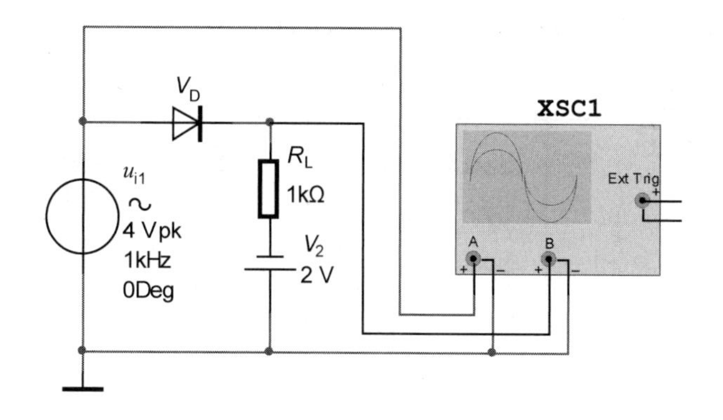

(a) 电路图

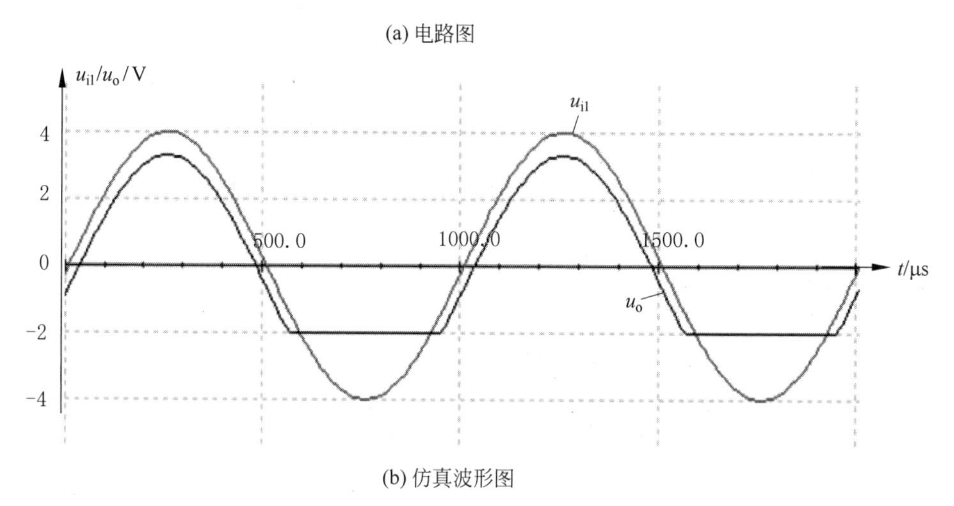

(b) 仿真波形图

图1-44　二极管仿真电路

5. 结论

二极管具有单向导电特性。

1.5.2　利用Multisim观察稳压管的稳压特性

1. 题目

利用Multisim观察稳压管的稳压特性。

2. 仿真电路

在Multisim中构建稳压管电路，如图1-45所示。图中XMM1、XMM2均为虚拟数字万用表，其中，XMM1设定为直流电流表；XMM2设定为直流电压表。稳压管V_{DZ}为真实器件BZV55-B3V0，稳压值为3V，输出最大功率为500mW。

3. 仿真内容

仿真测试如下：当输入电压U_1为6V，R为300Ω，负载电阻R_1=1kΩ时，XMM1测得稳压管电流为6.962mA,XMM2测得输出电压为3.009V。

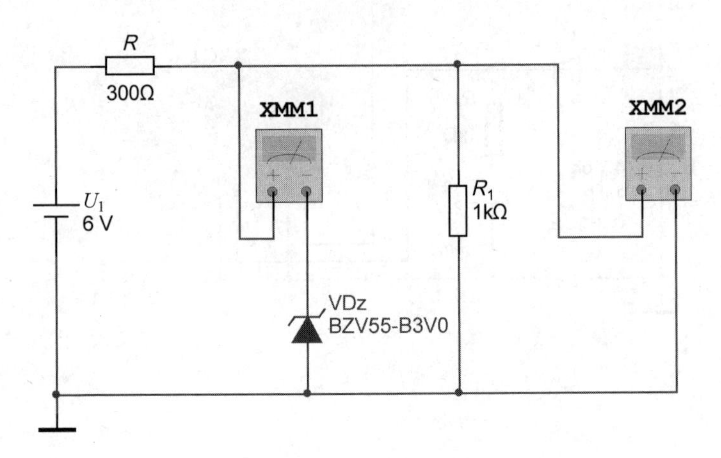

图1-45 稳压管仿真电路

改变直流输入电压 U_1 为9V,R 及负载电阻值 R_1 不变,XMM1测得稳压管电流为16.863mA,XMM2测得输出电压为3.032V。

再次改变直流输入电压 U_1 为12V,R 及负载电阻值 R_1 不变,XMM1测得稳压管电流为26.81mA,XMM2测得输出电压为3.044V。

再次改变直流输入电压 U_1 为6V,R 值不变,负载电阻 R_1 为500Ω,XMM1测得稳压管电流为4.03mA,XMM2测得输出电压为2.994V。

4. 仿真结果分析

由上可知,当直流输入电压或负载电阻变化时,稳压管两端电压能够基本保持在3V输出不变,而稳压管电流将发生较大的变化。

5. 结论

当直流输入电压或负载电阻变化时,通过稳压管电流的变化来调整限流电阻 R 上的压降,从而保证稳压管输出电压的基本稳定。

1.5.3 利用Multisim观察双极型三极管的电流放大作用

1. 题目

利用Multisim观察双极型三极管的电流放大作用。

2. 仿真电路

在Multisim中构建三极管测试电路,如图1-46所示。三极管基极回路接入直流电流源,集电极回路接入虚拟数字万用表,并设置成直流电流表,以测量集电极电流。集电极电压 U_{CE} 保持12V不变。分别改变基极电流 i_b 的数值,并从虚拟仪表测得相应的集电极电流 i_c。

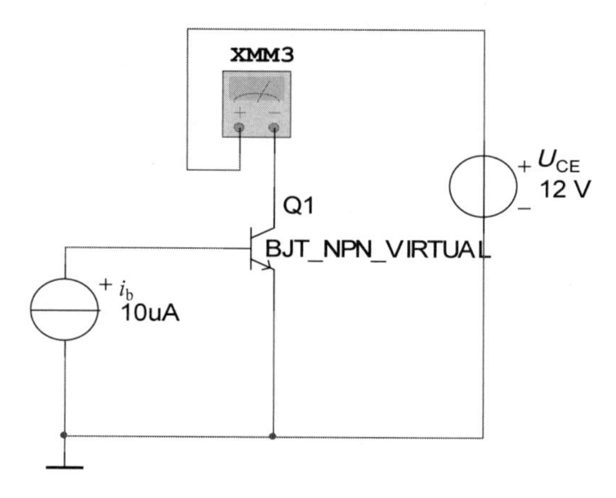

图 1-46　三极管仿真电路

3. 仿真内容

改变基极电流 i_b 的数值，测得 i_c 数据如表 1-3 所示。

表 1-3　三极管电流测量值

$i_b/\mu A$	0	10	20	30	40	50	60	70
i_c/mA	0	1.002	2.002	3.002	4.002	5.002	6.002	7.002

也可采用伏安特性分析仪进行测量。伏安特性分析仪用于测量二极管、三极管和场效应管的伏安特性曲线。构建三极管测试电路如图 1-47 所示。在伏安特性分析仪面板上，设置器件类型为 BJTNPN，且对 Simulate param 仿真参数对话框进行设定，V_{CE}电压设定范围为 0～12V，步进 100mV，i_b 电流从 1μA 到 1mA，用 5 组曲线描述。可选部分为 Current range(A)的电流范围和 Voltage range(V)的电压范围，更改默认设置 Log，选为 Lin 线性选项。仿真测试结果如图 1-47(b)所示。观察仿真波形，当 V_{CE}为 6V，I_b 输入电流为 750.25μA 时，I_c

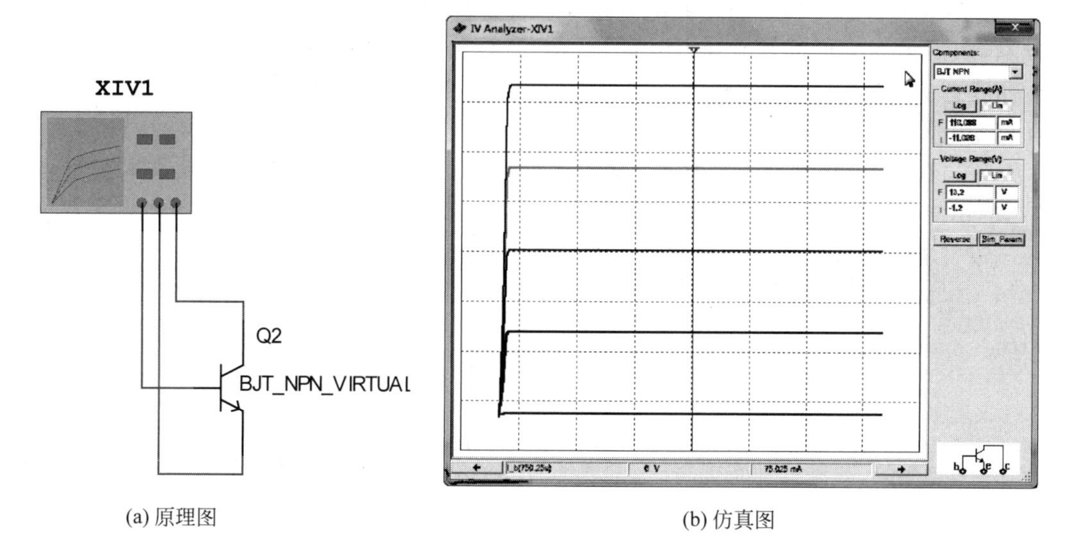

(a) 原理图　　(b) 仿真图

图 1-47　伏安特性分析仪测量三极管仿真电路

电流为75.025mA,满足三极管对电流的放大作用特性,同时与电路1-46测试结论相同。

注意使用伏安特性分析仪只能测量未连接在电路里的单个原件。

4. 仿真结果分析

由表1-3可知,当i_b由10μA增加到20μA,即Δi_b为10μA,Δi_c变化为1.000mA,等于Δi_b的100倍。因此$\frac{\Delta i_c}{\Delta i_b}=100$。

5. 结论

双极型三极管具有电流放大作用。

本章小结

本章首先介绍了半导体的发展历史和半导体的基础知识,然后介绍了一些常用而且重要的半导体器件。主要阐述的有半导体二极管、双极型晶体管(三极管)和场效应管的工作原理、特性曲线、主要参数和典型电路分析。现归纳如下:

(1) 半导体二极管由P型和N型半导体组成的PN结具有单向导电性。二极管分为硅管和锗管两种类型。硅管的导通电压约为0.5V,管子导通后管压降约为0.6~0.8V;锗管的导通电压约为0.1V,管子导通后管压降约为0.1~0.3V。二极管在模拟电路中常作为整流元件或非线性元件使用;在数字电路中,常作为开关元件使用。

(2) 晶体三极管是一种电流控制电流源型器件,其输出特性曲线分为截止区、放大区和饱和区。NPN型硅管,当$u_{BE}<0.5$V时,管子截止,即$i_B=0$,$i_C=0$;当$u_{BE}\approx0.7$V且$u_{CE}<u_{BE}$时,管子处于饱和状态;当$u_{BE}\approx0.7$V且$u_{CE}\geqslant u_{BE}$时(管子处于放大状态,且$i_C=\beta i_B$)。管子的放大区多应用于模拟电路,截止区及饱和区多应用于数字电路。

(3) 场效应管是一种电压控制电流源型器件。控制量取自栅源极电压。场效应管分为结型和MOS管。它们的直流输入电阻R_{GS}值很高,可以近似认为$i_G\approx0$。场效应管的输出特性曲线分为夹断(截止)区、恒流区和可变电阻区。管子的恒流区多用于模拟电路,而夹断区和可变电阻区多用于数字电路。

对于二极管、三极管及场效应管,都应掌握它们的特性曲线及主要参数。本章重点是PN结的单向导电性,二极管电路分析和三极管(NPN管)的三个工作区的条件和特点。难点是三极管电流的放大原理和场效应管的工作原理。

习题

1-1

(1) 什么是P型半导体?什么是N型半导体?

(2) 什么是PN结?其主要特性是什么?

(3) 如何使用万用表欧姆挡判别二极管的好坏与极性?

(4) 为什么二极管的反向电流与外加反向电压基本无关，而当环境温度升高时会明显增大？

(5) 把一节1.5V的电池直接接到二极管的两端，会发生什么情况？判别二极管的工作状态。

1-2　二极管电路如图1-48所示，D_1、D_2为理想二极管，判断图中的二极管是导通还是截止，并求AO两端的电压U_{AO}。

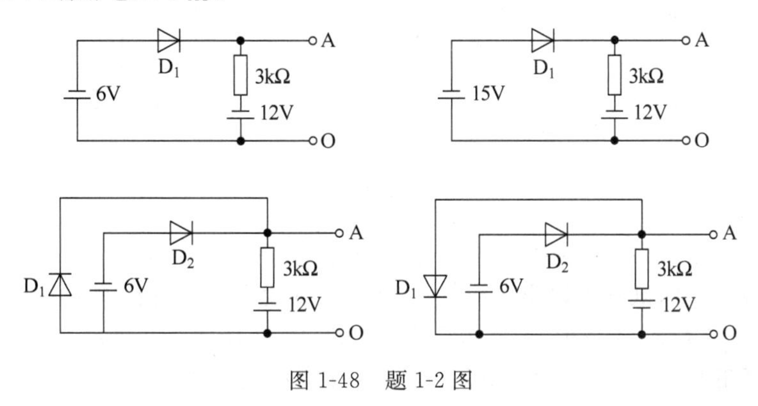

图1-48　题1-2图

1-3　在图1-49所示电路中，已知$U=6V$，$u_i=12\sin\omega t$ V，二极管的正向压降可忽略不计，试分别画出输出电压u_o的波形。

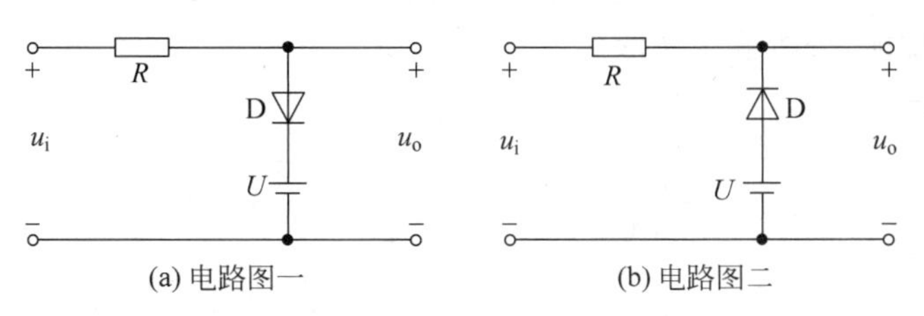

图1-49　题1-3图

1-4　楼道中的路灯常常通宵长明，因此灯泡使用寿命很短，工人师傅在电路中串联一只二极管如图1-50所示。若灯泡是220V/100W的，试问：

(1) 在此情况下灯泡上电压有效值及消耗功率各为多少？

(2) 二极管的最大整流平均电流及最高反向电压应选多大？

1-5　试判断图1-51中二极管是导通还是截止？为什么？(D为理想二极管)

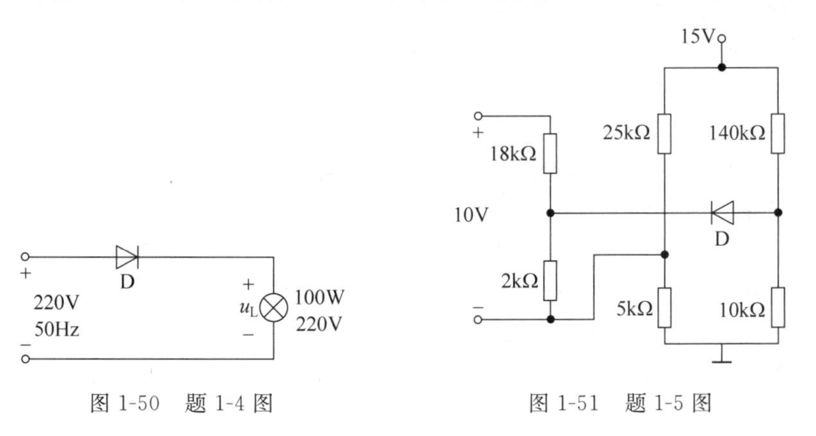

图1-50　题1-4图　　图1-51　题1-5图

1-6　图 1-52 所示电路中，已知输入电压 u_i 的波形，二极管的正向压降可忽略不计，试画出输出电压 u_o 的波形。

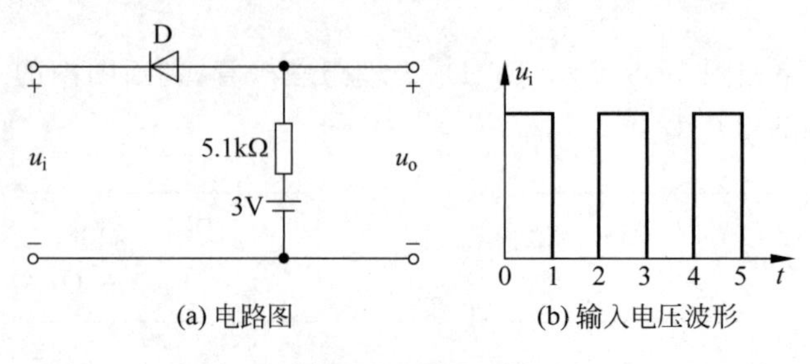

图 1-52　题 1-6 图

1-7　在图 1-53 所示电路中，已知稳压管的稳定电压 $U_Z=6\text{V}$，$u_i=12\sin\omega t\,\text{V}$，二极管的正向压降可忽略不计，试画出输出电压 u_o 的波形。并说出稳压管在电路中所起的作用。

1-8　图 1-54 所示电路中，$u_i=30\text{V}$，$R=1\text{k}\Omega$，$R_L=2\text{k}\Omega$，稳压管的稳定电压为 $U_Z=10\text{V}$，稳定电流的范围：$I_{Z\max}=20\text{mA}$，$I_{Z\min}=5\text{mA}$，试分析当 u_i 波动 $\pm10\%$ 时，电路能否正常工作？如果 u_i 波动 $\pm30\%$，电路能否正常工作？

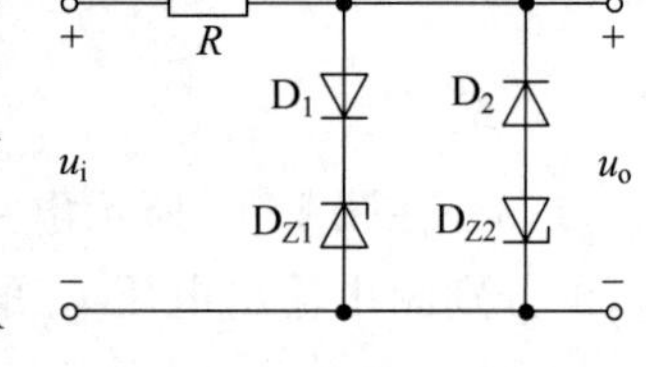

图 1-53　题 1-7 图

1-9　图 1-55 所示半波整流、电容滤波电路。试用 EDA 软件的瞬态分析功能，分析输出波形。

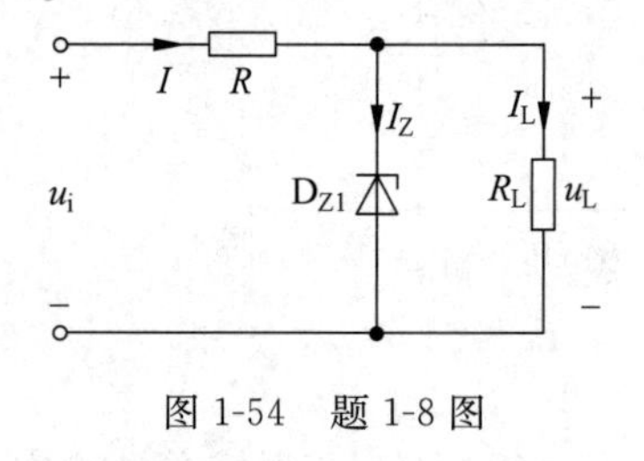

图 1-54　题 1-8 图

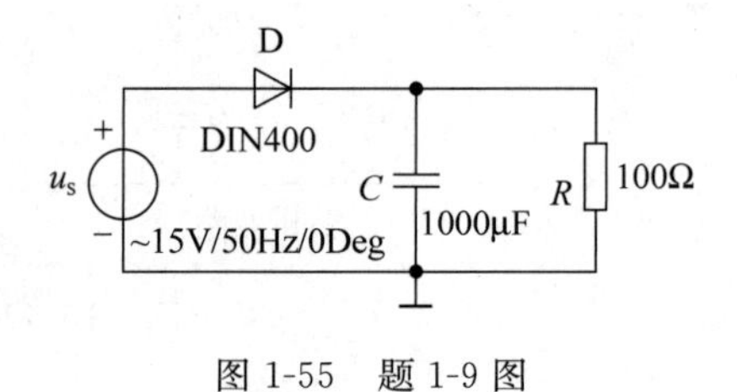

图 1-55　题 1-9 图

1-10　选择正确答案。

(1) 在三极管放大电路中，基极电压(　　)。

A. 位于集电极和发射极电压中间

B. 比集电极和发射极电压高

C. 比集电极和发射极电压都低

(2) 测得三极管 $i_B=30\mu\text{A}$ 时，$i_C=3\text{mA}$；$i_B=40\mu\text{A}$ 时，$i_C=4\text{mA}$，该管的交流电流放大系数为(　　)。

A. 80　　B. 60　　C. 75　　D. 100

(3) NPN 型共射极放大电路中三极管发射结必须是(　　)。

A. 反偏　　B. 正偏　　C. 任意偏置

(4) 下列元件中，(　　)不是半导体器件。

A. 电阻　　B. 二极管　　C. 三极管　　D. 集成电路

(5) 温度升高时，三极管部分参数的变化规律是(　　)。

A. $\beta\uparrow$、$I_{CEO}\uparrow$、$u_{BE}\uparrow$　　B. $\beta\downarrow$、$I_{CEO}\uparrow$、$u_{BE}\downarrow$

C. $\beta\uparrow$、$I_{CEO}\uparrow$、$u_{BE}\downarrow$　　D. $\beta\uparrow$、$I_{CEO}\downarrow$、$u_{BE}\downarrow$

1-11　判别图1-56中各三极管的工作状态。

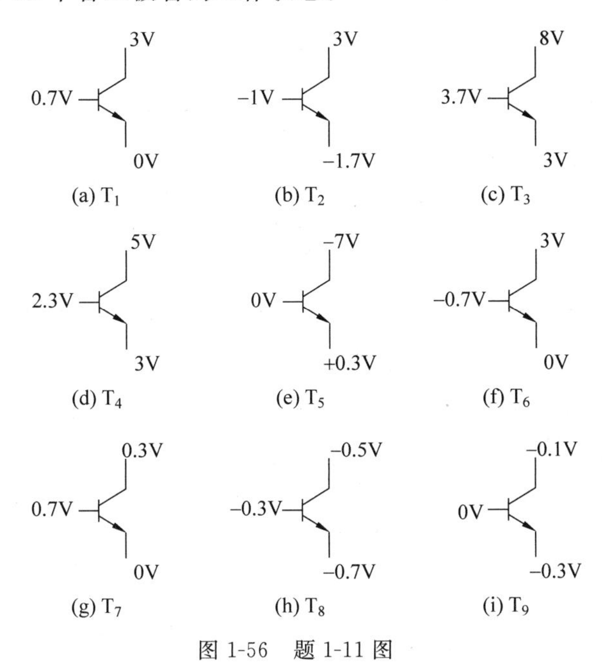

图1-56　题1-11图

1-12　将上题改为PNP型硅管再作判别。

1-13　判断图1-57中各三极管的放大状态，各极名称、管型。

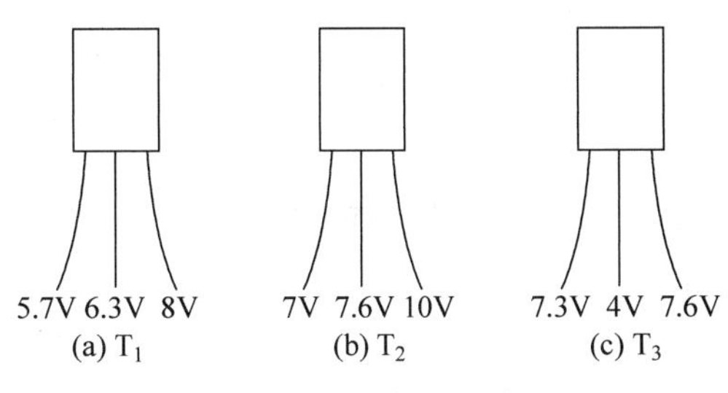

图1-57　题1-13图

1-14　三极管输入特性曲线如图1-58，请回答以下问题：

(1) $u_{CE}=0$ 的曲线，为什么像PN结的伏安特性？

(2) 为什么 u_{CE} 增大时，曲线右移？

(3) 为什么 u_{CE} 增大到一定值时，曲线右移就不明显了？

1-15　根据图1-59的输出特性曲线计算直流电流放大系数、交流电流放大系数 I_{CEO}、I_{CBO} 等。

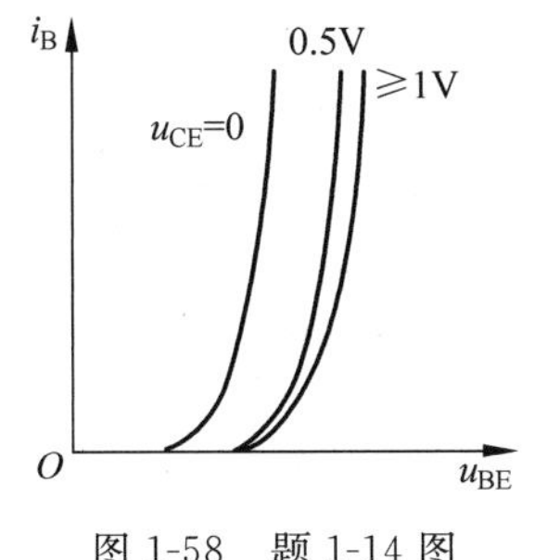

图1-58　题1-14图

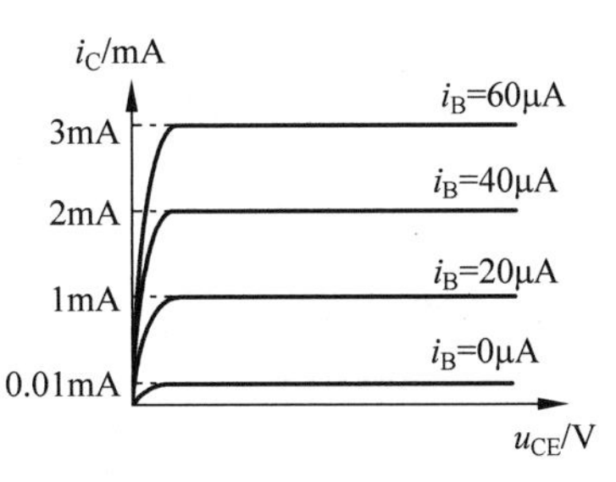

图1-59　题1-15图

1-16　已知 NPN 型硅管 $T_1 \sim T_4$ 各电极的直流电位如表 1-4 所示，试确定各晶体管的工作状态。

表　1-4

管　号	u_B/V	u_E/V	u_C/V	工作状态
T_1	0.7	0	5	
T_2	1	0.3	0.7	
T_3	−1	−1.7	0	
T_4	0	0	15	

1-17　电路如图 1-60 所示，$V_{CC}=15V$，$\beta=100$，$U_{BE}=0.7V$。试问：

(1) $R_b=50k\Omega$ 时，U_o 为多少？

(2) 若 T 临界饱和，则 R_b 约为多少？

1-18　晶体管电路如图 1-61 所示，试问电流放大倍数 β 大于多少时晶体管饱和？

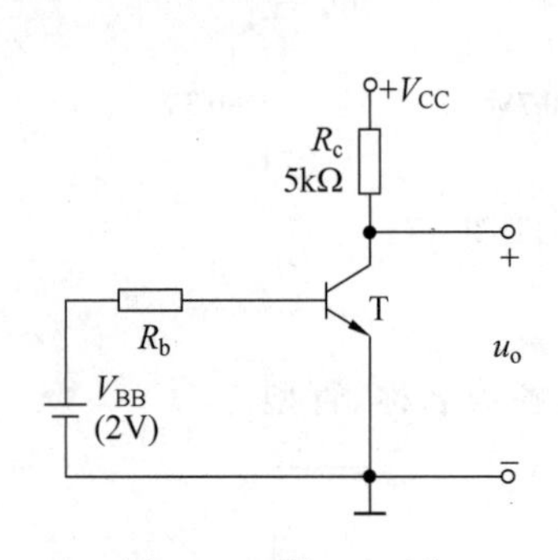

图 1-60　题 1-17 图

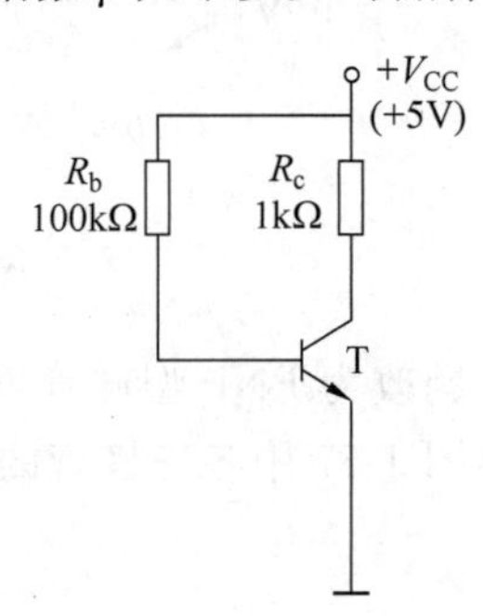

图 1-61　题 1-18 图

1-19　三极管 9011 的参数为 $P_{CM}=400mW$，$I_{CM}=30mA$，$U_{(BR)CEO}=30V$，问该型号管子在以下情况下能否正常工作。

(1) $u_{CE}=20V$，$i_C=25mA$；

(2) $u_{CE}=3V$，$i_C=50mA$。

1-20　N 沟道 JFET 的转移特性如图 1-62 所示。试确定其饱和漏电流 I_{DSS} 和夹断电压 $U_{GS(off)}$。

1-21　N 沟道 JFET 的输出特性如图 1-63 所示。漏源电压的 $u_{DS}=15V$，试确定其饱和漏电流 I_{DSS} 和夹断电压 $U_{GS(off)}$，并计算 $u_{GS}=-2V$ 时的跨导 g_m。

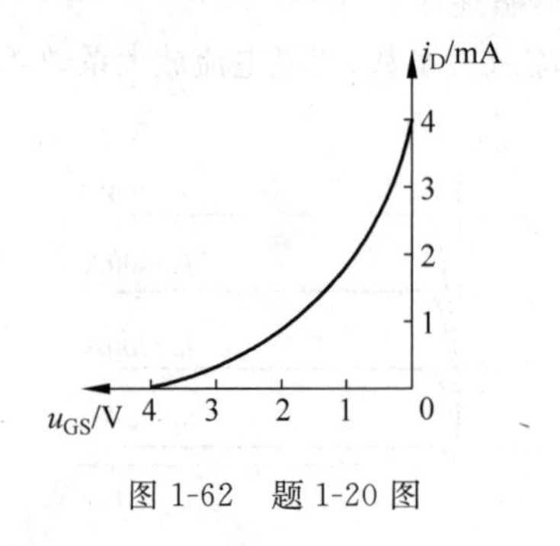

图 1-62　题 1-20 图

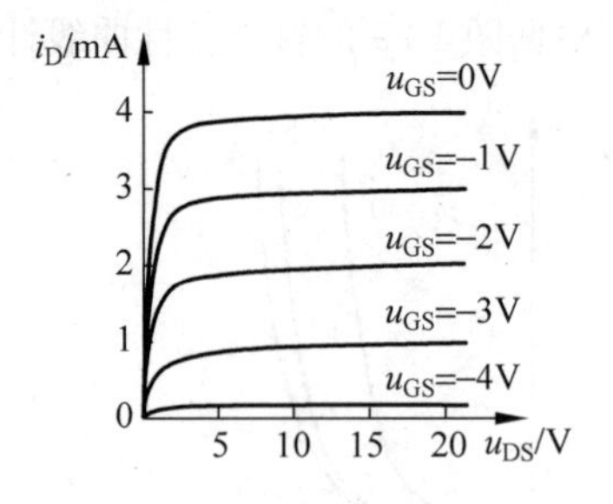

图 1-63　题 1-21 图

1-22　两个场效应管的转移特性曲线分别如图 1-64(a)、图 1-64(b)所示，分别确定这两个场效应管的类型，并求其主要参数(开启电压或夹断电压，低频跨导)。测试时电流 i_D 的参考方向为从漏极 D 到源极 S。

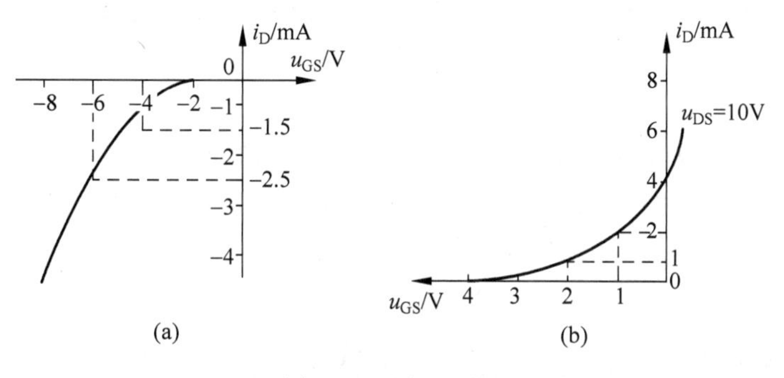

图 1-64　题 1-22 图

1-23　场效应管 T 的输出特性如图 1-65(a)所示，电路如图 1-65(b)所示，分析当 u_i = 4V、8V、12V 三种情况下场效应管分别工作在什么区域。

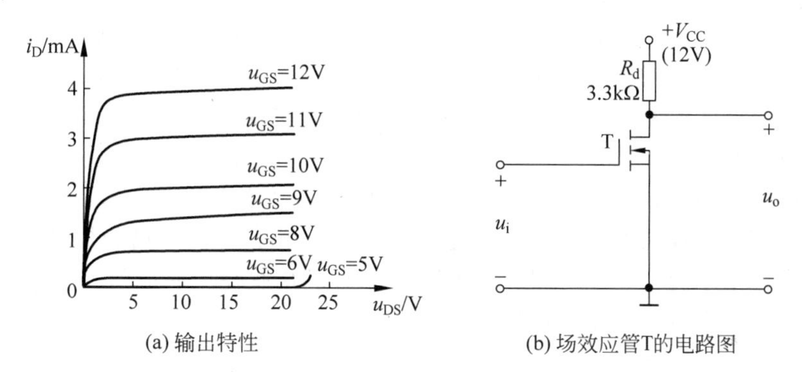

图 1-65　题 1-23 图

第 2 章　基本放大电路

在电子系统中，放大电路是信号处理的基本电路，其作用是将微弱信号放大到所需要的数值。基本放大电路是组成各种复杂电路的单元和基础。本章着重讨论常用的基本放大单元电路的组成、工作原理、性能指标及分析计算方法。

2.1　放大的概念和放大电路的主要性能指标

2.1.1　放大的概念

一般放大的共同点：将原物形状或大小按一定比例放大了，放大前后能量守恒。电学中的放大与一般放大相同之处是放大的对象均为变化量。放大电路的本质是能量的控制和转换。电子电路放大的基本特征是功率放大。在放大电路中必须存在能够控制能量的元件，即有源元件。

放大的前提是不失真，即只有在不失真的情况下放大才有意义。

实际信号都是不规则的信号，不便于测量和比较。由信号的频谱分析可知，各种不规则的信号都是由多个不同幅度、不同频率、不同相位的正弦波叠加而成的。所以，通常都是以正弦信号为测定放大电路性能指标的测试信号。

2.1.2　放大电路的主要性能指标

放大电路放大信号性能的优劣是用它的性能指标来衡量的。性能指标是指在规定条件下，按照规定程序和测试方法所获得的有关数据。这些指标主要是围绕放大能力和保真度两方面提出的。放大电路性能指标很多，且因电路用途不同而有不同的侧重。这里仅介绍其中几项指标的含义。

图 2-1 所示为放大电路组成框图，是一个两端口网络。在正弦稳态分析中，信号电压、电流均用相量表示。图中$\dot{U}_s$，R_s 代表信号源的电压和内阻，在放大电路中一般表示要放大的变化量，信号源也可以用电流源（$\dot{I}_s$，R_s）形式表示；R_L 是放大电路的负载电阻；$\dot{U}_i$、$\dot{I}_i$ 分

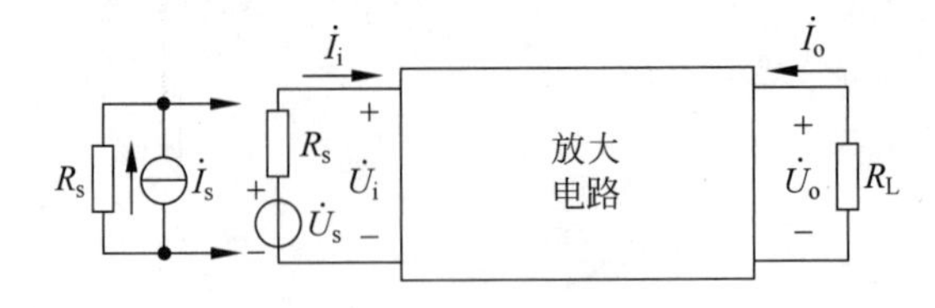

图 2-1　放大电路组成框图

别是放大电路的输入电压、电流；$\dot{U}_o$、$\dot{I}_o$ 分别是放大电路的输出电压、电流。

1. 输入和输出电阻

由图 2-1 可知，放大电路输入端接信号源，即要放大的信号，输出端接负载。因此，输入电阻和输出电阻是考虑放大电路与信号源，负载与放大电路级联时互相影响的重要参数。输入电阻和输出电阻用 R_i，R_o 表示，如图 2-2 所示。

输入电阻 R_i 是从放大电路输入端口视入的等效电阻，它定义为放大电路输入端加电压 $\dot{U}_i$ 与产生电流 $\dot{I}_i$ 的比值，即

$$R_i = \frac{\dot{U}_i}{\dot{I}_i} \tag{2-1}$$

定量求解输入电阻 R_i 的电路如图 2-3 所示。在电路分析中，这种求解电路电阻的方法叫做加压求流法。如果放大电路中没有电抗元件，求解输入电阻时可用电压有效值 U_i 和电流有效值 I_i 的比值。

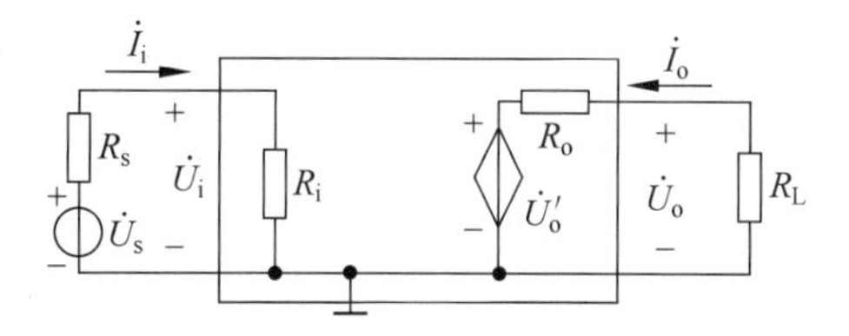

图 2-2　放大电路的输入电阻和输出电阻

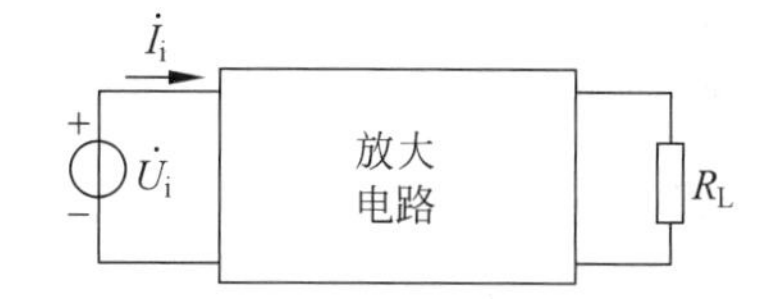

图 2-3　求放大电路的输入电阻

R_i 与网络参数、负载电阻 R_L 有关，表征了放大电路对信号源的负载特性。

输出电阻 R_o 是从放大电路输出端口视入的等效电阻，是表征放大电路带负载能力的一个重要参数。所谓带载能力，是指放大电路输出量随负载变化的程度。当负载变化时，输出量变化很小或基本不变表示带载能力强，反之表明带载能力弱。

在输入信号电压源 $\dot{U}_s$ 短路或电流源 $\dot{I}_s$ 开路并断开负载时，从放大电路输出端口加测试电压 $\dot{U}_o$，在输出回路产生相应的电流 $\dot{I}_o$，则

$$R_o = \left.\frac{\dot{U}_o}{\dot{I}_o}\right|_{\substack{R_L=\infty \\ \dot{U}_s=0}} \tag{2-2}$$

定量求解输出电阻时仍然用加压求流法，其示意图如图 2-4 所示。

图 2-4　求放大电路的输出电阻

R_o 不仅与网络参数有关，还与源内阻 R_s 有关。若要求放大电路具有恒定的电压输出，R_o 应越小越好；若要求放大电路具有恒定的电流输出，则 R_o 应越大越好。如果放大电路中没有电抗元件，求解输出电阻时可用电压有效值 U_o 和电流有效值 I_o 的比值。

2. 放大倍数或增益

放大倍数又称增益，它表示输出信号的变化量与输入信号的变化量之比，是衡量放大电

路放大能力的重要指标。根据需要处理的输入和输出电量的不同，有 4 种不同的增益定义，它们分别是：

电压放大倍数

$$\dot{A}_{uu}=\dot{A}_{u}=\frac{\dot{U}_{o}}{\dot{U}_{i}} \tag{2-3}$$

电流放大倍数

$$\dot{A}_{ii}=\dot{A}_{i}=\frac{\dot{I}_{o}}{\dot{I}_{i}} \tag{2-4}$$

互阻放大倍数

$$\dot{A}_{ui}=\frac{\dot{U}_{o}}{\dot{I}_{i}} \tag{2-5}$$

互导放大倍数

$$\dot{A}_{iu}=\frac{\dot{I}_{o}}{\dot{U}_{i}} \tag{2-6}$$

上述 4 种放大倍数，$\dot{A}_{u}$ 和 $\dot{A}_{i}$ 没有量纲，互阻放大倍数 $\dot{A}_{ui}$ 的量纲是欧姆(Ω)，互导放大倍数 $\dot{A}_{iu}$ 的量纲是西[门子](S)。

为了考虑信号源内阻 R_{s} 的影响，用 $\dot{U}_{s}$ 作输入变量，$\dot{U}_{o}$ 作输出变量，引入源电压增益的概念。源电压增益定义为：

$$\dot{A}_{us}=\frac{\dot{U}_{o}}{\dot{U}_{s}}=\frac{\dot{U}_{o}}{\dot{U}_{i}}\cdot\frac{\dot{U}_{i}}{\dot{U}_{s}}=\frac{R_{i}}{R_{i}+R_{s}}\dot{A}_{u} \tag{2-7}$$

当输入信号变化缓慢或为直流变化量时，上述电压相量和电流相量可以用 ΔU_{i}，ΔU_{o}，Δi_{i}，Δi_{o} 表示，放大倍数用 A_{u}，A_{i}，A_{ui}，A_{iu} 表示。

在工程上，$\dot{A}_{u}$ 和 $\dot{A}_{i}$ 的大小常用分贝(dB)数来表示，即

$$A_{u}(\mathrm{dB})=20\lg A_{u}$$

$$A_{i}(\mathrm{dB})=20\lg A_{i}$$

用对数方式表达放大电路的增益之所以在工程上得到广泛的应用是由于：

① 当用对数坐标表达增益与频率变化曲线时，可大大扩展增益变化的范围(见本书第 4 章的讨论)。

② 计算多级放大电路的总增益时，可将乘法化为加法运算。

上述两点有助于简化电路的分析和设计过程。

3. 非线性失真

由于晶体管、场效应管等器件具有非线性特性，所以在输入信号的幅值较大时，输出信号不可避免地会产生失真，即输出信号中产生了输入信号中所没有的新的频率分量，这是非线性失真的基本特征。

非线性失真系数 D 是为了衡量非线性失真的程度，评价放大电路放大信号的质量而提

出的。D 定义为放大电路在某一频率的正弦波输入信号下，输出波形的谐波成分总量与基波成分之比。

$$D=\sqrt{\left(\frac{A_2}{A_1}\right)^2+\left(\frac{A_3}{A_1}\right)^2+\cdots+\left(\frac{A_n}{A_1}\right)^2}\tag{2-8}$$

式中 A_1、A_2、A_3、…、A_n 分别为基波和各次谐波的幅度。由于二次谐波以上各次谐波分量较小，可忽略，一边取 3～5 次谐波即可。

非线性失真系数的大小与放大电路的工作点以及输入信号的幅度有关。如果静态工作点合适，输入信号幅度足够小，非线性失真系数就小。随着信号幅度的增加，非线性失真系数加大。

4. 通频带

通频带是衡量放大电路对不同频率信号的放大能力的重要指标。当放大信号的频率很低或很高时，因电路中有电抗元件和晶体管的 PN 结电容的影响，其放大倍数在低频或高频时都要降低，只有中频段范围内放大倍数为常数，如图 2-5 所示。在工程上，通常把放大倍数在高频段和低频段下降到中频放大倍数的$\frac{\sqrt{2}}{2}$时所对应的频率点称为上限截止频率 f_H 和下限截止频率 f_L，通频带通常用 BW 表示，其定义为

$$BW=f_H-f_L\tag{2-9}$$

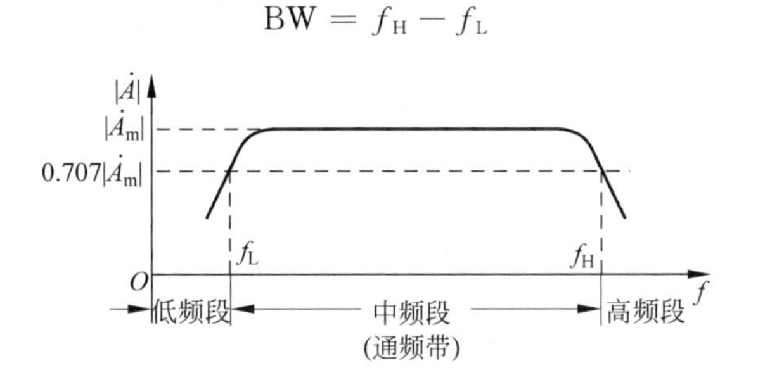

图 2-5　放大电路的频率指标

通频带越宽，表明放大电路对信号频率的适应能力越强。

5. 最大不失真输出电压

由于晶体管的非线性和直流电源电压的限制，输出信号的非线性失真系数会随输入信号幅度增加而增加。通常把非线性失真系数达到某一规定值(例如 5%或 10%)时的输出幅值称为最大不失真输出幅度，用有效值 U_{om} 或 I_{om} 表示。

6. 最大输出功率与效率

最大输出功率是指输出信号基本不失真情况下能够向负载提供的最大功率，记作 P_{om}。

在放大电路中，输入信号的功率很小，经过放大后可以得到较大的输出功率，这些多出来的能量是由直流电源(V_{CC})提供的。放大电路的输出功率是通过晶体管的控制作用将电源的直流功率转化为随信号变换的交变功率而得到的，因此，存在一个功率转化的效率问题。效率 η 定义为

$$\eta=\frac{P_{om}}{P_V} \tag{2-10}$$

式中，P_V 为直流电源提供的功率。

2.2 晶体管放大电路的放大原理

晶体管的一个基本应用就是构成放大电路。即基本放大电路，是指由一个晶体管组成的单级放大电路。晶体管有三个电极，根据输入、输出回路公共端所接的电极不同，基本放大电路有三种连接方式，即共发射极，共集电极，共基极**三种组态**，共发射极又称共射，如图 2-6 所示。

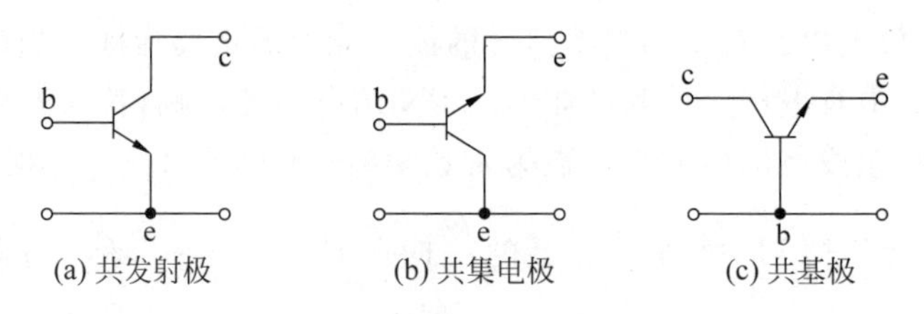

图 2-6 晶体管的三种连接方式

放大电路的组态是针对交流信号而言的。对于晶体三极管(或场效应管)放大电路，观察输入信号作用在哪个电极，输出信号又从哪个电极取出，除此之外的另一个电极即为组态形式。例如，若输入信号加在晶体三极管基极，输出信号从发射极取出，则该电路为共集电极组态电路。

无论哪种连接方式，要使晶体管工作在放大区，都必须保证发射结正偏，集电结反偏。下面以最常见的共射电路为例来说明放大电路的一般组成和原理。

2.2.1 共射放大电路的组成

利用放大器件工作在放大区时所具有的电流(或电压)控制特性，可以实现放大作用，因此，放大器件是放大电路中必不可少的器件。

为了保证器件工作在放大区，必须通过直流电源给器件提供适当的偏置电压或电流，这就需要有提供偏置的电路和电源。

为了确保信号能有效地输入和输出，还必须设置合理的输入电路和输出电路。

可见，放大电路应由**放大器件**、**直流电源和偏置电路**、**输入电路**和**输出电路**几部分组成。

共射放大电路如图 2-7(a)所示，其中 R_s 和 u_s 为信号源的内阻及源电压，u_i 为放大电路的输入信号，它所在的回路称为输入回路；而放大后的信号作为电路的输出信号，它所在的回路称为输出回路。在图 2-7(a)中，输入回路为基极和发射极所在的回路，输出回路为集电极和发射极所在的回路，由于发射极作为输入回路和输出回路的公共端(又称为地，GND，用⊥表示，但并不是真正的大地)，所以该电路称为共发射极电路，简称共射电路。

图 2-7(a)中，三极管 T 为核心放大器件，直流电源 V_{BB}(几伏～几十伏)通过基极偏置电

阻 R_b(一般为几十千欧姆～几百千欧姆)给三极管发射结加正向电压，直流电源 V_{CC} 通过集电极负载电阻 R_c(一般为几千欧姆～几十千欧姆)给集电结加反向电压，从而保证三极管满足发射结正偏、集电结反偏的放大偏置条件。在该电路的输入端和输出端分别接一个容值较大的电容 C_1 和 C_2(几微法至几十微法)，起到"隔直通交"的作用，即对直流的容抗为无限大，相当于开路；对交流的容抗很小，相当于短路。因此，输入交流电压 u_i 可顺利通过电容 C_1 加到三极管发射结两端，另一方面由于电容 C_1 的隔直作用，直流回路中的电流不会流入交流回路，交、直流电路之间互不影响。根据叠加定理可知，三极管发射结两端电压 u_{BE} 为交、直流电压的叠加。在输出端，由于电容 C_2 的隔直作用，输出电压 u_o 为纯交流信号。

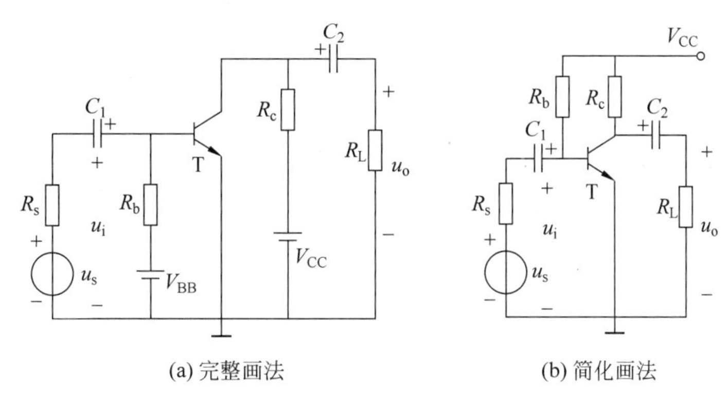

图 2-7 基本共射放大电路

由于该放大电路使用了两组电源，所以称为双电源供电电路。显然，该放大电路中三极管各极的电压和电流均为交流和直流的叠加量。

由于 C_1 和 C_2 具有隔断直流、传送交流的作用，所以称为隔直电容或耦合电容。通常 C_1 和 C_2 选用容值较大的电解电容，它们有正、负极性，不可反接。

为简化图 2-7(a)所示电路，一般选取 $V_{BB}=V_{CC}$，因为 V_{CC} 一端总是与地相连的，在画电路图时，可利用电位的概念，省略电源符号，只需标出另一端的电压数值和极性，这样就可以得到基本共射放大电路的简化画法，如图 2-7(b)所示，通常此电路称为恒流式偏置电路或**固定偏流式电路**。

由于这种电路是利用电容实现信号源与放大电路、放大电路与负载电阻之间的耦合，因此又称为**阻容耦合**共射放大电路。如果信号源与放大电路、放大电路与负载电阻之间直接相连，称为**直接耦合共射**放大电路。电路如图 2-8 所示。

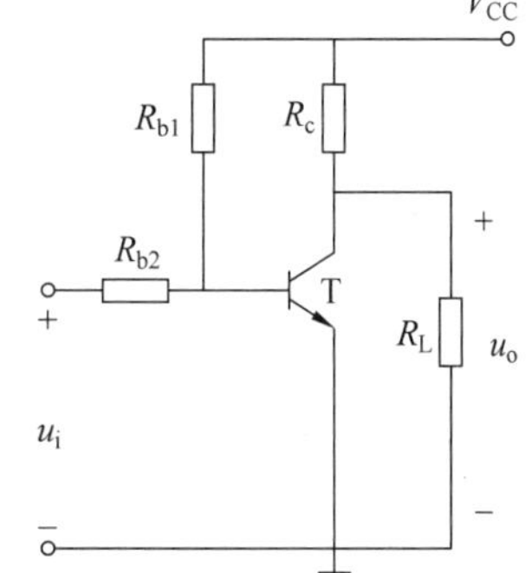

图 2-8 直接耦合共射放大电路

今后，为了简化画图过程，通常都会采用电路的简化画法。

综上所述，基本放大电路有 4 个组成部分、3 种基本电路形式(或称为组态)，在构成具体放大电路时，无论哪一种组态，都应遵从下列原则。

(1) 必须保证放大器件工作在放大区，以实现电流或电压控制作用。

(2) 元件的安排应保证信号能有效地传输，即有 u_i 时，应有 u_o 输出。

(3) 元件参数的选择应保证输入信号能得到不失真地放大,否则,放大将失去意义。

以上三条原则也是判断一个电路是否具有放大作用的依据。

2.2.2 晶体管放大电路的工作原理

由图 2-7(b)可以看出,由于 V_{CC} 与 u_i 的共同作用,输入回路的外加电压 $u_{BE}=U_{BE}+u_i$,即发射结两端电压在直流 U_{BE} 的基础上产生了一个交流变化量 u_i,从而使基极电流 $i_B=I_B+i_b$,即在原来 I_B 基础上变化了 i_b。如果三极管工作在放大区,则 i_b 的变化将引起 i_c 产生更大的变化,集电极电流 $i_C=I_C+i_c=I_C+\beta i_b$,发射极电流 $i_E=I_E+i_e$,分别在原来直流量的基础上变化了 i_c 和 i_e。变化了的集电极电流 i_c 流过 R_c,使得集电极电压 u_{CE} 也发生相应的变化。负载空载,即 $R_L=\infty$,当 i_C 增加时,R_c 上的电压降也将增大,于是 u_{CE} 将降低。因为 R_C 上的电压与 u_{CE} 之和等于 V_{CC},而这个集电极直流电源是恒定不变的,所以 u_{CE} 的变化量 u_{ce} 与 i_c 在 R_c 上产生的电压变化量数值相等而极性相反,即 $u_{ce}=-i_cR_c$。由于隔直电容 C_2 的作用,集电极电压 u_{CE} 的变化等于输出电压 u_o,故 $u_o=u_{ce}$。

假设输入信号 u_i 的波形为正弦波,则上述各量的波形如图 2-9 所示。

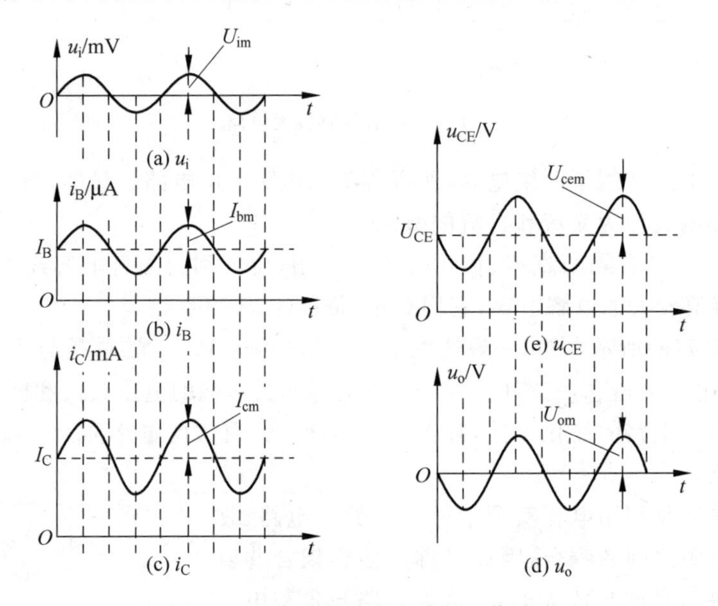

图 2-9 基本共射放大电路的工作波形

采用 PNP 型晶体管也同样可以构成共射放大电路,其电路组成及其工作原理与采用 NPN 管的电路是一样的,但电路中电源 V_{CC} 与 V_{BB} 的极性与图 2.7(a)正好相反,因为只有这样的极性才能保证 PNP 管工作在放大状态,即发射结正偏,集电结反偏。

从能量的角度来看,输入的电压 u_i 和电流 i_b 均较小,输入的功率也较小,而输出的电流 i_c 和电压 u_o 均较大,输出的功率也较大,而输出功率是由电源 V_{CC} 提供的(直流能量转化为交流能量),不是由输入电压 u_i 提供的,当然,由于三极管的特殊作用,输入电压 u_i 完全控制着输出电流 i_c 和电压 u_o 的变化,因此输出端可以得到与输入信号波形完全一致但功率要大得多的信号,即信号得到了不失真的放大。

综上所述，共射电路具有电流放大、电压放大和功率放大的作用。而“放大”的本质实际上是指功率的放大或能量的放大。

2.2.3　直流通路和交流通路

根据放大电路的组成原理可以知道，放大电路既不是直流电路也不是交流电路，而是一种交直流混合电路，交流信号叠加在直流信号之上是放大电路的一个重要特点。因此，对一个放大电路进行定量分析应包含两方面的内容，一是直流源 V_{CC} 单独作用时的状态分析，也称为静态分析，即在没有输入信号时，计算电路中各处的直流电压和直流电流。二是交流源 u_i 作用时的状态分析，也称为动态分析，即在输入信号作用下，确定晶体管在直流偏置状态下电路各处电流和电压的变化量，进而估算出放大电路的各项动态技术指标，如电压放大倍数、输入电阻、输出电阻、通频带等。

定量分析放大电路时，一般采用先静态后动态的原则，静态是电路中的直流分量，即求解仅有直流源作用时的基极电流 I_B，集电极电流 I_C，b-e 间电压为 U_{BE}，c-e 间电压为 U_{CE}，在晶体管的输入、输出特性曲线上即可定出相应的点，通常称为**静态工作点 Q**，这 4 个物理量也可以表示为 I_{BQ}、I_{CQ}、U_{BEQ}、U_{CEQ}。在放大电路的分析中，由于发射结正偏，U_{BEQ} 通常认为是已知量，硅管时 $|U_{BEQ}|$ 约取 0.7V，锗管时 $|U_{BEQ}|$ 约取 0.2V。一个放大电路要不失真地放大交流信号，就必须设置合适的静态工作点。动态分析讨论的对象是交流成分，由于放大电路中可能存在电抗元件，所以直流作用的电路与交流作用的电路是不一样的。为了分别进行静态分析和动态分析，必须首先确定放大电路的直流通路和交流通路。

直流通路是直流电源作用所形成的电流通路。在直流电路中，电容因对直流量呈无穷大电抗而相当于开路，电感因电阻非常小可忽略不计而相当于短路，信号源电压为零（即 $u_s=0$），但保留内阻 R_s。

以图 2-7(b)所示共射基本放大电路为例，画直流通路时，隔直电容 C_1 和 C_2 开路，输入信号 u_s 短路，得到直流通路如图 2-10(a)所示。

交流通路是交流信号作用所形成的电流通路。在交流通路中，大容量电容（如耦合电容）因对交流信号容抗可忽略而相当于短路，直流电源为恒压源，因内阻为零也相当于短路。将图 2-7(b)所示电路的 C_1 和 C_2 短路，直流源 V_{CC} 短路，由于直流源 V_{CC} 是对地的电位，短路就相当于接地。这样，在交流通路中，R_b 接在基极和地之间，R_c 和 R_L 接在集电极和地之间，得到交流通路如图 2-10(b)所示。

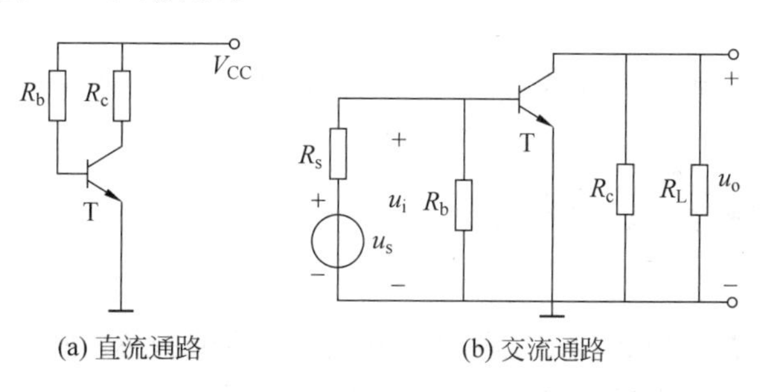

(a) 直流通路　　(b) 交流通路

图 2-10　共射基本放大电路的直流通路与交流通路

根据这些准则，图 2-11 给出了图 2-8 的直流通路和交流通路。

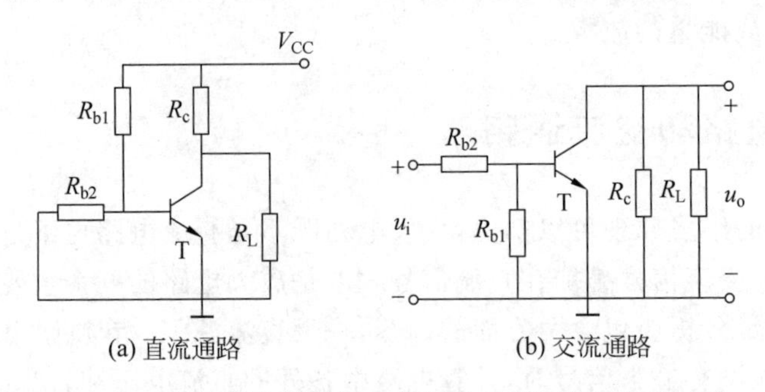

图 2-11　直接耦合共射放大电路的直流通路与交流通路

例 2-1　试判断图 2-12 所示各电路能否正常放大，若不能，应如何改正？图中各电容 C 对交流信号呈短路。

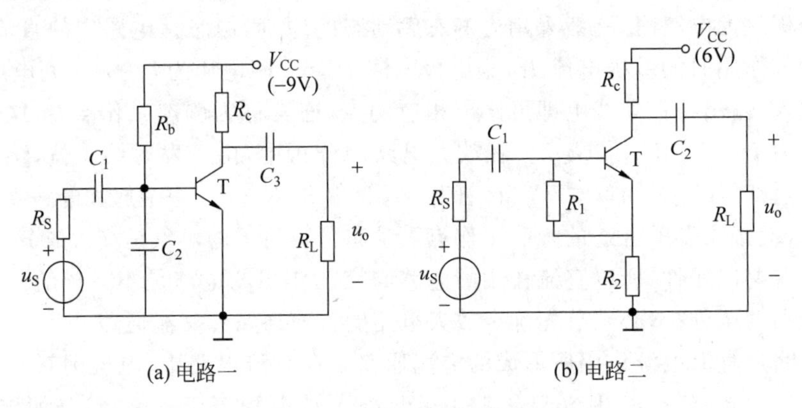

图 2-12　例 2-1 电路图

解：本题用来熟悉放大电路的组成原则。

分析这类问题时，应从两方面考虑。首先分析电路的直流通路，确定放大管的直流偏置是否合理；然后分析电路的交流通路，观察信号通路是否畅通。

对题图 2-12(a)：在直流通路中，要求 NPN 管的 $V_C > V_B > V_E$，而该电路的 $V_{CC} < 0$，故直流通路有错；在交流通路中，C_2 将输入信号交流短路，故交流信号也有错。

改正：将 V_{CC} 改为正电源，并去掉 C_2。

对题图 2-12(b)：在直流通路中，由于 NPN 管的发射结无偏置电压，故直流通路有错；交流通路没有错误。

改正：在三极管的基极到电源 V_{CC} 之间接入偏置电阻 R_b。

2.3　放大电路图解分析法

分析放大电路就是求解其静态工作点及各项动态性能指标，通常遵循“先静态，后动态”的原则。首先分析放大电路的直流工作状态，通过直流偏置(U_{BE}、I_B、I_C、U_{CE})的数值判断三极管的工作状态，即是否工作在放大状态；然后分析计算放大电路的交流性能指标($\dot{A}_u$、R_i、

R_o、U_{omax}等),并分析影响这些指标的因素及改善方法。只有静态工作点合适,电路没有产生失真,动态分析才有意义[1]。

对放大电路进行分析,通常用两种方法,一种是图解法,另一种是等效电路法。**图解法**是在已知晶体管特性曲线的前提条件下通过作图来确定静态工作点 Q 和各信号的变化量,进而求解出放大电路的各项动态指标。这种方法形象而直观,对理解放大电路的基本原理、波形关系及非线性失真非常方便;但图解法用于定量分析误差较大。**等效电路法**,也叫微变等效电路法,是指在一定的前提条件下,将晶体管和场效应管用线性模型替代后进行电路分析的方法。这种方法运算简便,误差小,是放大电路定量分析的主要方法。下面以图 2-7(b)所示的共射放大电路为例分别介绍这两种方法。

2.3.1 直流图解分析

直流图解分析是在晶体管输入输出特性曲线上,用作图的方法确定出静态工作点,即 U_{BEQ}、I_{BQ}、I_{CQ}、U_{CEQ}的值。

理论上说,U_{BEQ}、I_{BQ}可以在输入特性曲线上作图得到。由于器件手册通常不给出三极管的输入特性曲线,而输入特性曲线也不易准确测出,因此 U_{BEQ}和 I_{BQ}通常用近似估算法得到。

图 2-7(b)所示电路的直流通路如图 2-13(a)所示。利用估算法,取 $U_{BEQ}\approx0.7$V(假设为硅管),则在输入回路中有方程:

$$I_{BQ}=\frac{V_{CC}-U_{BEQ}}{R_b} \tag{2-11}$$

I_{CQ}和 U_{CEQ}可以通过在输出特性曲线上作图获得。由图 2-13(a)输出回路,可列出如下一组方程:

$$i_C=f(u_{CE})\big|_{i_B=\text{常数}} \tag{2-12}$$

$$u_{CE}=V_{CC}-i_CR_c \tag{2-13}$$

式(2-12)是三极管的输出特性关系,是由晶体管内部特性决定的。根据输入回路的估算,在三极管的输出特性曲线上可找到一条对应于 $i_B=I_{BQ}$的曲线,输出特性曲线如图 2-13(b)所示。

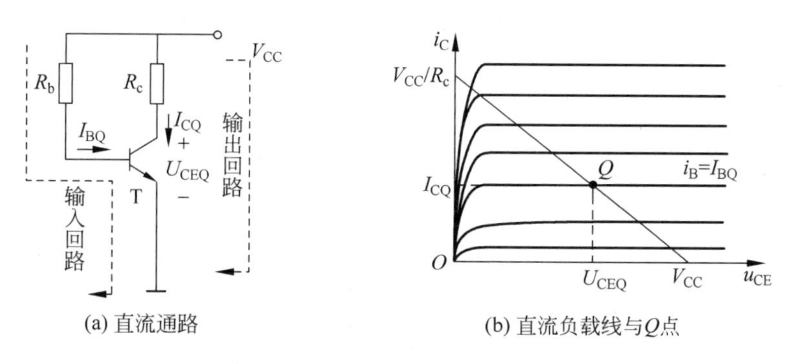

(a) 直流通路　　(b) 直流负载线与Q点

图 2-13　放大电路的直流图解分析

根据式(2-13)在输出特性曲线上作出一条直线,该直线与两个坐标轴的交点分别为(V_{CC},0),(0,V_{CC}/R_C),其斜率为($-1/R_C$),由集电极电阻 R_C 确定,R_C 越大,直线越平坦,反之越陡峭。由于该直线是在静态情况下得到的，因此该直线称为**直流负载线**。该直流负载线与三极管对应于 $i_B = I_{BQ}$ 的输出特性曲线有一交点 Q，该点即为静态工作点。Q 点对应的坐标是 I_{CQ} 和 U_{CEQ}，即为所求的直流工作点参数。

当参数 R_b 变大时，I_{BQ} 会变小，此时 Q 点将在直流负载线上下移，反之上移。直流负载线是静态工作点的移动轨迹。

综上所述，**直流图解法的步骤是**：

(1) 作出晶体管的输出特性曲线；

(2) 用式(2-11)估算出 I_{BQ} 的值并确定出对应的输出特性曲线；

(3) 在输出特性曲线上作出式(2-13)对应的直线，即为直流负载线；

(4) 求出直流负载线和特性曲线的交点，即为 Q 点，并读出 Q 点对应的 I_{CQ} 和 U_{CEQ}。

例 2-2　图 2-7(b)所示为共射放大电路，若元件参数值为 $V_{CC}=12\text{V}$，$R_b=300\text{k}\Omega$，$R_c=4\text{k}\Omega$，$R_L=4\text{k}\Omega$，则晶体管输出特性曲线如图 2-14 所示。试用图解法确定静态工作点。

解：根据直流图解法的步骤，输出特性曲线已知，直流通路如图 2-13(a)所示。先估算 I_{BQ} 的值，有

$$I_{BQ} = \frac{V_{CC} - U_{BEQ}}{R_b} = \frac{12 - 0.7}{300} \approx 40\mu\text{A}$$

直流负载线表达式为

$$u_{CE} = V_{CC} - i_C R_c = 12 - 4i_C$$

得到直流负载线 AB 和 Q 点的值如图 2-14 所示。由 Q 点的坐标可读出，$I_B = 40\mu\text{A}$，$I_C = 1.3\text{mA}$，$U_{CE} = 6.5\text{V}$。

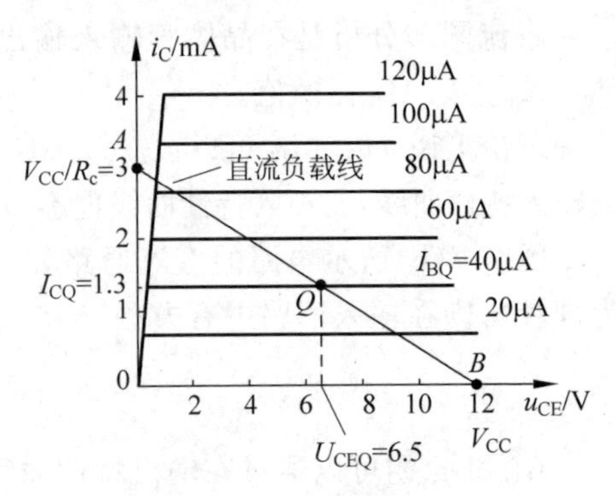

图 2-14　例 2-2 电路图

2.3.2　交流图解分析

交流图解分析是在输入信号的作用下，通过作图来确定放大电路各级电流和级间电压的变化量。

分析交流工作情况应该依据放大电路的交流通路。图 2-7(b)的交流通路如图 2-15(a)所示。

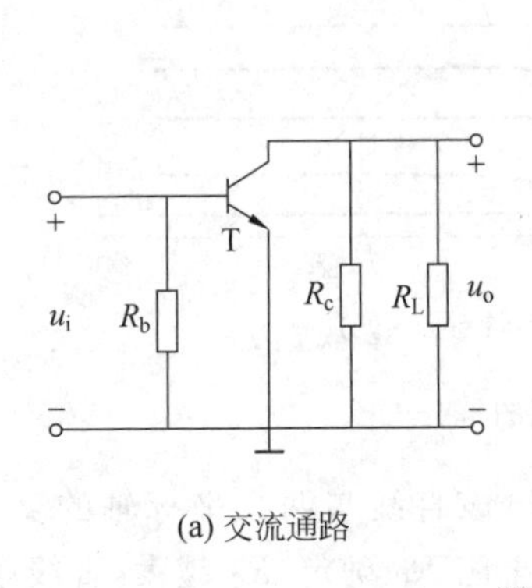

(a) 交流通路

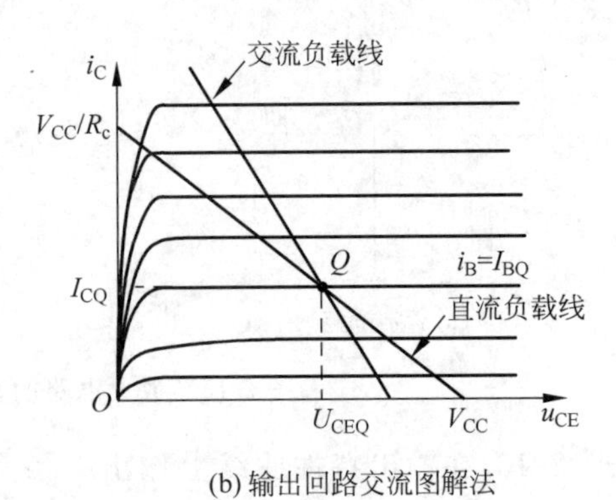

(b) 输出回路交流图解法

图 2-15　交流图解法

由交流通路外电路可写出线性方程：

$$u_{ce} = -i_c R'_L \tag{2-14}$$

式(2-14)中 $R'_L = R_c // R_L$，而 $u_{ce} = u_{CE} - U_{CE}$，$i_c = i_C - I_C$ 时，代入上式可得

$$u_{CE} - U_{CE} = -(i_C - I_C)R'_L \tag{2-15}$$

上式表明，动态时 i_C 与 u_{CE} 的关系仍为一直线，该直线的斜率为$(-1/R'_L)$，它由交流等效负载电阻 R'_L 决定，因此称为**交流负载线**。显然，交流负载线比直流负载线陡峭。

当外加输入电压 u_i 的瞬时值为零时，如果不考虑电容 C_1 和 C_2 的作用，可以认为放大电路相当于静态，这时放大电路的工作点既在交流负载线上，也在静态工作点 Q 上，即交流负载线必过 Q 点。因此，交流负载线的做法通常不是利用方程，而是先分析静态得到 Q 点，然后通过 Q 点作一条斜率为 $-1/R'_L$ 的直线，如图 2-15(b)所示。交流负载线是加入交流信号后电路工作点的运动轨迹。

当放大电路输入端加上正弦信号 u_i 后，各极电流和电压都随着输入信号的变化而变化，即在静态工作点的基础上叠加一正弦交流信号。通过图解法观察放大电路输入和输出信号波形的变化，可以很直观地了解放大电路的整个动态工作过程，并从中得到放大电路的工作区域、放大倍数及失真情况等。

下面以例 2-2 为例图解分析电路的交流情况。设放大电路的输入信号电压 $u_i = 0.02\sin\omega t$ (V)，如图 2-16(a)所示。由于耦合电容 C_1 对交流可看成短路，因此三极管 b-e 间的总电压在原有的直流电压 $U_{BE} = 0.7$V 的基础上叠加了一个交流信号电压 u_i，即 $u_{BE} = U_{BE} + u_i = 0.7 + 0.02\sin\omega t$(V)，其波形如图 2-16(a)的曲线①所示。则由 u_{BE} 波形可在输入特性曲线上得到 i_B 的波形，如图 2-16(a)的曲线②所示。

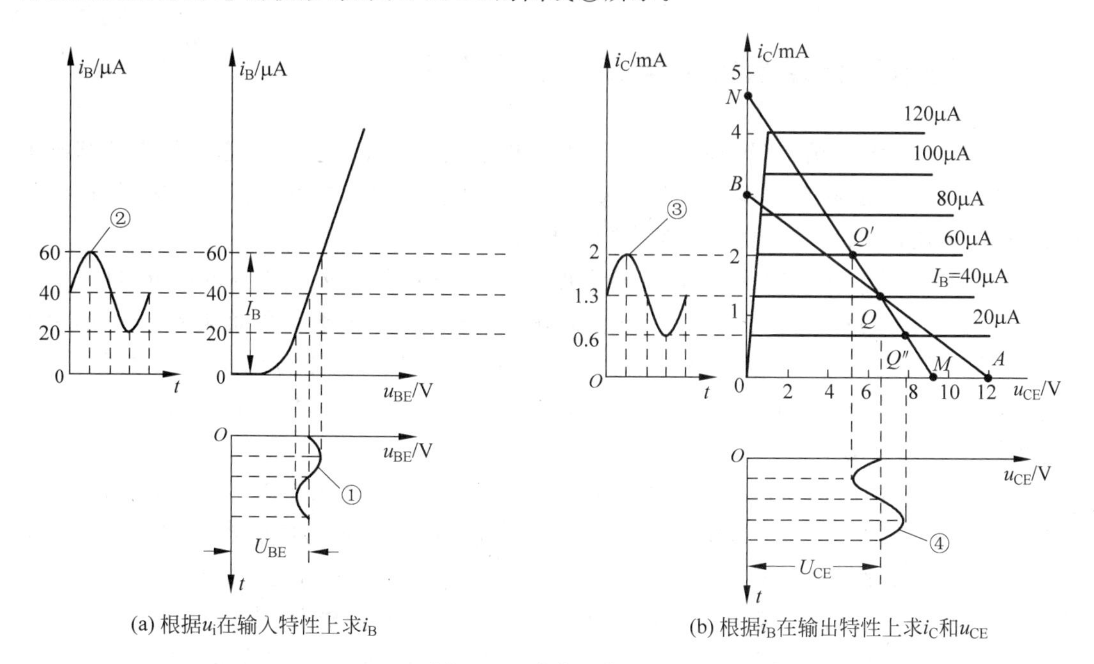

(a) 根据u_i在输入特性上求i_B　　(b) 根据i_B在输出特性上求i_C和u_{CE}

图 2-16　动态工作图解

由图 2-16 可见，对应于幅值为 0.02V 的输入电压，i_B 将在 60μA 至 20μA(40±20μA)之间变动，即 $i_B = 40 + 20\sin\omega t$($\mu$A)。

当 i_B 变动时，三极管对应于每一个 i_B 的输出特性曲线也随之变动，而交流负载线 MN 是不变的，因此交流负载线与输出特性曲线的交点将随 i_B 的变化而变化，通常把这种交点称为动态工作点。如图 2-16(b)所示，当 i_B 在 $60\mu A$ 至 $20\mu A$ 之间变动时，动态工作点将沿交流负载线在 Q' 和 Q'' 之间移动。直线段 $Q'Q''$ 称为动态工作范围。

由动态工作点随 i_B 在直线段 $Q'Q''$ 之间变化的轨迹可得到对应的 i_C 和 u_{CE} 的波形。由图 2-16(b)可见，当 i_B 在 $60\mu A$ 至 $20\mu A$ 之间变动时，相应地，i_C 在 2.0mA 至 0.6mA(1.3±0.7mA)之间变动，其变化规律与 i_B 相同，如图 2-16(b)中曲线③所示；u_{CE} 在 5.3V 至 7.7V (6.5±1.2V)之间变动，其变化规律与 i_B 或 i_C 正好相反，如图 2-16(b)中曲线④所示。因此可得

$$i_C = 1.3 + 0.7\sin\omega t\,(\text{mA})$$

$$u_{CE} = 6.5 - 1.2\sin\omega t\,(\text{V})$$

$$u_o = -1.2\sin\omega t\,(\text{V})$$

则可得到放大电路的电压放大倍数为

$$\dot{A}_u = \frac{\dot{U}_o}{\dot{U}_i} = \frac{-1.2}{0.02} = -60$$

$\dot{A}_u$ 为负值，说明输出信号电压和输入信号电压反相，这与前面的相关测试和讨论的结果是完全一致的。

显然，由以上讨论得到的共射基本放大电路各点电压和电流的波形与图 2-9 所示波形完全一致。

2.3.3 静态工作点与放大电路的非线性失真

在放大电路中，交流信号的放大是建立在三极管具有一个合适的静态工作点的基础上的，如果工作点 Q 设置不当，则三极管的动态工作点可能会进入饱和区或截止区，将产生严重的失真，因此，静态工作点的选择是十分重要的。

在图 2-17(a)中，静态工作点 Q 设置偏低，在输入信号电压 u_i 负半周的部分时间内，所对应的动态工作点进入截止区，i_b 的负半周被削去一部分，相应地，i_c 的负半周和 u_{ce} 的正半周也被削去了一部分，即产生了严重的失真。这种由于三极管在部分动态工作时间内进入截止区而引起的失真称为截止失真。由图可知，NPN 管的共射放大电路，发生截止失真时输出波形的顶部被削平，限幅为一固定数值。

若工作点 Q 偏高，如图 2-17(b)所示，则在输入信号电压 u_i 正半周的部分时间内，所对应的动态工作点进入饱和区，此时，当 i_b 增大时，i_c 的正半周和 u_{ce} 的负半周被削去了一部分，即产生了严重的失真。这种由于三极管在部分动态工作时间内进入饱和区而引起的失真称为饱和失真。发生饱和失真时，输出波形的底部被削平，限幅为一固定数值。

对于 NPN 管组成的电路，如果输出电压波形产生了顶部失真，则为截止失真；如果产生了底部失真，则为饱和失真。而 PNP 管组成的放大电路，则与上述情况正好相反。

以上波形失真均为局部形状变形，主要是因为动态工作点进入到晶体管的非线性工作区：饱和区和截止区，这种波形失真称为非线性失真。因此，静态工作点位置的选择至关重

要，选择不合适，输入波形虽放大却失真，就失去了放大的意义。综上所述，静态工作点位置的选择应在特性曲线的放大区中央，动态波形应在线性范围内，具体地说，静态工作点最好设置在交流负载线的中间位置。

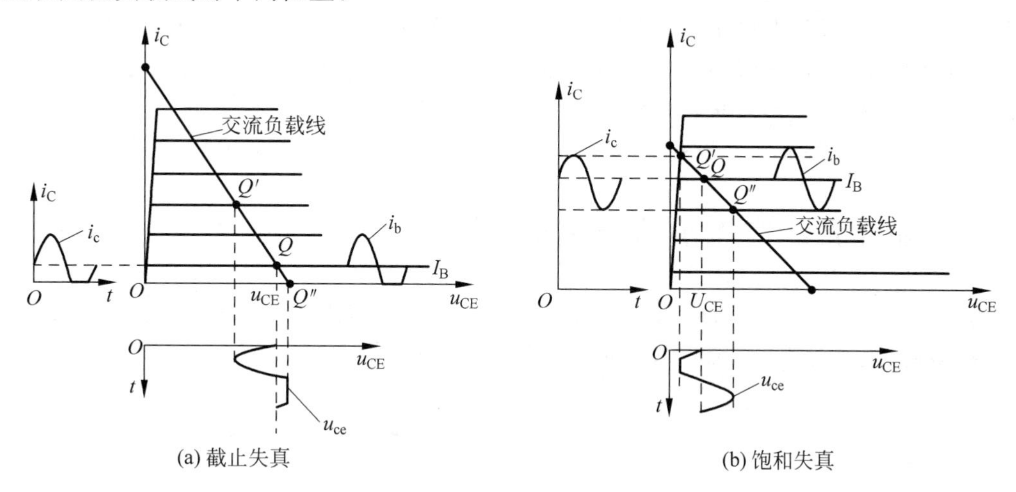

图2-17　工作点选择不当引起的失真

除了工作点选择不当会产生失真外，输入信号幅度过大也是产生失真的因素之一。

最大输出电压幅值 U_{omax} 是指输出波形在没有明显失真的情况下，放大电路能够输出的最大电压幅度。

在 Q 点已确定的情况下，利用交流负载线可以估算出最大不失真输出电压的范围。如图2-18所示，图中，交流负载线 MN 与临界饱和线的交点为 M，则放大电路的动态工作范围为 MN。设 Q、M 在横轴上的投影分别为 D、C，则最大输出电压幅值就是 CD 和 DN 中较小的数值。

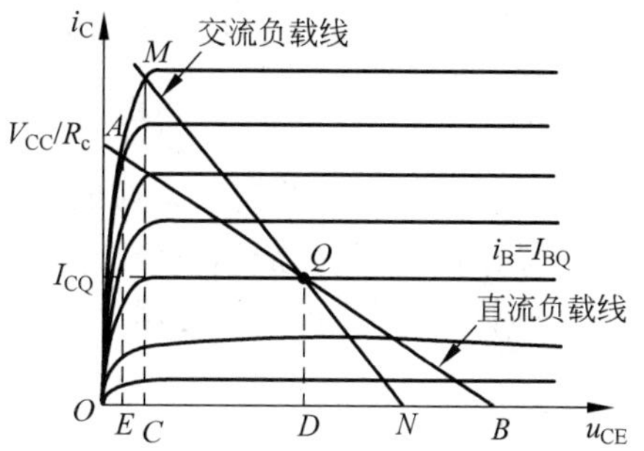

图2-18　放大电路最大输出电压幅值图解

U_{omax} 也可以通过计算得到。由于交流负载线的斜率为 $-1/R'_L$，则 $CD=U_{CEQ}-U_{CES}$，$DN=I_C R'_L$，因此

$$U_{omax}=\min[CD,DN]=\min[U_{CEQ}-U_{CES},I_C R'_L] \tag{2-16}$$

式中，一般取 $U_{CES}=0.3\text{V}$。

一般说来，集电极直流电源 V_{CC} 越大，工作点的动态范围也越大。在 V_{CC} 确定的情况下，静态工作点最好设置在线段 MN 的中点，即设置的 Q 点使得 $MQ=QN$，$CD=DN$。

当负载开路，即 $R_L=\infty$ 时，直流负载线和交流负载线重合，此时

$$U_{omax}=\min[ED,DB]=\min[U_{CEQ}-U_{CES},V_{CC}-U_{CEQ}] \tag{2-17}$$

2.4　放大电路的交流等效电路分析法

前面所讨论的图解分析法，常常用于分析静态工作点的位置与非线性失真的关系，估算放大电路的最大不失真输出幅度等，具有直观、形象等优点，但由于其作图烦琐、计算误差

大,较少用于定量计算分析。下面介绍一种适合放大电路交流指标分析和计算的简便方法,即小信号等效电路分析法。

所谓小信号等效电路分析法,是指在输入低频小信号的条件下,将晶体管用一线性电路来等效,然后再进行分析和计算的方法。具体地讲,就是在小信号的条件下,可以将在 Q 点附近变化范围很小的三极管的非线性特性曲线看成直线,即将具有非线性特性的三极管线性化,从而使分析和计算过程大大简化。

小信号等效电路也称为微变等效电路。下面首先讨论三极管的小信号等效模型。

2.4.1 晶体管的交流小信号模型

这里只讨论最常用的三极管共射小信号等效模型。如图 2-19(a)所示,在共射接法时,三极管的输入电流为 i_b,输入电压为 u_{be},输出电流为 i_c,输出电压为 u_{ce}。

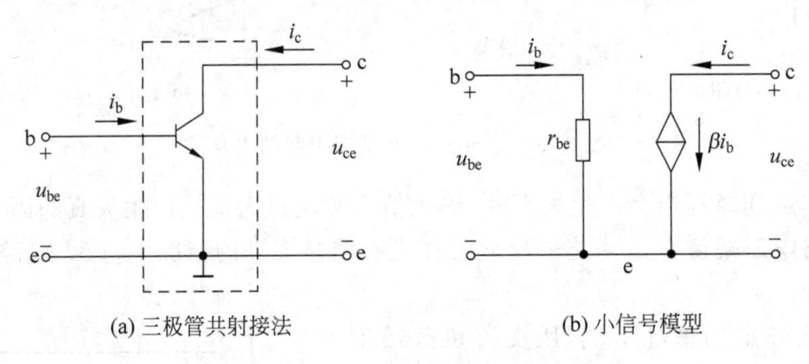

(a) 三极管共射接法　　(b) 小信号模型

图 2-19　三极管的小信号等效电路

首先观察三极管的输入特性曲线,如图 2-20(a)所示。当三极管工作在放大区时,在低频小信号作用下,其在静态工作点 Q 附近的输入特性曲线近似为直线 AB,则 Δi_B 与 Δu_{BE}成正比,因而可以用一个等效电阻 r_{be}来表示输入电压和输入电流之间的线性关系。

$$r_{be} = \left.\frac{\Delta u_{BE}}{\Delta i_B}\right|_{u_{CE}=\text{常数}} \tag{2-18}$$

因此,三极管 b、e 之间用一个电阻 r_{be}等效。

$$r_{be} = r_{bb'} + (1+\beta)\frac{U_T}{I_E}(\Omega) = r_{bb'} + \frac{26(\text{mV})}{I_B(\text{mA})}(\Omega) \tag{2-19}$$

这个表达式是 r_{be}的近似估算公式。式中,U_T 为温度的电压当量,常温时 $U_T=26\text{mV}$;I_E 为发射极偏置电流;I_B 为基极偏置电流;$r_{bb'}$称为基区体电阻,是一个与工作状态无关的常数,通常为几十至几百欧姆,可由手册查到。在对小信号放大电路进行计算时,若 $r_{bb'}$未知,则可取 $r_{bb'}=300\Omega$。

再从图 2-20(b)中的输出特性看,假定 Q 点附近的特性曲线基本都是水平的,即 Δi_C 的值由 Δi_B 决定,与 ΔU_{CE}无关。在数量上,根据三极管的特性,$\Delta i_C=\beta\Delta i_B$;所以从输出端看进去,可以用一个大小为 $\beta\Delta i_B$ 的恒流源来替代三极管,这是个受控源而非独立源,它体现了集电极电流 i_c 受基极电流 i_b 控制的特性。因此,在三极管 c、e 之间用一个受控电流源 βi_b 等效,其参考方向与 i_b 有关,如图 2-19(b)所示。

在后续分立元件放大电路的分析中,图 2-19(b)所示的小信号模型是应用最为广泛的电路模型。

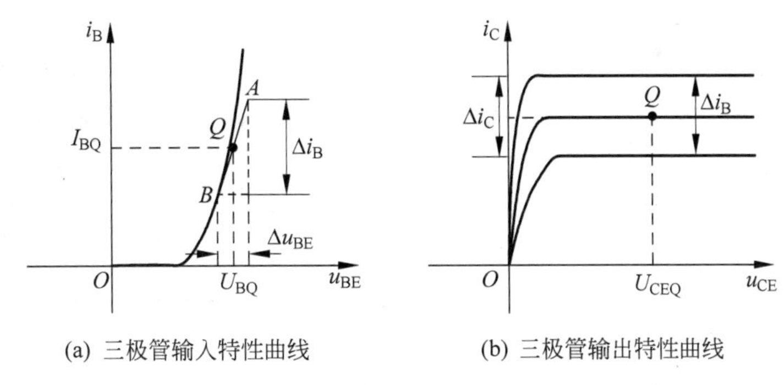

(a) 三极管输入特性曲线　　(b) 三极管输出特性曲线

图 2-20　三极管特性曲线的局部线性化

2.4.2　等效电路法分析共射放大电路

利用三极管的小信号模型，等效电路法分析共射放大电路步骤如下：

(1) 求放大电路的 Q 点。必须指出的是，小信号模型是交流情况下三极管的等效电路，绝不能用来求放大电路的 Q 点，Q 点是以直流通路为研究对象利用估算法求得的。

(2) 画出放大电路的小信号等效电路。先画出放大电路的交流通路，再用三极管小信号等效模型来代替电路中的三极管(标明电压的极性和电流的方向)，从而得到含外围电路的整个放大电路的小信号等效电路。

(3) 根据所得到的放大电路的小信号等效电路，用求解线性电路的方法求出放大电路的性能指标，如$\dot{A}_u$、R_i、R_o 等。

1. 固定偏流式放大电路

下面通过例题说明用等效电路法求解固定偏流式放大电路的动态参数。

例 2-3　如图 2-21(a)所示的共射基本放大电路，设三极管的 $\beta=40$，电路中各元件参数值分别为 $V_{CC}=12V$，$R_b=300k\Omega$，$R_c=4k\Omega$，$R_L=4k\Omega$，$r_{bb'}=100\Omega$。试求放大电路的动态参数$\dot{A}_u$、R_i 和 R_o。

解：

(1) 确定 Q 点，由图 2-21(b)的直流通路有

$$I_B=\frac{V_{CC}-U_{BE}}{R_b}\approx\frac{V_{CC}}{R_b}=\frac{12}{300}mA=40\mu A$$

$$I_C=\beta I_B=40\times 40\mu A=1.6mA\approx I_E$$

$$U_{CE}=V_{CC}-I_C R_c=12-1.6\times 4=5.6V$$

(2) 该放大电路的交流通路如图 2-21(c)所示。图中 $R_L'=R_C /\!/ R_L=2k\Omega$。

(3) 将交流通路中的三极管用小信号模型代替，其他外围元件连接方式不变，得到图 2-21(d)所示的微变等效电路。图中

$$r_{be}=r_{bb'}+\frac{26(mV)}{I_B(mA)}=100+\frac{26}{0.04}=750\Omega$$

(4) 求$\dot{A}_u$、R_i 和 R_o。

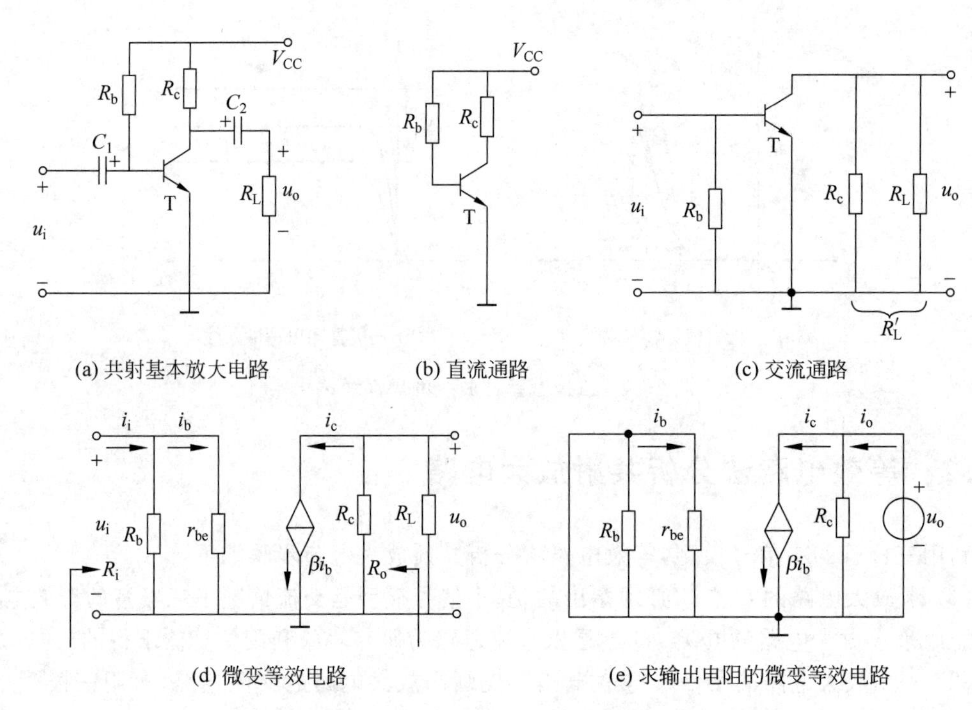

图 2-21　共射基本放大电路的微变等效电路分析法

由图 2-21(d)有：$u_i=i_b r_{be}$，$u_o=-\beta i_b(R_C /\!/ R_L)=-\beta R'_L i_b$。故根据电压放大倍数的定义

$$\dot{A}_u=\frac{\dot{U}_o}{\dot{U}_i}=-\frac{\beta R'_L}{r_{be}} \tag{2-20}$$

该题中

$$\dot{A}_u=-\frac{\beta R'_L}{r_{be}}=-\frac{40\times 2}{0.75}\approx -107$$

又 $u_i=i_i(R_b /\!/ r_{be})$，故用加压求流法得输入电阻

$$R_i=\frac{U_i}{I_i}=R_b /\!/ r_{be} \tag{2-21a}$$

考虑到 $R_b \gg r_{be}$，则

$$R_i \approx r_{be} \tag{2-21b}$$

该题中

$$R_i \approx r_{be}=750\Omega$$

注意：上式中 R_i 为放大电路的输入电阻，而 r_{be} 为三极管的共射输入电阻，两者的概念是不同的。

根据输出电阻 R_o 的定义，求输出电阻 R_o 的电路如图 2-21(e)所示。由该图可以看出，由于 $u_i=0$，$i_b=0$，因此 $i_c=\beta i_b=0$，受控电流源相当于开路，于是 $u_o=i_o R_C$，输出电阻

$$R_o=\frac{U_o}{I_o}=R_c \tag{2-22}$$

该题中

$$R_o=R_c=4\text{k}\Omega$$

需要指出的是，以上计算必须在三极管始终工作于放大状态下才成立。

在实际分析过程中，在熟悉以上分析方法的基础上，可以略去具体分析步骤，直接引用结论进行近似计算。

2. 分压式射极偏置电路

图 2-21(a)所分析的电路，是固定偏流的基本共射放大电路，是最常见最典型的共射放大电路。这种电路结构简单，V_{CC} 和 R_c 不变时，只需改变 R_b 值即可调整静态工作点位置，放大倍数高。但是，由于三极管是一种温度敏感元件，当外界环境发生变化时，该电路的静态工作点不稳定。静态工作点的波动，将使放大电路的动态性能也发生波动，甚至使得输出失真。为了抑制放大电路 Q 点的波动，保持放大电路性能的稳定，通常在图 2-21(a)所示电路结构上采取两点措施：①采用分压电路固定基极电位；②接入发射极电阻 R_e 控制发射结外加电压。改进后的稳定工作点电路如图 2-22(a)所示。该电路又称为**分压式射极偏置电路**。

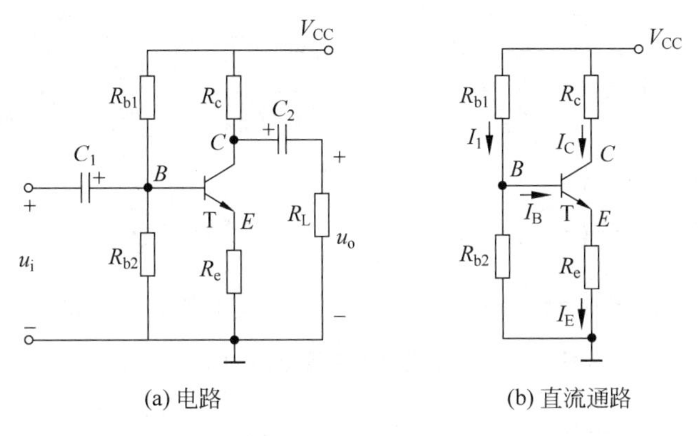

图 2-22　分压式射极偏置电路直流分析

在图 2-22(b)直流通路中，分压式电路设计要满足如下条件：

$$\begin{cases} I_1 \gg I_B & \text{硅管 } I_1 = (5 \sim 10)I_B \\ U_B \gg U_{BE} & \text{硅管 } U_B = (3 \sim 5)U_{BE} \end{cases} \tag{2-23}$$

这样，忽略 I_B，基极电位 U_B 近似由分压值确定，即

$$U_B \approx \frac{R_{b2}V_{CC}}{R_{b1}+R_{b2}} \tag{2-24}$$

在输入回路中

$$U_{BE} = U_B - U_E = U_B - I_E R_e \tag{2-25}$$

若温度升高使 I_C 增大，则 I_E 也增大，发射极电位 $U_E = I_E R_E$ 也升高。由于 $U_{BE} = U_B - U_E$，且 U_B 基本不变，U_E 升高的结果使 U_{BE} 减小，I_B 也减小，于是抑制了 I_C 的增大，其总的效果是使 I_C 基本不变。其稳定过程可表示为

$$T\uparrow \rightarrow I_C\uparrow \rightarrow I_E\uparrow \rightarrow U_E\uparrow \xrightarrow{U_B\text{不变}} U_{BE}\downarrow \rightarrow I_B\downarrow$$
$$I_C\downarrow \leftarrow$$

由此可见，温度升高引起 I_C 的增大将被电路本身造成的 I_C 减小所牵制。这就是反馈

控制的原理。

在满足稳定条件的情况下，容易求出图 2-22(a)所示放大电路的静态工作点，由直流通路 2-22(b)有

$$U_B \approx \frac{R_{b2}V_{CC}}{R_{b1}+R_{b2}},\quad U_{BE}=U_B-U_E=U_B-I_ER_e$$

$$I_C \approx I_E = \frac{U_B-U_{BE}}{R_e} \approx \frac{U_B}{R_e} \tag{2-26}$$

$$U_{CE}=V_{CC}-I_CR_c-I_ER_e \approx V_{CC}-I_C(R_c+R_e) \tag{2-27}$$

$$I_B=\frac{I_C}{\beta} \tag{2-28}$$

I_B、I_C、U_{CE}即为所求静态工作点参数。

由图 2-22(a)画出交流通路和微变等效电路如图 2-23(a)和图 2-23(b)所示。

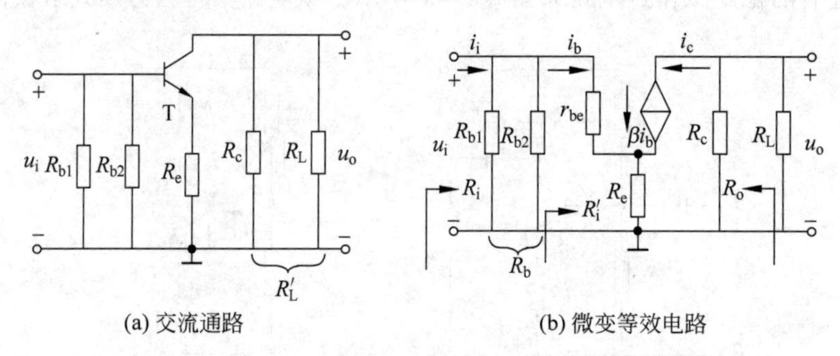

(a) 交流通路　　　　(b) 微变等效电路

图 2-23　分压式射极偏置电路的交流分析

设 $R_b=R_{b1}/\!/R_{b2}$，$R_L'=R_c/\!/R_L$，由图 2-23(b)可知：

$$\begin{cases} u_o=-\beta i_b R_L' \\ u_i=i_br_{be}+i_eR_e=i_b[r_{be}+(1+\beta)R_e] \\ \dot{A}_u=\dfrac{\dot{U}_o}{\dot{U}_i}=-\dfrac{\beta R'_L}{r_{be}+(1+\beta)R_e} \end{cases} \tag{2-29a}$$

一般有$(1+\beta)R_e \gg r_{be}$，$\beta\approx 1+\beta$，因此

$$\dot{A}_u \approx -\frac{R_L'}{R_e} \tag{2-29b}$$

$$R_i=\frac{U_i}{I_i}$$

$$=R_{b1}/\!/R_{b2}/\!/[r_{be}+(1+\beta)R_e]$$

$$=R_b/\!/R_i' \tag{2-30}$$

$$R_o \approx R_c \tag{2-31}$$

由上面的分析可以知道，图 2-22(a)所示的分压式射极偏置电路与 2-21(a)的固定偏流式电路相比，能够稳定静态工作点，提高输入电阻 R_i，但电压放大倍数$\dot{A}_u$ 变小，从性能指标上看是有得有失。为解决这个问题，在实际应用中，通常在 R_e 两端并联一个大电容 C_e（几十至几百微

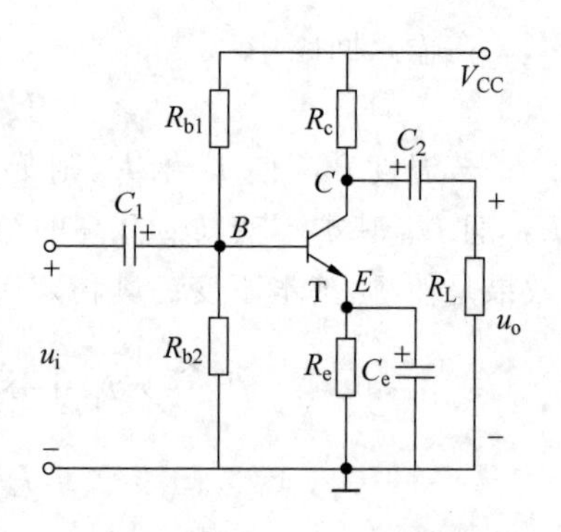

图 2-24　接 C_e 的分压式射极偏置电路

法,称为旁路电容),如图 2-24 所示。由于 C_e 对于交流信号而言相当于短路,因此该电路的交流通路与固定偏流放大电路完全相同,其交流性能指标也相同。

例 2-4　一分压式射极偏置电路如图 2.25(a)所示,图中各电容对信号频率呈短路。试画出电路的直流通路、交流通路及交流等效电路。已知晶体三极管的 $\beta=200$,$U_{BE(on)}=0.7V$,$r_{bb'}=200\Omega$,试估算放大电路的静态工作点和动态参数 R_i、R_o、$\dot{A}_u$、$\dot{A}_{us}$。

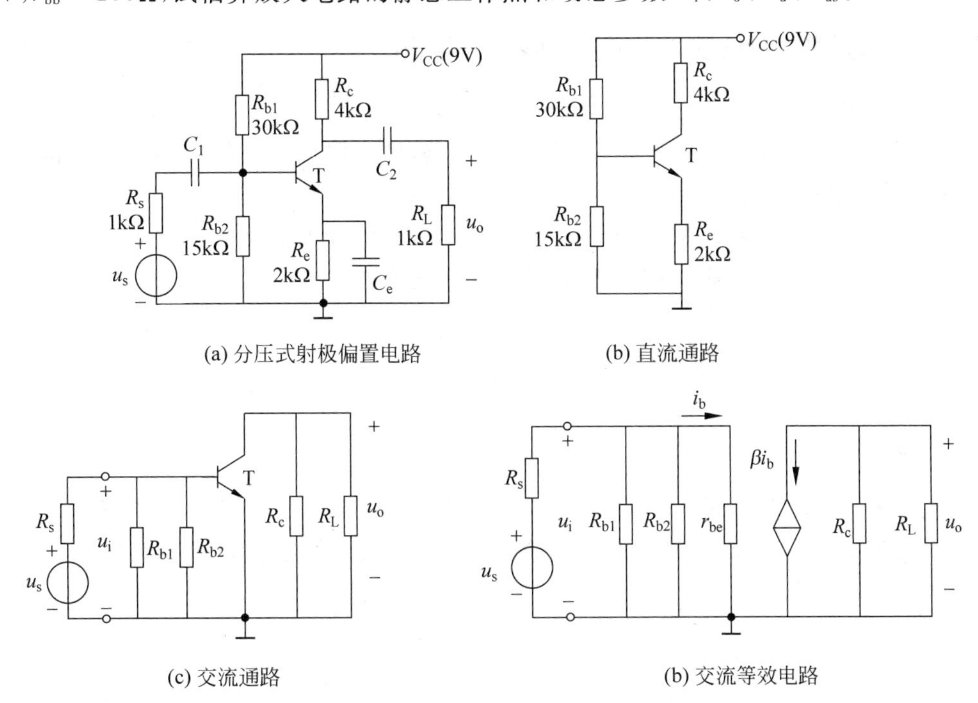

(a) 分压式射极偏置电路　　(b) 直流通路

(c) 交流通路　　(b) 交流等效电路

图 2-25　例 2-4 电路图

解:本题用来熟悉分压式射极偏置电路的各项性能指标的分析方法。

图 2-25(a)所示电路的直流通路、交流通路及交流等效电路分别如图 2-25(b)、图 2-25(c)、图-25(d)所示。

静态工作点:

由图 2-25(b)可得:

$$U_{BQ}=\frac{R_{b2}}{R_{b1}+R_{b2}}V_{CC}=3V \quad I_{CQ}\approx I_{EQ}\frac{U_{BQ}-U_{BE(on)}}{R_e}=1.15mA$$

$$U_{CEQ}=V_{CC}-I_CR_c-I_ER_e\approx V_{CC}-I_C(R_c+R_e)=9-1.15\times 6=2.1V$$

$$I_{BQ}=\frac{I_{CQ}}{\beta}=\frac{1.15}{200}=5.75\mu A$$

动态参数:

$$r_{be}=r'_{bb}+(1+\beta)\frac{V_T}{I_{CQ}}\approx 4.74k\Omega$$

由

$$R_i=R_{b1}\;//\;R_{b2}\;//\;r_{be}=30\;//\;15\;//\;4.74\approx 3.22k\Omega$$

$$R_o\approx R_c=4k\Omega$$

$$\dot{A}_u = \frac{\dot{U}_o}{\dot{U}_i} = -\frac{\beta R'_L}{r_{be}} = -\frac{200\times(4\parallel 1)}{4.74} \approx -33.5$$

$$\dot{A}_{us} = \dot{A}_u \frac{R_i}{R_i+R_s} = (-33.5)\times\frac{3.22}{1+3.22} \approx -25.56$$

2.5　共集放大电路和共基放大电路

前面所讨论的放大电路均为共发射极放大电路，即电路中的三极管为共射极接法。实际上，根据输入、输出回路公共端所接的电极不同，基本放大电路有三种连接方式，即共发射极、共集电极、共基极三种组态，共集和共基组态所对应的放大电路分别称为共集电极放大电路(简称共集电路)和共基极放大电路(简称共基电路)。

2.5.1　共集电极放大电路

1. 电路组成

共集电极放大电路如图2-26(a)所示，其直流通路交流通路如图2-26(b)和图2-26(c)所示。由交流通路图可知，信号从发射极输出，集电极交流接地，因此该电路又称为射极输出器。

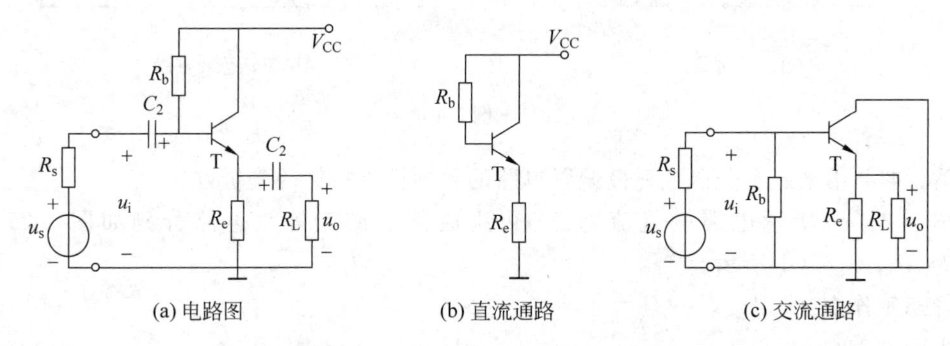

图2-26　共集电极电路(射极输出器)

2. 静态分析

直流通路如图2-26(b)所示，在基极回路中根据KVL定律可列如下方程：

$$I_{BQ}R_b + U_{BE} + I_{EQ}R_e = V_{CC} \tag{2-32a}$$

$$I_{BQ} = \frac{V_{CC}-U_{BE}}{R_b+(1+\beta)R_e} \tag{2-32b}$$

实际上，R_e折合到基极回路后的电阻为$(1+\beta)R_e$并与R_b串联，由此即可得式(2-32b)。此外还可得到

$$I_{CQ} = \beta I_{BQ} \tag{2-33}$$

$$U_{CEQ} = V_{CC} - I_E R_e \approx V_{CC} - I_C R_e \tag{2-34}$$

3. 动态分析

图 2-27 所示为射极输出器的小信号等效电路，设 $R_L' = R_e // R_L$。

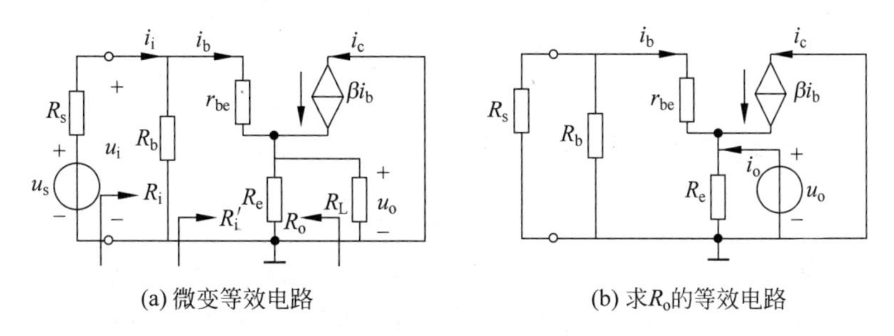

(a) 微变等效电路　　(b) 求R_o的等效电路

图 2-27　射极输出器的微变等效电路

(1) 电压放大倍数$\dot{A}_u$

由图 2-27(a)所示的输入回路可得

$$u_i = i_b r_{be} + i_e R_L' = i_b [r_{be} + (1+\beta) R_L'] \tag{2-35}$$

而

$$u_o = i_e R_L' = (1+\beta) R_L' i_b \tag{2-36}$$

综合上述两式可得电压放大倍数

$$\dot{A}_u = \frac{\dot{U}_o}{\dot{U}_i} = \frac{(1+\beta) R_L'}{r_{be} + (1+\beta) R_L'} \approx \frac{\beta R_L'}{r_{be} + \beta R_L'} < 1 \tag{2-37}$$

实际上，R_L'折合到基极回路后的电阻为$(1+\beta)R_L'$并与 r_{be} 串联，由分压公式即可得上式。一般 $\beta R_L' \gg r_{be}$，因此有$\dot{A}_u \approx 1$，即射极输出器的电压放大倍数略小于 1。

由于$\dot{A}_u \approx 1$，即射极输出器的电压放大倍数接近于 1，且输出电压与输入电压同相，因此射极输出器通常又称为**射极跟随器**或**电压跟随器**。

射极输出器虽然没有电压放大作用，但仍具有较大的电流放大能力和功率放大能力。

(2) 输入电阻 R_i

可以通过输入电阻的定义来求 R_i，由图 2-27(a)可得

$$u_i = i_b r_{be} + i_e R_L' = i_b [r_{be} + (1+\beta) R_L']$$

如不考虑 R_b 的作用，则

$$R_i' = \frac{U_i}{I_b} = r_{be} + (1+\beta) R_L' \tag{2-38}$$

考虑 R_b 时，则

$$R_i = R_b \ // \ R_i' = R_b \ // \ [r_{be} + (1+\beta) R_L'] \tag{2-39}$$

由上式可见，发射极回路中的电阻 R_L'折合到基极回路，需要乘以$(1+\beta)$倍。射极输出器的输入电阻比共射基本放大电路的输入电阻要大得多。

(3) 输出电阻 R_o

可以通过输出电阻的定义来求 R_o，这里介绍一种简便的求法。

图 2-27(b)所示电路为求 R_o 的等效电路，设 $R_s' = R_s // R_b$，R_s'与 r_{be} 串联后折合到发射极

回路的电阻为$(r_{be}+R'_s)/(1+\beta)$，而该电阻又与R_e并联，因此输出电阻R_o为

$$R_o=\frac{r_{be}+R'_s}{1+\beta}\ /\!/\ R_e \tag{2-40a}$$

通常$R_e\gg(r_{be}+R'_s)/(1+\beta)$，则

$$R_o\approx\frac{r_{be}+R'_s}{1+\beta} \tag{2-40b}$$

如果不考虑信号源内阻，即$R_s=0$，$R'_s=0$，则有

$$R_o\approx\frac{r_{be}}{1+\beta} \tag{2-40c}$$

由上式可见，射极输出器的输出电阻相对较小，一般为几欧姆到几十欧姆。

例 2-5　图 2.28(a)所示电路能够输出一对幅度大致相等、相位相反的电压。已知晶体管的$\beta=80$，$r_{be}=2.2\text{k}\Omega$。①求电路的输入电阻R_i；②分别求从射极输出时的$\dot{A}_{u2}$和R_{o2}及从集电极输出时的$\dot{A}_{u1}$和R_{o1}。

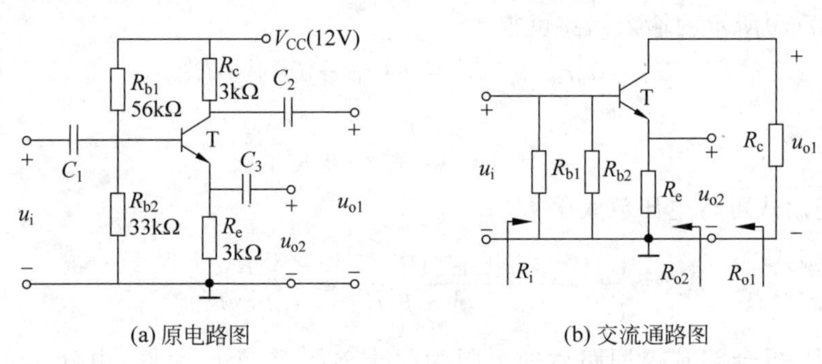

图 2-28　例 2-5 电路图

解：本题用来熟悉放大电路性能指标的分析方法。

图 2.28(a)所示电路的交流通路如图 2.28(b)所示。从集电极输出为共射电路，从发射极输出是共集电路。根据式(2-30)、式(2-29a)、式(2-22)、式(2-37)、式(2-40a)求得：

(1) $R_i=R_{b1}/\!/R_{b2}/\!/[r_{be}+(1+\beta)R_e]\approx19\text{k}\Omega$

(2) $\dot{A}_{u1}=\dfrac{\dot{U}_{o1}}{\dot{U}_i}=\dfrac{-\beta R_c}{r_{be}+(1+\beta)R_e}\approx-0.98$

$R_{o1}=R_c=3\text{k}\Omega$

$\dot{A}_{u2}=\dfrac{\dot{U}_{o2}}{\dot{U}_i}=\dfrac{(1+\beta)R_e}{r_{be}+(1+\beta)R_e}\approx0.99$

$R_{o2}=R_e\parallel\dfrac{(R_{b1}\parallel R_{b2})+r_{be}}{1+\beta}\approx27\Omega$

综上所述，**共集放大电路的主要特点**是：电压放大倍数接近于1；工作点稳定，具有电流放大作用，输入电阻大；输出电阻小。因其具有电压跟随作用，常用来缓冲负载对信号源的影响或隔离前后级之间的相互影响，可起“隔离”和“阻抗变换”作用，因此又称为缓冲放大电路；因其输入电阻大，常作为多级放大电路的输入级，以减小从信号源索取的电流；因其输出电阻小，常用作多级放大电路的输出级，以增强带负载能力。因此，尽管共集电路没有

电压放大作用，但其仍然得到了广泛的应用。

2.5.2 共基极放大电路

1. 电路组成

图 2-29(a)所示为共基极放大电路，其直流通路和交流通路分别如图 2-29(b)和图 2-30(a)所示。该电路的输出信号从集电极和基极两端之间得到，而输入信号从发射极和基极两端之间加入。显然，基极是输入和输出回路的公共端，即该电路为共基电路。

2. 静态分析

由图 2-29(b)可见，共基放大电路的直流通路与分压式射极偏置电路的直流通路完全相同，这里不再赘述，下面主要讨论其交流指标。

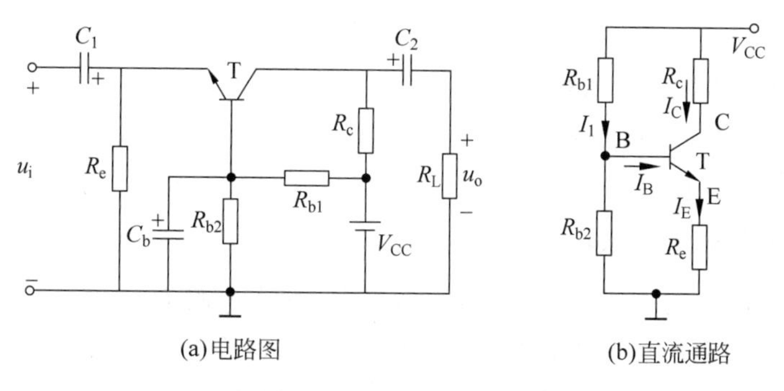

图 2-29　共基放大电路

3. 动态分析

共基电路的交流通路和微变等效电路如图 2-30(a)和图 2-30(b)所示，设 $R'_L = R_C // R_L$，由等效电路可知

$$\begin{cases} u_i = -i_b r_{be} \\ u_o = -i_c R'_L = -\beta R'_L i_b \\ \dot{A}_u = \dfrac{\dot{U}_o}{\dot{U}_i} = \dfrac{\beta R'_L}{r_{be}} \end{cases} \tag{2-41}$$

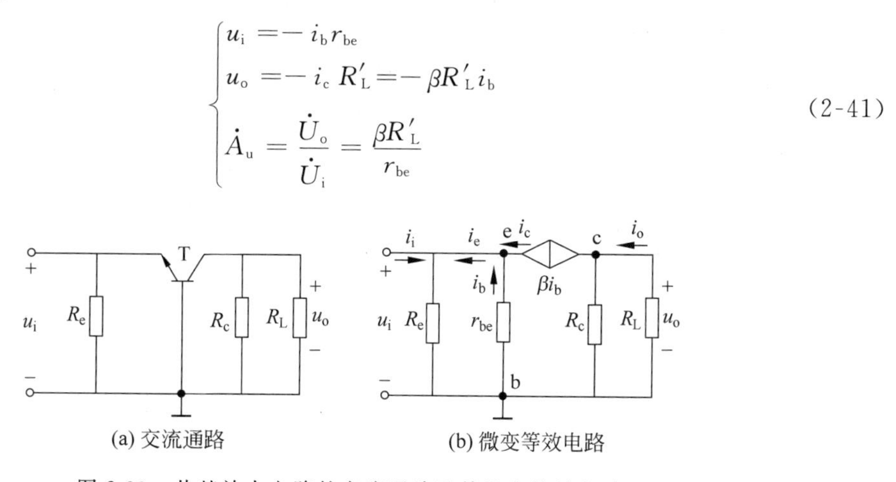

图 2-30　共基放大电路的交流通路及其微变等效电路

共基放大电路输入信号接在发射极。输出信号从集电极引出，$i_e \approx i_c$，其电流放大倍数 $\dot{A}_i = \frac{\dot{I}_c}{\dot{I}_e}$ 近似为1，即共基电路没有电流放大作用。从这个意义上讲，共基电路又称为电流跟随器。

而其电压增益在数值上与共射基本放大电路相同，但没有负号，说明其输出电压 u_o 与输入电压 u_i 同相，即共基电路为同相放大电路。

如图2-30(b)所示，r_{be} 接在基极回路，其折合到发射极回路后的电阻为 $r_{be}/(1+\beta)$，而该电阻又与 R_e 并联，因此输入电阻 R_i 为

$$R_i = R_e \mathbin{/\!/} \frac{r_{be}}{1+\beta} \approx \frac{r_{be}}{1+\beta} \tag{2-42}$$

上式表明，共基电路的输入电阻相对较低，一般只有几欧姆到几十欧姆。

由图2-30(b)不难看出，若 $u_i = 0$，则 $i_b = 0$，$\beta i_b = 0$，显然共基电路的输出电阻

$$R_o = R_c \tag{2-43}$$

显然，它与共射电路的输出电阻相同。

例 2-6 在图2-31(a)所示电路中，各电容对信号频率呈短路。已知三极管的 $\beta = 50$，$U_{BE(on)} = 0.7\text{V}$，$r_{bb'} = 50\Omega$。

(1) 求电路的静态工作点；

(2) 试求放大电路的电压增益 $\dot{A}_u$、输入电阻 R_i、输出电阻 R_o。

解： 本题用来熟悉共基极放大电路的分析方法。

(1) 电路的直流通路与分压式射极偏置电路的直流通路相同，则：

$$U_{BQ} = \frac{R_{b2}}{R_{b1} + R_{b1}} V_{CC} \approx 4\text{V} \quad I_{CQ} \approx I_{EQ} = \frac{U_{BQ} - U_{BE(on)}}{R_e} = 1.65\text{mA}$$

$$U_{CEQ} \approx V_{CC} - I_{CQ}(R_c + R_e) = 3.75\text{V}$$

(2) 图2-31(a)电路的交流通路如图2-31(b)所示，可见该电路为共基极放大电路。根据式(2-41)、式(2-42)、式(2-43)有

$$\dot{A}_u = \frac{\beta R'_L}{r_{be}} \approx 88.2$$

其中

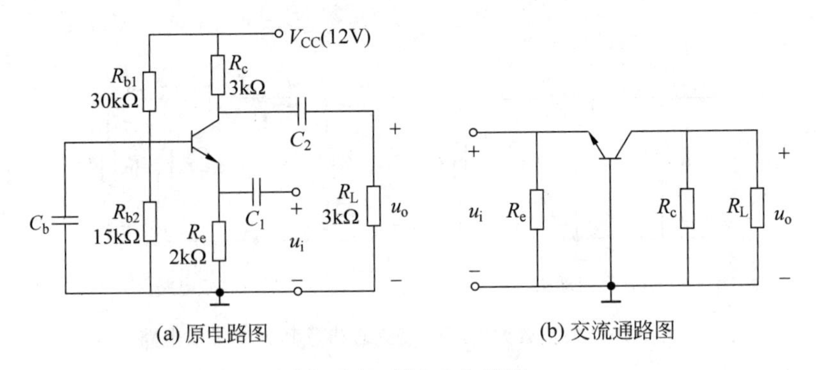

图2-31 例2-6电路图

$$r_{be}=r_{bb'}+(1+\beta)\frac{U_T}{I_E}\approx 0.85\text{k}\Omega$$

$$R_i=R_e // \frac{r_{be}}{1+\beta}\approx\frac{r_{be}}{1+\beta}\approx 16.7\Omega$$

$$R_o\approx R_c=3\text{k}\Omega$$

2.5.3　三种基本组态的比较

根据前面的分析，下面将共射、共集、共基三种基本组态的性能特点进行总结，为了便于比较，将它们的性能特点列于表 2-1 中。

(1) 共射电路既能放大电压又能放大电流，具有较大的电压放大倍数和电流放大倍数，输入电阻在三种电路中居中，输出电阻较大，频带较窄。常用作低频放大电路的单元电路。

(2) 共集电路只能放大电流不能放大电压，是三种接法中输入电阻最大、输出电阻最小的电路，电压放大倍数接近 1，具有电压跟随特点。常用于电压放大电路的输入级和输出级，在功率放大电路中也常采用。

(3) 共基电路只能放大电压不能放大电流，输入电阻小，电压放大倍数和输出电阻与共射电路相当，具有电流跟随特点。共基电路的频率特性是三种接法中最好的电路。常用于宽频带放大电路。

表 2-1　共射、共基、共集放大电路性能比较

	共射电路	共基电路	共集电路
	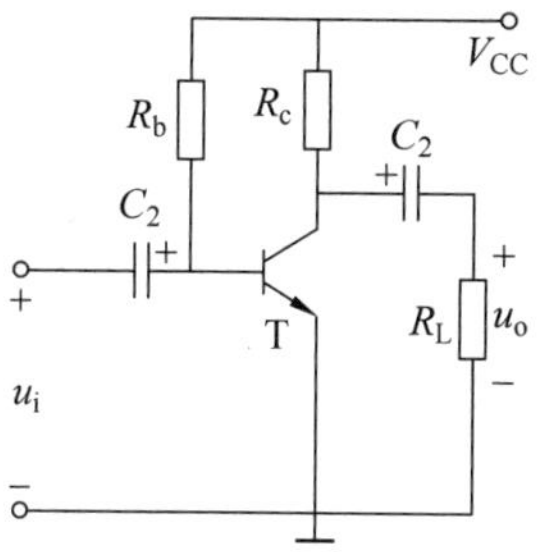 R_b, R_c, C_2, V_{CC}, T, R_L, u_i, u_o	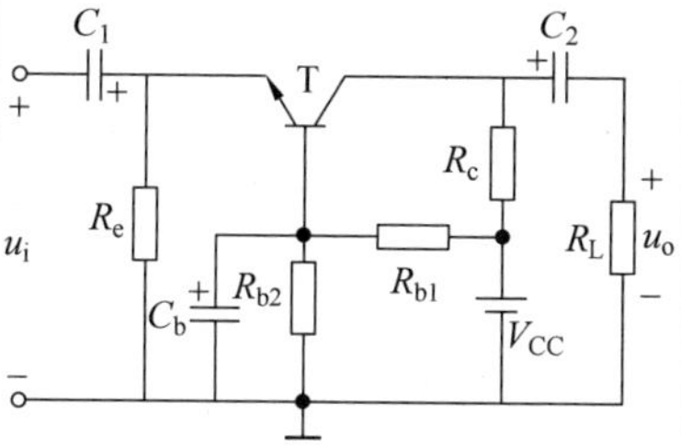 C_1, C_2, T, R_e, R_c, C_b, R_{b2}, R_{b1}, V_{CC}, R_L, u_i, u_o	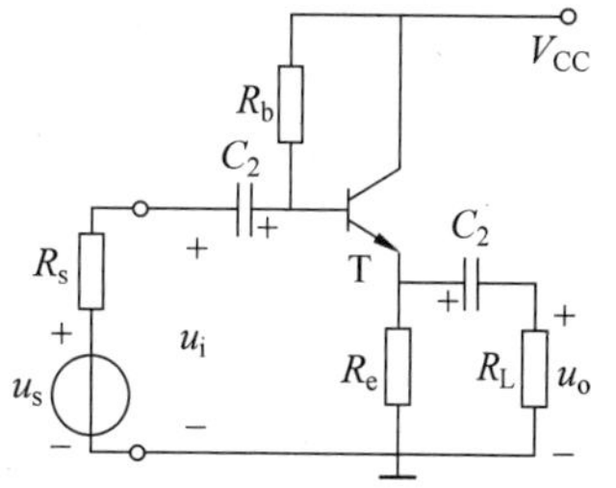 R_b, C_2, V_{CC}, T, R_s, u_s, u_i, R_e, R_L, u_o
$\dot{A}_u$	$-\frac{\beta R_L'}{r_{be}}$(大)	$\frac{\beta R_L'}{r_{be}}$(大)	$\frac{(1+\beta)R_L'}{r_{be}+(1+\beta)R_L'}\approx 1$
R_i	$R_b // r_{be}$(中)	$R_e // \frac{r_{be}}{1+\beta}$(小)	$R_b // [r_{be}+(1+\beta)R_L']$(大)
R_o	R_c(中)	R_c(大)	$R_e // \frac{r_{be}+R_b // R_s}{1+\beta}$(小)
特点	输入、输出反相 既有电压放大作用 又有电流放大作用	输入、输出同相 有电压放大作用 无电流放大作用	输入、输出同相 有电流放大作用 无电压放大作用
应用	作多级放大电路的中间级，提供增益	作电流接续器，构成组合放大电路	作多级放大电路的输入级、中间级、隔离级

2.6 场效应管放大电路

场效应管(FET)和双极性晶体管(BJT)都是组成模拟电子电路常用的放大元件。场效应管组成放大电路的原则与三极管相同,要求设置合适的静态工作点,才能使输出波形不失真而且幅度最大。FET 放大电路也存在三种组态,即共源、共漏和共栅组态,分别对应于 BJT 放大电路的共射、共集和共基组态。

2.6.1 场效应管直流分析

场效应管构成放大电路时,其首要问题依然是静态工作点的设置,即场效应管工作在恒流区某一合适的工作点处。

对于耗尽型场效应管,要求栅、源电压和漏、源电压的极性相反,以结型场效应管为例,可以采用图 2-32(a)所示的**自偏压电路**(若为 P 沟道,U_{DD}取负)。此时

$$U_{GSQ}=U_{GQ}-U_{SQ}=-I_{DQ}R_s \tag{2-44}$$

$$I_{DQ}=I_{DSS}\left(1-\frac{u_{GS}}{U_{GS(off)}}\right)^2 \tag{2-45}$$

$$U_{DSQ}=V_{DD}-I_{DQ}(R_s+R_d) \tag{2-46}$$

三式联立可以求得静态工作点参数 U_{GSQ}、I_{DQ}、U_{DSQ}。

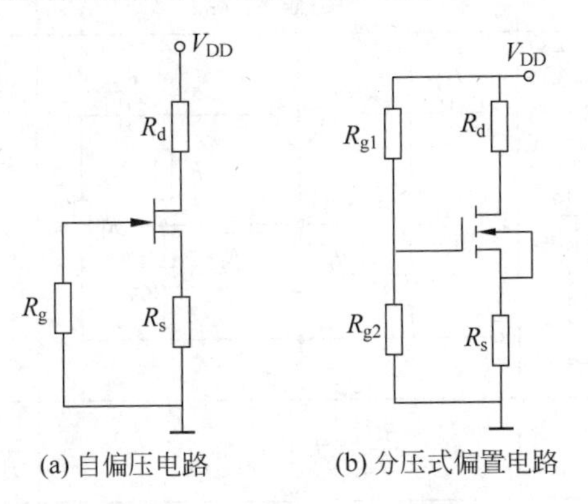

图 2-32 场效应管直流偏置电路

对于增强型场效应管,其栅、源电压和漏、源电压的极性相同且在数值上要大于开启电压,这时为了提高栅极电位而采用了**分压式偏置电路**,以增强型 MOS 管为例,如图 2-32(b)所示。此时

$$U_{GSQ}=U_{GQ}-U_{SQ}=\frac{R_{g2}V_{DD}}{R_{g1}+R_{g2}}-I_{DQ}R_s \tag{2-47}$$

$$I_{DQ}=I_{DO}\left(\frac{u_{GS}}{U_{GS(th)}}-1\right)^2 \tag{2-48}$$

$$U_{DSQ}=V_{DD}-I_{DQ}(R_s+R_d) \tag{2-49}$$

三式联立可以求得静态工作点参数 U_{GSQ}、I_{DQ}、U_{DSQ}。只要选择合适的阻值，就可以使 U_{GSQ} 为需要的任意值。因此分压式偏置电路适用于所有场效应管。

例 2-7　若图 2-33 中 FET 的参数为 $U_{GS(off)}=-7V$，$I_{DSS}=4mA$，其他元件参数均标在电路中，试确定其静态工作点。

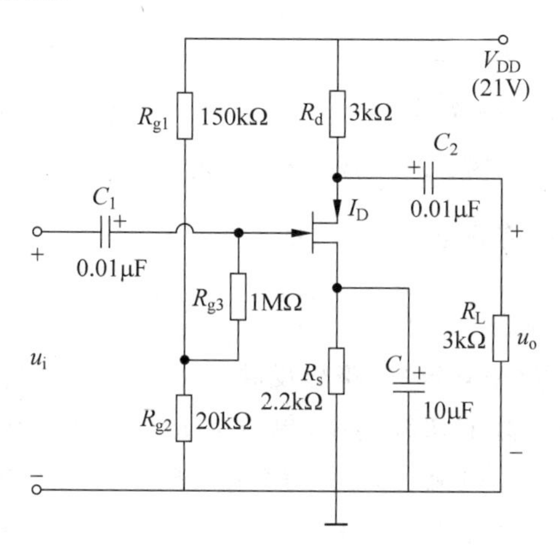

图 2-33　例 2-7 电路图

解：

$$U_G=\frac{R_{g2}V_{DD}}{R_{g1}+R_{g2}}=\frac{20\times21}{20+150}\approx2.5V$$

把有关参数代入式(2-47)、式(2-45)，可得方程组

$$\begin{cases}U_{GSQ}=2.5-2.2I_{DQ}\\ I_{DQ}=4\left(1+\frac{1}{7}U_{GSQ}\right)^2\end{cases}$$

解这个方程组，可得 $I_{DQ}\approx(5.6\pm3.6)mA$，而 $I_{DSS}=4mA$，I_D 应小于 I_{DSS}，故 $I_{DQ}=2mA$，于是 $U_{GSQ}=-1.9V$，故有

$$U_{DSQ}=V_{DD}-I_{DQ}(R_d+R_s)=21-2\times(3+2.2)=10.6V$$

2.6.2　场效应管的交流小信号模型

如果输入信号很小，FET 工作在线性放大区，即输出特性中的恒流区，与 BJT 一样，也可用微变电路来等效分析。

偏置在恒流状态下的共源极场效应管如图 2-34(a)所示。当 g、s 端输入交变电压 u_{gs} 时，根据场效应管的工作原理，其栅极电流为 0，而漏极端产生受控电流 $g_m u_{gs}$。因此小信号模型如图 2-34(b)所示。

对于输入回路，由于 FET 的栅极电流 $i_g\approx0$，其输入电阻很高，因此可近似认为其栅、源极间开路。

对于输出回路，由于 FET 工作在恒流区，输出电流 i_d 主要由 u_{gs} 决定，即有一个输入电压 u_{gs}，就必有一个相应的输出电流 i_d 与之对应。因此，为了能定量描述 FET 的放大能力，即 u_{gs} 对 i_d 的控制能力，这里引入参数 g_m，其定义为 u_{DS} 一定时漏极电流的微变量 Δi_D 和引

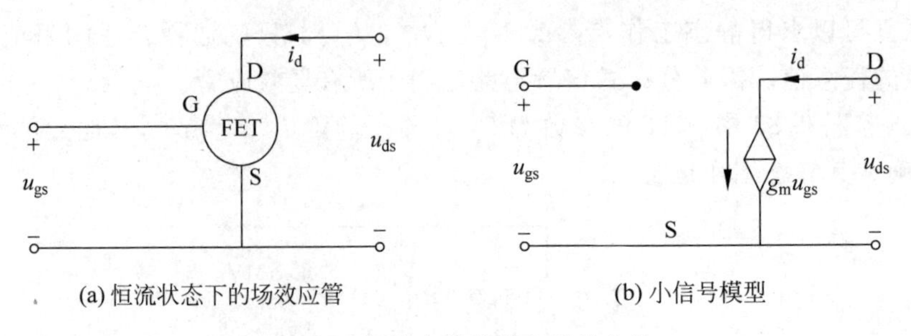

(a) 恒流状态下的场效应管　　(b) 小信号模型

图 2-34　场效应管的微变等效电路

起这个变化的栅源电压的微变量 Δu_{GS}之比，即

$$g_m = \left.\frac{\Delta i_D}{\Delta u_{GS}}\right|_{u_{DS}=\text{常数}} \tag{2-50}$$

g_m 称为低频跨导，简称跨导(或互导)。跨导反映了栅源电压对漏极电流的控制能力，它相当于转移特性曲线上工作点处的切线斜率，单位为 mS。g_m 的值一般在 0.1～20mS 范围内，同一管子的 g_m 值与其工作电流有关。显然，g_m 越大，其放大能力越强。

引入参数 g_m 后，就可以在输出回路中用受控电流源 $g_m u_{gs}$来表示 i_d 受 u_{gs}控制的关系。另外，在输出回路中还应包含一个较大的漏电阻 r_{ds}。r_{ds}与受控电流源相并联，由于其数值在几十千欧以上，因此实际分析时常常忽略。

2.6.3　场效应管的三种组态放大电路分析

场效应管的三种组态为共源、共漏、共栅，分别对应三极管放大电路的共射、共集、共基。下面用等效电路法对这三种组态进行交流分析。

1. 共源放大电路

共源放大电路及其交流等效电路分别如图 2-35(a)和图 2-35(b)所示。设 $R'_L = R_d /\!/ R_L$，由图 2-35(b)可知 $u_{gs}=u_i$，输出电压 u_o 为

$$i_d = g_m u_{gs} = g_m u_i$$

$$u_o = -i_d R'_L = -g_m R'_L u_i$$

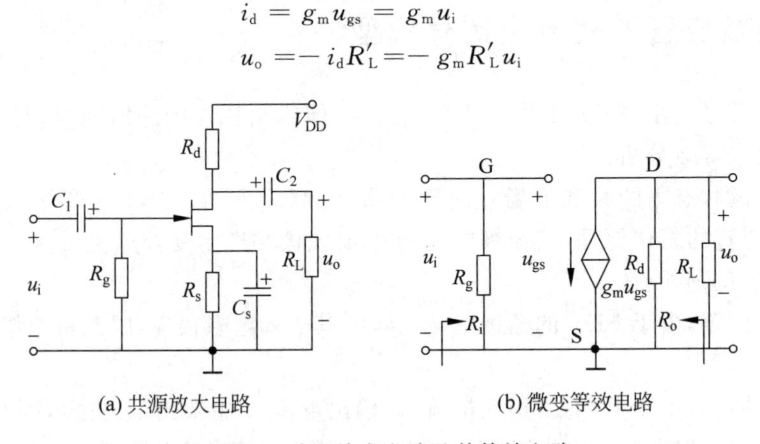

(a) 共源放大电路　　(b) 微变等效电路

图 2-35　共源放大电路及其等效电路

则电压放大倍数

$$\dot{A}_u = \frac{\dot{U}_o}{\dot{U}_i} = -g_m R'_L \tag{2-51}$$

输入电阻

$$R_i = R_g \tag{2-52}$$

输出电阻

$$R_o \approx R_d \tag{2-53}$$

例 2-8　电路如图 2-36(a)所示，其中场效应管的 $I_{DSS}=5mA$，$U_{GS(off)}=-4V$，$g_m=1.6mS$。求电路的$\dot{A}_u$、R_i 和 R_o。

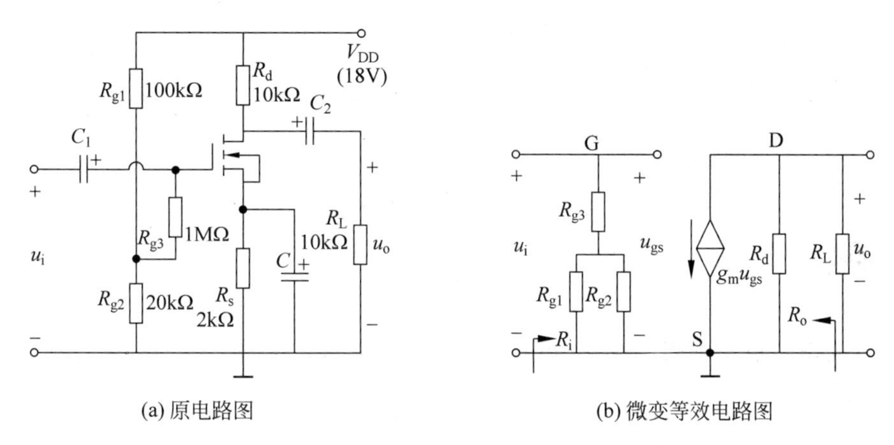

(a) 原电路图　　(b) 微变等效电路图

图 2-36　例 2-8 电路图

解：图 2-36(a)是一个分压式偏置共源放大电路，图 2-36(b)是它的微变等效电路图。该电路静态工作点的求解可以参考例 2-7，参考式(2-51)、式(2-52)、式(2-53)有

$$\dot{A}_u = \frac{\dot{U}_o}{\dot{U}_i} = -g_m R'_L = -1.6 \times (10 \parallel 10) = -8.0$$

$$R_i = R_{g3} + R_{g1} \ /\!/ \ R_{g2} = 1 + (0.1 \ /\!/ \ 0.02) \approx 1M\Omega$$

$$R_o \approx R_d = 10k\Omega$$

场效应管共源放大电路的性能与三极管共射放大电路相似，但共源电路的输入电阻远大于共射电路，而它的电压放大能力不及共射电路。

2. 共漏放大电路

图 2-37(a)所示为共漏放大电路，由于该电路是从源极输出的，所以又称为源极输出器。

源极输出器的微变等效电路如图 2-37(b)所示。设 $R'_L=R_S /\!/ R_L$，由该图可得

$$u_o = i_d R'_L = g_m R'_L u_{gs}$$

$$u_i = u_{gs} + u_o = (1 + g_m R'_L) u_{gs}$$

电压放大倍数

$$\dot{A}_u = \frac{\dot{U}_o}{\dot{U}_i} = \frac{g_m R'_L}{1 + g_m R'_L} \tag{2-54}$$

显然，$\dot{A}_u < 1$，但当 $g_m R'_L \gg 1$ 时，$\dot{A}_u \approx 1$。

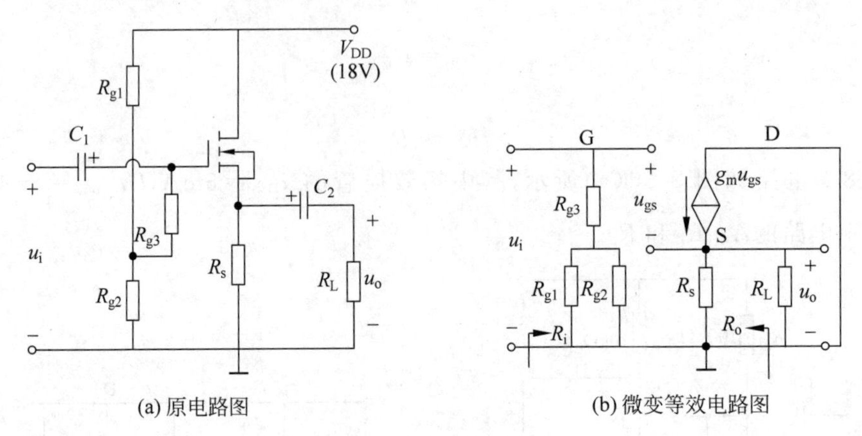

(a) 原电路图　　(b) 微变等效电路图

图 2-37　共漏放大电路

输入电阻

$$R_i = R_{g3} + R_{g1} \mathbin{/\!/} R_{g2} \tag{2-55}$$

根据放大电路输出电阻的求法，可将图 2-37(b)中的 u_i 短路，R_s 两端加电压 u_o，设电流 i_o，得到电路图 2-38，则

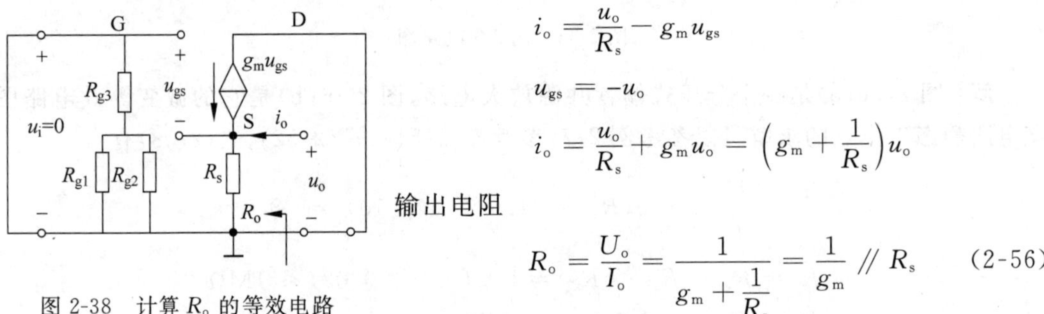

图 2-38　计算 R_o 的等效电路

$$i_o = \frac{u_o}{R_s} - g_m u_{gs}$$

$$u_{gs} = -u_o$$

$$i_o = \frac{u_o}{R_s} + g_m u_o = \left(g_m + \frac{1}{R_s}\right) u_o$$

输出电阻

$$R_o = \frac{U_o}{I_o} = \frac{1}{g_m + \frac{1}{R_s}} = \frac{1}{g_m} \mathbin{/\!/} R_s \tag{2-56}$$

可见，场效应管共漏放大电路的性能与三极管共集放大电路相似，也具有输入电阻大、输出电阻小的特点，具有电压跟随作用。

共栅放大电路也是场效应管放大电路的组态之一，但由于共栅电路在实际工作中不常使用，故此处不再赘述。

2.7　多级放大电路

根据前面章节的分析可知，单管组成的基本放大电路，放大倍数只能达到几十倍，而在电子技术的实际应用中，这个倍数远远不能满足需要。所以，实际电路一般都采用多级放大电路，即将多个基本放大电路连接在一起。其中每个单元电路叫一级，输入信号与放大电路之间，级与级之间，放大电路与负载之间的连接方式叫做“耦合方式”。

本节主要介绍多级放大电路的“耦合方式”，静态分析及动态参数的求解。

2.7.1　级间耦合方式

在多级放大电路中常见的级间耦合方式有三种，即阻容耦合、变压器耦合和直接耦合。

1. 阻容耦合

图 2-39 所示为一个两级放大电路。其信号源与放大电路输入端之间，前后级间以及输出端与负载之间通过电容 C_1、C_2、C_3 连接起来，这些电容称为耦合电容，这种连接方式称为**阻容耦合**放大电路。

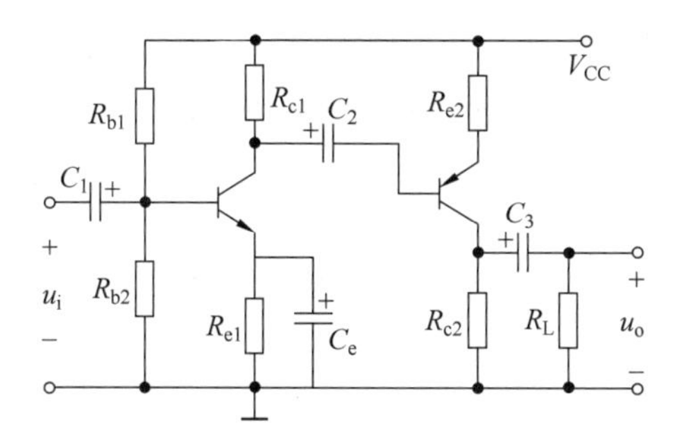

图 2-39　阻容耦合放大电路

阻容耦合方式的优点：

(1) 各级的静态工作点互相独立。这是由于各级之间通过电容连接，而电容具有“隔直通交”的作用，使得各级的直流通路互相独立，给设计、分析和调试带来了方便。

(2) 传输过程中，交流信号损失小，放大倍数高。只要耦合电容的容值足够大，就可以做到在一定的频率范围内，前一级的输出信号几乎无衰减地传送到后一级，使信号得到充分利用。

(3) 体积小，成本低。

阻容耦合方式的缺点：

(1) 不适合传送变化缓慢的信号，当信号变化缓慢时，电容的容抗较大，使得信号严重衰减。

(2) 由于电容的隔直作用，不能放大直流信号。

(3) 集成电路工艺中，制造大电容十分困难，因此阻容耦合放大电路不易集成。

2. 变压器耦合

变压器可以通过磁路的耦合把原边的交流信号耦合到副边上去，所以可以作为多级放大电路的耦合元件。

图 2-40 给出了耦合放大电路的例图。变压器 B_1 将第一级的输出信号传递给第二级，变压器 B_2 将第二级输出信号传递给负载。

变压器耦合方式的优点：

(1) 前后级的直流通路互相隔离，因此各级的静态工作点互相独立，对设计调试电路非

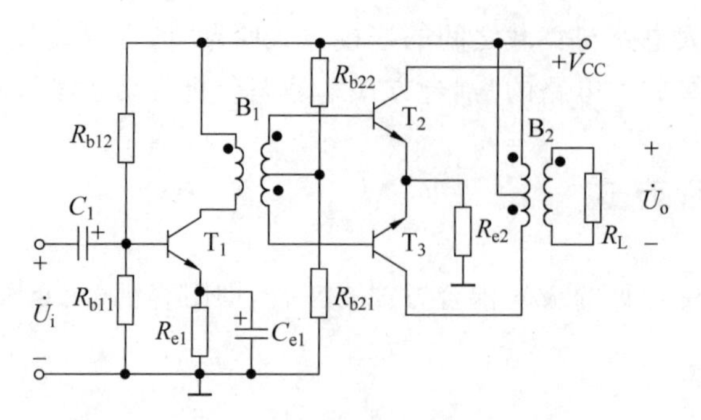

图 2-40 变压器耦合放大电路

常方便。

(2) 变压器耦合最大的优点是具有阻抗变换的作用。如果变压器的匝数比为 $n:1$,副边的电阻为 R_{i1},则从原边看进去的等效负载电阻为 n^2R_{i1},利用这种特性可以更好地设置电路参数,使得输出阻抗与负载最佳匹配而得到更大的功率。

变压器耦合方式的缺点:

(1) 变压器比较笨重,不利于集成。

(2) 高频、低频特性都很差,缓慢变化和直流信号无法通过变压器。

3. 直接耦合

将前一级输出端和后一级输入端连接起来的方式,就是"直接耦合",如图 2-41 所示。

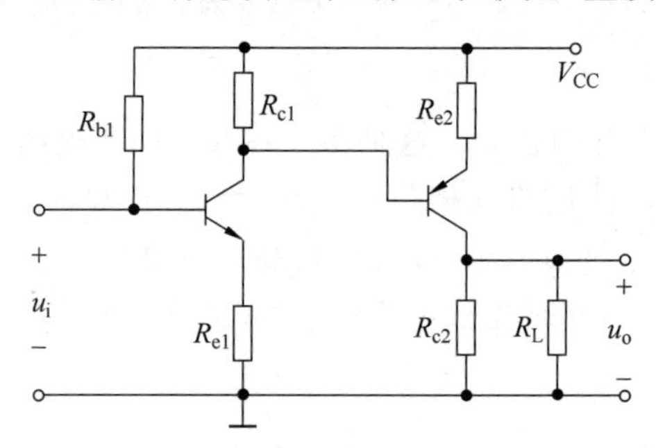

图 2-41 直接耦合放大电路

直接耦合方式的优点:

(1) 电路中无耦合电容,低频特性好,能放大缓慢变化的信号和直流信号。

(2) 在集成电路中采用直接耦合的方式,便于集成化器件。

直接耦合方式的缺点:

(1) 前后级直流互相连通,造成各级静态工作点互相影响,不能独立,因此必须考虑各级间直流电平的配置问题,使得每一级都有合适的工作点。图 2-42 给出了几种电平配置的实例。其中图 2-42(a)电路分别采用 R_{e2} 和二极管来垫高后级发射极电位,从而抬高了前级集电极电位,如果没有这样的配置,将有 $U_{CE1}=U_{BE2}=0.7V$,使 T_1 管进入临界饱和状态,不能正常放大。图 2-42(b)电路采用 NPN 和 PNP 管交替连接的方式,由于 PNP 管的集电极电位比基极电位低,在多级耦合时,不会造成集电极电位逐级升高。

(2) 直接耦合方式带来的主要问题是存在零点漂移现象。即前级工作点随温度的变化

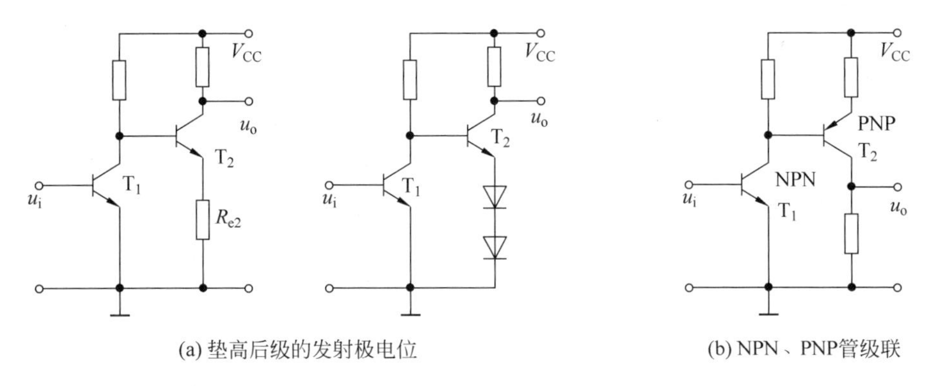

(a) 垫高后级的发射极电位　　(b) NPN、PNP管级联

图 2-42　直接耦合电平配置方式实例

会被后级传递并逐级放大，使得输出端产生很大的漂移电压。显然，级数越大，放大倍数越大，零点漂移现象就越严重。

2.7.2　多级放大电路的性能指标计算

1. 电压放大倍数

在多级放大电路中，各级之间是串联的，前一级的输出是后一级的输入，后一级相当于前一级的负载，则一个 n 级放大电路的 $u_{o1}=u_{i2}$，$u_{o2}=u_{i3}$，…，$u_{o(n-1)}=u_{in}$，所以，总的放大倍数 $\dot{A}_u$ 是各级放大倍数的乘积，可表示为

$$\dot{A}_u=\frac{\dot{U}_o}{\dot{U}_i}=\frac{\dot{U}_{o1}}{\dot{U}_i}\cdot\frac{\dot{U}_{o2}}{\dot{U}_{i2}}\cdot\cdots\cdot\frac{\dot{U}_o}{\dot{U}_{in}}=\dot{A}_{u1}\cdot\dot{A}_{u2}\cdot\dot{A}_{u3}\cdot\cdots\cdot\dot{A}_{un}\tag{2-57}$$

计算每一级电压放大倍数的方法如前所述。但是，在计算每一级放大倍数时，必须考虑前后级间的影响。即将**后级的输入电阻看作前级的负载电阻，或者将前级的输出电阻看作后级的源内阻**。

2. 输入电阻和输出电阻

多级放大电路的**输入电阻就是第一级的输入电阻；输出电阻就是最后一级的输出电阻**。在计算输入电阻和输出电阻时，依然可以利用单级放大电路的公式，不过有时候它们不仅与本级的参数有关，也和中间级的参数有关。例如第一级为共集电极电路时，它的输入电阻不仅与本级参数相关，还与本级负载，也就是第二级输入电阻有关。而共集电极作为最后一级时，它的输出电阻又与源内阻，即前一级输出电阻有关。

例 2-9　图 2-43(a)给出了一个分别由 NPN 和 PNP 管构成的两极直接耦合的共射极放大电路，试计算该电路的交流指标。

解：这是一个两级放大电路，第一级是分压式射极偏置电路，第二级为固定偏流式放大电路。根据原图，画出其交流通路如图 2-43(b)所示。并画出其微变等效电路如图 2-44 所示。

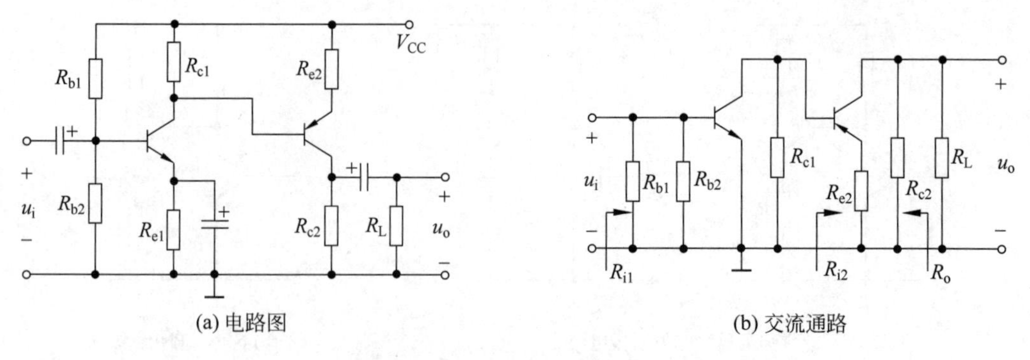

(a) 电路图　　(b) 交流通路

图 2-43　例 2-8 电路图

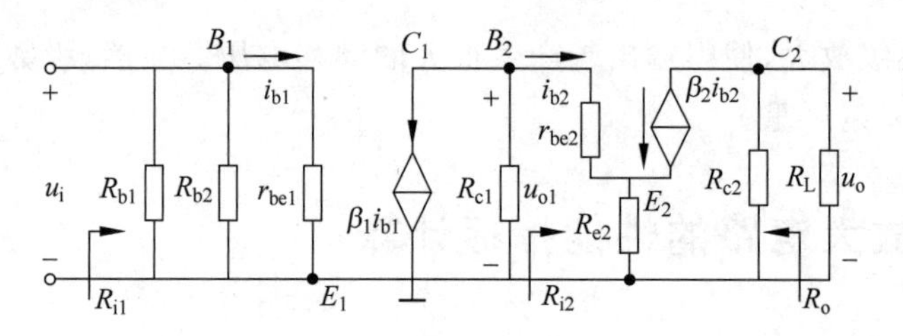

图 2-44　图 2-43(a)所示电路的微变等效电路

分别求每一级的放大倍数,并考虑前后级的互相影响有

$$\dot{A}_{u} = \frac{\dot{U}_{o}}{\dot{U}_{i}} = \dot{A}_{u1} \cdot \dot{A}_{u2}$$

$$\dot{A}_{u1} = \frac{\dot{U}_{o1}}{\dot{U}_{i}} = \frac{-\beta_1 (R_{c1} \parallel R_{i2})}{r_{be1}}$$

$$\dot{A}_{u2} = \frac{\dot{U}_{o}}{\dot{U}_{i2}} = \frac{-\beta_2 (R_{c2} \parallel R_{L})}{r_{be2} + (1+\beta_2) R_{e2}}$$

$$R_{i2} = r_{be2} + (1+\beta_2) R_{e2}$$

$$R_{i} = R_{i1} = R_{b1} \parallel R_{b2} \parallel r_{be1}$$

$$R_{o} = R_{o2} = R_{c2}$$

2.8　单管共射放大电路 Multisim 仿真

1. 题目

利用 Multisim 完成共射放大电路的静态工作点、输入电阻、输出电阻、电压放大倍数的测量,并观察电路的输入输出波形变化。

2. 仿真电路

仿真电路如图 2-45 所示。晶体管采用虚拟器件 BJT-NPN 型,其中 BF=40,$r_{bb'}=200\Omega$。

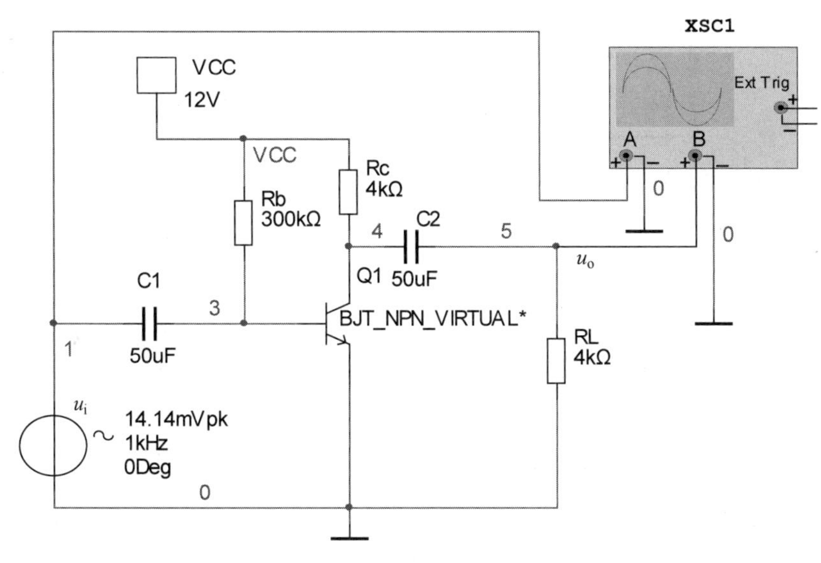

图 2-45　共射放大电路

3. 仿真内容及结果分析

(1) 测量静态工作点

在图 2-45 电路中，分别接入虚拟数字万用表，测量 I_{BQ}、I_{CQ}、U_{CEQ}，电路测量方式如图 2-46 所示。设置 XMM1、XMM2 为直流电流表，设置 XMM3 为直流电压表。

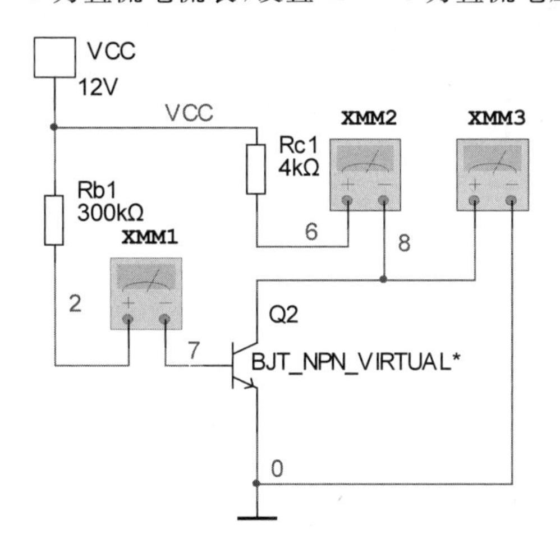

图 2-46　共射电路静态工作点的测量

仿真测得：$I_{BQ}=37.415\mu A$、$I_{CQ}=1.5mA$、$U_{CEQ}=6.001V$。

(2) 观察输入输出波形

利用图 2-45 电路，启动仿真，观察示波器输入输出波形，可以看到输出波形未失真，且与输入波形相位相反。如图 2-47 所示。

(3) $\dot{A}_u$、R_i 和 R_o 的测量

在图 2-45 中，在信号输入端和输出端加入虚拟数字万用表 XMM1 和 XMM2，并设置

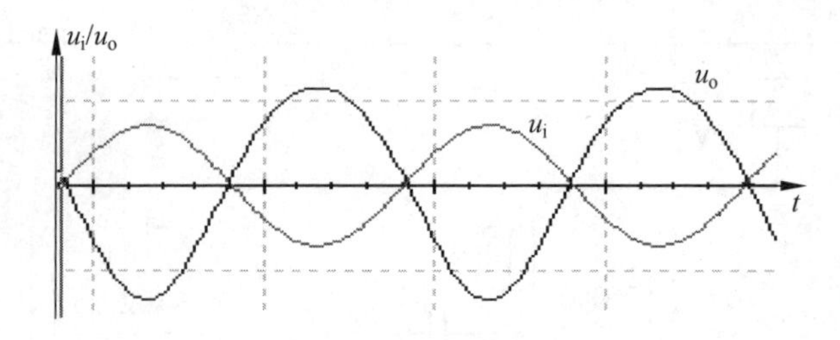

图 2-47 共射电路输入输出波形图

成交流电压表，通过仿真可知，当 $u_i=9.998\text{mV}$ 时，$u_o=883.251\text{mV}$。也可以利用 Probe 设置动态探针进行测量。在 u_i 和 u_o 处各设置一个探针（图中用箭头表示），测量结果如图 2-48 所示。其中，V 表示瞬时电压值；$V(P\text{-}P)$ 表示峰峰值电压；$V(\text{rms})$ 表示有效值电压；$V(\text{dc})$ 表示直流电压；Freq 表示频率。电流的表示方式同电压的表示方式相同。

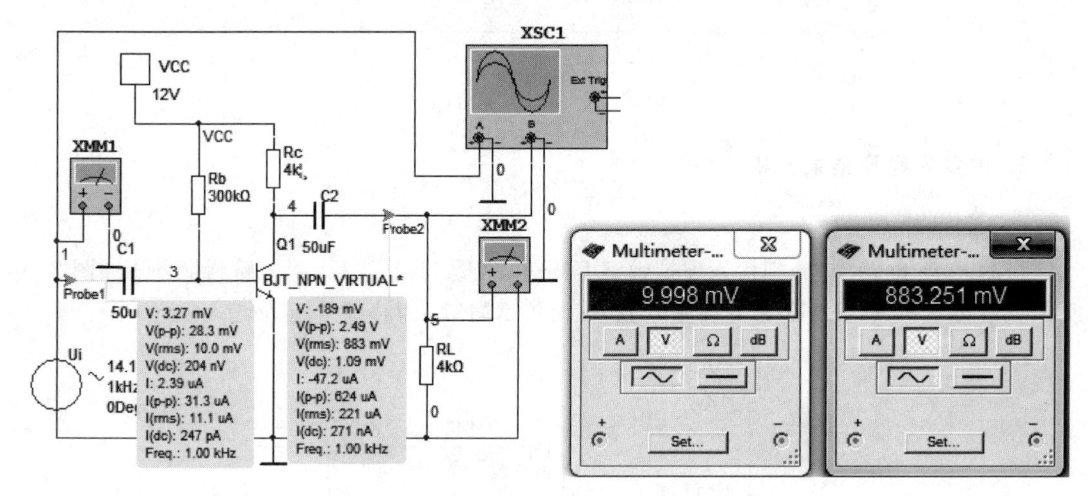

图 2-48 单管共射放大电路仿真

由测量结果可以计算出

$$\dot{A}_u=\frac{\dot{U}_o}{\dot{U}_i}=-883.251/9.998=-88.3$$

$$R_i=U_i/I_i=9.998/11.1=900.1\Omega$$

测量输出电阻时，将负载电阻 R_L 开路，测得 XMM2 的电压值 U_o' 为 1.767V，带载时测得的电压值 U_o 为 883.251mV，则

$$R_o=\left(\frac{U_o'-U_o}{U_o}\right)R_L=\left(\frac{1.767}{0.883}-1\right)\times 4=4\text{k}\Omega$$

将以上仿真结果与理论参数估算结果进行比较，理论计算如下。在图 2-45 电路中，已知 $\beta=40$，$r_{bb'}=200\Omega$，$U_{BEQ}=0.7\text{V}$，则

$$I_{BQ}=\frac{V_{CC}-U_{BEQ}}{R_b}=\frac{12-0.7}{300}=0.0377\text{mA}$$

$$I_{CQ}\approx\beta I_{BQ}=0.0377\times 40=1.508\text{mA}$$

$$U_{CEQ}=V_{CC}-I_{CQ}R_C=12-1.5\times 4=6\text{V}$$

$$r_{be}=r_{bb'}+(1+\beta)\frac{U_T}{I_E}=200+41\times\frac{26}{1.5}\approx 0.9107\text{k}\Omega$$

$$R'_L=R_C\ /\!/\ R_L=2\text{k}\Omega$$

$$\dot{A}_u=\frac{\dot{U}_o}{\dot{U}_i}=-\frac{\beta R'_L}{r_{be}}=-\frac{40\times 2}{0.91}\approx -88$$

$$R_i=R_b\ /\!/\ r_{be}=300\ /\!/\ 0.9107\approx 0.91\text{k}\Omega$$

$$R_O\approx R_C=4\text{k}\Omega$$

通过理论估算和仿真结果比较，说明公式的近似程度好，也说明仿真对电路的实际调试具有指导意义。

(4) 改变 R_b 对 Q 点和电压放大倍数的影响

在图 2-45 中，改变 R_b 为 3MΩ 和 3.2MΩ，I_{BQ}、I_{CQ}、U_{CEQ}及$\dot{A}_u$ 测量如表 2-2 所示。

表 2-2 仿真数据

基极偏置电阻 R_b/MΩ	I_{BQ}/mA	I_{CQ}/mA	U_{CEQ}/V	u_o/u_i	$\dot{A}_u$
0.3	0.374	1.5	6	0.883/0.01	−88
3	0.0039	0.153	11.387	0.110/0.01	−11
3.2	0.0036	0.144	11.427	0.104/0.01	−10.4

当 R_b=3.2MΩ 时，增大输入信号，观察输出波形变化。由图 2-49 可知，当输入信号加大到 20mV 时，则输出电压波形明显失真，呈现不对称波形，正半周幅值为 215mV，负半周幅值为 354mV。

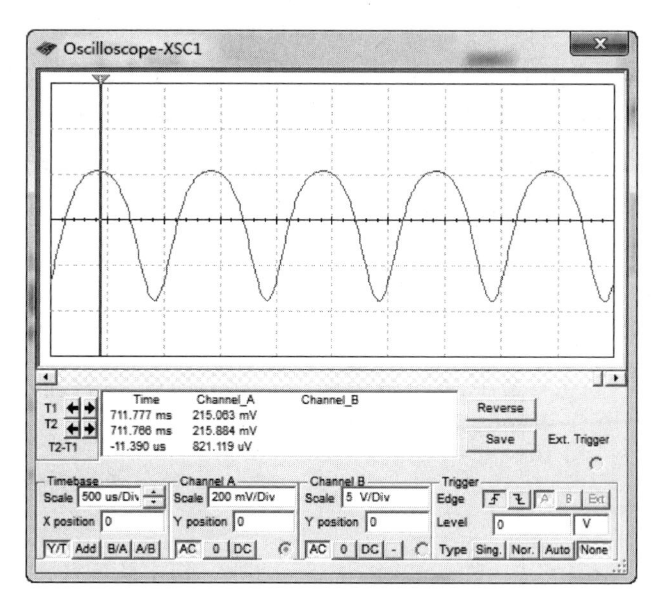

图 2-49 仿真波形图

通过以上仿真可知，当 R_b 增大时，I_{CQ}减小，U_{CEQ}增大，$|\dot{A}_u|$减小。

波形失真不一定是顶部成平顶或底部成平底，而有可能是圆滑的曲线。通过观察输出电压正、负半周幅值是否相等可以判断电路是否产生失真。

4. 结论

单管共射放大电路当工作点处于放大区时,对输入信号有放大作用,当 R_b 数值发生改变时,工作点会发生变化,电压放大倍数也发生变化。

本章小结

本章主要讨论了放大的概念、放大电路的性能指标,基本放大电路和多级放大电路的分析方法等内容。

(1) 放大实质是信号对能量的控制作用。放大电路主要的性能指标有 $\dot{A}_u$、R_i、R_o 等。

(2) 放大电路的组成。直流偏置电路使得三极管的发射结正偏,集电结反偏,以保证三极管工作在放大区,输入信号正常进入放大电路并有放大了的信号输出。

(3) 放大电路的分析方法有两种:图解法和等效电路法。不论哪种方法,都遵循"先直流后交流,先静态后动态"的原则,因此必须正确地画出放大电路的直流通路和交流通路。图解法一般用作定性分析静态工作点的位置与非线性失真的关系,以及最大不失真输出幅度的求解;而等效电路法是先估算出电路的静态工作点,然后分析交流通路,将三极管用小信号模型替换,用求解线性电路的方法求解电路的动态参数。

(4) 基本放大电路有三种组态:共射、共集、共基。本章重点对共射电路进行了分析。但固定偏流式电路的静态工作点不稳定,对电路结构进行改进后得到了能稳定静态工作点的分压式射极偏置电路。三种组态的特点及参数见表 2-1。

(5) 把放大电路 4 个组成部分的放大器件由三极管更换为场效应管,便构成了场效应管放大电路。场效应管放大电路的分析也有图解法和等效电路法两种。本章重点讲解了等效电路法。与共射、共集、共基对应,场效应管放大电路有共源、共漏、共栅三种组态,重点讲解了前两种组态的等效电路分析。场效应管放大电路的分析与三极管放大电路的工作原理、分析方法很类似。

(6) 多级放大电路的耦合方式有三种:阻容耦合、变压器耦合和直接耦合。三种耦合方式各有优缺点。在集成运放中,最常用的是直接耦合。直接耦合多级放大电路的静态工作点前后级互相影响,动态参数中,总的放大倍数 $\dot{A}_u$ 是各级放大倍数的乘积,但要考虑前后级之间的互相影响。输入电阻就是第一级的输入电阻;输出电阻就是最后一级的输出电阻。

习题

2-1

(1) 什么是放大?电子电路中为什么要放大?

(2) 什么是共射、共基、共集放大电路?它们之间有何不同?

(3) 什么是直流等效电路？什么是交流等效电路？两者有何区别？

(4) 什么是放大电路的图解分析法？什么是等效电路分析法？它们各适用何种情况？

(5) 放大电路的分析原则是什么？为什么必须先分析放大电路的静态工作特性？

(6) 放大电路为什么要设置静态工作点？它对放大电路的特性有何影响？

(7) 什么是直流负载线？什么是交流负载线？两者有何区别？

(8) 什么是直接耦合放大电路？什么是阻容耦合放大电路？它们各有什么特点？

(9) 什么是截止失真？什么是饱和失真？主要原因是什么？

2-2　分别改正图 2-50 所示各电路中的错误，使它们有可能放大正弦波信号。要求保留电路原来的共射接法和耦合方式。

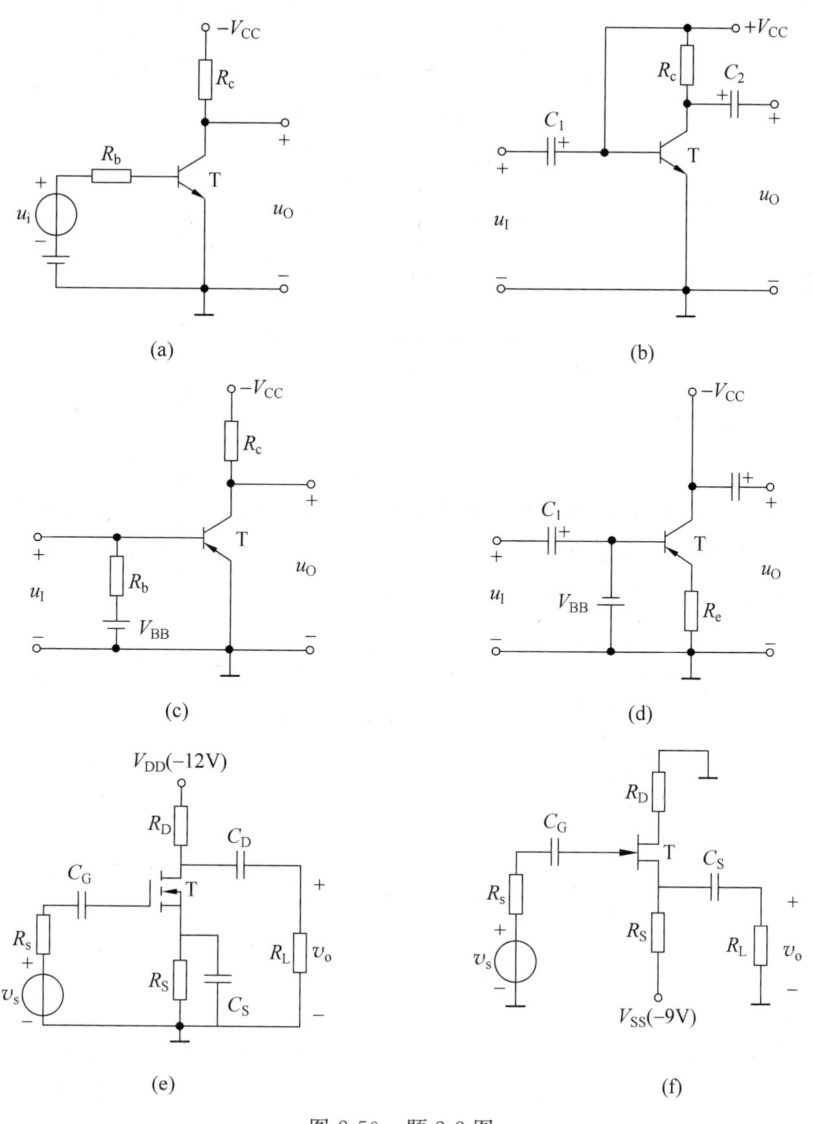

图 2-50　题 2-2 图

2-3　各放大电路如图 2-51 所示，图中各电容对信号频率呈短路，试画出各放大电路的直流通路、交流通路、交流等效电路。设各管 r_{ce} 忽略不计。

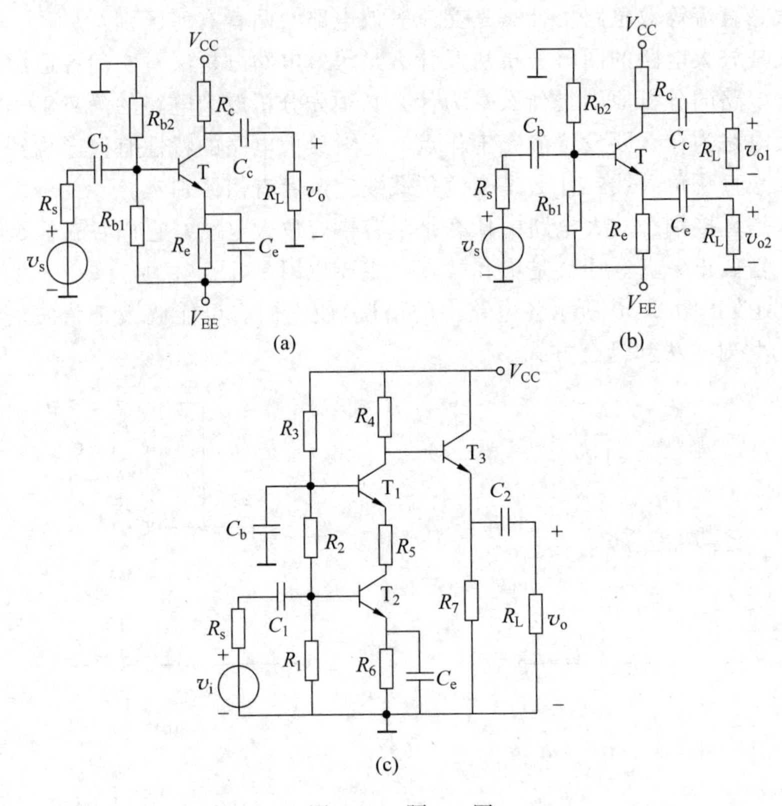

图 2-51　题 2-3 图

2-4　图 2-52(a)所示电路(β值、各电容足够大)，当 $R_{b1}=15.6\text{k}\Omega$、$R_{b2}=5\text{k}\Omega$、$R_{b3}=3.4\text{k}\Omega$、$R_e=500\Omega$、$R_c=2.5\text{k}\Omega$ 时，其工作点如图 2-52(b)中 Q_1 所示，如何调整 R_{b1} 和 R_c 使其工作点由 Q_1 变到 Q_2，调整后的 R_{b1} 和 R_c 各为多少？

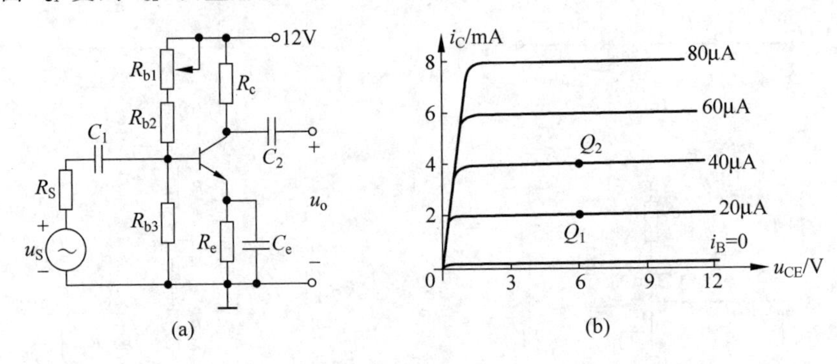

图 2-52　题 2-4 图

2-5　基本阻容耦合放大电路及三极管输出特性曲线如图 2-53 所示，三极管发射极的导通电压 $U_{BEQ}=0.7\text{V}$，$\beta=100$、$V_{CC}=12\text{V}$、$R_b=282\text{k}\Omega$、$R_c=R_L=1.5\text{k}\Omega$，各电容值足够大，试计算其工作点，画出其直流、交流负载线。

2-6　如图 2-54(a)所示的电路，试问：

(1) 如果观测到的输出电压波形如图 2-54(b)所示，则该失真为何种失真？主要是由何

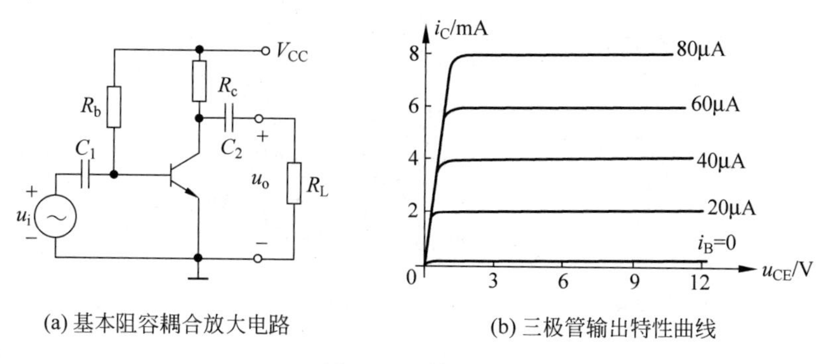

(a) 基本阻容耦合放大电路　　(b) 三极管输出特性曲线

图 2-53　题 2-5 图

种原因造成的？如何调整 R_{b1} 来解决？

（2）如果观测到的输出电压波形如图 2-54(c)所示，则该失真为何种失真？主要是由何种原因造成的？如何调整 R_{b1} 来解决？

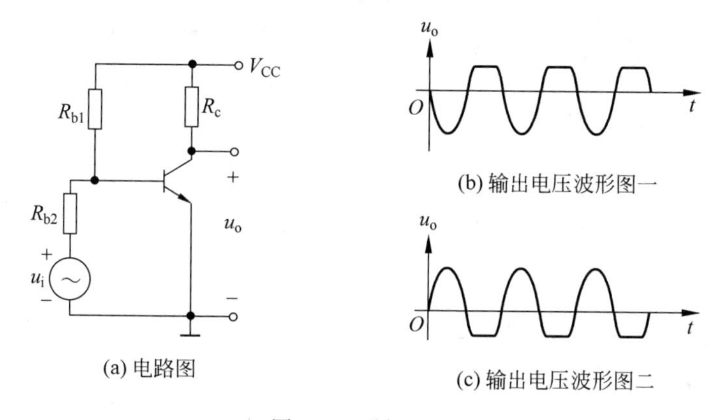

(a) 电路图　　(b) 输出电压波形图一　　(c) 输出电压波形图二

图 2-54　题 2-6 图

2-7　设如图 2-55(a)所示的放大电路，$R_b=200\text{k}\Omega$、$R_c=2\text{k}\Omega$、$U_{BEQ}=0.7\text{V}$、$\beta=100$、$V_{CC}=12\text{V}$、$V_{BB}=2.7\text{V}$，各电容值足够大，且其输入、输出特性曲线分别如图 2-55(c)、图 2-55(d)所示，试

（1）计算其静态工作点，画出负载线；

（2）画出微变等效电路；

（3）设输入电压 u_i 如图 2-55(b)所示，试用图解法画出输出 u_o 的波形；

（4）输出主要产生何种失真，如何改善？

2-8　放大电路如图 2-56(a)所示，$V_{CC}=|V_{EE}|$，要求交流、直流负载线如图 2-56(b)所示，试回答如下问题：

（1）$V_{CC}=|V_{EE}|=$？$R_e=$？$U_{CEQ}=$？$R_{b1}=$？$R_{b2}=$？$R_L=$？

（2）如果输入信号 v_i 幅度较大，将会首先出现什么失真？动态范围 $V_{opp}=$？若要减小失真，增大动态范围，则应如何调节电路元件值？

2-9　设在图 2-57 所示电路中，$R_S=500\Omega$、$R_{b1}=9.3\text{k}\Omega$、$R_{b2}=2.7\text{k}\Omega$、$r_{bb'}=100\Omega$、$V_{CC}=12\text{V}$、$R_{e1}=100\Omega$、$R_{e2}=400\Omega$、$R_c=1.5\text{k}\Omega$；三极管的导通电压 $U_{BEQ}=0.7\text{V}$、$\beta=100$。试

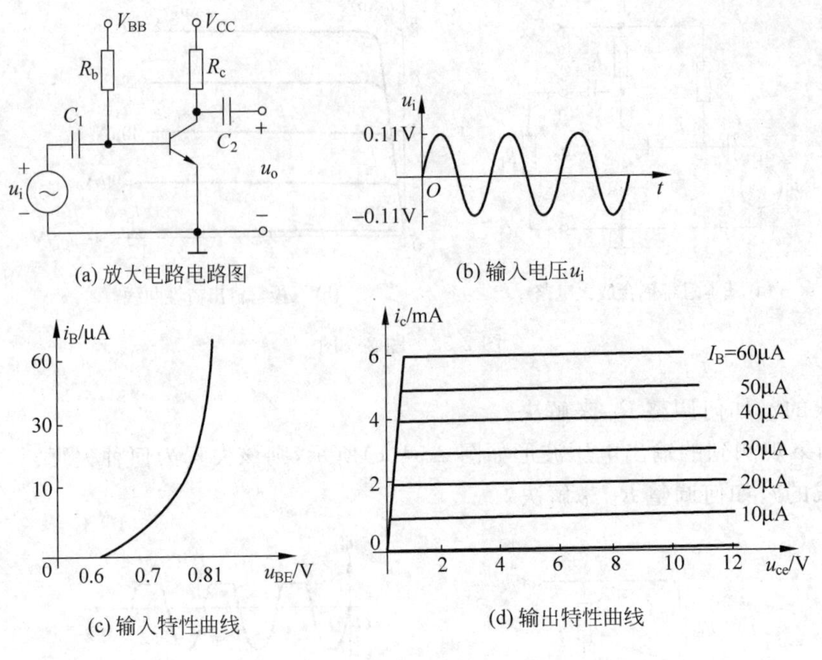

图 2-55 题 2-7 图

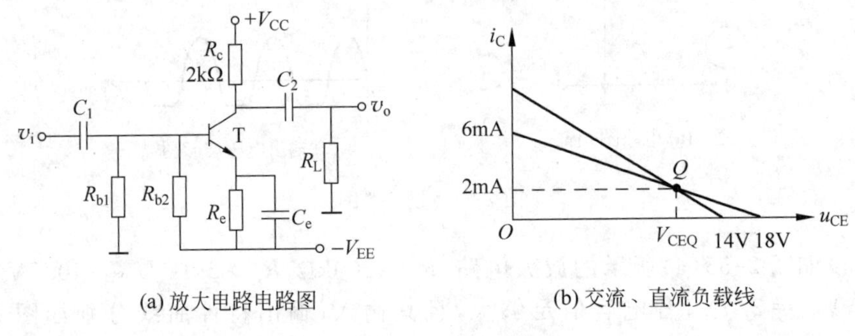

图 2-56 题 2-8 图

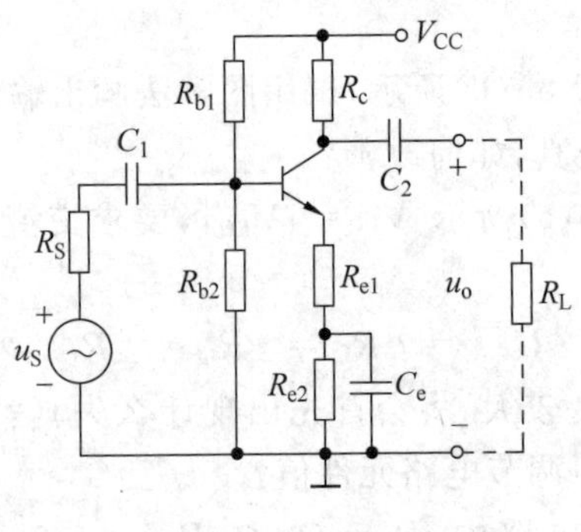

图 2-57 题 2-9 图

(1) 计算静态工作点；

(2) 画出该电路的微变等效电路；

(3) 计算电压放大倍数$\dot{A}_u$、源电压放大倍数$\dot{A}_{us}$、输入电阻 R_i、输出电阻 R_o。

2-10　在图 2-58 所示的直接耦合放大电路中，三极管发射极的导通电压 $U_{BEQ}=0.7V$、$\beta=100$、$r_{bb'}=100\Omega$、$V_{CC}=12V$、$R_{b1}=15.91k\Omega$、$R_{b2}=1k\Omega$、$R_C=4k\Omega$、$R_L=12k\Omega$，试

(1) 计算静态工作点；

(2) 画出该电路的微变等效电路；

(3) 计算电压放大倍数$\dot{A}_u$、输入电阻 R_i、输出电阻 R_o。

2-11　电路如图 2-59 所示，试画出该电路的直流通路、交流通路、微变等效电路，并简要说明其稳定工作点的物理过程。

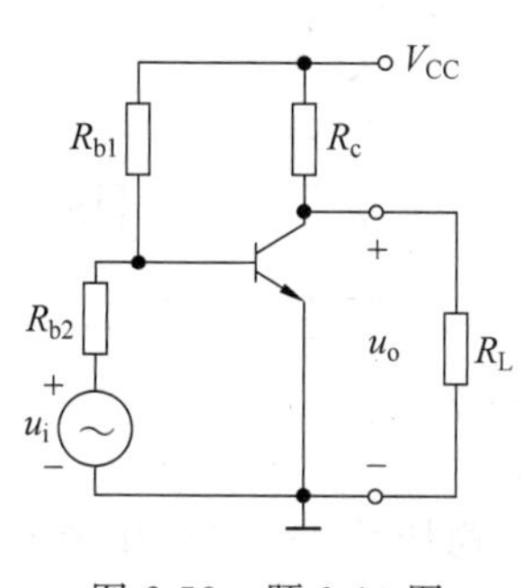

图 2-58　题 2-10 图

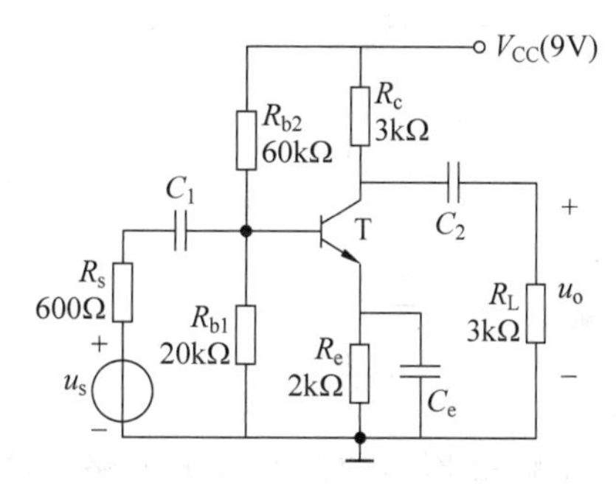

图 2-59　题 2-11～题 2-13 图

2-12　放大电路如图 2-59 所示，试选择以下三种情形之一填空。[a. 增大；b. 减小；c. 不变]

(1) 要使静态工作电流 I_c 减小，则 R_{b2} 应________。

(2) R_{b2} 在适当范围内增大，则电压放大倍数________，输入电阻________，输出电阻________。

(3) R_e 在适当范围内增大，则电压放大倍数________，输入电阻________，输出电阻________。

(4) 从输出端开路到接上 R_L，静态工作点将________，交流输出电压幅度要________。

(5) V_{CC}减小时，直流负载线的斜率________。

2-13　电路如图 2-59 所示，各元件参数如图示，$U_{BEQ}=0.7V$、$\beta=60$，$r_{bb'}=300\Omega$，电容都足够大。试：

(1) 计算静态工作点 I_{BQ}、I_{CQ}、U_{CEQ}；

(2) 计算电压放大倍数$\dot{A}_u$、输入电阻 R_i、输出电阻 R_o；

(3) 若信号源具有 $R_s=600\Omega$ 的内阻，求源电压放大倍数$\dot{A}_{us}$；

(4) 若 C_e 断开，计算电压放大倍数$\dot{A}_u$、输入电阻 R_i、输出电阻 R_o。

2-14　在图 2-60 所示的直接耦合共集放大电路中，三极管发射极的导通电压 $U_{BEQ}=0.7V$、$\beta=99$、$R_{bb'}=100\Omega$、$V_{CC}=12V$、$R_{b1}=4k\Omega$、$R_{b2}=5k\Omega$、$R_e=100\Omega$、$R_L=1.4k\Omega$，试：

(1) 计算静态工作点；

(2) 画出该电路的微变等效电路；

(3) 计算电压放大倍数$\dot{A}_u$、输入电阻 R_i、输出电阻 R_o。

2-15　在图 2-61 所示的阻容耦合共集放大电路中，$V_{CC}=12V$、$R_S=1k\Omega$、$R_b=530k\Omega$、$R_e=R_L=6k\Omega$；三极管的导通电压 $U_{BEQ}=0.7V$、$r_{bb'}=400\Omega$、$\beta=99$。试

(1) 计算静态工作点；

(2) 画出该电路的微变等效电路；

(3) 计算电压放大倍数$\dot{A}_u$、源电压放大倍数$\dot{A}_{us}$、输入电阻 R_i、输出电阻 R_o。

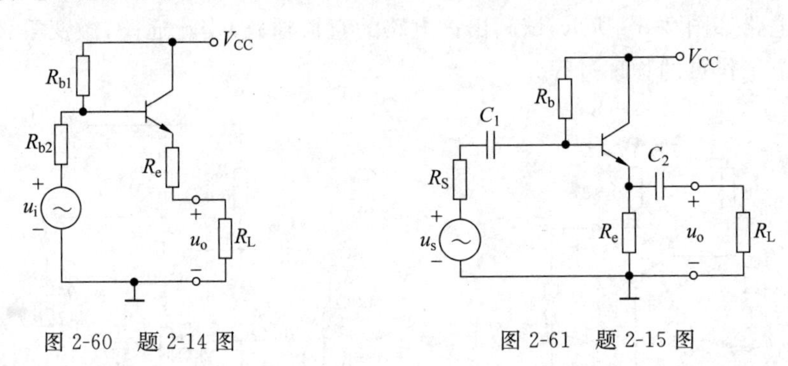

图 2-60　题 2-14 图　　　　图 2-61　题 2-15 图

2-16　图 2-62 所示的共基放大电路中，$V_{CC}=12V$，稳压管 D_1 的稳压值 $U_{Z1}=3V$、D_2 的稳压值 $U_{Z2}=3.9V$，设稳压管的交流等效电阻为 0，$R_e=200\Omega$、$R_c=3k\Omega$、$r_{be}=1.3k\Omega$、$\beta=100$。试

(1) 计算静态工作点；

(2) 画出该电路的微变等效电路；

(3) 计算电压放大倍数$\dot{A}_u$、输入电阻 R_i、输出电阻 R_o。

2-17　如图 2-63 所示的结型场效应管电路中，$R_g=1M\Omega$、$R_s=R_{si}=1k\Omega$、$R_d=5k\Omega$、$R_L=10k\Omega$、$V_{DD}=12V$、$U_{GS(off)}=-4V$、$I_{DSS}=3mA$，试

(1) 分析静态工作特性；

(2) 计算该电路的电压放大倍数、输入和输出电阻。

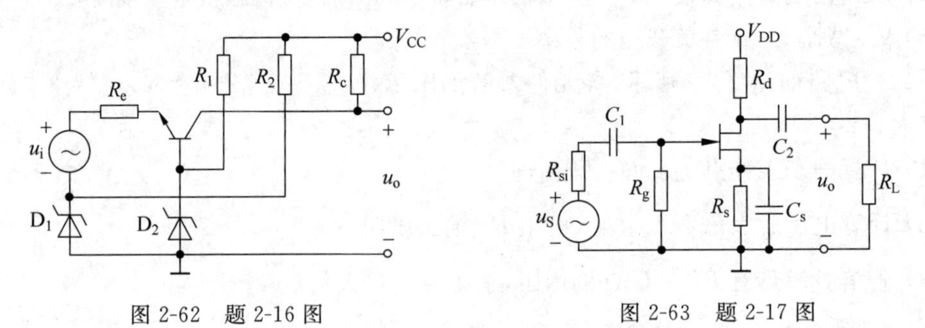

图 2-62　题 2-16 图　　　　图 2-63　题 2-17 图

2-18　如图 2-64 所示的结型场效应管电路中，$R_g=1M\Omega$、$R_S=400\Omega$、$V_{DD}=12V$、$U_{GS(off)}=-4V$、$I_{DSS}=10mA$，试

(1) 分析静态工作特性；

(2) 计算该电路的电压放大倍数、输入和输出电阻。

2-19　在图 2-65 所示的放大电路中，设 $R_{g1}=14\text{k}\Omega$、$R_{g2}=10\text{k}\Omega$、$R_{g3}=3\text{M}\Omega$、$R_s=1\text{k}\Omega$、$R_d=5\text{k}\Omega$、$R_L=10\text{k}\Omega$、$V_{DD}=12\text{V}$、$U_{GS(th)}=2\text{V}$、$g_m=1\text{mS}$、$I_{DO}=4\text{mA}$，各电容值足够大，试

(1) 分析静态工作特性；

(2) 计算该电路的电压放大倍数、输入和输出电阻。

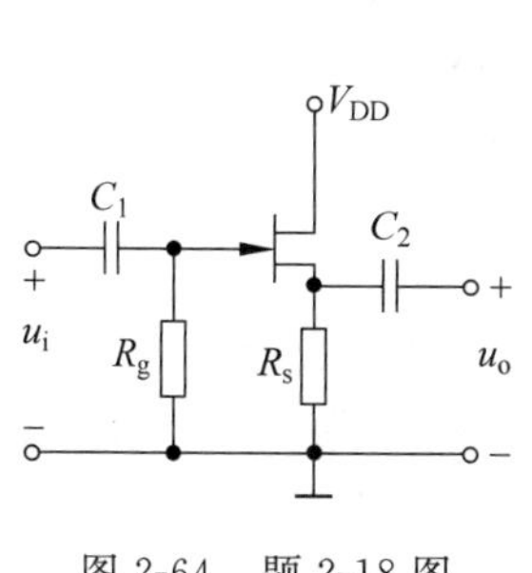

图 2-64　题 2-18 图

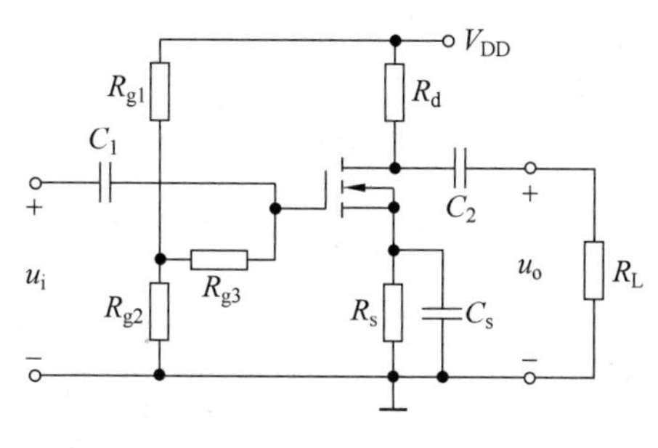

图 2-65　题 2-19 图

2-20　在图 2-66 所示两级直接耦合放大电路中，已知晶体三极管的 $|U_{BEQ}|=0.7\text{V}$，$\beta=100$，I_{BQ}可忽略，要求 $I_{CQ1}=1\text{mA}$、$I_{CQ2}=1.5\text{mA}$、$V_{CEQ1}=4\text{V}$、$|V_{CEQ2}|=5\text{V}$。试设计电路各元件值。

2-21　已知单级电压放大电路(如图 2-67(a)所示)的 $R_i=2\text{k}\Omega$、$R_o=50\text{k}\Omega$，负载开路时电压增益$\dot{A}_{uo}=200$，当输入信号源内阻 $R_s=1\text{k}\Omega$，输出负载电阻 $R_L=10\text{k}\Omega$ 时，试求该电压放大电路的源电压增益$\dot{A}_{us}$。现将两级上述电压放大电路级联，R_s、R_L 不变，如图 2-67(b)所示，试求总源电压增益$\dot{A}_{us}$，并对两种结果进行比较。

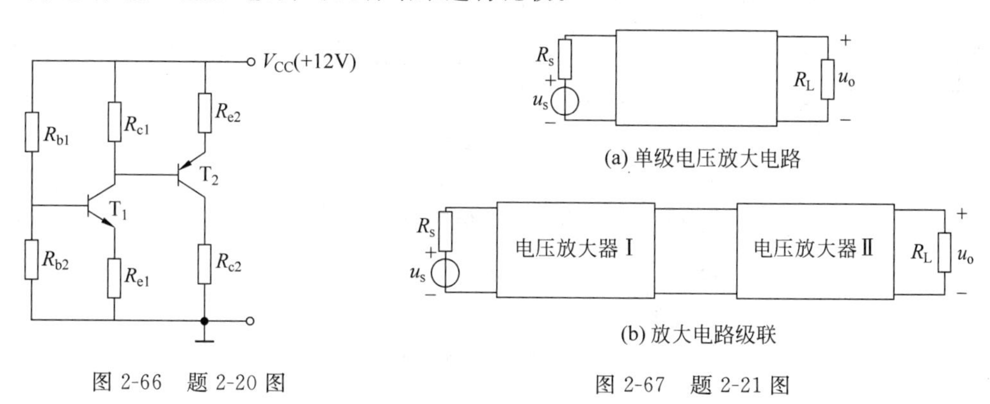

图 2-66　题 2-20 图　　图 2-67　题 2-21 图

2-22　电路如图 2-66 所示，试回答如下问题：

(1) 判断图 2-68(a)、图 2-68(b)、图 2-68(c)、图 2-68(d)电路各属于何种组态电路；

(2) 哪个电路增益最大？哪个电路增益最小？哪个电路输入电阻最大？哪个电路输出电阻最大？

2-23　电路图 2-69 所示，已知晶体三极管的 $\beta_1=\beta_2=100$、$U_{BE1}=U_{BE2}=0.7\text{V}$、$r_{bb'1}=r_{bb'2}=0$、$r_{ce}$忽略不计、$V_{B2}=5\text{V}$，各电容对交流呈短路，试画出电路的直流通路和交流通路。并进而确定 V_{CEQ1}、V_{CEQ2}、$\dot{A}_u$、$\dot{A}_{us}$的值。

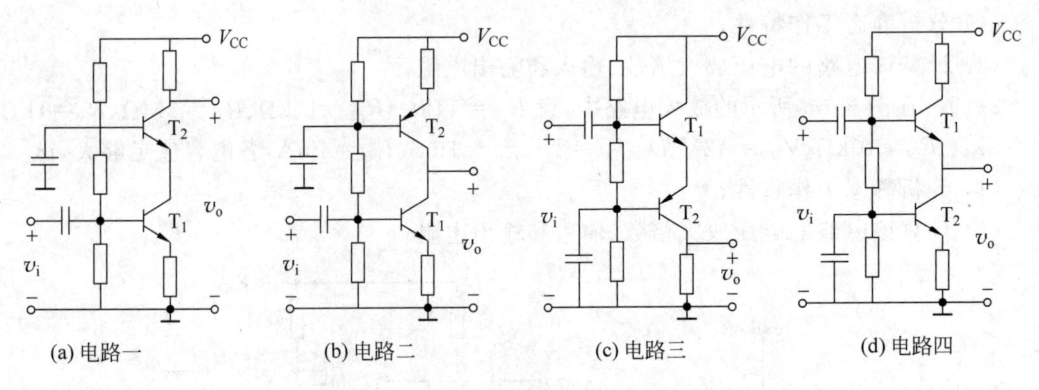

图 2-68 题 2-22 图

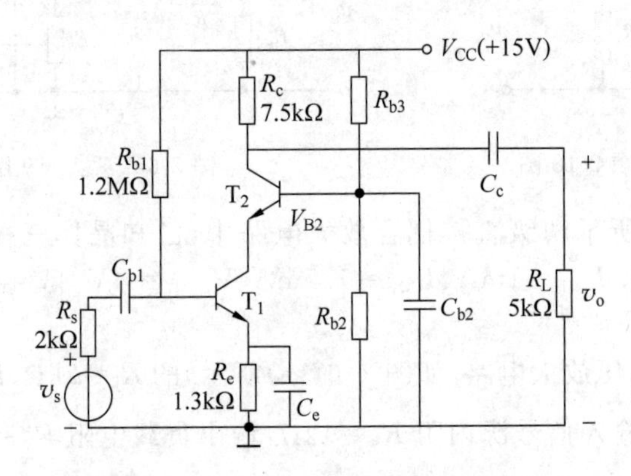

图 2-69 题 2-23 图

2-24 图 2-70 所示电路中，已知三极管的 $\beta_1=\beta_2=150$、$r_{bb1'}=r_{bb2'}=50\Omega$、$U_{BE}=0.7V$、$r_{ce}$忽略不计、$I_{CQ1}=1mA$、$I_{CQ2}=1.5mA$、$R_s=1k\Omega$，试求 R_i、$\dot{A}_v$、$\dot{A}_{vs}$。

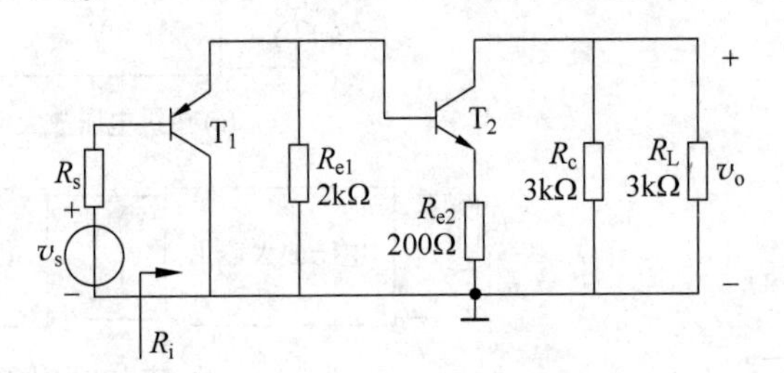

图 2-70 题 2-24 图

第3章 集成运算放大电路

集成运算放大电路(简称集成运放)是在半导体制造工艺的基础上,把整个电路中的元器件制作在一块硅基片上,构成具有特定功能的电子电路。

与分立元件组成的放大电路相比,集成运算放大电路具有体积小、质量轻、功耗低、工作可靠、安装方便而又价格便宜等特点。同时成本低,便于大规模生产,因此其发展速度极为惊人。

集成运放作为通用性很强的有源器件,不仅可以用于信号的运算、处理、变换和测量,还可以用来产生正弦或非正弦信号,不仅在模拟电路中得到广泛应用,而且在脉冲数字电路中也得到了日益广泛的应用。因此,它的应用电路品种繁多,为了分析这些电路的原理,必须了解运放的基本特点、参数及其组成部分。

3.1 集成运算放大电路的特点

模拟运算放大器从诞生至今,已有四十多年的历史了。

第一代集成运放以 μA709(我国的 FC3)为代表,其特点是采用了微电流的恒流源、共模负反馈等电路,它的性能指标比一般的分立元件要高。其主要缺点是内部缺乏过电流保护,输出短路容易损坏。

第二代集成运放以 20 世纪 60 年代的 μA741 型高增益运放为代表,它的特点是普遍采用了有源负载,因而在不增加放大级的情况下可获得很高的开环增益。电路中还有过流保护措施。但是输入失调参数和共模抑制比指标不理想。

第三代集成运放以 20 世纪 70 年代的 AD508 为代表,其特点是输入级采用了"超 β 管",且工作电流很低。从而使输入失调电流和温漂等项参数值大大下降。

第四代集成运放以 20 世纪 80 年代的 HA2900 为代表,它的特点是制造工艺达到了大规模集成电路的水平。将场效应管和双极型管兼容在同一块硅片上,输入级采用 MOS 场效应管,输入电阻达 100MΩ 以上,而且采取调制和解调措施,成为自稳零运算放大器,使失调电压和温漂进一步降低,一般无须调零即可使用。

集成运放是模拟集成电路中应用最为广泛的一种,它实际上是一种高增益、高输入电阻和低输出电阻的多级直接耦合放大器。之所以被称为运算放大器,是因为该器件最初主要用于模拟计算机中实现数值运算的缘故。实际上,目前集成运放的应用早已远远超出了模拟运算的范围,但仍沿用了运算放大器(简称运放)的名称。

集成电路按其功能来分,有数字集成电路和模拟集成电路。模拟集成电路种类繁多,有运算放大器、宽频带放大器、功率放大器、模拟乘法器、模拟锁相环、模/数和数/模转换器、稳压电源和音像设备中常用的其他模拟集成电路等。

集成运放的外形通常有三种：双列直插式、圆壳式和扁平式，如图 3-1 所示。

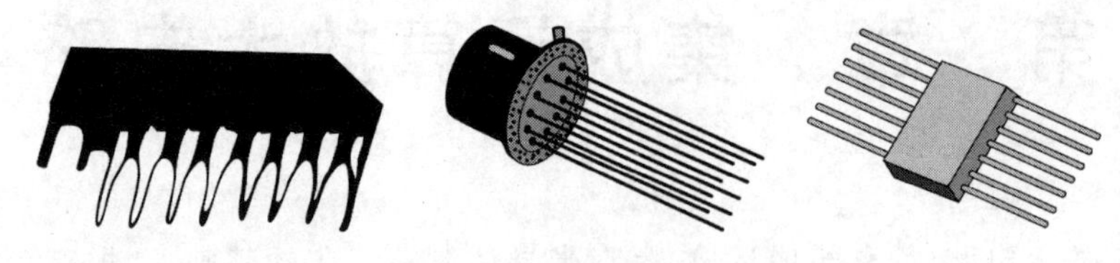

图 3-1　集成运放的外形图

由于受制造工艺的限制，模拟集成电路在电路设计上具有如下特点。

(1) 有源器件代替无源元件

集成电路中制作的电阻、电容，其数值和精度与它所占用的芯片面积成比例，即数值越大，精度越高，则占用芯片的面积就越大。而制作有源器件如三极管却非常方便，同时占用芯片面积小。因此在集成运放中，大电阻、大电容一般都避免使用，如果使用也通常用三极管代替，二极管一般也用集-基短路的 BJT 代替。

(2) 级间采用直接耦合方式

由于集成工艺不易制造大电容，因此集成电路中电容量一般不超过 100pF，而电感，只能限于极小的数值(1μH 以下)。因此，在集成电路中，级间不能采用阻容耦合方式，均采用直接耦合方式。

(3) 采用多管复合或组合电路

集成电路制造工艺的特点是晶体管特别是 BJT 或 FET 最容易制作，其他元器件如电阻电容等制作出来误差较大，但同类元器件都经历相同的工艺流程，参数具有良好的一致性。因此在集成运放的电路设计中，尽量使电路的性能由元件参数的比值确定。而复合和组合结构的电路性能较好，因此，在集成电路中多采用复合管(一般为两管复合)和组合(共射-共基、共集-共基组合等)电路。

3.2　集成运算放大电路的组成

集成运放电路的形式是多样的，而且各具特色。但从原理上看，集成运放的内部实质是一个高放大倍数的多级耦合放大电路。它一般都包含**输入级**、**中间级**、**输出级**和**偏置电路**四个部分，如图 3-2 所示。输入级通常采用差分放大电路，该电路输入电阻大、噪声低、零漂小；中间级多采用共射放大电路或多级放大电路，其主要作用是提供电压增益；而射极输出器或互补对称电路通常用作输出级，以降低输出电阻，提高带负载能力；偏置电路为各级提供合适的偏置电流。此外还有一些辅助环节，如单端化电路、相位补偿环节、电平移位电路、输出保护电路等。下面将分别介绍各个组成部分的结构和特点。

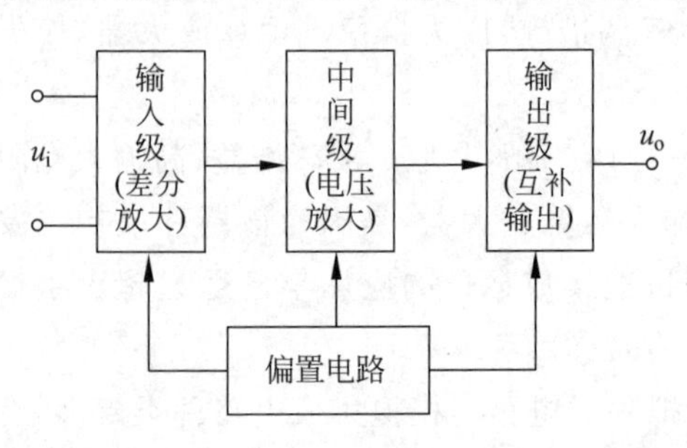

图 3-2　集成运放的组成部分

3.2.1　偏置电路

偏置电路的作用是给各级放大电路提供合适的偏置电流，使各级有合适的静态工作点，以不失真地放大交流信号。放大电路不同，对偏置电流的要求也不同。偏置电路的具体电路形式是电流源电路，常见的电流源电路有镜像电流源、比例电流源、微电流源等。

1. 镜像电流源

镜像电流源是集成运放中应用最广泛的一种电流源，其电路如图 3-3 所示。镜像电流源由 T_1 和 T_2 两个完全一样的三极管构成，其中 T_1 基极和集电极短接，被接成二极管的形式。由图 3-3 可知，基准电流 I_{REF} 为

$$I_{REF} = \frac{V_{CC} - U_{BE1}}{R} \tag{3-1}$$

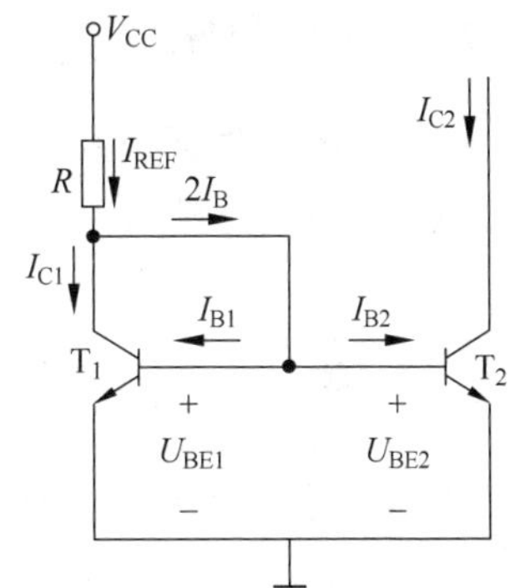

图 3-3　镜像电流源

由于两管的发射结连在一起，结构、参数、工艺都完全一样，因此 I_B 和 I_C 均相同。由图 3-3 知

$$I_{C2} = I_{C1} = I_{REF} - 2I_B = I_{REF} - 2\frac{I_{C2}}{\beta} \tag{3-2}$$

所以

$$I_{C2} = \frac{\beta I_{REF}}{\beta + 2} \tag{3-3}$$

当 $\beta \gg 1$ 时，β 与 $(\beta+2)$ 近似相等，则 $I_{C2} \approx I_{REF}$。上式可简化为

$$I_{C2} \approx I_{REF} = \frac{V_{CC} - U_{BE1}}{R} \tag{3-4}$$

即输出电流 I_{C2} 和基准电流 I_{REF} 基本相等，好似物与镜中的物像一样，故称为镜像电流源。

镜像电流源电路结构简单，由于两个三极管在同一硅片中，因此具有一定的温度补偿作用。但该电路对电压源 V_{CC} 的稳定性要求较高。

2. 比例电流源

在镜像电流源的基础上，增加两个射极电阻 R_1 和 R_2，就构成了比例电流源，如图 3-4 所示。由图可知

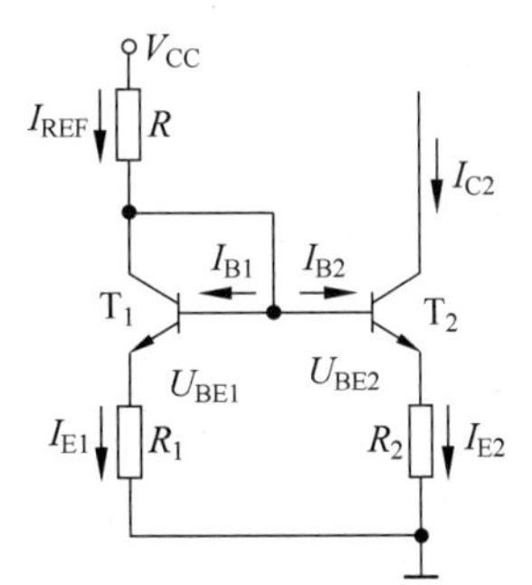

图 3-4　比例电流源

$$U_{BE1} + I_{E1}R_1 = U_{BE2} + I_{E2}R_2$$

由于 T_1 和 T_2 是在同一硅片上的两个相邻三极管，可以认为 $U_{BE1} = U_{BE2}$，因此有

$$I_{E1}R_1 = I_{E2}R_2$$

若 $\beta \gg 1$，则 $I_{E1} \approx I_{REF}$，$I_{E2} \approx I_{C2}$，由此可以得到

$$I_{C2} \approx \frac{I_{REF}R_1}{R_2} \tag{3-5}$$

$$I_{REF} = \frac{I_{C2}R_2}{R_1} = \frac{V_{CC} - U_{BE1}}{R + R_1} \tag{3-6}$$

即输出电流 I_{C2} 与基准电流 I_{REF} 有一定的比例关系，其比值由 R_1 和 R_2 确定。故这种电流源称为比例电流源。

3. 多路电流源

将比例电流源推广，可得多路电流源，如图 3-5 所示。图中为三路电流源，设 T_1、T_2、T_3、T_4 特性相同，则各路输出电流为

$$I_{C2} \approx \frac{I_{REF}R_1}{R_2}, \quad I_{C3} \approx \frac{I_{REF}R_1}{R_3}, \quad I_{C4} \approx \frac{I_{REF}R_1}{R_4} \tag{3-7}$$

各级选择合适的电阻，就可以得到所需的电流源。同理，将镜像电流源推广，也可得输出相同的多路电流源。应该注意的是，随着多路电流源路数增加，各晶体管的基极电流和 $\sum I_B$ 也增加，使得 I_{C1} 和 I_{REF} 之间的差值增大$\left(I_{C1} = I_{REF} - \sum I_B\right)$，而式(3-7)的结论是在 $I_{C1} \approx I_{REF}$ 的条件下得到的。这样一来，各路输出电流 I_C 与基准电流 I_{REF} 的传输比将出现较大误差。为减少这种误差可加 T_5 管，如图 3-6 所示。这样 I_{C1} 和 I_{REF} 之间的差值减小为原来的 $1/(1+\beta)$，即

$$I_{C1} = I_{REF} - \frac{\sum I_B}{1+\beta} \tag{3-8}$$

大大提高了各路电流的精度。

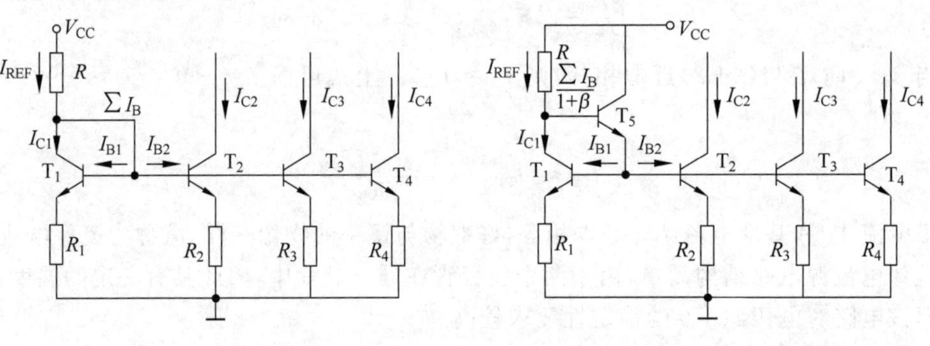

图 3-5　多路电流源　　　　图 3-6　改进后的多路电流源

例 3-1　由电流源组成的电流放大电路如图 3-7 所示，试估算电流放大倍数 $A_i = I_o / I_i = ?$

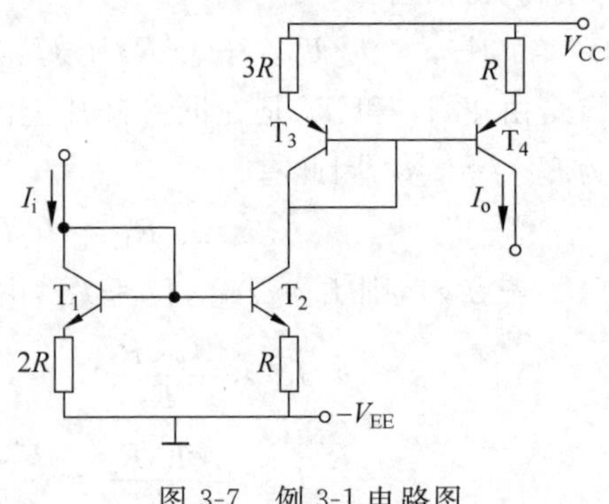

图 3-7　例 3-1 电路图

解：本题用来熟悉电流源电路的分析方法。

T_1、T_2 管组成一比例式电流源；T_3、T_4 管组成另一比例式电流源。由图可知：

$$\left.\begin{aligned}\frac{I_{C2}}{I_i}\approx\frac{2R}{R}=2\\ \frac{I_o}{I_{C3}}\approx\frac{3R}{R}=3\\ I_{C2}=I_{C3}\end{aligned}\right\}\rightarrow A_i=\frac{I_o}{I_i}\approx 6$$

3.2.2　差分放大输入级

差分放大电路(简称差放)是集成运放电路中重要的基本单元电路,它的很多指标如输入电阻、输出电阻、共模抑制比等,对集成运放的性能起着决定性的作用。

1. 零点漂移现象

零点漂移是指当放大电路输入信号为零时,由于受温度变化、电源电压不稳等因素的影响,使静态工作点发生变化,并被逐级放大和传输,导致电路输出端电压偏离原固定值而上下漂动的现象。在阻容耦合电阻中,由于耦合电容的存在,使得前一级工作点的漂动很难传到下一级。而集成运放是直接耦合的多级放大电路,这时候这种漂动会像输入信号一样,直接被送到后级电路中并被逐级放大。显然,放大电路级数越多、放大倍数越大,输出端的漂移现象就越严重。严重时,有可能使输入的微弱信号湮没在漂移之中,无法分辨,从而使得整个放大电路无法正常工作,因此,提高放大倍数、降低零点漂移是直接耦合放大电路的主要矛盾。

产生零点漂移的原因有很多,如电源电压不稳、元器件参数变值、环境温度变化等。其中最主要的因素是温度的变化,因为晶体管是温度的敏感器件,当温度变化时,其参数 U_{BE}、β、I_{CBO}都将发生变化,最终导致放大电路静态工作点产生偏移。由于温度变化产生的零点漂移,也称为**温漂**。

抑制零点漂移的措施,除了精选元件、对元件进行老化处理、选用高稳定度电源以及稳定静态工作点的方法外,在实际电路中常采用补偿和调制两种手段。补偿是指用另外一个元器件的漂移来抵消放大电路的漂移,如果参数配合得当,就能把漂移抑制在较低的限度之内。在分立元件组成的电路中常用二极管补偿方式来稳定静态工作点。在集成电路内部应用最广的单元电路就是基于参数补偿原理构成的差分放大电路。

差分放大电路常见的形式有两种：长尾式和恒流源式。下面以长尾式为例对差分放大电路进行分析。

2. 差分放大电路的构成与差模和共模信号

1）长尾差分放大电路构成

长尾式差分放大电路如图 3-8 所示。它由两个性能参数完全相同的共射放大电路组成,通过两管射极连接并经

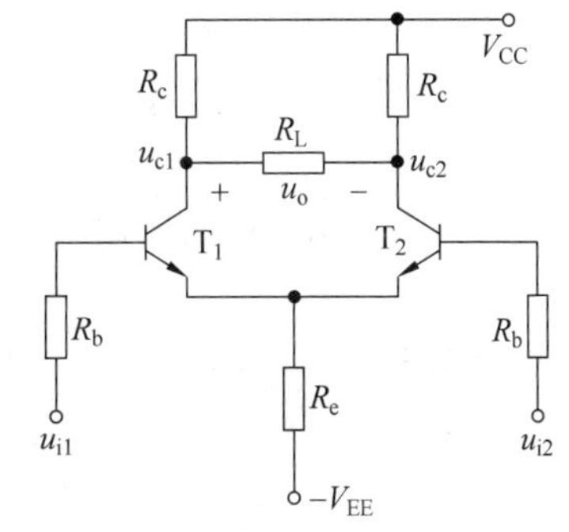

图 3-8　长尾式差分放大电路

过公共电阻 R_e 将它们耦合在一起，这个电阻一般称为“长尾”。输入电压加在两管的基极，输出电压等于两管的集电极电位差。

由图中参数可知，电路中左右两部分的电路完全对称，则当输入电压为零时，电路处于静态，此时 $U_{C1Q}=U_{C2Q}$，输出 $U_o=0$。如果温度变化，由于左右两边参数完全相同，变化量也会完全相同，输出端的零点漂移将互相抵消。

2）差模与共模信号概念

差分放大电路有两个输入端，其输入电压分别为 u_{i1} 和 u_{i2}。如果加入的信号大小相等，极性相反，则这种形式的信号称为**差模信号**，如图 3-9(a)所示。通常两个输入端之间加入的信号差称为**差模输入电压**，用符号 u_{id} 表示。如果两个输入信号大小相等、极性相同，这种形式的信号称为**共模信号**，如图 3-9(b)所示。共模输入信号用 u_{ic} 表示。

$$u_{id}=u_{i1}-u_{i2} \tag{3-9}$$

$$u_{ic}=\frac{1}{2}(u_{i1}+u_{i2}) \tag{3-10}$$

由式(3-9)和式(3-10)可以得到图 3-8 的两个输入电压 u_{i1} 和 u_{i2} 的表达式。

$$u_{i1}=\frac{u_{id}}{2}+u_{ic} \tag{3-11}$$

$$u_{i2}=-\frac{u_{id}}{2}+u_{ic} \tag{3-12}$$

即图 3-8 所示长尾差分放大电路可以分解为图 3-9(a)与图 3-9(b)电路的叠加。**求解长尾差分放大电路的响应，就是将差模信号单独作用求得的响应与共模信号单独作用求得的响应进行叠加。**

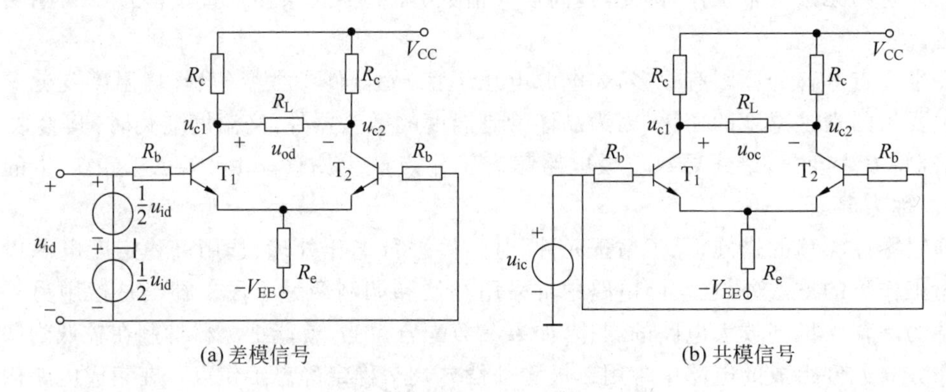

(a) 差模信号　　(b) 共模信号

图 3-9　差模信号和共模信号

例如，一个长尾差分放大电路，其输入信号 $u_{i1}=7\text{mV}$，$u_{i2}=3\text{mV}$，此时 $u_{id}=7-3=4\text{mV}$，$u_{ic}=(7+3)/2=5\text{mV}$。

在图 3-9(a)中，差模输出电压用 u_{od} 表示，即

$$u_{od}=u_{c1}-u_{c2} \tag{3-13}$$

差模电压放大倍数用 A_{ud} 表示，半边共射放大电路的放大倍数用 A_1 和 A_2 表示，$A_1=A_2$，则

$$A_{ud}=\frac{u_{od}}{u_{id}}=\frac{u_{c1}-u_{c2}}{u_{id}}=\frac{A_1\frac{1}{2}u_{id}-\left(-A_2\frac{1}{2}u_{id}\right)}{u_{id}}=A_1 \tag{3-14}$$

式(3-14)表明，**双端输入双端输出的差分放大电路的差模电压放大倍数等于半边共射电路的电压放大倍数**。

图 3-9(b)中，共模输出电压用 u_{oc} 表示，由于电路完全对称，双端输入相同，则输出也相同，即

$$u_{oc} = u_{c1} - u_{c2} = 0 \tag{3-15}$$

共模电压放大倍数用 A_{uc} 表示，则

$$A_{uc} = \frac{u_{oc}}{u_{ic}} = 0 \tag{3-16}$$

式(3-16)表明，**双端输入双端输出的差分放大电路的共模电压放大倍数等于 0**。这说明，差分放大电路对共模信号有很强的抑制作用。

通常情况下，认为差模输入反映了有效的信号，环境温度变化产生的温度漂移，折算到输入端，就相当于在输入端引入了共模信号，共模信号也可以理解为随着有效信号一起进入放大电路的某种噪声信号。差分放大电路对共模信号的抑制作用，也就是对零点漂移的抑制，正因为如此，差分放大电路被广泛用于各种模拟集成电路中作输入级或级联。

一般说来，差分放大电路很难做到完全对称，故 $A_{uc} \neq 0$。即零点漂移不能完全克服，但会受到很强的抑制，并且希望抑制能力越强越好。为了衡量差分放大电路对差模信号的放大和对零点漂移的抑制能力，引入了一项技术指标，称为共模抑制比，用 K_{CMR} 表示，其定义为差模电压放大倍数与共模电压放大倍数之比，一般用对数表示，单位为 dB，即

$$K_{CMR} = 20\lg\left|\frac{A_{ud}}{A_{uc}}\right| \tag{3-17}$$

式(3-17)表明，该项技术指标越大，说明差分放大电路抑制零点漂移的能力越强。

3. 差分放大电路的输入和输出方式

由图 3-8 可知，差分放大电路有两个输入端，两个输出端，根据输入和输出的连接方式，差分放大电路有 4 种不同的接法，即双入双出、双入单出、单入双出、单入单出。双入时，$u_{i1} \neq 0$、$u_{i2} \neq 0$；单入时，$u_{i1} \neq 0$、$u_{i2} = 0$。不论双入单入，在分析时均需要将输入信号分解为差模信号和共模信号的叠加，对电路的结构并不影响。因此，**双入和单入的差模和共模特性及其分析完全相同**。

双出时，负载接在 c_1 和 c_2 之间；单出时，负载接在 c_1 和地之间，或者 c_2 与地之间。图 3-8 为双出。双出和单出电路的结构发生了变化。因此，**输出方式不同，共模和差模特性及其分析明显不同**。

4. 差分放大电路的静态分析

当图 3-8 的输入 $u_{i1} = u_{i2} = 0$ 时，得到差分放大电路的直流通路如图 3-10 所示。其中电路完全对称，三极管的放大倍数均为 β，$U_{BE1Q} = U_{BE2Q}$，$I_{E1Q} = I_{E2Q} = I_{EQ}$，$I_{C1Q} = I_{C2Q} = I_{CQ}$，$I_{B1Q} = I_{B2Q} = I_{BQ}$，$U_{CE1Q} = U_{CE2Q} = U_{CEQ}$，由回路 1 有

$$I_{BQ}R_b + U_{BEQ} + 2I_{EQ}R_e = V_{EE}$$

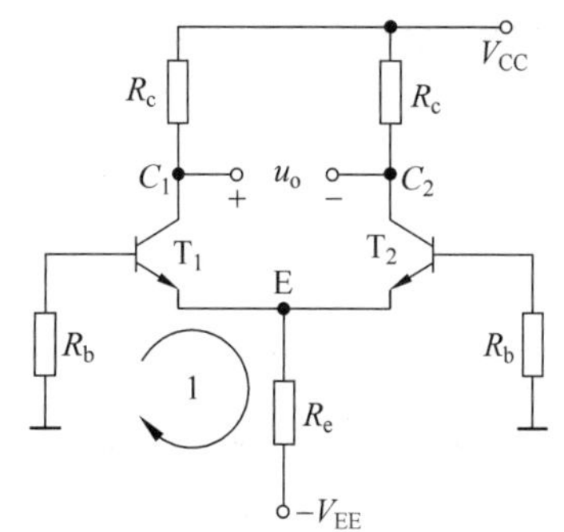

图 3-10 差分放大电路的直流通路

得到基极电流

$$I_{BQ}=\frac{V_{EE}-U_{BEQ}}{R_b+2(1+\beta)R_e}\tag{3-18}$$

其他静态值为

$$I_{CQ}=\beta I_{BQ}\tag{3-19}$$

$$U_{CEQ}=U_{CQ}-U_{EQ}=V_{CC}-I_{CQ}R_C-U_{EQ}\tag{3-20}$$

其中，$U_{EQ}=-U_{BEQ}-I_{BQ}R_b$，由于$U_{BEQ}\gg I_{BQ}R_b$，所以一般取$U_{EQ}\approx -U_{BEQ}=-0.7V$。

5. 差分放大电路的动态分析

1）差模放大特性

在差分放大电路的两个输入端钮加上一对大小相等、极性相反的差模信号，如图 3-9(a)所示。此时R_e上的电流是两个大小相等、极性相反的电流的代数和，即流过R_e的电流始终为零。当直流置零，仅有交流信号作用时，R_e相当于对地短路，得到长尾式差分放大电路的差模交流通路如图 3-11 所示。图中R_L是接在T_1和T_2集电极间的负载电阻，当输入差模信号时，一管输出端电位升高，另一端则降低，且升高量与降低量相等。因此双端输出时，可以认为R_L中点处电位保持不变，视为差模地端。

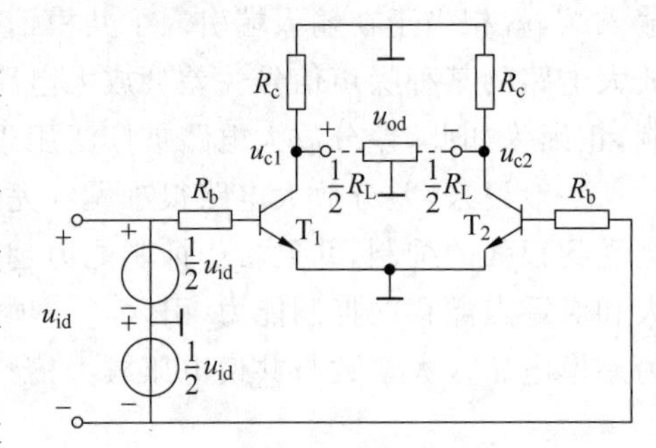

图 3-11　差分放大电路的差模交流通路

利用图 3-11 的交流通路，可以得到差分放大电路的各项差模性能指标。

双端输出时，由式(3-14)可知差分放大电路双端输出的差模电压放大倍数A_{ud}与半边共射电路的电压放大倍数A_1相同，差模电压放大倍数、输入电阻和输出电阻用符号A_{ud}，R_{id}，R_{od}。其表达式为

$$A_{ud}=\frac{u_{od}}{u_{id}}=A_1=-\frac{\beta R'_L}{R_b+r_{be}}\tag{3-21}$$

$$R_{id}=2(R_b+r_{be})\tag{3-22}$$

$$R_{od}=2R_c\tag{3-23}$$

式(3-21)中，$R'_L=R_C /\!/ \frac{1}{2}R_L$。

单端输出时，负载接在C_1和地之间，此时输入电阻R_{id}不变，依然是$R_{id}=2(R_b+r_{be})$。差模电压放大倍数和输出电阻用符号$A_{ud(单)}$、$R_{od(单)}$表示，其值为

$$A_{ud(单)}=\frac{u_{od1}}{u_{id}}=\frac{u_{od1}}{2\times\frac{1}{2}u_{id}}=\frac{1}{2}A_{ud}=-\frac{\beta R'_L}{2(R_b+r_{be})}\tag{3-24}$$

$$R_{od(单)}=R_c\tag{3-25}$$

式(3-24)中，$R'_L=R_C /\!/ R_L$。这时的差模电压放大倍数为双端输出时的一半。如果负载接在C_2端与地之间，则输入和输出同相，$A_{ud(单)}=-\frac{1}{2}A_{ud}$。

2）共模抑制特性

在差分放大电路的两个输入端钮加上一对大小相等、极性相同的共模信号，如图 3-9(b)

所示。此时 R_e 上的电流是两个大小相等、极性相同的电流的代数和，即流过 R_e 的电流为 $2i_e$，此时发射极的电位为 $2i_eR_e$，根据等效的概念，可以认为每管的射极都接了 $2R_e$ 的电阻。当直流置零，仅有交流信号作用时，得到长尾式差分放大电路的共模交流通路如图 3-12 所示。

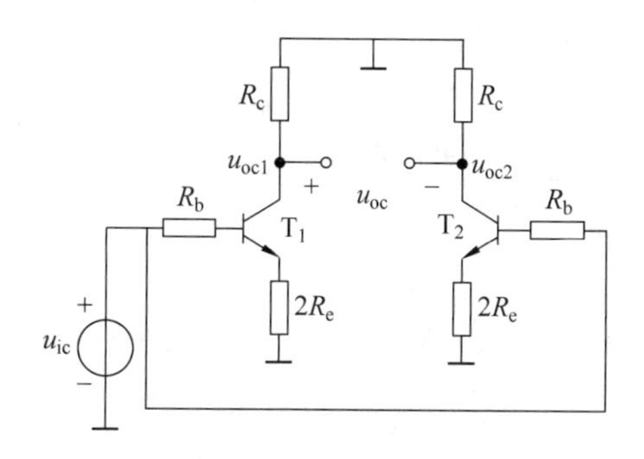

图 3-12　差分放大电路的共模交流通路

根据图 3-12，可以分析差分放大电路的共模指标。

双端输出时，由式(3-16)可知双端输入双端输出的差分放大电路的共模电压放大倍数 A_{uc} 等于 0。共模电压放大倍数、输入电阻和输出电阻用符号 A_{uc}、R_{ic}、R_{oc} 表示。其表达式为

$$A_{uc}=\frac{u_{oc}}{u_{ic}}=0 \tag{3-26}$$

$$R_{ic}=\frac{u_{ic}}{i_{ic}}=\frac{u_{ic}}{2i_{ic1}}=\frac{1}{2}[R_b+r_{be}+2(1+\beta)R_e] \tag{3-27}$$

$$R_{oc}=2R_c \tag{3-28}$$

单端输出时，输入电阻 R_{ic} 不变，依然是 $R_{ic}=\frac{u_{ic}}{i_{ic}}=\frac{u_{ic}}{2i_{ic1}}=\frac{1}{2}[R_b+r_{be}+2(1+\beta)R_e]$。共模电压放大倍数和输出电阻用符号 $A_{uc(单)}$，$R_{oc(单)}$ 表示，其值为

$$A_{uc(单)}=\frac{u_{oc1}}{u_{ic}}=-\frac{\beta R_c}{R_b+r_{be}+(1+\beta)2R_e} \tag{3-29}$$

$$R_{oc(单)}=R_c \tag{3-30}$$

式(3-29)是空载时的放大倍数，如果带载，表达式的分子变为 $\beta(R_C\parallel R_L)$。当 $(R_b+r_{be})\ll(1+\beta)2R_e$ 时式(3-29)简化为

$$A_{uc(单)}=-\frac{\beta R_c}{R_b+r_{be}+(1+\beta)2R_e}\approx-\frac{R_c}{2R_e} \tag{3-31}$$

根据以上分析可以知道，射极电阻 R_e 对差模信号没有影响，却极大地影响了共模电压放大倍数，R_e 越大，A_{uc} 越小，说明对共模干扰的抑制能力越强。采用恒流源负载代替 R_e，可以获得更大的共模抑制电阻，即用恒流源的交流电阻取代 R_e。常见的恒流源式差分放大电路如图 3-13(a)所示。由于恒流源的交流电阻非常大，因此无论是双端输出还是单端输出，都可以认为共模电压放大倍数为 0，从而使得共模抑制比趋于无穷大。当实际电流源近似为理想电流源时，常用 3-13(b)所示简化电路来表示电流源式差分放大电路。

根据前面的分析，下面将长尾差分放大电路输出方式不同时的性能特点进行了总结，为了便于比较，将它们的性能特点列于表 3-1 中。

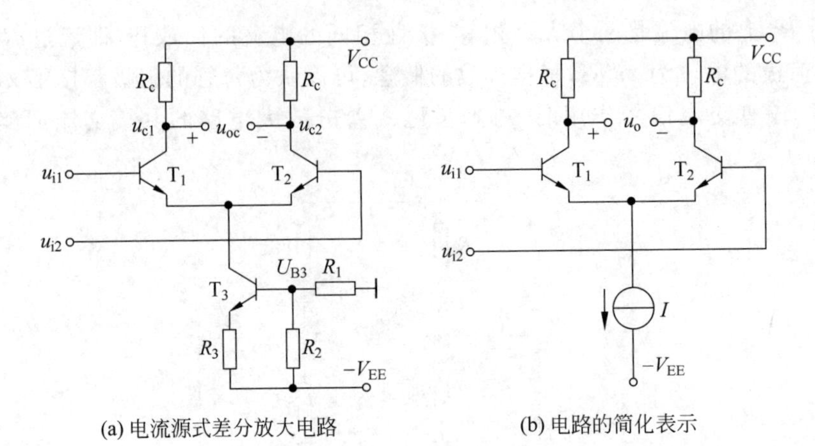

(a) 电流源式差分放大电路　　　　(b) 电路的简化表示

图 3-13　电流源式差分放大电路及其简化画法

表 3-1　长尾式差分放大电路两种输出方式性能比较

双端输出差分放大电路		单端输出差分放大电路	
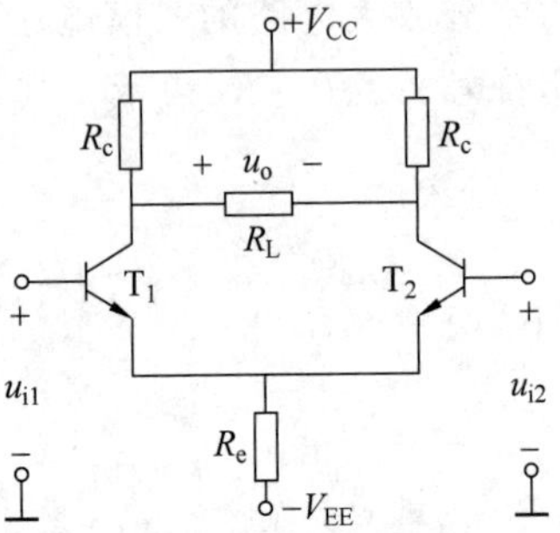 $+V_{CC}$ R_c R_c + u_o − R_L T_1 T_2 + + u_{i1} u_{i2} − − R_e $-V_{EE}$		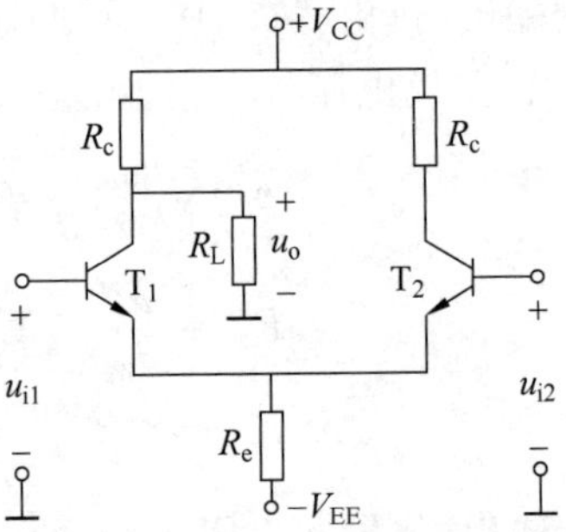 $+V_{CC}$ R_c R_c + R_L u_o − T_1 T_2 + + u_{i1} u_{i2} − − R_e $-V_{EE}$	
差模性能	共模性能	差模性能	共模性能
$R_{id}=2R_{i1}=2r_{be}$	$R_{ic}=\frac{1}{2}[r_{be}+2(1+\beta)R_e]$	$R_{id}=2R_{i1}=2r_{be}$	$R_{ic}=\frac{1}{2}[r_{be}+2(1+\beta)R_e]$
$R_{od}=2R_{o1}\approx 2R_c$	$R_{od}=2R_{o1}\approx 2R_c$	$R_{od1}=R_{o1}\approx R_c$	$R_{oc}=R_{o1}\approx R_c$
$A_{ud}=A_1=-\frac{\beta\left(R_c/\!/\frac{R_L}{2}\right)}{r_{be}}$	$A_{uc}\to 0$	$A_{ud1}=-A_{ud2}=\frac{1}{2}A_{u1}$ $=-\frac{\beta(R_c/\!/R_L)}{2r_{be}}$	$A_{uc1}=A_{uc2}$ $=A_1\approx-\frac{R_c/\!/R_L}{2R_e}$
$K_{CMR}=\left\|\frac{A_{ud}}{A_{uc}}\right\|\to\infty$		$K_{CMR}=\left\|\frac{A_{ud1}}{A_{uc1}}\right\|\approx\frac{\beta R_e}{r_{be}}$	
$u_o=u_{o1}-u_{o2}=A_{ud}u_{id}$		$u_{o1}=u_{oc1}+u_{od1}=A_{uc1}u_{ic}+A_{ud1}u_{id}$ $u_{o2}=u_{oc2}+u_{od2}=A_{uc2}u_{ic}+A_{ud2}u_{id}$	
抑制零漂的原理：(1) 利用电路的对称性；(2) 利用 R_e 的共模负反馈作用		抑制零漂的原理：利用 R_e 的共模负反馈作用	

例 3-2　差分放大电路如图 3-14 所示，已知 $\beta=100$、$U_{BEQ}=0.7V$，若 $R_L=10k\Omega$。①双端输出时，求 R_{id}、R_{od}、A_{ud}；②单端输出时，求 R_{ic}、R_{oc}、A_{uc} 及 K_{CMR}。

解：本题用来熟悉差分放大电路的分析方法。

差分放大电路的交流性能分析基于静态分析之上，首先计算该电路的静态电流。

$$I_{EQ}=\frac{V_{EE}-V_{BEQ}}{R_e}=\frac{6-0.7}{5.1}\approx 1.04mA$$

$$I_{CQ1}=I_{CQ2}\approx\frac{I_{EQ}}{2}=0.52mA$$

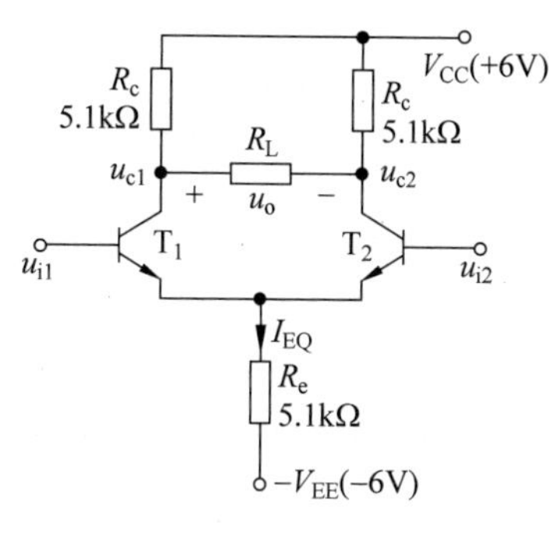

图 3-14　例 3-2 电路

所以有

$$r_{be1}=r_{be2}\approx(1+\beta)\frac{V_T}{I_{CQ1}}$$

$$=(1+101)\times\frac{26}{0.52}=5.05k\Omega$$

① 双端输出时：

$$R_{id}=2r_{be1}=2\times 5.05=10.1k\Omega$$

$$R_{od}=2R_C=2\times 5.1=10.2k\Omega$$

$$A_{ud}=-\frac{\beta\left(R_c\,/\!/\,\frac{R_L}{2}\right)}{r_{be1}}\approx-50$$

② 单端输出时

$$R_{ic}=\frac{1}{2}[r_{be1}+(1+\beta)\,2\,R_e]=[5.05+(1+100)\times 2\times 5.1]\times\frac{1}{2}\approx 0.52M\Omega$$

$$R_{oc}=R_c=5.1k\Omega$$

$$A_{uc1}=-\frac{\beta(R_c\,/\!/\,R_L)}{r_{be1}+(1+\beta)\times 2R_e}\approx-\frac{R_c\,/\!/\,R_L}{2R_e}\approx-0.33$$

$$A_{ud1}=-\frac{1}{2}\cdot\frac{\beta(R_c\,/\!/\,R_L)}{r_{be1}}=33.5$$

$$K_{CMR}=\left|\frac{A_{ud1}}{A_{uc1}}\right|\approx\frac{\beta R_e}{r_{be1}}\approx 101$$

3.2.3　中间级

中间级一般采用共射放大电路或多级放大电路，以得到足够大的放大倍数。并且，在得到足够大电压增益的同时，还要求提高输入电阻以减小对前级的影响。

为了获得高的电压增益，集成运放的中间级多以电流源作为有源负载，而且中间级的三极管经常采用复合管方式。

在基本共射(共源)放大电路中，放大倍数与集电极电阻 R_c(漏级电阻 R_d)密切相关，R_c 越大，放大倍数越高。但是，如果仅仅提高 R_c 的值，会使得电路的静态工作点发生改变，进而影响电路的性能；同时集成电路的工艺也不便于制造大电阻。因此，在集成运放中，常用电流源电路来替代 R_c 作为有源负载使用，如图 3-15(a)所示。其中 T_1 是放大三极管，T_3 是有源负载，与 T_4 组成镜像电流源，给放大电路提供直流偏置。共射放大电路的集电极静态电流等于电流源的基准电流。有源负载的使用,可以在直流电源电压不变的情况下,既保持了静态工作点的稳定,又可以将交流时共射增益表达式中的 R_c 用 r_{ce3} 替代,达到获得极高增益的目的。

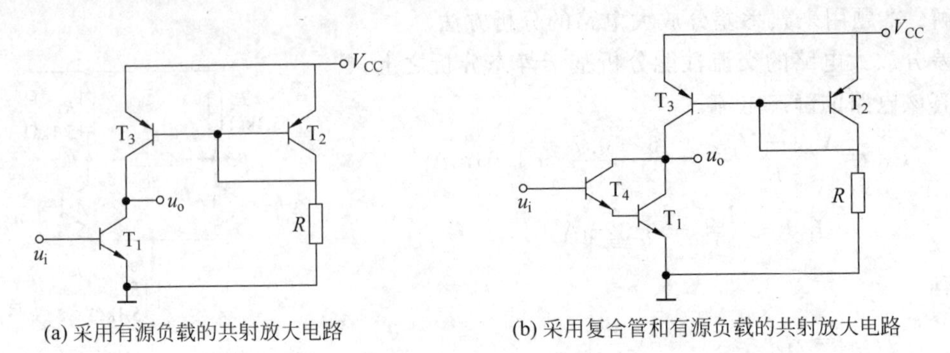

(a) 采用有源负载的共射放大电路 (b) 采用复合管和有源负载的共射放大电路

图 3-15 共射放大电路

复合管是由两个或两个以上的三极管组合而成的,常见的组态及等效电路如图 3-16 所示。由图可知,当两个三极管组成复合管时,其特点有:

(1) 复合管的电流放大倍数约为 $\beta_1\beta_2$。

(2) 复合管等效为一个三极管,该三极管的类型与复合管前级三极管类型相同。

(3) 当两个同类型的三极管组成复合管时,如图 3-16(a)和图 3-16(b)所示,其输入电阻 $r_{be}=r_{be1}+(1+\beta_1)r_{be2}$;当两个不同类型的三极管组成复合管时,如图 3-16(c)和图 3-16(d)所示,其输入电阻 $r_{be}=r_{be1}$。

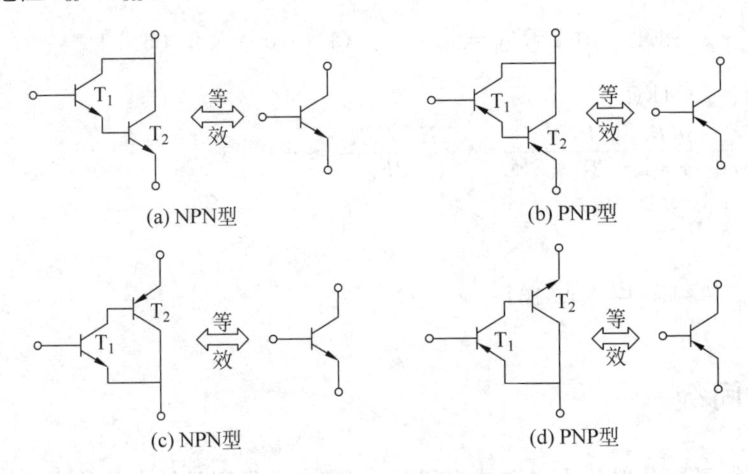

(a) NPN型 (b) PNP型

(c) NPN型 (d) PNP型

图 3-16 复合管的接法

复合管是达林顿提出的,因此也称为达林顿管。如图 3-15(a)所示的共射放大电路,也可以将放大三极管用复合管代替,如图 3-15(b)所示。复合管不仅常用于集成运放的中间级,在输入级和输出级电路中也经常使用,用于提高集成运放的性能。

3.2.4 输出级

集成运放的输出级要求给负载提供足够大的电压和电流,同时输出电阻较小以提高集成运放的带载能力。一般说来，输出级常采用射极输出器，其输入电阻较大，能减少对前级电压放大倍数的影响，输出电阻较小，带载能力强。由于集成运放输出级的输入信号是大信号，为了避免失真，同时减少功耗，输出级一般采用互补对称型射极输出器。

图 3-17(a)所示为互补对称型输出级的基本电路。T_1 和 T_2 是两个参数完全相同的异型三极管，T_1 为 NPN 型，T_2 为 PNP 型，它们分别与负载构成射极输出器。当输入信号 u_i 为零时，电路为直流通路，此时三极管均处于截止区，输出 u_o 也为零。当输入电压为正弦波时，如图 3-17(b)所示，若 $u_i>0$，则 T_1 导通，T_2 截止，T_1 与 R_L 组成射极输出器，产生正半周输出电压 $u_o=u_i$；若 $u_i<0$，则 T_1 截止，T_2 导通，T_2 与 R_L 组成射极输出器，产生负半周输出电压 $u_o=u_i$。最终在负载 R_L 上形成一个完整的输出信号波形如图 3-17(b)所示。因此，互补对称输出级电路中，T_1 和 T_2 以互补的方式轮流工作，正负电源轮流供电，实现了双向跟随。如果输入电压的幅值足够大，则输出电压幅度最大可达到 $\pm(V_{CC}-|U_{CES}|)$，U_{CES} 为管子饱和压降。

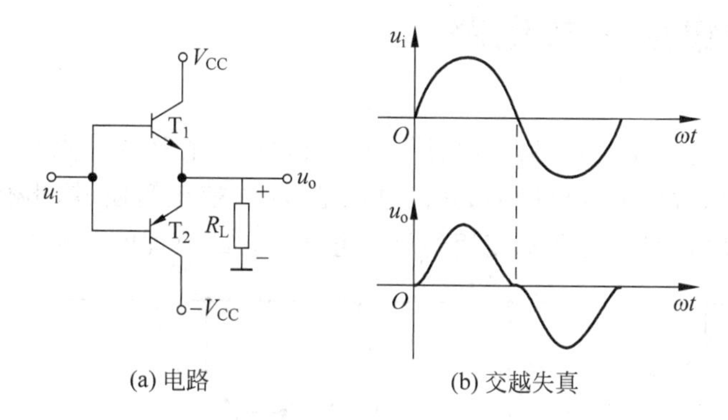

(a) 电路　　(b) 交越失真

图 3-17　互补对称输出级的基本电路及交越失真

观察图 3-17(b) u_o 的波形可以发现，在两管轮流工作的衔接处，波形出现失真，这种失真通常称为**交越失真**。**交越失真产生的原因**是：晶体管存在开启电压 U_{on}，硅管的开启电压约为 0.7V，锗管的开启电压约为 0.2V，只有 $|u_i|>|U_{on}|$，三极管才导通，输出电压才与输入电压跟随，如果输入电压 $|u_i|<|U_{on}|$，则两管均处于截止状态，此时输出为零。

为了克服交越失真，可以分别给两管发射结加偏置电压，偏置电压的值只要稍大于开启电压即可，这样，在静态时，三极管 T_1 和 T_2 均处于微导通状态，当交流信号加入时，T_1 和 T_2 即可轮流导通，从而消除交越失真。图 3-18 所示电路给出了集成运放中常用的偏置方式。

在图 3-18(a)所示的电路中，静态时由两个二极管给 T_1 和 T_2 提供偏压，其中二极管的材料与三极管相同。

图 3-18(b)所示的电路中，如果忽略 I_{B3}，则有

$$U_{MN}=U_{CE3}=I_1R_3+U_{BE3}=\left(1+\frac{R_3}{R_4}\right)U_{BE3} \tag{3-32}$$

选择合适的参数 R_3 和 R_4，使得 U_{MN} 是 U_{BE} 的任意倍数，给 T_1 和 T_2 提供合适的偏压，因此该电路又称为 U_{BE} 的**倍增电路**。为了提高集成运放的性能，T_1 和 T_2 常用复合管结构，此时倍增电路通过参数调节也能提供合适的偏压，比图 3-18(a)所示电路更为方便。

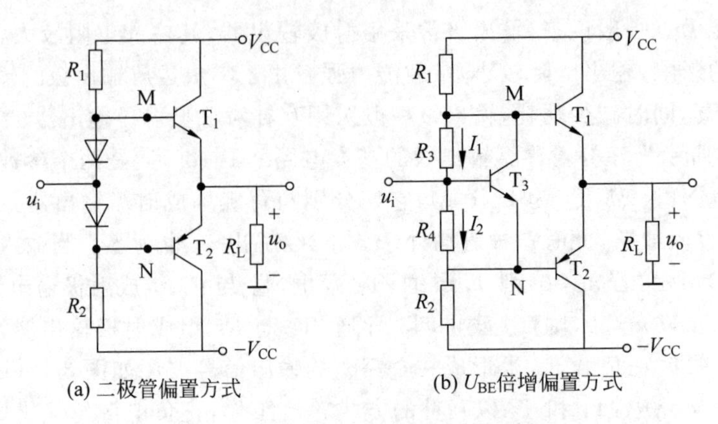

图 3-18 消除交越失真的互补电路

3.3 典型的集成运放电路

F007 属于第二代集成运放，是一种通用型运放，F007 电路的特点是：采用了有源集电极负载、电压放大倍数高、输入电阻高、共模电压范围大、校正简便、输出有过流保护等。由于其性能好、价格便宜，是一种普遍使用的放大电路。它的原理电路如图 3-19 所示。

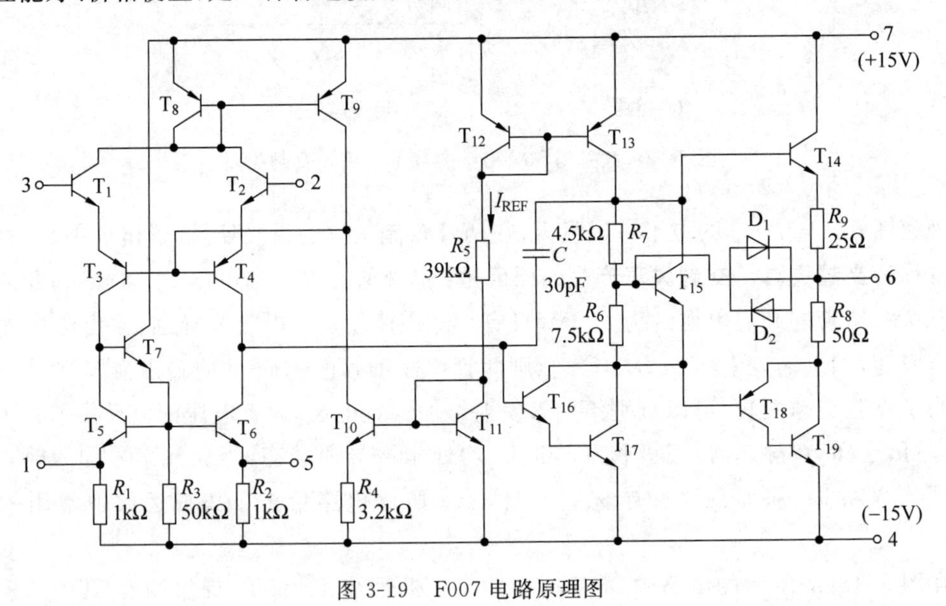

图 3-19 F007 电路原理图

3.3.1 双极型集成运算放大电路 F007

1. 偏置电路

偏置电路的作用是向各级放大电路提供合适的偏置电流，决定各级的静态工作点。参照图 3-19，F007 的偏置电路由 $T_8 \sim T_{13}$ 以及 R_4、R_5 等元件组成。整个电路的基准电流 I_{REF}

由 T_{12}、R_5、T_{13} 和电源＋15V、－15V 共同决定。T_{10}、T_{11} 和 R_4 组成微电流源电路，提供输入级所要求的微小而又十分稳定的偏置电流，并提供 T_9 所需的集电极电流；T_8 与 T_9 组成镜像恒流源电路，供给 T_1、T_2 所需的集电极电流，T_{12} 与 T_{13} 组成镜像恒流源电路，作为中间放大级的有源负载。

2. 输入级

输入级对集成运放的多项技术指标起着决定性的作用。它的电路形式几乎都采用各种各样的差分放大电路，以发挥集成电路制造工艺上的优势。F007 的输入级电路由 T_1～T_7 组成，为带有恒流源及有源负载的共集-共基差分放大电路。有源负载是由 T_5、T_6、T_7 及 R_1、R_2、R_3 组成的改进型镜像恒流源电路。用它作差分放大电路的有源负载。

共集-共基差分放大电路是一种复合组态，其中，T_1、T_2 接成共集电极形式，可以提高电路的差模输入阻抗，同时提高共模信号的输入电压范围；T_3、T_4 组成共基极电路，具有较好的频率特性，同时还能完成电位移动功能，使输入级输出的直流电位低于输入直流电位，这样后级就可以直接接 NPN 型管；由于 PNP 型管的发射结击穿电压很高，这种差分放大电路的差模输入电压也很高，可达 30V 以上，此外，共基极电路输入电阻较小，而输出电阻较大，有利于接有源负载，并起到将负载与 NPN 管隔离开的作用。

3. 中间级

中间级电路的主要任务是提供足够大的电压放大倍数，并向输出级提供较大的推动电流，有时还要完成双端输出变单端输出、电位移动等功能。F007 的中间级是由 T_{16}、T_{17} 复合管和电阻 R_6 组成的共射极放大电路，T_{12}、T_{13} 组成镜像恒流源作为它的有源负载，因而可以获得很高的电压增益，而且具有很高的输入电阻。R_6 起电流负反馈作用可以改善放大特性。30pF 的电容 C 接在中间级的基极和集电极之间，为校正电容，其作用是防止产生自激振荡。

4. 输出级

输出级的作用是向负载输出足够大的电流，要求它的输出电阻要小，并应有过载保护措施。F007 输出级采用的就是由 T_{14} 和复合管 T_{18}、T_{19} 组成的互补对称电路。R_6、R_7 和 T_{15} 组成电压并联负反馈偏置电路，使 T_{15} 的 c、e 两端具有恒压特性，为互补输出管提供合适而稳定的正向偏压，以克服交越失真。

D_1、D_2 和 R_8、R_9 组成输出级的过载保护电路，正常工作时，R_8、R_9 上的压降较小，D_1、D_2 均不能导通，即保护电路处于断开状态。当输出电流过大或输出不慎短路时，R_8、R_9 上的压降明显增大，D_1、D_2 将导通，从而对 T_{14} 和 T_{18} 的基极电流进行分流，限制了输出电流的增加，起到限流保护作用。

5. F007 符号

F007 作为一个有源放大器件，当应用于实际电路时，常用图 3-20 所示符号表示。其中，2 为同相输入端；3 为反相输入端；4 为负电源端；7 为正电源端；6 为输出端；1 和 5 为调零端。

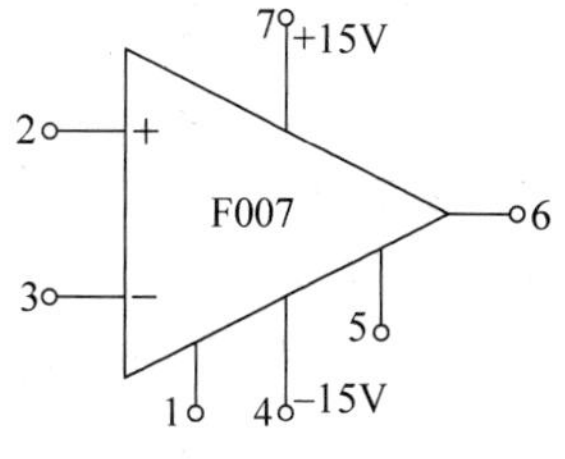

图 3-20　F007 符号

3.3.2　CMOS 集成运算放大电路 C14573

在过去很长一段时间，由于 MOS 工艺的局限性，在模拟集成电路的生产上，双极性工艺一直占有主导地位。随着 MOS 工艺的发展，其工艺简单、集成度高的优势在模拟领域中逐渐表现出来，特别是在集成数字与模拟兼有的混合系统时，MOS 工艺在成本、集成度及性能方面显出极大的优势。MOS 工艺制成的集成运放输入阻抗高、功率低、价格低的优点，使之逐渐成为制造数字集成电路的主流。

C14573 是一种通用型 CMOS 集成运放，它包含有 4 个相同的运放单元。由于 4 个运放按相同工艺流程做在一个芯片上，因此其具有温度一致性和良好的匹配。C14573 中每一个运放单元的电路原理如图 3-21 所示。

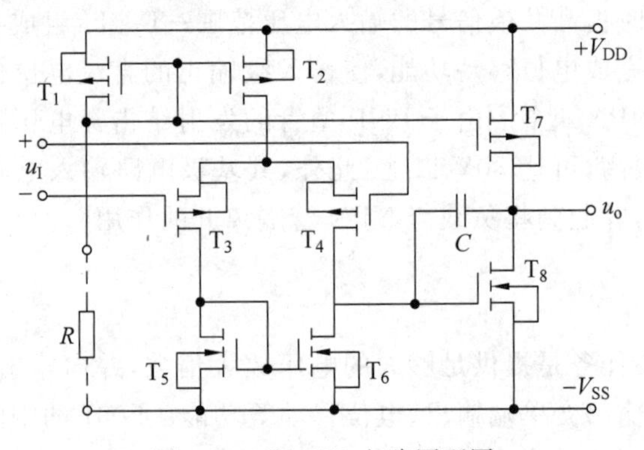

图 3-21　C14573 电路原理图

由图 3-21 可见，每一个运放单元内部由两级放大电路组成，放大电路的核心器件均为增强型 MOS 管。其中第一级由 T_3 和 T_4 组成双入单出的共源极差分放大电路，T_5 和 T_6 构成电流源为有源负载，T_1 和 T_2 构成电流源为放大电路提供直流偏置，同时可以利用外接电阻 R 设置工作电流。第二级由 T_8 构成共源放大电路，T_1 和 T_7 构成电流源为有源负载，电容 C 为校正电容，用于防止产生自激振荡。

3.4　集成运放的主要性能指标

集成运放的参数正确、合理选择是使用运放的基本依据，因此了解其各性能参数及其意义是十分必要的。

在理论分析和计算中，运算放大器的符号通常如图 3-22(a)所示。集成运放由两个输入端和一个输出端组成，其中输入端分别为同相输入端和反相输入端，可以用“u_P”和“u_N”表示，这里的“同相”和“反相”是指运放的输入电压和输出电压的相位关系。从符号和前面的分析可以看出，集成运放是一个双入单出，具有高差模电压放大倍数、高输入电阻、低输出电阻、抑制零点漂移能力强的差分放大电路。

集成运放的输出电压 u_o 和输入电压(u_P-u_N)之间的关系曲线称为电压传输特性，集成运放的电压传输特性如图 3-22(b)所示，即

$$u_{\mathrm{o}}=\begin{cases}A_{\mathrm{od}}(u_{\mathrm{P}}-u_{\mathrm{N}}) & \text{放大区}\\ U_{\mathrm{oM}}\text{ 或 }-U_{\mathrm{oM}} & \text{饱和区}\end{cases}\tag{3-33}$$

其中，A_{od}是差模开环电压增益，其数值非常高，可达几十万倍。集成运放有放大区和饱和区两种工作情况，常常也把这两种情况称为线性区和非线性区。

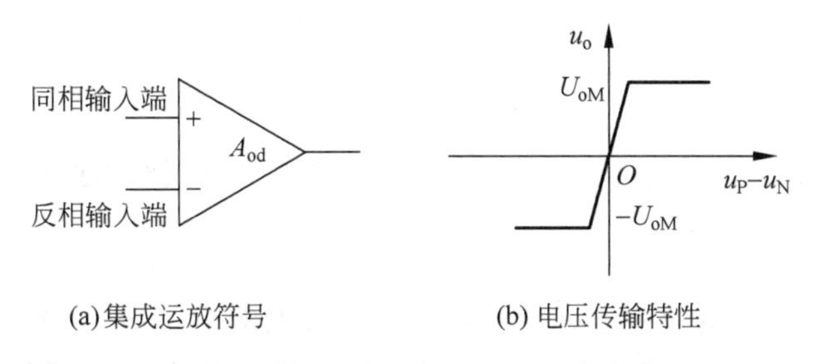

图3-22　集成运放的符号和电压传输特性

下面给出了集成运放一些常用的技术指标。

1. 开环差模电压增益 A_{od}

开环差模电压增益是指运放在开环、线性放大区并在规定的测试负载和输出电压幅度的条件下的直流差模电压增益（绝对值）。一般运放的 A_{od}为60～120dB，性能较好的运放其 $A_{\mathrm{od}}>140$dB。

值得注意的是，一般希望 A_{od}越大越好，实际的 A_{od}与工作频率有关，当频率大于一定值后，A_{od}随频率升高而迅速下降。

2. 失调的温漂

放大电路的零点漂移的主要来源是温度漂移，而温度漂移对输出的影响可以折合为输入失调电压 U_{IO}和输入失调电流 I_{IO}，U_{IO}越小，表明电路参数对称性越好。可以用以下指标来表示放大器的温度稳定性即温漂指标。

在规定的温度范围内，输入失调电压的变化量 ΔU_{IO}与引起 U_{IO}变化的温度变化量 ΔT之比，以 $\Delta U_{\mathrm{IO}}/\Delta T$ 表示。$\Delta U_{\mathrm{IO}}/\Delta T$ 越小越好，一般为±(10～20)μV/℃。

在规定的温度范围内，输入失调电流的变化量 ΔI_{IO}与引起 I_{IO}变化的温度变化量 ΔT之比，以 $\Delta I_{\mathrm{IO}}/\Delta T$ 表示。

3. 最大差模输入电压 U_{Idmax}

U_{Idmax}是指集成运放的两个输入端之间所允许的最大输入电压值。若输入电压超过该值，则可能使运放输入级BJT的其中一个发射结产生反向击穿，输入级将损坏。

4. 最大共模输入电压 U_{Icmax}

U_{Icmax}是指运放输入端所允许的最大共模输入电压。若共模输入电压超过该值，则运放不能对差模信号进行放大。

5. 单位增益带宽 f_{c}

f_{c}是指使运放开环差模电压增益 A_{od}下降到0dB（即 $A_{\mathrm{od}}=1$）时的信号频率，它与三极

管的特征频率 f_T 相类似，是集成运放的重要参数。

6. −3dB 带宽 f_H

f_H 是指使运放开环差模电压增益 A_{od} 下降为直流增益的 $1/\sqrt{2}$ 倍(相当于−3dB)时的信号频率。

7. 转换速率 SR

SR 是指运放在闭环状态下，输入为大信号时，其输出电压对时间的最大变化速率，即

$$SR = \left|\frac{du_o}{dt}\right|_{max} \tag{3-34}$$

转换速率 SR 反映了运放对高速变化的输入信号的响应情况，主要与补偿电容、运放内部各管的极间电容、杂散电容等因素有关。SR 越大，则说明运放的高频性能越好。一般运放 SR 小于 1V/μs，高速运放可达 65 V/μs 以上。

需要指出的是，转换速率 SR 是由运放瞬态响应情况得到的参数，而单位增益带宽 f_c 和−3dB 带宽 f_H 是由运放频率响应(即稳态响应)情况得到的参数，它们均反映了运放的高频性能，从这一点来看，它们的本质是一致的。但它们分别是在大信号和小信号的条件下得到的，从结果看，它们之间有较大的差别。

8. 共模抑制比 K_{CMR}

共模抑制比等于运放差模放大倍数与共模放大倍数之比的绝对值，用 K_{CMR} 表示，常以分贝(dB)为单位。

9. 差模输入电阻 r_{id}

r_{id} 是集成运放两个输入端加载差模信号时的等效电阻。r_{id} 越大，从信号源索取的电流越小。

除上述指标外，集成运放的参数还有输入偏置电流 I_{IB}、共模输入电阻 R_{ic}、输出电阻 R_o、电源参数、静态功耗 P_C 等，其含义可查阅相关手册，这里不再赘述。

3.5 集成运放使用中的几个具体问题

1. 选择合适的运放

运放有通用型、高速型、宽带型、高增益型等种类，每种运放各有特点，同一个种类的运放有不同型号的运放芯片，同一型号的芯片又有不同的系列；在实际电路设计中，要根据放大电路的参数选择合适的运放型号。通过查手册，了解该类型运放的技术指标是否满足电路的要求，同时熟悉运放的封装及引脚排列，以避免画电路图及焊接电路板时出错。

2. 运放使用中的保护

集成电路在使用中若不注意，可能会使它损坏。例如：电源电压极性接反或电压太高；

输出端对地短路或接到另一电源造成电流过大；输入信号过大，超过额定值等。针对以上情况，通常可采取下面的保护措施。

1）输入保护

输入级的损坏是因为输入的差模或共模信号过大而造成的，可采取如图3-23(a)所示的利用二极管和电阻构成的限幅电路来进行保护。

2）输出保护

针对输出端可能接到外部电压而过流或击穿的情况，可在输出端接上稳压管，如图3-23(b)所示。当输出端电压超标时，总有一只稳压管反相击穿，从而将输出电压限制为稳压管的稳压值，对放大电路起到了保护作用。

3）电源端保护

为了防止电源极性接反，可利用二极管单向导电性，在电源连接线中串接二极管来实现保护，如图3-23(c)所示。由图可见，如果电源极性接错，则二极管不能导通，从而会避免芯片的损坏。

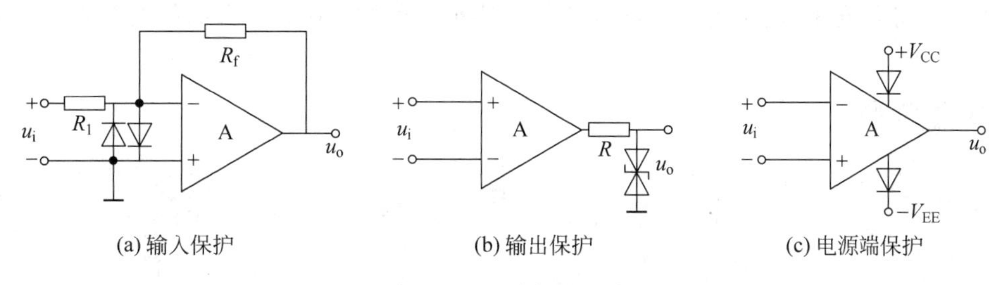

图3-23 运放保护电路

3.6 Multisim仿真例题

1. 题目

集成运算放大器参数测试。

2. 仿真电路

采用通用运算放大器 μA741。

3. 仿真内容及仿真结果分析

对集成运放的主要特性参数进行仿真。

(1) 输入失调电压 U_{IO} 的测量仿真。

测试电路如图3-24所示。

测试电路图3-24中的电阻 R_1 和 R_2、R_3 和 R_f 的参数要严格对称，并且 R_1 的值应尽可能小，可取几十至几百欧。输出电压 U_{o1} 测量为570.379μV，输入失调电压根据下面的公式可求出约为11.18μV。

$$U_{IO}=\frac{R_1}{R_1+R_f}U_{o1}\approx 11.18(\mu V)$$

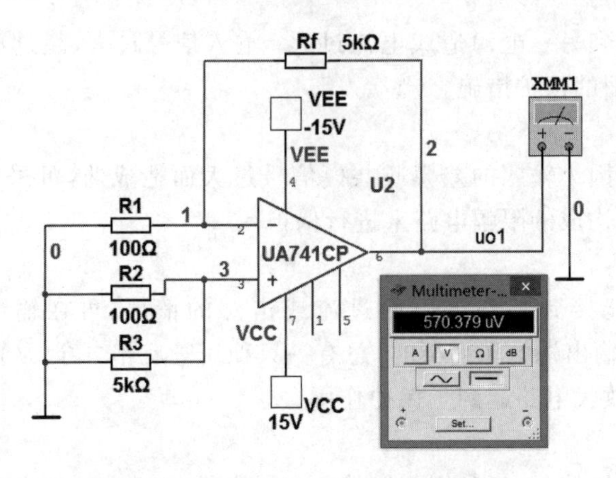

图 3-24　输入失调电压 U_{IO}测量电路

（2）输入失调电流 I_{IO}的测量仿真。

输入失调电流 I_{IO}定义为：当输入信号为零时，运放的两个输入端的基极偏置电流之差，即 $I_{IO}=|I_{B1}-I_{B2}|$。

测试电路如图 3-25 所示。

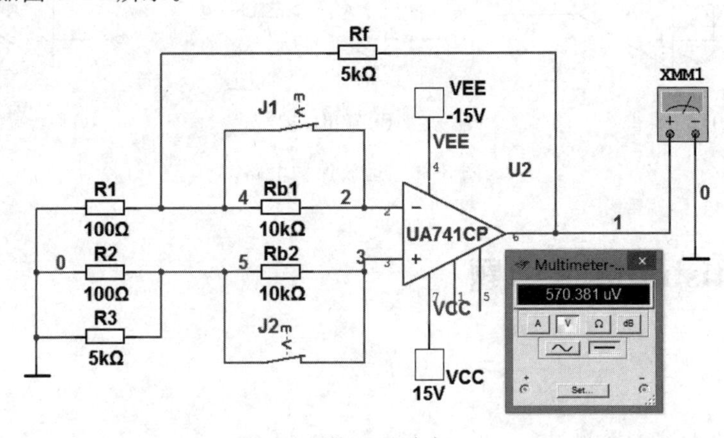

(a) 开关J1、J2合上

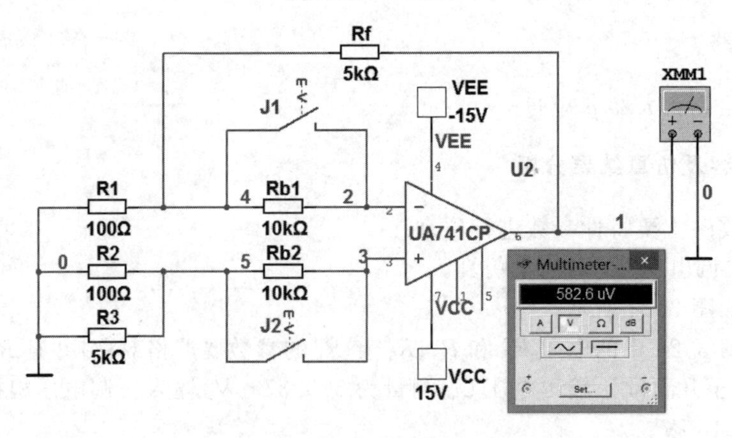

(b) 开关J1、J2断开

图 3-25　输入失调电流测试电路

图 3-25 测试电路中 $R_1=R_2=100\Omega$，$R_{b1}=R_{b2}=10\text{k}\Omega$，$R_3=R_f=5\text{k}\Omega$。测量步骤如下：

① 接通开关 J1、J2，测量输出电压，得到 $U_{o1}=570.381\mu\text{V}$。

② 断开开关 J1、J2，再测量输出电压，得到 $U_{o2}=582.6\mu\text{V}$。

根据输入失调电流的定义，忽略输入失调电压的影响，可求出输入失调电流。即

$$I_{Io}=|I_{B1}-I_{B2}|=|U_{o2}-U_{o1}|\frac{1}{R_b}\cdot\frac{R_1}{R_1+R_f}\approx 0.24\times 10^{-10}(\text{A})$$

测试中应注意：①将运放调零端开路；②两输入端电阻 R_B 必须精确配对；③I_{B1} 和 I_{B2} 本身的数值很小（微安级）。

（3）开环差模电压增益 A_{od} 测量。

开环差模放大倍数 A_{od} 定义为集成运放在没有外部反馈时的直流差模电压放大倍数，即开环输出电压 U_O 与两个差分输入端之间所加信号电压 U_{id} 之比。

为了测量方便，加在输入端的直流信号通常都用低频（如几十赫兹以下）交流信号代替，只要信号频率低于集成运放的开环带宽，就不会引起明显的测量误差。开环增益的测量方法有很多，本实验采用的是闭环测量方法，测量电路如图 3-26 所示。电路中 $R_1=R_f=51\text{k}\Omega$，$R_2=R_3=51\Omega$，$R_L=2\text{k}\Omega$。

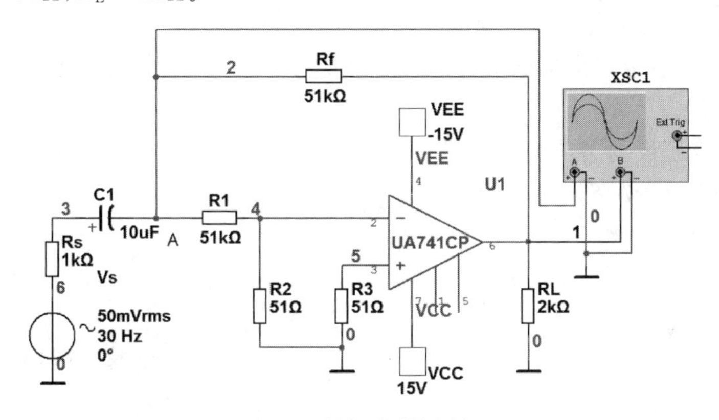

(a) 开环电压测量电路

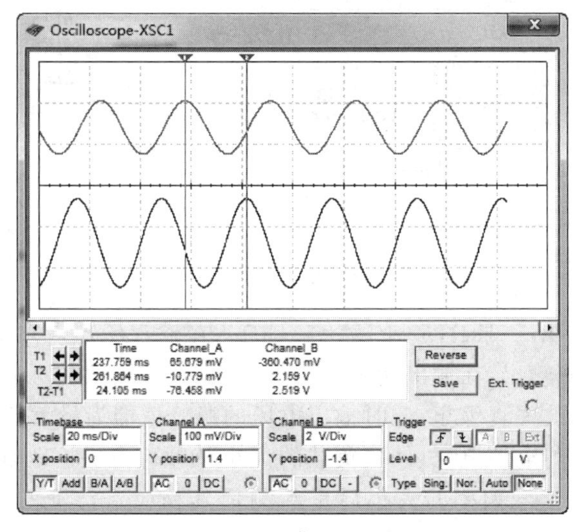

(b) 仿真图

图 3-26　开环电压测量电路及仿真图

在测量电路中，R_f 为反馈电阻，通过隔直电容 C_1 与 R_s 构成交流反馈支路，实现闭环工作。又通过隔离电阻 R_1 和 R_2 构成直流反馈支路，用来减小集成运放输出端的电压漂移。

开环差模电压增益 A_{od} 的测量步骤如下。

① 在输入交流信号源作用下，测得集成运放的不失真输出电压 u_o。

② 测量电路中经过电容后（即 A 点）的输入电压为 u_i，则经电阻 R_1 和 R_2 分压，集成运放反相输入端的电压为

$$u_- = \frac{R_2}{R_1 + R_2} u_i$$

因此开环差模电压增益为

$$A_{od} = \frac{u_o}{u_+ - u_-} \approx \frac{R_1 + R_2}{R_2}\left|\frac{u_o}{u_i}\right| \approx 0.33 \times 10^5$$

在电路中，当 $R_1 = 51\text{k}\Omega$，$R_2 = 51\Omega$ 时，因为 $R_1 \gg R_2$，则有

$$A_{od} \approx \frac{u_o}{u_i} \times 10^3 \quad 或 \quad A_{od} \approx 60 + 20\lg \frac{u_o}{u_i}(\text{dB})$$

测量时应注意：

① 从 A 点到反相端之间的连线应尽可能短，以免引入交流干扰。

② 通过示波器监视输出端的波形，确认运放工作在线性放大区，而且在没有自激振荡的状态下进行测量。

(4) 输出电压最大动态范围的测量

测试电路如图 3-27 所示。

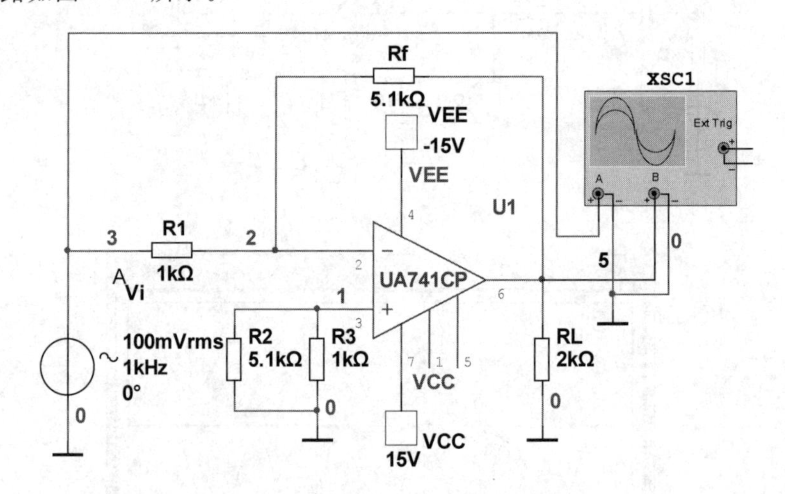

图 3-27　输出电压最大范围测试电路

测试电路中 $R_1 = R_3 = 1\text{k}\Omega$，$R_2 = R_f = 5.1\text{k}\Omega$。在输入端输入频率为 1kHz 的交流正弦小信号，用示波器观测输出，在输出无失真的情况下，逐步加大输入信号的幅度直至输出波形产生顶部和底部削波失真为止，此时输出电压的峰峰值即为最大动态范围如表 3-2 所示。

动态范围的大小与电源电压、外接负载的大小及频率有关。改变电源电压的大小或外接负载的大小或输入信号频率的大小后重新测量其相应条件下的动态范围，所得结果如表 3-2 所示。观察输出结果可以看到，当加大输入信号频率，在输出无失真的情况下输入信号幅度将变小；当负载电阻 R_L 变小到一定程度时，输出将产生波形失真。

表 3-2　输出电压最大动态范围的测量值

输入信号 u_i		负载电阻/Ω	最大不失真输出波形幅度/有效值 V	备　注
幅度/有效值 V	频率/Hz			
1.8	1000	2000	9.1	1kHz 频率下最大不失真输出波形对应的输入信号幅度为 1.8V
1.8	7000	2000	9.1	保证输出波形不失真，加大输入信号频率可至 7kHz
1.8	1000	600	9.1	负载电阻大于等于 600Ω，可保持输出波形不失真，当小于 600Ω 时输出波形失真
0.6	20 000	2000	2.8	如果输入信号频率变大为 20kHz，对应最大不失真输出波形输入信号幅度为 0.6V

(5) 共模抑制比 K_{CMR} 的测量

测试电路如图 3-28 所示。测试电路中 $R_1=R_2=1k\Omega$，$R_3=R_f=100k\Omega$。

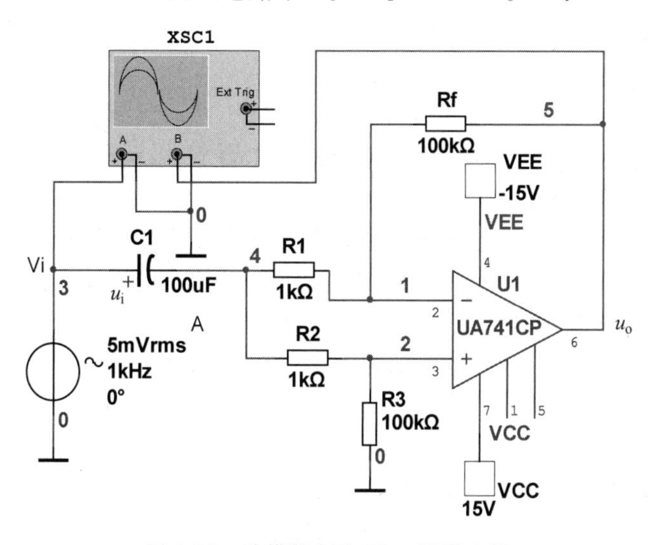

图 3-28　共模抑制比 K_{CMR} 测量电路

由测量电路可以得到

$$\frac{U_i-U_-}{R_1}\approx\frac{U_--U_o}{R_f}$$

从而

$$U_-\approx\frac{R_fU_i+R_1U_o}{R_1+R_f}$$

当 $R_1=R_2$，$R_3=R_f$ 时

$$U_+\approx\frac{R_3}{R_2+R_3}U_i\approx\frac{R_f}{R_1+R_f}U_i$$

而测量电路的输出电压 U_o 为

$$U_o=\frac{U_++U_-}{2}A_{OC}+(U_+-U_-)A_{Od}$$

将 U_+ 及 U_- 的关系式代入上式，可得

$$U_o \approx A_{OC}\left(\frac{R_f R_1 U_o}{R_1+R_f}U_i+\frac{1}{2}\frac{R_1}{R_1+R_f}U_o\right)-A_{Od}\frac{R_1}{R_1+R_f}U_o$$

一般情况下，满足下列近似关系

$$A_{Od}\frac{R_1}{R_1+R_f}\gg 1,\quad \frac{R_f}{R_1+R_f}U_i\gg\frac{1}{2}\frac{R_1}{R_1+R_f}U_o$$

由此得到共模抑制比近似表达式

$$K_{CMR}=\frac{A_{Od}}{A_{OC}}\approx\frac{R_f}{R_1}\frac{U_i}{U_o}$$

也可以用如下形式，当运算放大器工作在闭环状态时，差模信号的电压放大倍数 $A_{od}=R_f/R_1$，共模电压放大倍数 $A_{oc}=u_o/u_i$，所以只要测出 u_o 和 u_i，即可求出

$$K_{CMR}=20\lg\left|\frac{A_{od}}{A_{oc}}\right|=20\lg\left|\frac{R_f}{R_1}\frac{u_i}{u_o}\right|$$

输入的共模电压 u_i，必须小于被测量的集成运放的最大共模输入电压 u_{icmax}，否则运放的共模抑制比将显著下降。

4. 结论

用理想化的条件进行分析，可使得各种运放功能电路的分析变得非常简便和实用，但在实际的应用中，由于运放的非理想特性会对电路产生影响，因此在实际应用中需要掌握集成运放的特性参数，进行合理地选择。

(1) 输入失调电压 U_{IO}。由于集成运放的输入级电路参数不可能绝对对称，所以当输入电压为零时，输出电压并不为零。往往需要在输入端加补偿电压，才能使输出电压为零，这个补偿电压称为输入失调电压。

输入失调电压 U_{IO} 越小，表明电路参数对称性越好。对于有外接调零电位器的运放，可以通过改变电位器，使得零输入时输出为零。

(2) 输入失调电流 I_{os}。当输入电压为零时，两个输入电流之差，称为输入失调电流，即 $I_{os}=I_{B1}-I_{B2}$。输入失调电流 I_{os} 反映了输入级差放管输入电流的不对称程度。它的大小与输入偏流有关，输入偏流越小，输入失调电流也就越低。

(3) 开环差模电压增益 A_{od}

A_{od} 是集成运放在开环(无外接反馈电路)情况下对差模信号的电压增益。$A_{od}=\Delta u_o/\Delta(u_P-u_N)$，常用分贝(dB)表示，其分贝数为 $20\lg|A_{od}|$。通用型集成运放的 A_{od} 通常在 10^5 左右，即 100dB 左右。

(4) 输出电压最大动态范围。运放工作在线性工作区，其不失真波形的输出与电源电压、带宽、增益及输入信号幅度有关。

(5) 共模抑制比 K_{CMR}。K_{CMR} 是集成运算放大器开环差模电压放大倍数 A_{od} 与其共模电压放大倍数 A_{oc} 之比值的绝对数值，即 $K_{CMR}=20\lg\left|\frac{A_{od}}{A_{oc}}\right|$(dB)。

其中，最大共模输入电压 U_{icmax}，是运算放大器所能承受的最大共模输入电压。若共模输入电压超过此规定值，则集成运放便不能对差模信号进行放大，因而使运算放大器的共模抑制比显著下降，甚至不能正常工作。因此，实际应用时应特别注意输入信号中共模信号部

分的大小。

本章小结

本章主要讨论集成运放的组成，以及在实际电路设计中最典型的集成运放电路。并对集成运放在使用中需要注意的问题进行了简单介绍。

(1) 集成运放实质是一种高增益直接耦合多级放大电路。该放大电路由差动输入级、互补输出级、中间放大级和偏置电路4个部分组成。

(2) 集成运放输入级通常采用差分放大电路形式，差分放大电路有4种接法，分别为双入双出、双入单出、单入双出、单入单出。实际的差分放大电路输入级经常采用恒流源式或长尾式差分放大电路，其主要作用是提高共模抑制比，减小温度漂移。差分放大电路的4种接法及其性能比较见表3-1。

(3) 集成运放的输出级通常采用互补对称功率放大电路。该电路能够向负载提供足够的功率。

(4) 集成运放的中间级通常采用共射放大电路，以提供足够大的增益。为了获得大电压增益和输入电阻，中间级放大电路会采用有源负载和复合管等结构形式。

(5) 集成运放的偏置电路通常采用镜像电流源、比例电流源、微电流源等电路。电流源电路用在集成运放中通常有两个作用：一是为集成运放提供合适而稳定的静态工作点；二是作为放大电路的有源负载。

(6) 简要介绍了两种集成运放的典型产品：双极型集成运放F007和CMOS四运放C14573。

(7) 简要介绍了集成运放的主要性能指标。

(8) 在实际的电路设计中，集成运放的使用应该注意的几个具体问题。

习题

3-1

(1) 什么是差分放大电路？为什么在直接耦合放大电路中经常采用差分放大电路？

(2) 集成运放在电路工艺和结构上有什么特点？

(3) 集成运放由哪几个部分组成？简要叙述每个组成部分的特点和作用。

(4) 差分放大电路有哪些基本形式？各有什么特点？

(5) 什么是共模抑制比？共模抑制比对电路的稳定性有何影响？

(6) 放大电路产生零点漂移的主要原因是什么？有甲、乙两个直接耦合放大电路，它们的电压增益分别为10^3和10^5，如果测出甲、乙两放大电路输出端的漂移电压都是200mV，那么它们的漂移指标是否相同？两个放大电路是否都可放大0.1mV的信号？

(7) 如何定义共模抑制比K_{CMR}？在差分放大电路中，为什么用K_{CMR}作为它的重要性能指标之一。K_{CMR}值的高低各代表什么物理意义？

(8) 差分放大电路的差模小信号特性与差模大信号特性有何不同？什么是差分放大电路的电压传输特性？

(9) 双端输入、双端输出差分式放大电路如图 3-8 所示。在理想条件下，当 $u_{i1}=25\text{mV}$，$u_{i2}=10\text{mV}$，$A_{ud}=100$，$A_{uc}=0$ 时，求差模输入电压 u_{id}、共模输入电压 u_{ic} 和输出电压 $u_o=u_{o1}-u_{o2}$ 各是多少。

(10) 什么是镜像电流源？差分放大电路采用镜像电流源负载有何优越性？

(11) 如图 3-8 所示的长尾式差分放大电路，如果把发射极电阻 R_e 换成恒流源，对电路的特性有何影响？如果把集电极电阻 R_c 换成恒流源，对电路的特性有何影响？

3-2 集成运放 F007 的电流源组成如图 3-29 所示，设 $U_{BE}=0.7\text{V}$。①若 T_3、T_4 管的 $\beta=2$，试求 $I_{C4}=$？②若要求 $I_{C1}=26\mu\text{A}$，则 $R_1=$？

3-3 比例式电流源电路如图 3-30 所示，已知各晶体管特性一致，$U_{BE}=0.7\text{V}$、$\beta=100$，试求 I_{C1}、I_{C3}。

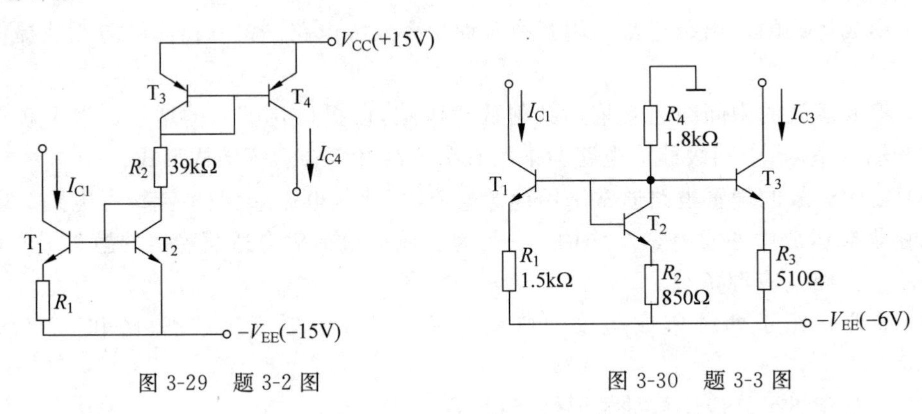

图 3-29 题 3-2 图　　　　图 3-30 题 3-3 图

3-4 电流源电路如图 3-31 所示，已知 $\beta=100$，$U_{BE}=0.7\text{V}$，若要求 $I_o=10\mu\text{A}$，试确定 R_2。

3-5 级联型电流源电路如图 3-32 所示，各管特性相同，试证明其输出电流 I_o 为

$$I_o=\frac{\beta^2}{\beta^2+4\beta+2}I_R\approx\left(1-\frac{4}{\beta}\right)I_R$$

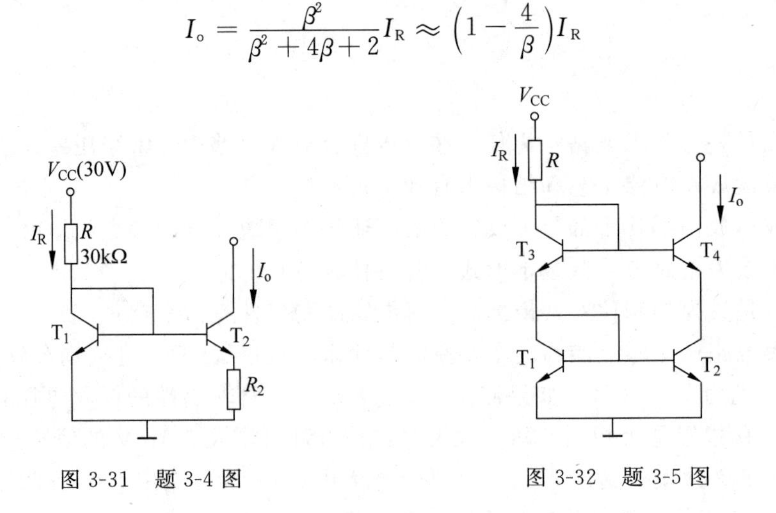

图 3-31 题 3-4 图　　　　图 3-32 题 3-5 图

3-6 如图 3-33 所示的差分放大电路，其晶体三极管的参数相同，$U_{BE}=0.7V$，$\beta=100$、$r_{be}=2.4k\Omega$、$R_S=100\Omega$、$R_C=6k\Omega$、$R_E=5.6k\Omega$、$V_{CC}=V_{EE}=12V$，试：

(1) 计算三极管的静态工作点。

(2) 计算差模源电压放大倍数、输入电阻 R_i 和输出电阻 R_o。

3-7 如图 3-34 所示的差分放大电路，其三极管的参数相同，$U_{BE}=0.7V$、$\beta=100$、$r_{be}=2.4k\Omega$、$R_b=100\Omega$、$R_C=5.9k\Omega$、$W_1=200\Omega$、$W_2=100\Omega$、$R_E=5.6k\Omega$、$V_{CC}=V_{EE}=12V$，设电位器 W_1 和 W_2 处于中间位置时，试：

(1) 计算三极管的静态工作点。

(2) 计算该差模源电压放大倍数 $A_{ud}=u_o/u_S$。

(3) 计算该放大电路输入电阻 R_i 和输出电阻 R_o。

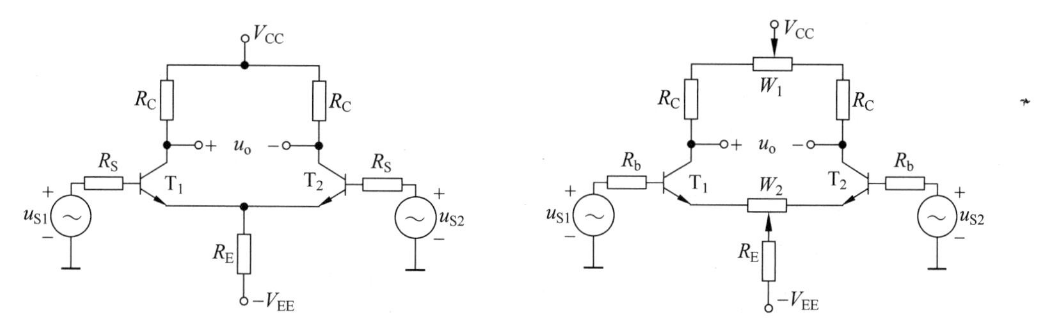

图 3-33 题 3-6 图　　　　图 3-34 题 3-7 图

3-8 如图 3-35 所示的双端输入、单端输出的差分放大电路中，两个三极管参数相同，$U_{BE}=0.7V$、$r_{be}=2.5k\Omega$、$\beta=100$，$R_{S1}=R_{S2}=1k\Omega$，$R_L=10k\Omega$，$R_C=R_E=5k\Omega$，$V_{CC}=V_{EE}=12V$，试：

(1) 计算三极管 T_2 的静态工作点。

(2) 计算差模源电压放大倍数 A_{ud} 以及输入输出电阻。

(3) 计算共模放大倍数 A_{uc}、共模抑制比 K_{CMRR}。

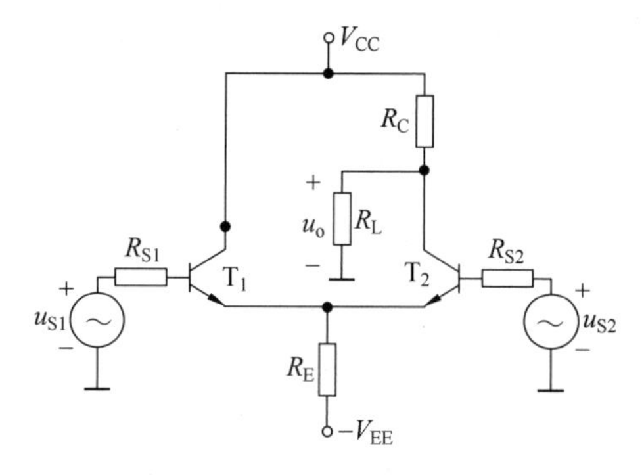

图 3-35 题 3-8 图

3-9 如图 3-36 所示的直接耦合放大电路，图中各晶体三极管的参数相同，导通电压 $U_{BE}=0.7V$、$\beta=100$、$R_S=100\Omega$、$r_{be}=2.4k\Omega$、$I_E=2mA$、$R_C=6k\Omega$、$R_E=5.3k\Omega$，$V_{CC}=V_{EE}=12V$，试：

(1) 计算三极管 T_2、T_3 的静态工作点。

(2) 计算差模源电压放大倍数 A_{usd}。

(3) 计算该放大电路输入电阻 R_i 和输出电阻 R_o。

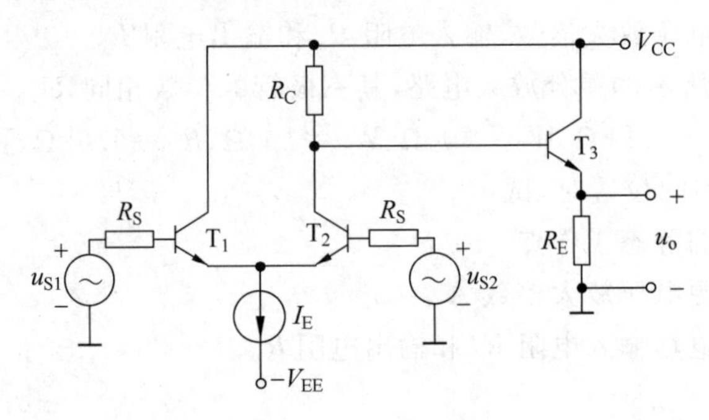

图 3-36　题 3-9 图

3-10　在如图 3-37 所示的有源偏置差分放大电路中,设电路参数都是对称的、三极管发射极的导通电压 $U_{BE}=0.7V$、$r_{be}=2.4k\Omega$、$r_{ce}=100k\Omega$、$\beta=100$,恒流源 $I_E=2mA$,$V_{CC}=V_{EE}=12V$,$R_{S1}=R_{S2}=100\Omega$,$R_E=5k\Omega$,试:

(1) 计算三极管 T_2、T_5 的静态工作点。

(2) 计算差模源电压放大倍数 A_{ud} 以及输入输出电阻。

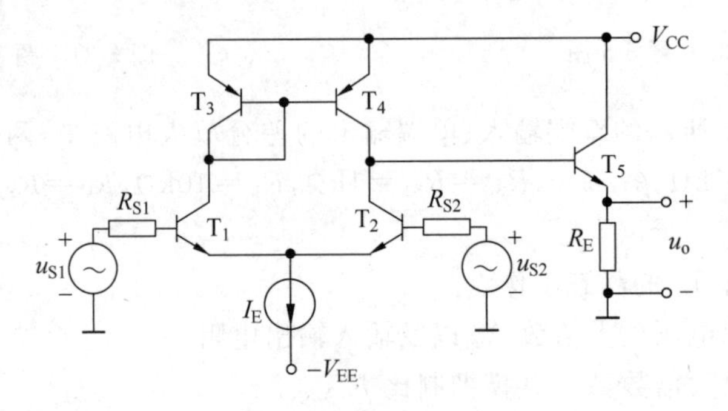

图 3-37　题 3-10 图

3-11　差分放大电路如图 3-38 所示,已知各管 β 值都为 100,U_{BE} 都为 0.7V。①说明 T_3、T_4 管的作用;②求 I_{CQ1}、I_{CQ2};③求差模电压增益 A_{vd1}。

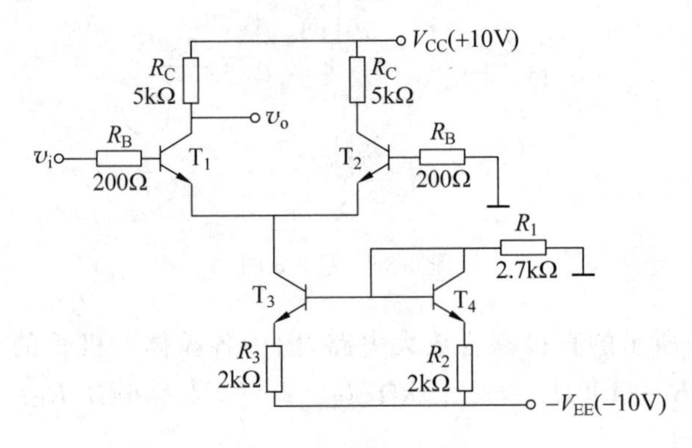

图 3-38　题 3-11 图

3-12　集成运放 5G23 的电路原理图如图 3-39 所示。①简要叙述电路的组成原理；②说明二极管 D_1 的作用；③判断 2、3 端哪个是同相输入端，哪个是反相输入端。

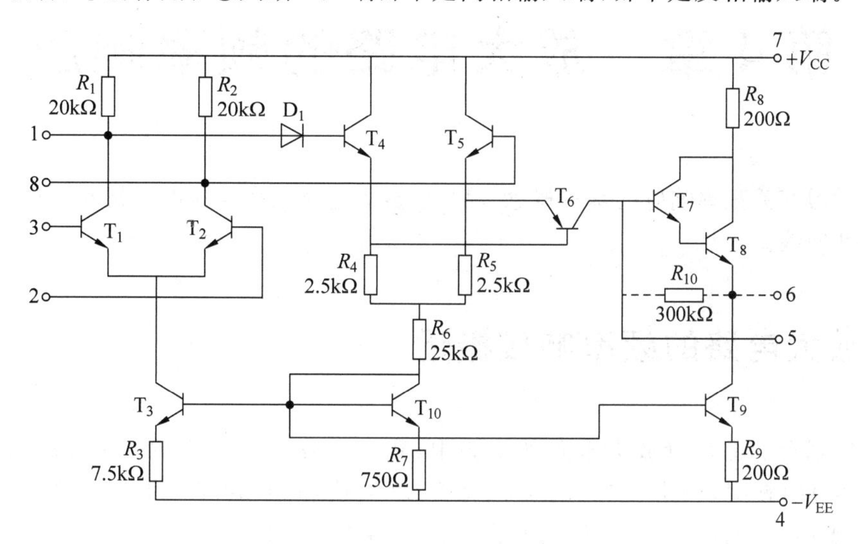

图 3-39　题 3-12 图

第 4 章　放大电路的频率响应

本章学习有关频率响应的基本概念、晶体管放大电路频率响应的分析和计算方法，以及相关的特性曲线。

4.1　放大电路的频率响应概述

在 RC 耦合的晶体管放大电路的实验中，我们会发现一个现象：调节输入信号（被放大的信号）的频率，当中频时，电压放大倍数（数值和相移）基本是稳定的；当频率很低（低频）或很高（高频）时，不仅电压放大倍数将下降，而且还会产生超前或滞后的附加相移。

这是由于在放大电路中存在电容或电容的效应，包括放大电路的耦合电容和晶体管的级间电容，使得放大倍数（幅值和相位）是频率的函数，这就是放大电路的频率响应。

4.1.1　高通电路

如图 4-1 所示电路，设输出、输入电压之比为 A_u，输出电压为输入电压在 R 和 C 上的分压。当频率升高时，容抗下降，则输出电压增加，即 A_u 上升；反之，当频率降低时，容抗上升，则输出电压减小，即 A_u 下降。所以称之为"高通电路"。

根据分压关系，输出、输入电压之比为：

$$\dot{A}_u = \frac{\dot{U}_o}{\dot{U}_i} = \frac{R}{R + \frac{1}{j\omega C}} = \frac{1}{1 + \frac{1}{j\omega RC}}$$

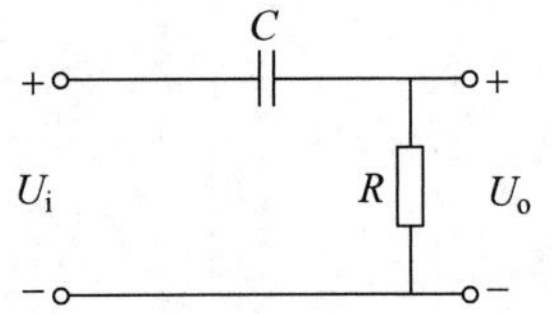

图 4-1　高通电路

设

$$\omega_L = \frac{1}{RC}$$

即

$$f_L = \frac{1}{2\pi RC} \tag{4-1}$$

则

$$\dot{A}_u = \frac{\dot{U}_o}{\dot{U}_i} = \frac{R}{R + \frac{1}{j\omega C}} = \frac{1}{1 + \frac{1}{j\omega RC}} = \frac{1}{1 + \frac{f_L}{jf}} = \frac{j\frac{f}{f_L}}{1 + j\frac{f}{f_L}} \tag{4-2}$$

$$|A_u| = \frac{\frac{f}{f_L}}{\sqrt{1+\left(\frac{f}{f_L}\right)^2}} \tag{4-3}$$

$$\varphi = 90° - \arctan\frac{f}{f_L} \tag{4-4}$$

式(4-3)表示放大倍数的数值与频率的关系，称为幅频特性；式(4-4)表示放大倍数的相位与频率的关系，称为相频特性。

当频率变化时，有以下结果：

当 $f \gg f_L$ 时，$A_u \approx 1$，φ 趋近于 0°；

当 $f \ll f_L$ 时，$A_u \ll 1$(f 每下降到原来的 1/10，A_u 也下降到原来的 1/10)，φ 趋近于 90°；

当 $f = f_L$ 时，$A_u = \frac{1}{\sqrt{2}} = 0.707$，$\varphi = 90°$，$f_L$ 称为下限截止频率，简称下限频率。

高通电路的频率响应曲线如图 4-2 所示。

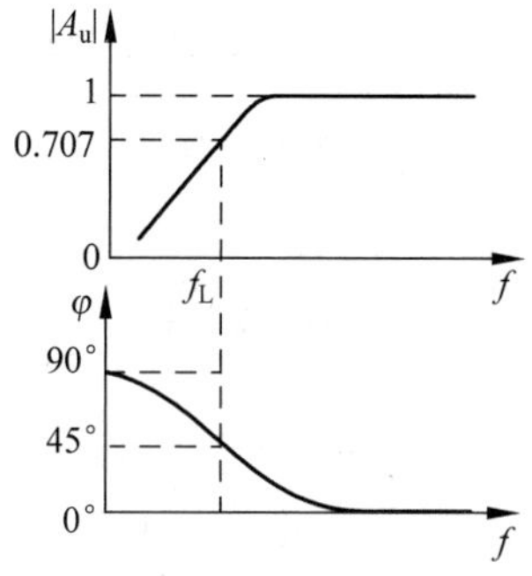

图 4-2　高通电路的频率特性

4.1.2　低通电路

如图 4-3 所示电路，仍设输出、输入电压之比为 A_u。当频率升高时，容抗下降，则 A_u 降低；反之，当频率降低时，容抗上升，则 A_u 上升。所以称之为“**低通电路**”。

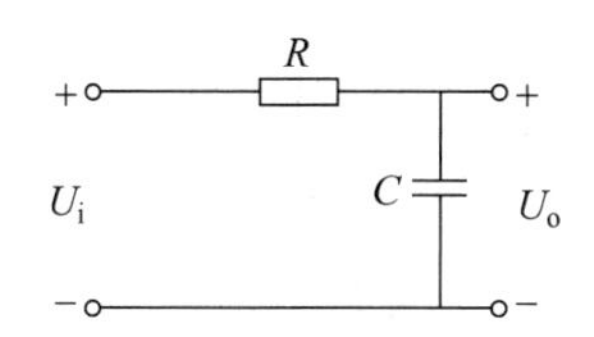

图 4-3　低通电路

输出、输入电压之比为：

$$\dot{A}_u = \frac{\dot{U}_o}{\dot{U}_i} = \frac{\frac{1}{j\omega C}}{R+\frac{1}{j\omega C}} = \frac{1}{1+j\omega RC} \tag{4-5}$$

设

$$\omega_H = \frac{1}{RC} \tag{4-6}$$

即

$$f_H = \frac{1}{2\pi RC} \tag{4-7}$$

则

$$\dot{A}_u = \frac{\dot{U}_o}{\dot{U}_i} = \frac{\frac{1}{j\omega C}}{R+\frac{1}{j\omega C}} = \frac{1}{1+j\omega RC} = \frac{1}{1+j\frac{f}{f_H}} \tag{4-8}$$

$$|A_u| = \frac{1}{\sqrt{1+\left(\frac{f}{f_H}\right)^2}} \tag{4-9}$$

$$\varphi = -\arctan\frac{f}{f_H} \tag{4-10}$$

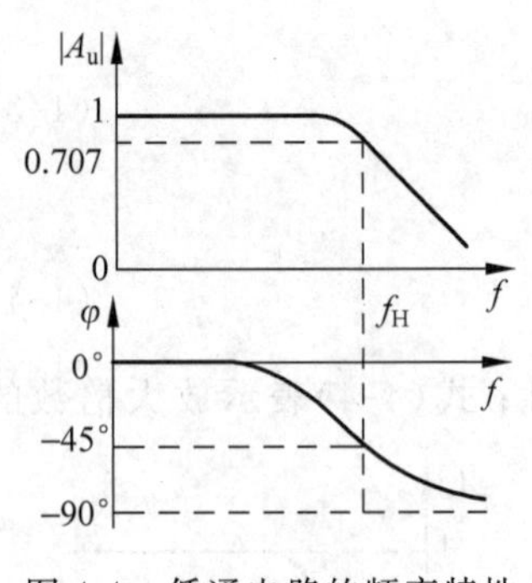

图 4-4　低通电路的频率特性

式(4-9)为低通电路的幅频特性；式(4-10)为低通电路的相频特性。

当频率变化时，有以下结果：

当 $f \gg f_H$ 时，$A \ll 0$，φ 趋近于 $-90°$；

当 $f \ll f_H$ 时，$A_u \approx 1$，φ 趋近于 $0°$；

当 $f = f_H$ 时，$A_u = \frac{1}{\sqrt{2}} = 0.707$，$\varphi = -45°$，$f_H$ 称为上限截止频率，简称上限频率。

低通电路的频率响应曲线如图 4-4 所示。

4.1.3　波特图

考虑到输入信号的频率范围从数赫兹到数百兆赫兹，放大倍数(特别是多级放大电路或运算放大器)也可达上百万。为了在同一坐标系中表示很宽的变化范围，引入了对数坐标绘制频率特性曲线，称为“波特图”。

绘制波特图的要求是：频率特性的横轴为 f 或 $\lg f$、幅频特性的纵轴为 $20\lg|A_u|$，单位是分贝(dB)。

例 4-1　绘制低通电路的波特图。

根据式(4-9)和式(4-10)，将实际的特性可做折线化处理，画出 RC 低通电路近似的频率特性曲线，如图 4-5 所示。其中：

当 $f \leqslant 0.1f_H$ 时，$20\lg A_u = 20\lg 1 = 0\text{dB}$，$\varphi = 0°$；

当 $f = f_H$ 时，$20\lg A_u = 20\lg 0.707 = -3\text{dB}$，$\varphi = -45°$；

当 $f \geqslant 10f_H$ 时，$20\lg A_u = 20\lg(f_H/f)$，$\varphi = -90°$。

幅频特性的斜率为 -20dB/十倍频程。

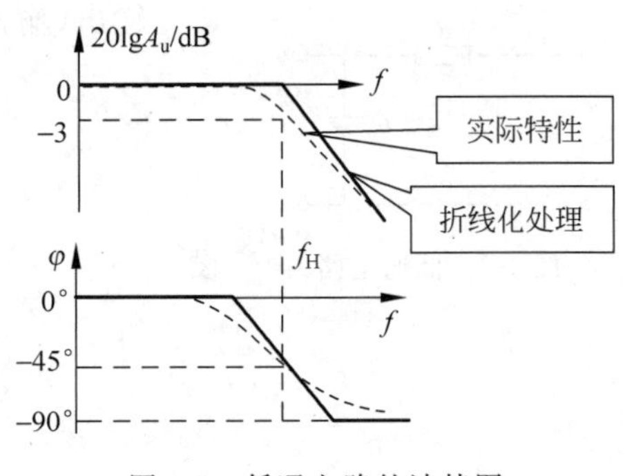

图 4-5　低通电路的波特图

在 $f = f_H$ 处，近似与实际幅频特性的误差最大，为 -3dB，相位滞后 45°，斜率为 $-45°$/十倍频程。

在 $0.1f_H$ 和 $10f_H$ 处，近似与实际相频特性的误差最大，为 5.7°。

4.2　晶体管的高频信号模型和高频参数

4.2.1　晶体管的高频信号模型

根据晶体管的物理结构，各区有体电阻、结电阻、结电容。由于结电容很小，只有高频时才起作用，所以，在分析高频信号的作用时，需要考虑晶体管的结电容的影响，构成晶体管的高频物理模型，根据高频物理模型分析其高频参数。

晶体管的高频物理模型如图 4-6 所示，其中，r_c 和 r_e 分别为集电区和发射区的体电阻；C_μ 为集电结电容；C_π 为发射结电容；$r_{bb'}$ 为基区体电阻；$r_{b'c'}$ 为集电结电阻；$r_{b'e'}$ 为发射结电阻。

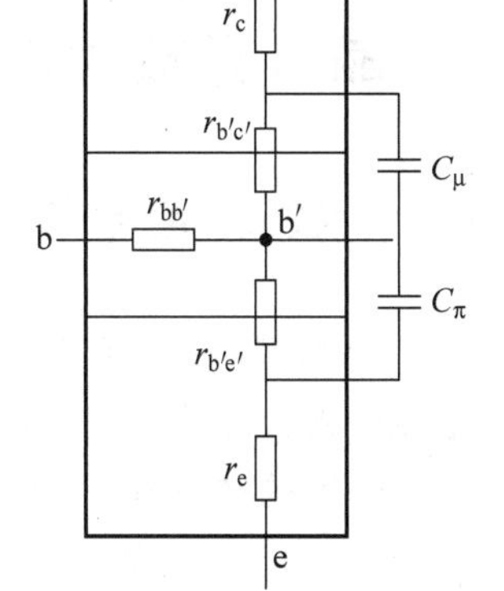

图 4-6　晶体管的高频物理模型图

在实际中，r_c 和 r_e 较小，可视为短路；$r_{b'c'}$ 远大于 C_μ，晶体管 c-e 间电阻 r_{ce} 则远大于负载，均可视为开路；晶体管的受控电流 I_C 与发射结电压 $U_{b'e}$ 成线性关系，且与信号的频率无关，所以引入跨导 g_m 描述电压对电流的控制作用，晶体管的集电极等效为受控源 $g_m\dot{U}_{b'e}$，即：

$$\dot{I}_C = g_m\dot{U}_{b'e} \tag{4-11}$$

为了进一步简化电路，可以通过等效变换的方法，将 C_μ 分别等效到输入和输出回路中，其中折合到 b'-c 间的电容为 $C_{\mu1}$、折合到 c-e 间的电容为 $C_{\mu2}$，考虑到 $C_{\mu2} \ll C_{\mu1}$，所以 $C_{\mu2}$ 也可忽略。

根据以上分析，得到简化的晶体管等效模型，又称简化的混合 π 等效模型，如图 4-7 所示。

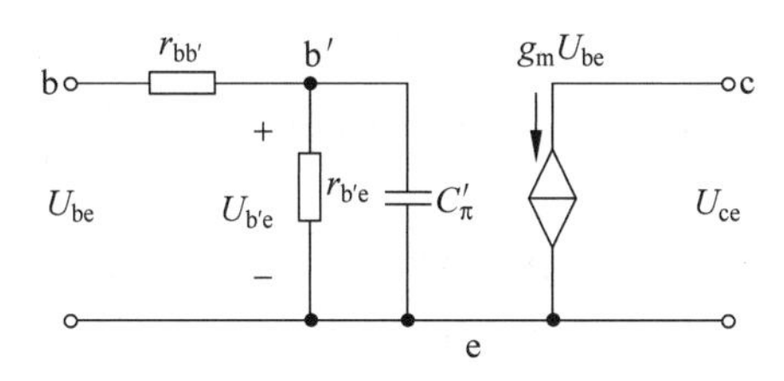

图 4-7　简化的混合 π 模型

4.2.2　晶体管的高频参数

从简化的混合 π 等效模型分析，等效电容 C'_π 并联在输入回路中，实际构成"低通电路"，当频率很高时，$\dot{U}_{b'e}$ 的幅值将下降，相移将增加，使得 $\dot{I}_C$ 的幅值随之下降、相移增加，即晶体管的 β 也相应下降。所以，在高频段，晶体管的电流放大系数（β、α）也是频率的函数。

设低频时共射电流放大系数为 β_0，当频率升高时，β 会下降，定义：

当频率变化到 $\beta=\frac{1}{\sqrt{2}}\beta_0=0.707\beta_0$ 时，所对应的频率 $f=f_\beta$，f_β 为截止频率；

当频率变化到 $\beta=1$ 时，所对应的频率 $f=f_T$，f_T 为特征频率。

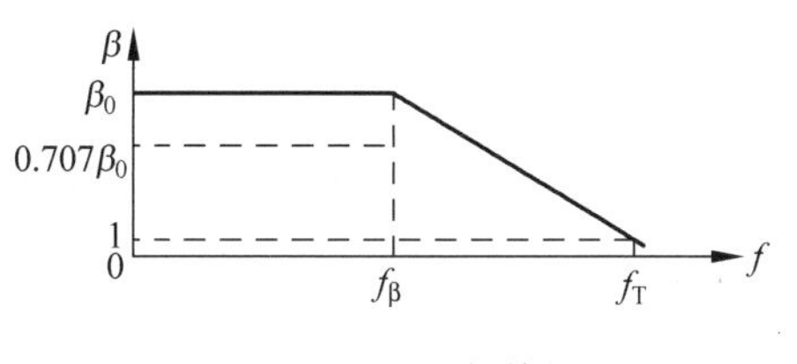

图 4-8　β 的幅频特性

β 的幅频特性如图 4-8 所示，f_β 或 f_T 是反映晶体管高频性能的重要参数，在晶体管手册中都可以查到。

其中：

$$f_\beta = \frac{1}{2\pi r_{b'e}C'_\pi} \tag{4-12}$$

$$f_T = \beta_0 f_\beta \tag{4-13}$$

4.3 晶体管放大电路的频率响应

4.3.1 RC 耦合单管共射放大电路的频率响应

我们分析了高通、低通电路，以及晶体管的高频模型后，可以得出如下结论：

在 RC 耦合放大电路中，耦合电容（一般为微法级）串联在输入和输出回路中，构成高通电路；晶体管的结电容（一般为皮法级）并联在输入、输出回路中，构成低通电路。

由于各种电容的大小差别悬殊，在各种频率下所产生的影响也不同，所以，我们按照中、低、高三个频段，通过实例分析。

例如，某放大电路，其耦合电容为 $C_1=10\mu F$、等效结电容 $C'_\pi=100pF$、$R_B=300k\Omega$、$R_C=3k\Omega$。

当 $f=1kHz$（可视为中频）时，耦合电容的容抗 $X_{C1}=X_{C2}=1.59\Omega$，远远小于其他电阻，所以可以视为短路；等效结电容的容抗为 1590kΩ、远大于其他电阻，可以视为开路。所以，中频时，所有电容的影响可以忽略。

当 $f=10Hz$（低频）时，耦合电容的容抗 $X_{C1}=X_{C2}=1.59k\Omega$，与其他电阻相比不能视为短路；等效结电容的容抗为 15 900kΩ、远远大于其他电阻，可以视为开路。所以，低频时，需考虑耦合电容的影响。

当 $f=100kHz$（高频）时，耦合电容的容抗 $X_{C1}=X_{C2}=0.159\Omega$，与其他电阻相比视为短路；等效结电容的容抗为 15.9kΩ、与其他电阻相当，不能视为开路。所以，高频时，需考虑结电容的影响。

1. 中频电压放大倍数

RC 耦合共射放大电路中频等效电路如图 4-9 所示。

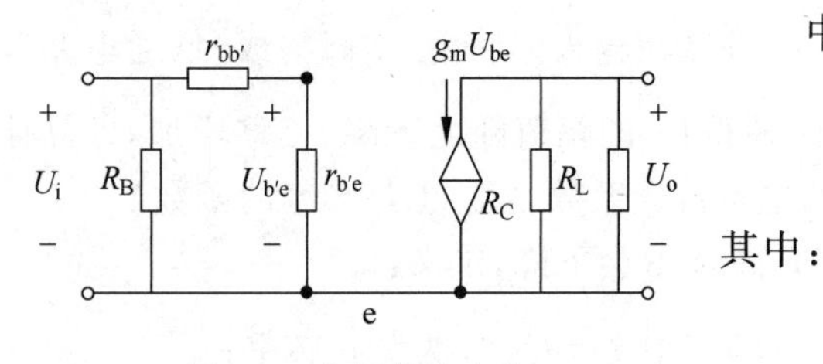

图 4-9　中频等效电路

中频电压放大倍数为：

$$\dot{A}_{um} = \frac{\dot{U}_o}{\dot{U}_i} = -\frac{r_{b'e}}{r_{be}} g_m R'_L \tag{4-14}$$

其中：

$$r_{be} = r_{bb'} + r_{b'e} \tag{4-15}$$

与公式 $\dot{A}_u=\dfrac{\dot{U}_o}{\dot{U}_i}=-\dfrac{\beta}{r_{be}}R'_L$ 和 $r_{be}=r_{bb'}+(1+\beta)\dfrac{26}{I_E}$ 比较，可以计算：

$$\begin{cases} r_{b'e} = (1+\beta)\dfrac{26}{I_E} \\ r_{b'e} g_m = \beta_0 \end{cases} \tag{4-16}$$

2. 低频电压放大倍数

考虑到耦合电容 C_1 和 C_2 的影响，RC 耦合共射放大电路低频等效电路如图 4-10 所示。

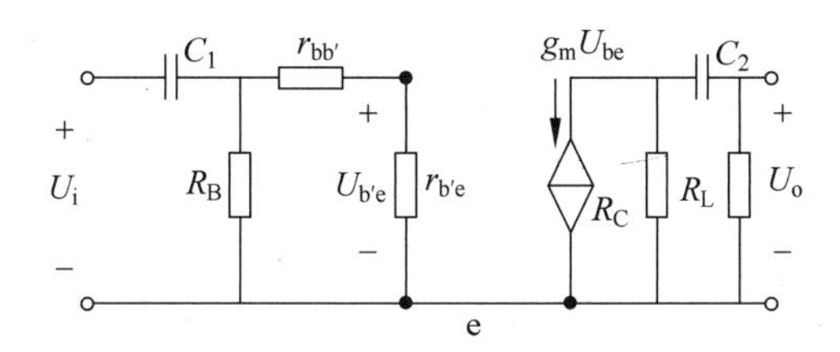

图 4-10　低频等效电路

低频电压放大倍数为：

$$\dot{A}_{ul} = \frac{\dot{U}_o}{\dot{U}_i} = \dot{A}_{um} \cdot \frac{1}{1+\frac{f_L}{jf}} \tag{4-17}$$

f_L 为电路的下限截止频率，根据 C_1 和 C_2 与所在输入、输出回路的等效电阻计算如下，应取其中较大者为实际的下限截止频率。

$$f_{L1} = \frac{1}{2\pi RC_1} \quad (R = R_B // r_{be}), \quad f_{L2} = \frac{1}{2\pi RC_2} \quad (R = R_C + R_L)$$

其对数频率特性为：

$$20\lg|\dot{A}_{ul}| = 20\lg|\dot{A}_{um}| + 20\lg\frac{\frac{f}{f_L}}{\sqrt{1+\left(\frac{f}{f_L}\right)^2}} \tag{4-18}$$

$$\varphi = -180^\circ + \left(90^\circ - \arctan\frac{f}{f_L}\right) = -90^\circ - \arctan\frac{f}{f_L} \tag{4-19}$$

-180°表明中频段输出电压与输入电压反相，因耦合电容引起的附加相移为 $0\sim90^\circ$。

3. 高频电压放大倍数

考虑到结电容的影响，等效结电容 C'_π 与输入回路等效电阻构成低通电路，考虑电源内阻 R_S 的影响，RC 耦合共射放大电路简化的高频等效电路如图 4-11 所示。

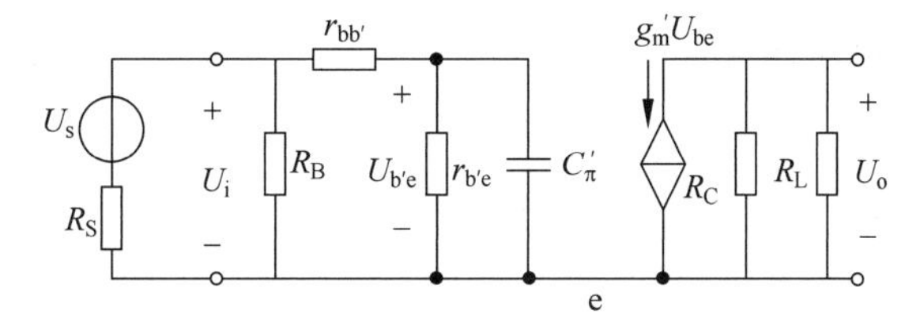

图 4-11　高频等效电路

高频电压放大倍数为：

$$\dot{A}_{uh} = \frac{\dot{U}_o}{\dot{U}_i} = \dot{A}_{um} \cdot \frac{1}{1+\frac{jf}{f_H}} \tag{4-20}$$

f_H 为电路的上限截止频率，计算如下：

$$f_H = \frac{1}{2\pi RC'_\pi} \quad (R = (R_S \mathbin{/\!/} R_B + r_{bb'}) \mathbin{/\!/} r_{b'e}) \tag{4-21}$$

其中：

$$\begin{cases} C_\pi = \dfrac{1}{2\pi r_{b'e} f_\beta} - C_\mu \\ |K| = \dfrac{U_{ce}}{U_{be}} = -g_m R'_L \\ C'_\pi = C_\pi + C'_\mu = C_\pi + (1+K)C_\mu \end{cases} \tag{4-22}$$

例 4-2　RC 耦合共射放大电路如图 4-12 所示，其中，$V_{CC}=12V$、$R_S=1k\Omega$、$R_B=300k\Omega$、$R_C=R_L=3k\Omega$、$C_1=C_2=10\mu F$、$r_{bb'}=300\Omega$、$\beta=50$、$C_\mu=4pF$、$f_\beta=10MHz$。要求：估算电路的截止频率，画波特图。

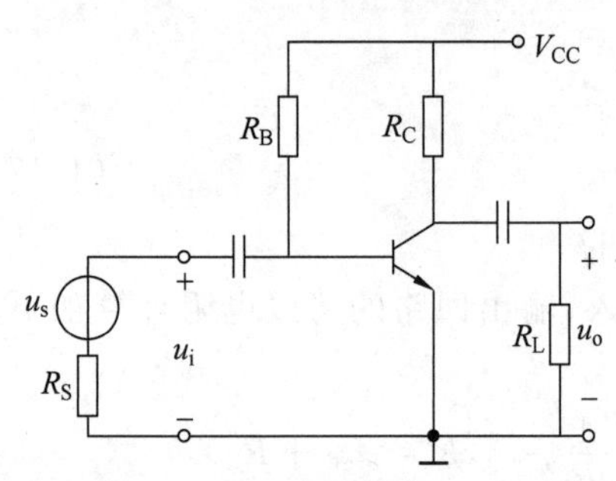

图 4-12　RC 耦合共射放大电路

解：

第一步：计算静态工作点。

$$I_B \approx \frac{V_{CC}}{R_B} = \frac{12}{300} = 0.04mA$$

$$I_C = \beta I_B = 50 \times 0.04 = 2mA$$

$$U_{CE} = V_{CC} - I_C R_C = 12 - 2 \times 3 = 6V$$

第二步：计算相关参数。

$$r_{b'e} = (1+\beta)\frac{U_T}{I_E} = (1+\beta)\frac{26(mV)}{I_E(mA)} = 51 \times \frac{26}{2} = 0.663k\Omega$$

$$C_\pi = \frac{1}{2\pi r_{b'e} f_\beta} - C_\mu = \frac{10^{12}}{2 \times 3.14 \times 663 \times 10 \times 10^6} = 24 - 4 = 20pF$$

$$g_m = \frac{I_E}{U_T} = \frac{2}{26} \approx 0.077S$$

$$K = \frac{U_{ce}}{U_{be}} = -g_m R'_L = -0.077 \times 3 \mathbin{/\!/} 3 = -115.5$$

$$C'_\pi = C_\pi + (1-K)C_\mu = 20 + 115.5 \times 5 = 597.5pF$$

第三步：计算中频电压放大倍数 A_{um}。

$$A_{um} = -\frac{r_{b'e}}{r_{be}} g_m R'_L = -\frac{663}{300+663} \times 0.077 \times 1500 = -79.5$$

$$20\lg|A_{um}| = 38dB$$

第四步：计算截止频率。

$$f_{L1} = \frac{1}{2\pi(R_B \mathbin{/\!/} r_{be})C_1} = \frac{1}{2 \times 3.14 \times (3000 \mathbin{/\!/} 963) \times 10 \times 10^{-6}} = 21.8Hz$$

$$f_{L2} = \frac{1}{2\pi(R_C + R_L)C_2} = \frac{1}{2 \times 3.14 \times 6000 \times 10 \times 10^{-6}} = 2.65Hz$$

实际下限截止频率应为 21.8Hz。

$$f_{\rm H}=\frac{1}{2\pi RC'_{\pi}}=\frac{1}{2\times3.14\times(663\ /\!/\ (300+1000\ /\!/\ 300000)\times597.5\times10^{-12}}$$

$$\approx 0.6\text{MHz}$$

第五步：画波特图。

根据计算结果，可得：

$$\dot{A}_{\rm u}=\dot{A}_{\rm um}\frac{{\rm j}\dfrac{f}{f_{\rm L}}}{\left(1+{\rm j}\dfrac{f}{f_{\rm L}}\right)\left(1+{\rm j}\dfrac{f}{f_{\rm H}}\right)}=\frac{-79.5\times\left({\rm j}\dfrac{f}{21.8}\right)}{\left(1+{\rm j}\dfrac{f}{21.8}\right)\left(1+{\rm j}\dfrac{f}{600\times10^{3}}\right)}$$

波特图如图 4-13 所示。

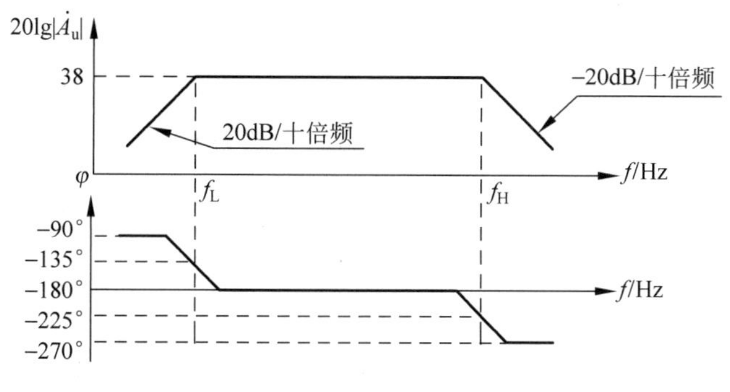

图 4-13　例 4-2 波特图

4.3.2　多级放大器的频率响应

1. 多级放大电路的幅频特性和相频特性

在由晶体管组成的多级放大电路中，总的电压增益为各级放大电路电压增益之积，即：

$$\dot{A}_{\rm u}=\prod_{k=1}^{N}\dot{A}_{\rm uk} \tag{4-23}$$

其对数幅频特性和相频特性可表示为：

$$\begin{cases}20\lg|\dot{A}_{\rm u}|=\displaystyle\sum_{k=1}^{N}20\lg|\dot{A}_{\rm uk}|\\ \varphi=\displaystyle\sum_{k=1}^{N}\varphi_{k}\end{cases} \tag{4-24}$$

即增益为各级放大电路增益之和，相移也为各级放大电路相移之和。

2. 多级放大电路的上限频率和下限频率

RC 耦合多级放大电路有多个耦合电容，所以电路中就有多个高通电路；同理，多级放大电路中有多个晶体管，即有多个等效结电容(C'_{π})，所以，也应该有多个低通电路。总的上限和下限截止频率可以通过以下估算求得。

1）下限频率 f_L

将 A_{uk} 用低频电压放大倍数 A_{ulk} 的表达式代入并求其模

$$|\dot{A}_{ul}| = \prod_{k=1}^{N} \frac{|\dot{A}_{umk}|}{\sqrt{1+\left(\frac{f_{Lk}}{f_L}\right)^2}}\Bigg|_{f=f_L} = \prod_{k=1}^{N} \frac{|\dot{A}_{umk}|}{\sqrt{2}}$$

即

$$\prod_{k=1}^{N} \sqrt{1+\left(\frac{f_{Lk}}{f_L}\right)^2} = \sqrt{2} \quad \Rightarrow \quad \prod_{k=1}^{N} 1+\left(\frac{f_{Lk}}{f_L}\right)^2 = 2$$

展开

$$1+\sum\left(\frac{f_{Lk}}{f_L}\right)^2 + 高次项 = 2$$

因为

$$f_{Lk}/f_L < 1(高次项忽略)$$

所以

$$f_L \approx \sqrt{\sum_{k=1}^{N} f_{Lk}^2}$$

一般考虑到修正系数，则：

$$f_L \approx 1.1\sqrt{\sum_{k=1}^{N} f_{Lk}^2} \tag{4-25}$$

2）上限频率

将 A_{uk} 用高频电压放大倍数 A_{ulk} 的表达式代入并求其模

$$|\dot{A}_{uh}| = \prod_{k=1}^{N} \frac{|\dot{A}_{umk}|}{\sqrt{1+\left(\frac{f_H}{f_{Hk}}\right)^2}}\Bigg|_{f=f_H} = \prod_{k=1}^{N} \frac{|\dot{A}_{umk}|}{\sqrt{2}}$$

即

$$\prod_{k=1}^{N} \sqrt{1+\left(\frac{f_H}{f_{Hk}}\right)^2} = \sqrt{2} \quad \Rightarrow \quad \prod_{k=1}^{N} \left[1+\left(\frac{f_H}{f_{Hk}}\right)^2\right] = 2$$

展开

$$1+\sum\left(\frac{f_H}{f_{Hk}}\right)^2 + 高次项 = 2$$

因为

$$f_H/f_{Hk} < 1(高次项忽略)$$

所以

$$\frac{1}{f_H} \approx \sqrt{\sum_{k=1}^{N} \frac{1}{f_{Hk}^2}}$$

考虑到修正系数，则：

$$\frac{1}{f_H} \approx 1.1\sqrt{\sum_{k=1}^{N} \frac{1}{f_{Hk}^2}} \tag{4-26}$$

例 4-3 某两级放大电路由两个频率特性相同的单管放大电阻组成，其参数为：

$$\dot{A}_{u1H}=\dot{A}_{u2}=-100(40\text{dB})$$
$$f_{L1}=f_{L2}=100\text{Hz}$$
$$f_{H1}=f_{H2}=10\text{kHz}$$

求中频增益

$$20\lg|\dot{A}_u|=20\lg|\dot{A}_{um1}\cdot\dot{A}_{um2}|=40\lg10000=160\text{dB}$$

求 f_L 和 f_H，分别画出一级、两级的波特图(幅频特性)。

$$f_L\approx1.1\sqrt{\sum_{k=1}^{N}f_{Lk}^2}=1.1\sqrt{100^2+100^2}\approx155.5\text{Hz}$$
$$\frac{1}{f_H}\approx1.1\sqrt{\sum_{k=1}^{N}\frac{1}{f_{Hk}^2}}=1.1\sqrt{\frac{1}{10^8}+\frac{1}{10^8}}$$
$$f_H\approx6.428\text{kHz}$$

所以，两个具有相同频率特性的单管放大电路组成两级放大电路，其上、下限截止频率分别为：

$$f_L=1.1\sqrt{2}f_{Lk}\approx1.56f_{Lk}$$
$$f_H\approx\frac{f_{Hk}}{1.1\sqrt{2}}\approx0.643f_{Hk}$$

如果是具有相同频率特性的三级放大电路，则：

$$f_L=1.1\sqrt{3}f_{Lk}\approx1.91f_{Lk}$$
$$f_H\approx\frac{f_{Hk}}{1.1\sqrt{3}}\approx0.52f_{Hk}$$

幅频特性见图 4-14。

例 4-4 某多级共射放大电路，其对数幅频特性如图 4-15 所示，求其截止频率及电压放大倍数。

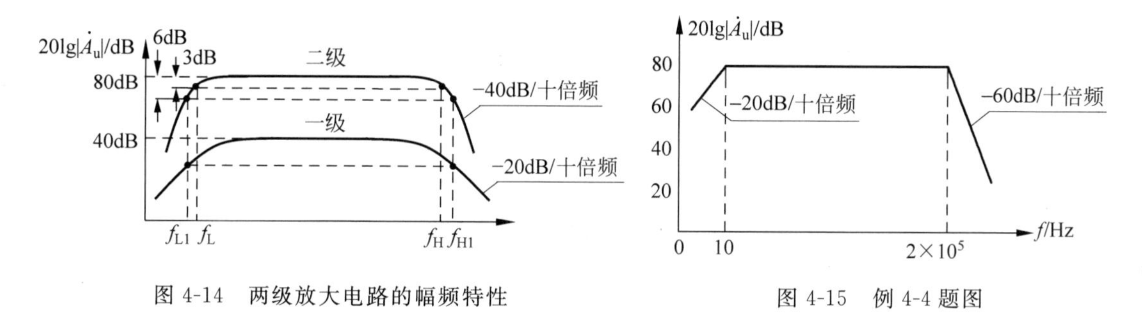

图 4-14 两级放大电路的幅频特性

图 4-15 例 4-4 题图

解：

(1) 低频段只有一个拐点，且斜率为－20dB/十倍频程，说明影响低频特性的只有一个电容，其下限频率为 $f_L=10\text{Hz}$。

(2) 高频段也只有一个拐点，说明每一级的上限频率相同，均为 2×10^5 Hz，且斜率为－60dB/十倍频程，说明影响高频特性的有三个电容，即三级放大电路，上限频率为 $f_H=$

$0.52f_{H1}=0.52\times2\times10^5=104\text{kHz}$。

(3) 中频电压放大倍数为 80dB。

4.4 场效应管放大电路的频率响应

4.4.1 场效应管的高频信号等效电路

场效应管是电压控制器件,通过栅-源间电压 U_{gs}控制漏极电流 I_d,栅-源之间相当于开路,在低频时,场效应管各级之间的级间电容可视为开路。

在分析场效应管的高频模型时,考虑到其中的级间电阻 r_{gs}和 r_{ds}远大于外接电阻,所以可以视为开路;但应考虑各极间电容 C_{gs}、C_{ds}、C_{gd}的作用。可以将电容等效到输入和输出回路,使电路单向化,输入与输出回路的等效电容为:

$$\begin{cases}C'_{gs}=C_{gs}+(1-K)C_{gd}\\C'_{ds}=C_{ds}+\dfrac{K-1}{K}C_{gd}\end{cases}\quad(K=-g_mR'_L)\tag{4-27}$$

因为 $C'_{ds}\ll C'_{gs}$,所以,只考虑 C'_{gs}的影响即可。

场效应管的高频等效模型如图 4-16(a)所示,图 4-16(b)为简化模型。

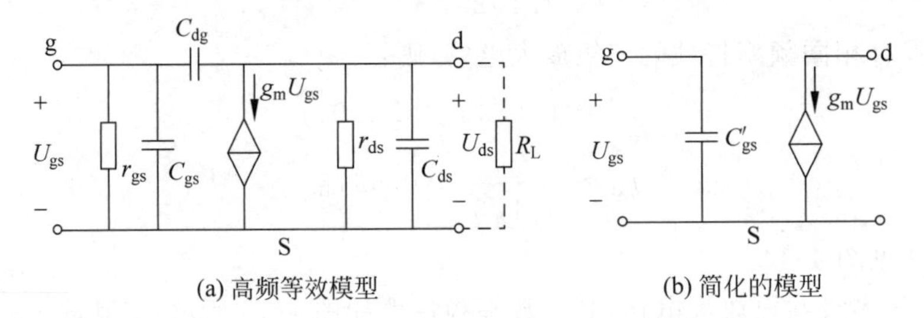

(a) 高频等效模型 (b) 简化的模型

图 4-16 场效应管的高频等效模型

4.4.2 共源放大电路的频率响应

共源放大电路如图 4-17(a)所示,根据场效应管的等效电路和耦合电容、电阻,画出其等效电路,如图 4-17(b)所示。

在中频段,耦合电容 C 视为短路,等效结电容 C'_{gs}相当于短路,电压放大倍数:

$$\dot{A}_{um}=\frac{\dot{U}_o}{\dot{U}_i}=-\frac{g_m\dot{U}_{gs}R'_L}{\dot{U}_{gs}}=-g_mR'_L\tag{4-28}$$

在高频段,考虑 C'_{gs}的影响,上限频率为:

$$f_H=\frac{1}{2\pi R_gC'_{gs}}\tag{4-29}$$

在低频段,考虑 C 的影响,下限频率为:

$$f_L = \frac{1}{2\pi(R_D + R_L)C} \tag{4-30}$$

可写出$\dot{A}_u$的表达式：

$$\dot{A}_u = \dot{A}_{um} \cdot \frac{j\frac{f}{f_L}}{\left(1 + j\frac{f}{f_L}\right)\left(1 + j\frac{f}{f_H}\right)} \tag{4-31}$$

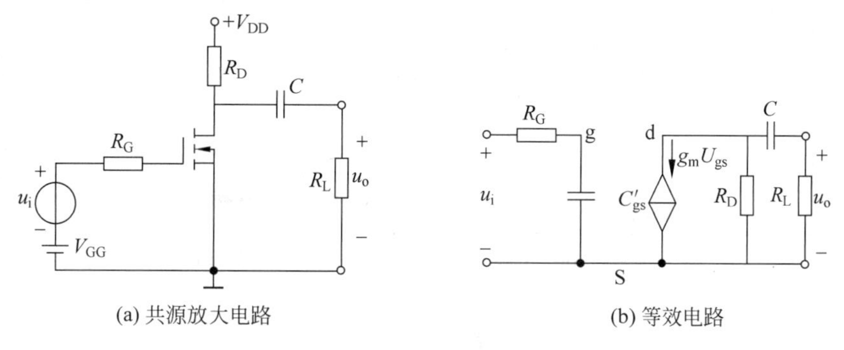

(a) 共源放大电路　　(b) 等效电路

图 4-17　共源放大电路及等效电路

4.5 Multisim 仿真例题

1. 题目

研究旁路电容和静态工作点分别对 Q 点稳定电路频率响应的影响。

2. 仿真电路

仿真电路如图 4-18 所示。晶体管采用 2N2222。

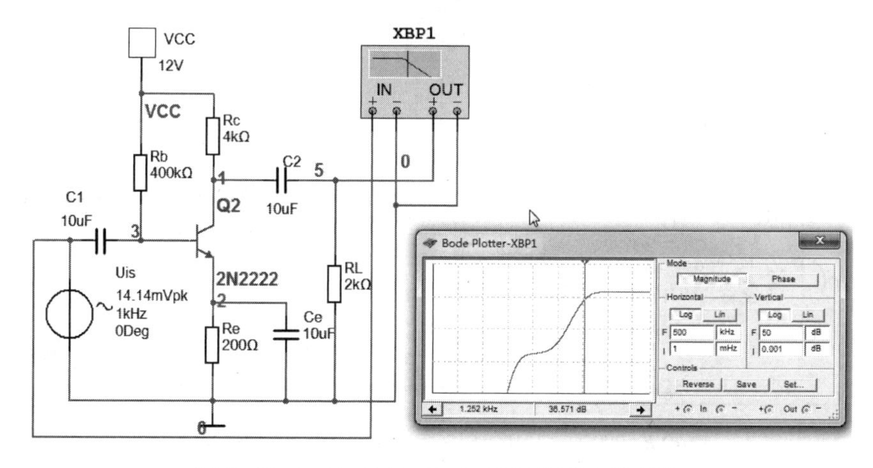

(a) R_e=200Ω，C_1=10μF，C_e=10μF时下限截止频率测量

图 4-18　旁路电容和静态工作点对 Q 点稳定电路频率响应

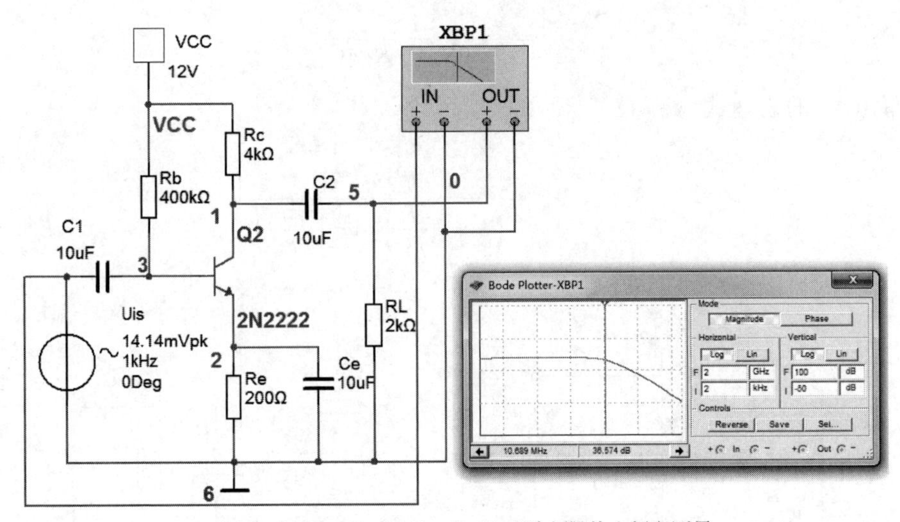

(b) R_e=200Ω，C_1=10μF，C_e=10μF时上限截止频率测量

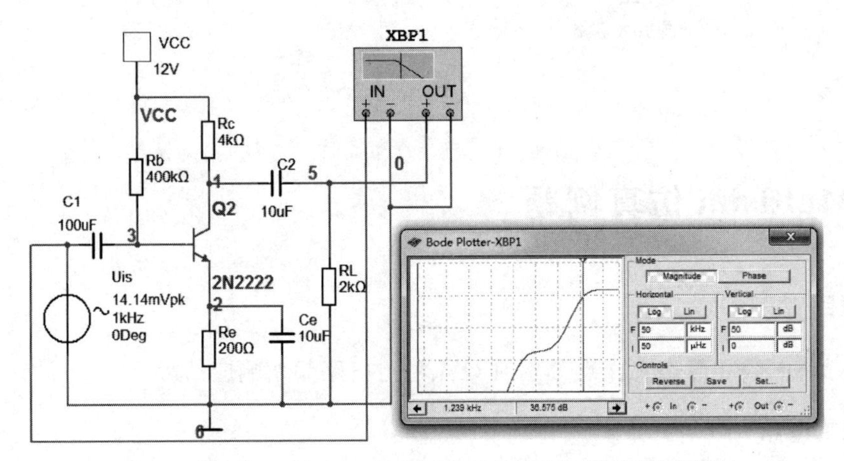

(c) R_e=200Ω，C_1=100μF，C_e=10μF，R_e=200Ω时下限截止频率测量

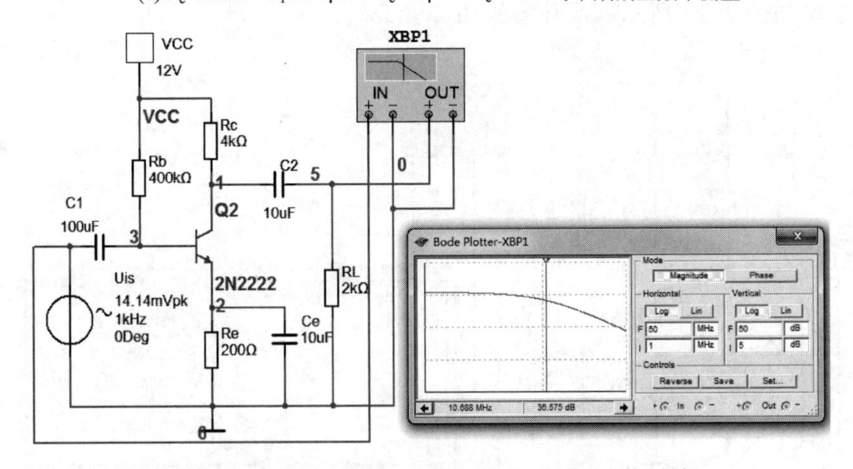

(d) R_e=200Ω，C_1=100μF，C_e=10μF时上限截止频率测量

图 4-18 （续）

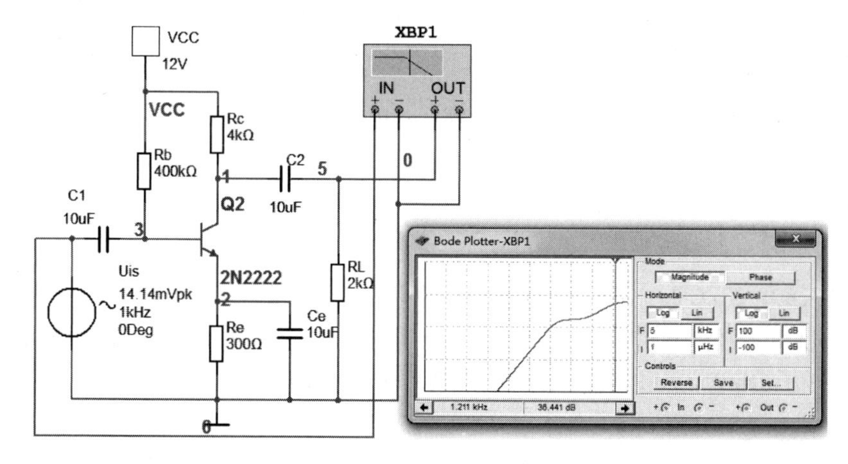

(e) R_e=300Ω，C_1=10μF，C_e=10μF时下限截止频率测量

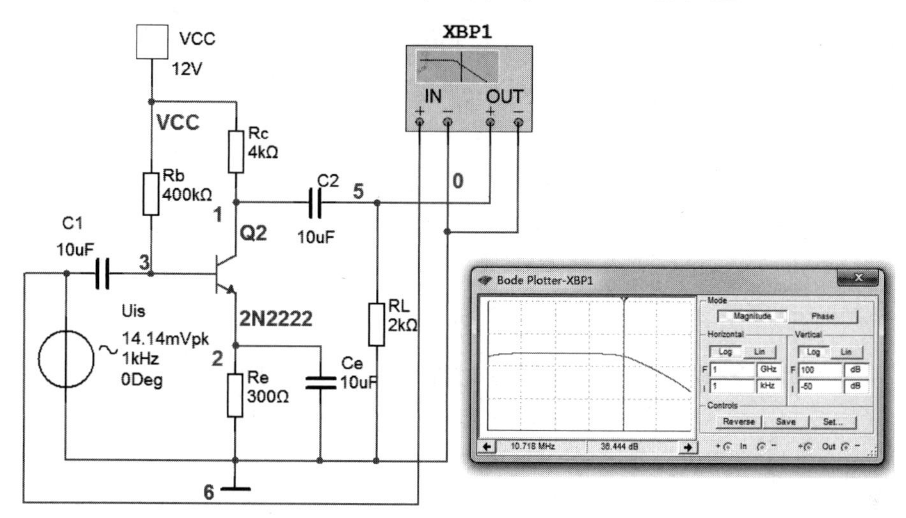

(f) R_e=300Ω，C_1=10μF，C_e=10μF时上限截止频率测量

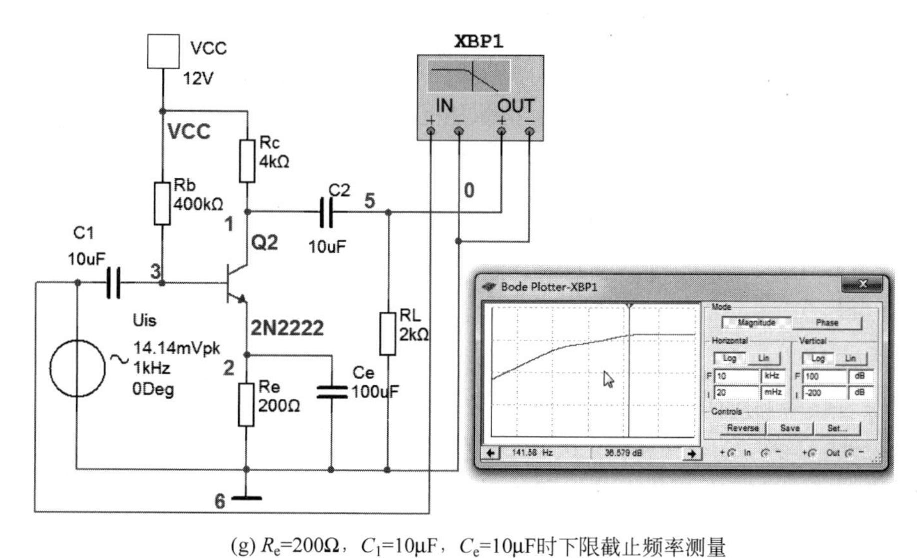

(g) R_e=200Ω，C_1=10μF，C_e=10μF时下限截止频率测量

图 4-18 （续）

3. 仿真内容

(1) 耦合电容 C_1 和旁路电容 C_e 的变化,对低频特性的影响。

(2) R_e 变化时,静态工作点对高频特性的影响。

4. 仿真结果分析

在图 4-18 中,(a)、(c)图为耦合电容 C_1 变化时,下限频率仿真测试;(b)、(d)图为耦合电容 C_1 变化时,上限频率仿真测试;(a)、(e)、(f)图为 R_e 变化时,上、下限频率仿真测试;(a)、(f)图为旁路电容 C_e 变化时,下限频率仿真测试。

仿真结果如表 4-1 所示。

表 4-1 电路参数变化时对频率响应影响的仿真数据

耦合电容 $C_1/\mu F$	耦合电容 $C_2/\mu F$	旁路电容 $C_e/\mu F$	射极电阻 R_e/Ω	中频电压增益/dB	下限频率 f_L/Hz	上限频率 f_H/ Hz
10	10	10	200	39.57	1.25k	10.69M
100	10	10	200	39.57	1.24k	10.69M
10	10	100	200	39.57	141	
10	10	10	300	39.44		10.72M

5. 结论

(1) 仿真表明,耦合电容 C_1 从 10μF 变化到 100μF 时,上下限频率基本不变;旁路电容 C_e 从 10μF 变化到 100μF 时,下限频率明显减小。这一方面说明由于 C_e 所在回路的等效电阻最小,要想改善该电路的低频特性应增大 C_e,另一方面也说明了在分析电路的下限频率时,如果有一个电容所在回路的时间常数远小于其他电容所在回路的时间常数,那么该电容所确定的下限频率就是整个电路的下限频率,而没有必要计算其他电容所确定的下限频率,因而计算前的分析是很重要的。

(2) 在静态工作点稳定电路中,当射极电阻 R_e 从 200Ω 变化到 300Ω 时,三极管静态集电极电流减少,使得跨导减小,从而使电压放大倍数减小,导致 C'_π 减少,使上限频率增大。上述现象一方面说明了增益与带宽的矛盾关系,另一方面也说明了发射结等效电容与 Q 点有关,即 Q 点的设置将影响上限频率。

本章小结

本章学习频率响应的基本概念、晶体管和场效应管的高频模型,在此基础上了解频率响应的分析方法。

(1) 频率特性反映放大电路对不同频率信号的放大能力,包括幅值和相位。需要了解晶体管和场效应管的高频等效模型,通过简化的高频等效模型分析放大电路的高频响应。

(2) 耦合电容和相关电阻组成高通电路,而晶体管和场效应管内部存在极间电容,与相关电阻组成低通电路。放大电路的上限频率 f_H 和下限频率 f_L 分别由低通电路和高通电路的时间常数决定。上限频率 f_H 与下限频率 f_L 之差成为通频带(或带宽)，改善频率特性，即展宽通频带，可降低 f_L、提高 f_H。改善低频特性，即降低 f_L，可以选择更大的耦合电容，如果是直接耦合，则 $f_L=0$。改善高频特性，即提高 f_H，可选择截止频率 f_β 或 f_T 更大的晶体管。

(3) 在多级放大电路中，总的下限频率大于任一级的下限频率，即 $f_L>f_{Lk}(k=1,2,\cdots,N)$；总的上限频率小于任一级的上限频率，即 $f_H<f_{Hk}(k=1,2,\cdots,N)$。总的带宽小于任一级的带宽，即 $f_{bw}<f_{bwk}(k=1,2,\cdots,N)$。放大电路的级数越多，频带越窄。当 $f=f_{L1}$ 或 $f=f_{H1}$ 时，总的电压增益下降 6dB；所产生的附加相移为 $-90°$。

习题

4-1　晶体管放大电路在高频信号下电压放大倍数的数值下降的原因是什么？而低频信号下电压放大倍数的数值下降的原因是什么？

4-2　在实验中，如何利用信号发生器、示波器或晶体管毫伏表测量放大电路的通频带宽度？

4-3　电路如图 4-19 所示，已知 $V_{CC}=12V$、$R_S=1k\Omega$、$R_B=400k\Omega$、$R_C=3k\Omega$、$R_L=6k\Omega$、$C_1=10\mu F$，晶体管的 $C_\mu=4pF$、$f_T=50MHz$、$r_{bb'}=100\Omega$、$\beta=50$。求：

(1) 中频电压放大倍数。

(2) C'_π。

(3) f_H 和 f_L。

(4) 画波特图。

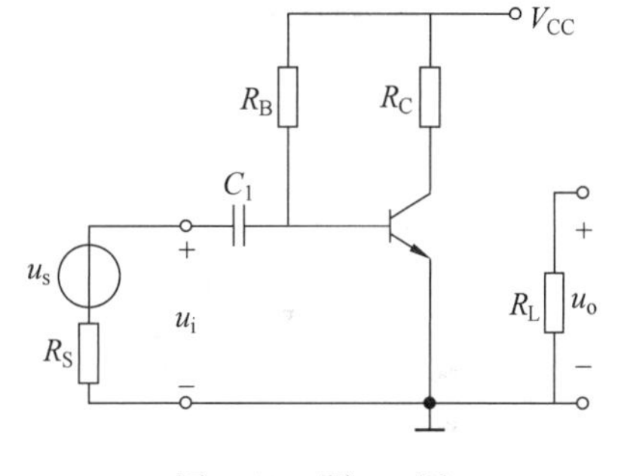

图 4-19　题 4-3 图

4-4　某高频小功率晶体管，当 $I_C=1.5mA$ 时，$r_{be}=1.1k\Omega$、$\beta=50$、$f_T=100MHz$、$C'_\pi=3pF$。求 g_m、$r_{b'e}$、$r_{bb'}$、$C_{b'e}$。

4-5　某电路电压放大倍数为

$$\dot{A}_u=\frac{-10jf}{\left(1+j\frac{f}{10}\right)\left(1+j\frac{f}{10^5}\right)}$$

求：

(1) $\dot{A}_{um}=?$　$f_L=?$　$f_H=?$

(2) 画波特图。

4-6　某放大电路的波特图如图 4-20 所示，写出 $\dot{A}_u$ 的表达式。

4-7　电路如图 4-21 所示，其中晶体管的 β、C_μ、$r_{bb'}$、静态电流 I_E 及所有电容均相等。试回答：哪个电路的低频性能最差(即下限频率最高)？哪个电路的低频性能最好(即下限频率最低)？哪个电路的高频性能最好(即上限频率最高)？以上回答需通过相互比较，说明原因。

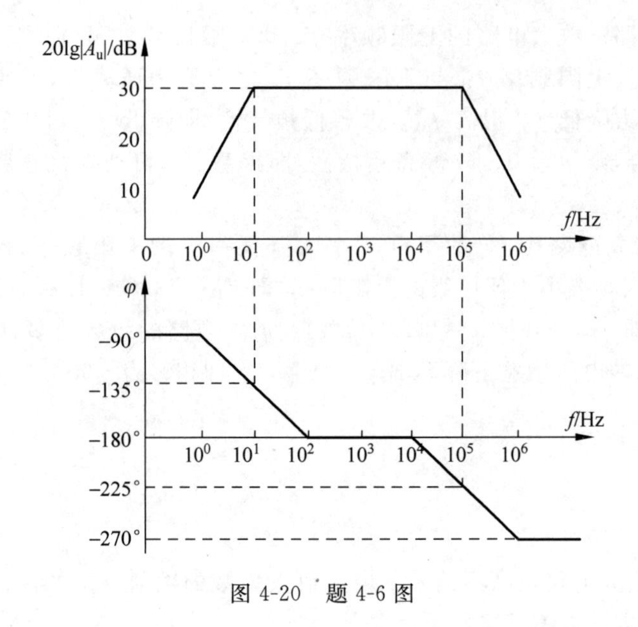

图 4-20　题 4-6 图

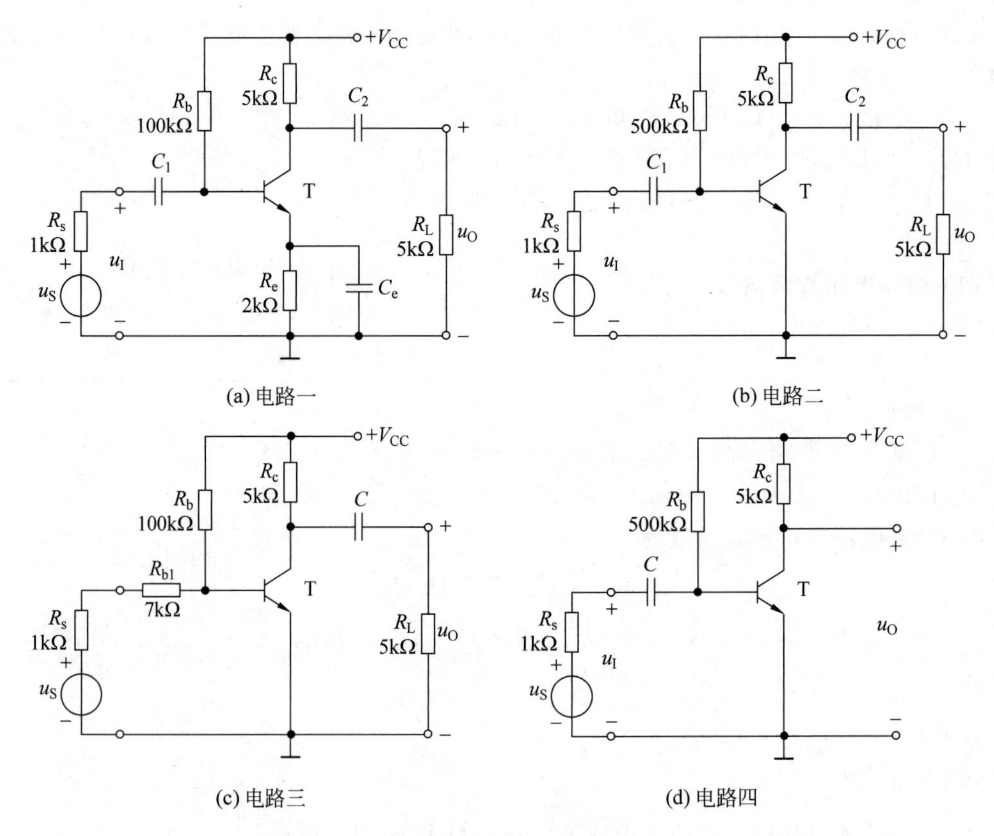

图 4-21　题 4-7 图

4-8　某晶体管放大电路的幅频特性如图 4-22 所示。求：

（1）说明该放大电路的耦合方式。

（2）说明该电路由几级放大组成。

（3）当 $f=10^4$ Hz 时，附加相移位是多少？

（4）当 $f=10^5$ Hz 时，附加相移位是多少？

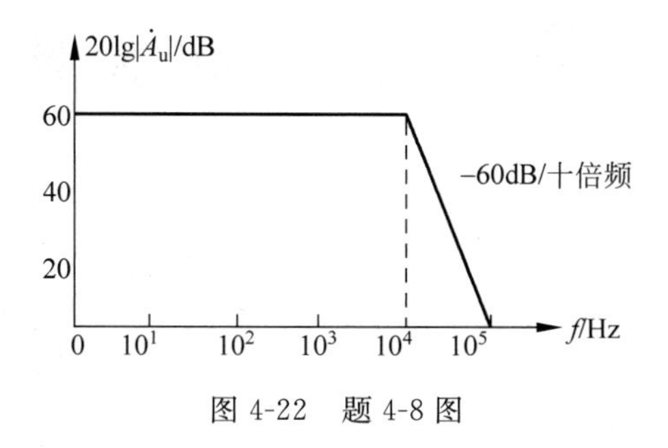

图 4-22　题 4-8 图

4-9　在图 4-17(a)所示的共源极放大电路中，$R_g=2\mathrm{M}\Omega$、$R_d=R_L=10\mathrm{k}\Omega$、$C=10\mu\mathrm{F}$，场效应管的 $C_{gs}=C_{gd}=4\mathrm{pF}$、$g_m=10\mathrm{mS}$。画出其波特图，标出相关数据。

4-10　在图 4-19 中，在放大电路和负载之间再加一级放大电路，所有元件参数与第一级相同。求该两级放大电路的 f_H 和 f_L。

第5章 反馈放大电路

反馈理论及反馈技术在电子技术领域中有着十分重要的意义。反馈有不同的极性，有可能是正反馈，也可能是负反馈，反馈极性不同，在电路中所起的作用也不同。在放大电路中，常常引入负反馈改善电路的性能。而正反馈，虽然使得放大电路工作不稳定，却是自激振荡电路正常工作的基本条件。

本章首先给出了反馈的基本概念，继而介绍了反馈的类型，而后分析了反馈对放大电路性能的影响，并讨论了深度负反馈放大电路的分析计算。

5.1 反馈的基本概念及类型

5.1.1 反馈的概念

反馈是指将输出量(电压或电流)的全部或部分，通过一定的反馈网络送回到输入回路，来影响基本放大电路净输入量(电压或电流)的过程。其原理图如图5-1所示。引入了反馈的放大电路，称为**反馈放大电路**。由图5-1可以知道，一个反馈放大电路由基本放大电路和反馈网络两部分组成，其中输入量和输出量是反馈放大电路的输入与输出，而净输入量是基本放大电路的输入，反馈量取自输出量并和输入量一起影响净输入量。

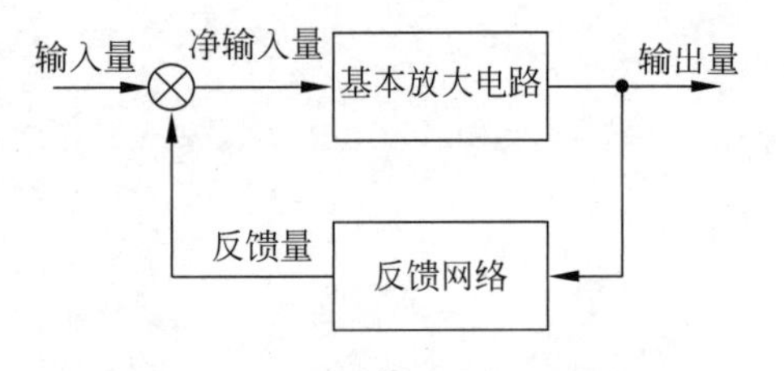

图5-1 反馈放大电路原理图

输入量经由基本放大电路得到输出量，这是信号的正向传输；而反馈量途经反馈网络回到输入端是信号的反向传输。当一个放大电路只有基本放大电路而无反馈网络时，称为**开环**，引入反馈网络的放大电路，称为**闭环**。

判断一个放大电路中是否存在反馈，主要看其是否有一个电路网络将输入回路与输出回路连接起来，即是否为闭环放大电路。实际上，反馈放大电路在前几章已经多次出现并分析，图5-2所示的分压式射极偏置电路就是一个带反馈回路的放大电路。该电路在第2章工作点稳定电路中已经提及。该电路利用反馈原理来使得静态工作点稳定，其反馈过程如下。

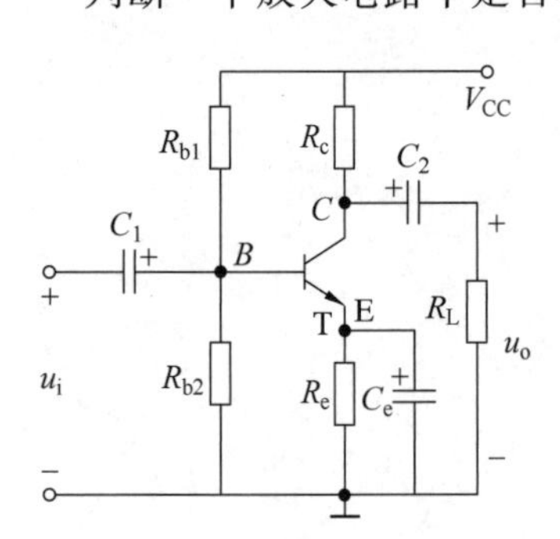

图5-2 分压式射极偏置电路

$$温度T\uparrow\rightarrow I_C\uparrow\rightarrow I_E\uparrow\rightarrow U_E\uparrow\xrightarrow{U_B不变}U_{BE}\downarrow\rightarrow I_B\downarrow$$

$$\rightarrow I_C\downarrow$$

由上述反馈过程可以看出，该电路的静态电流I_C(输出电流)通过 R_e(反馈网络)的作用得到 U_E(反馈电压),它与原 U_B(输入电压)共同控制 $U_{BE}(=U_B-U_E)$,从而达到稳定静态输出电流 I_C 的目的。该电路中 R_e 两端并联大电容 C_e,所以 R_e 两端的反馈电压只反映集电极电流直流分量 I_C 的变化,这种电路只对直流量起反馈作用,称为**直流反馈**;同理,如果有反馈网络只对交流量起反馈作用,则称为**交流反馈**;在图 5-2 中,如果去除电容 C_e,则交直流反馈同时存在。

放大电路工作时,由于多种因素使得输出量忽大忽小,严重时导致电路工作不正常,这时候,引入反馈就能解决上述问题。很多实用电路中都会引入反馈使输出量保持稳定。

5.1.2 反馈放大电路的判断

1. 电压反馈和电流反馈

放大电路的输出量有电压或电流之分,如果引入的反馈是将输出电压的部分或者全部送回输入回路,则是**电压反馈**;如果反馈是将输出电流的部分或者全部送回输入回路,则为**电流反馈**。

判断电压反馈或电流反馈可采用**输出短路法**。假定放大电路的输出电压端短路,使 $u_o=0$,这时如果反馈信号消失,则说明反馈为电压反馈;如果反馈信号依然存在,则说明反馈为电流反馈。

例 5-1 判断图 5-3 所示的放大电路中引入的是电压反馈还是电流反馈。

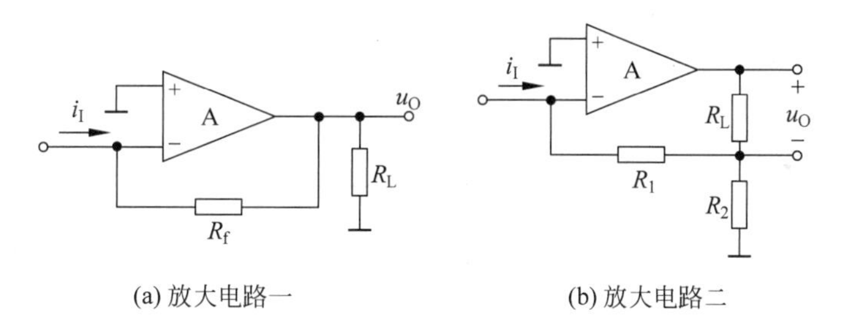

(a) 放大电路一 (b) 放大电路二

图 5-3 例 5-1 电路图

解:采用输出短路法判断电压反馈和电流反馈。将图 5-3(a)所示电路中的负载 R_L 短路,则其简化电路如图 5-4(a)所示。显然,在该电路中,当负载短路,$u_O=0$ 时,不存在反馈通路,即反馈信号为 0,该电路中引入了电压反馈。

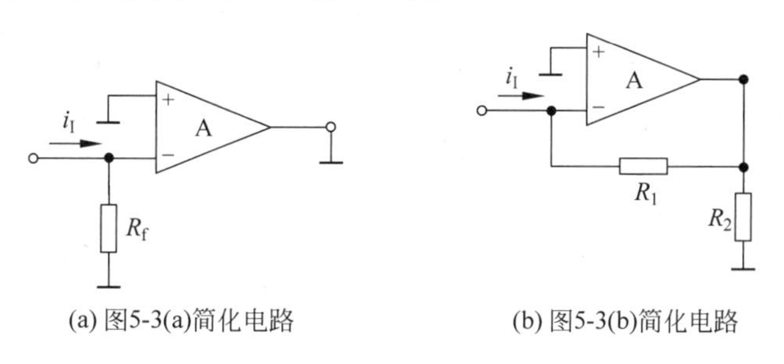

(a) 图5-3(a)简化电路 (b) 图5-3(b)简化电路

图 5-4 图 5-3 电路中负载短路图

同理，将图 5-3(b)所示电路中的负载 R_L 短路，则其简化电路如图 5-4(b)所示。在该电路中，当负载短路，$u_O=0$ 时，R_1 仍可构成反馈通路，即反馈信号不为 0，则该电路中引入了电流反馈。

2. 正反馈和负反馈

输入信号不变，引入反馈后使得输出量增加，这种反馈称为正反馈；相反，引入反馈后使得输出量变弱，这种反馈称为负反馈。放大电路引入正反馈可组成波形发生电路，将在第 7 章讨论；放大电路引入负反馈可以改善放大电路的性能，负反馈放大电路是本章讨论的重点。

反馈的极性通常用**瞬时极性法**进行判断。其步骤如下：

(1) 先假定输入量的瞬时极性。

(2) 按照信号传输的路径，根据放大电路输入和输出的相位关系，确定输出量和反馈量的瞬时极性。

(3) 如果反馈量接到输入端后使得基本放大电路的净输入量增加，则为正反馈；反之，则为负反馈。

上述输入量、输出量、反馈量可能为电压，也可能为电流。下面通过例题来说明反馈极性的判断。

例 5-2 判断图 5-5 所示的放大电路中反馈的性质。

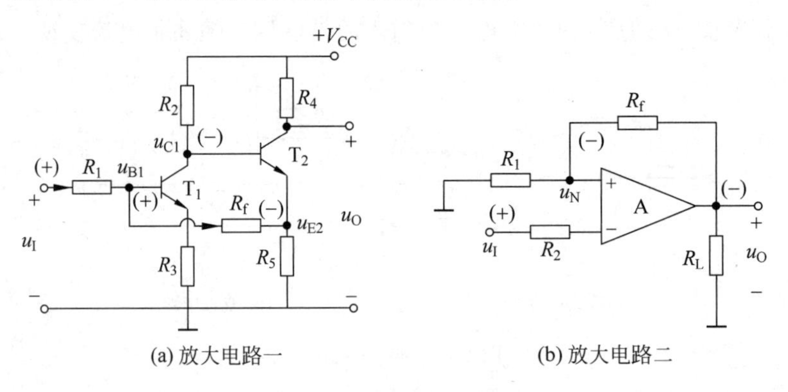

图 5-5 例 5-2 电路图

解：如图 5-5(a)所示电路，该电路为两级放大电路，R_f 和 R_5 为反馈网络，设 u_I 的瞬时极性为(+)，则 T_1 管基极电位 u_{B1} 的瞬时极性也为(+)，经第一级共射电路的反相放大，u_{C1}（亦即 u_{B2}）的瞬时极性为(−)，再经第二级共集电路的同相放大，u_{E2} 的瞬时极性为(−)，然后通过 R_f 反馈到输入端，此反馈信号将削弱外加输入信号的作用，使放大倍数降低，故为负反馈。

如图 5-5(b)所示电路，设 u_I 的瞬时极性为(+)，经放大器反相放大后，u_O 的瞬时极性为(−)，通过 R_f 反馈到同相输入端，使外加输入电压被增强，故为正反馈。

3. 串联反馈和并联反馈

根据反馈网络和基本放大电路输入端的连接方式不同，反馈网络可以分为**串联反馈**和

并联反馈。

在输入回路中，反馈量和输入量以电压形式求和，称为**串联反馈**；如果以电流形式求和，则称为**并联反馈**。

在实际电路中，判断电路属于串联或并联反馈十分容易。在图5-5(a)中，三极管T_1的基极电流等于R_1上的电流与R_f上的反馈电流之差，即反馈信号与输入信号以电流形式求和，所以是并联反馈。而图5-5(b)中，集成运放的净输入电压等于反馈电压u_N与输入电压u_I的差值，即反馈电压与输入电压以电压的形式求和，所以该电路引入的是串联反馈。

4. 直流反馈和交流反馈

反馈电路中，如果反馈到输入端的信号仅有直流量，则为**直流反馈**；如果反馈到输入端的信号只有交流量，则为**交流反馈**。可以同时存在直流反馈和交流反馈。直流负反馈一般用于稳定放大电路静态工作点，交流负反馈则可以改善放大电路的交流特性。很多情况下，交、直流两种反馈同时存在于实际放大电路中。

判断直流反馈或交流反馈可以通过分析反馈信号是直流量或交流量来确定，也可以通过分析放大电路的交、直流通路来确定，即仅在直流通路中引入的反馈为直流反馈，而仅在交流通路中引入的反馈为交流反馈。

例5-3　判断图5-6所示的放大电路中引入的是直流反馈还是交流反馈。设图中各电容对交流信号均可视为短路。

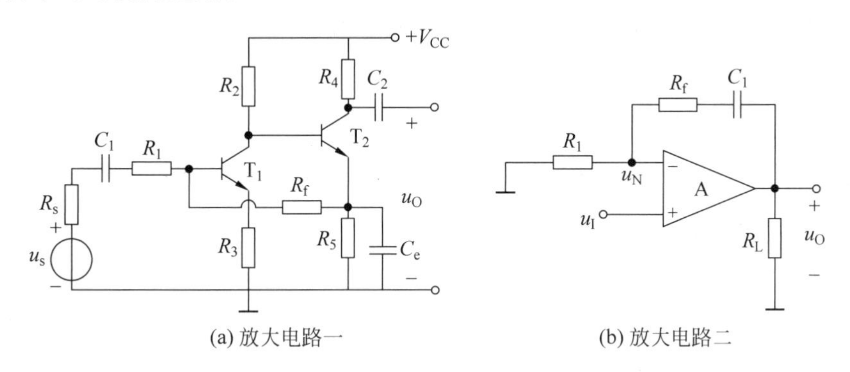

图5-6　例5-3电路图

解：根据电容隔直通交的特性，画出图5-6(a)和图5-6(b)电路的交直流通路如图5-7(a)、图5-7(b)、图5-7(c)、图5-7(d)所示。

图5-6(a)所示电路的直流通路和交流通路如图5-7(a)和图5-7(c)所示，显然直流通路中反馈依然存在，而交流通路中级间反馈不存在，故该电路引入的反馈为直流反馈。

图5-6(b)所示电路的直流通路和交流通路如图5-7(b)和图5-7(d)所示，由图示可知交流通路中存在反馈，直流通路中反馈不存在，故该电路引入的反馈为交流反馈。

更多的时候，反馈电路中会同时存在直流反馈和交流反馈。图5-5(b)中，R_f构成的反馈通路，在直流通路和交流通路中都存在，因此该电路中既引入了直流反馈，又引入交流反馈。

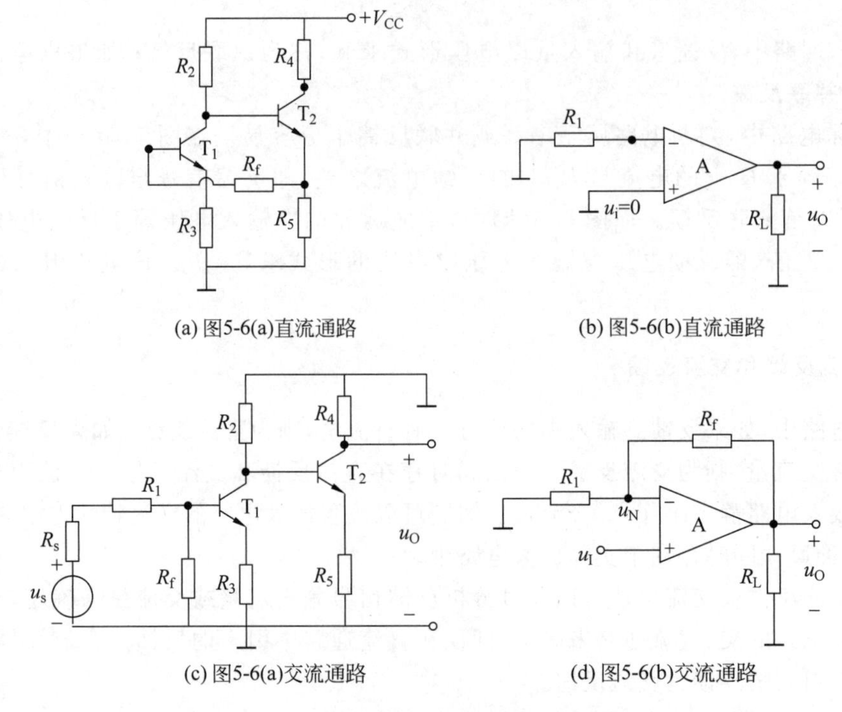

(a) 图5-6(a)直流通路　　(b) 图5-6(b)直流通路

(c) 图5-6(a)交流通路　　(d) 图5-6(b)交流通路

图 5-7　图 5-6 电路的交直流通路图

5.1.3　负反馈放大电路的框图及一般表达式

1. 负反馈放大电路的框图

为了深入研究负反馈放大电路的规律，可以用一个方框图来描述不同极性、不同类型的反馈。如图 5-8 所示为负反馈放大电路的结构框图。

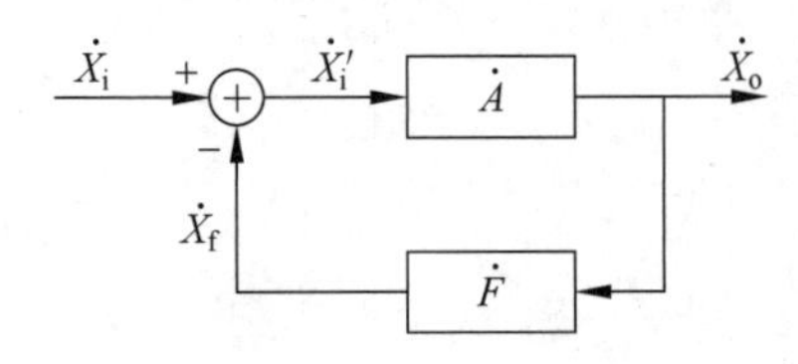

图 5-8　负反馈放大电路的框图

在图 5-8 中，$\dot{X}_i$、$\dot{X}_i'$、$\dot{X}_f$、$\dot{X}_o$分别表示负反馈放大电路的输入信号、净输入信号、反馈信号和输出信号，它们可能是电压，也可能是电流。图中两个方框分别表示放大电路和反馈网络，分别用符号$\dot{A}$和$\dot{F}$表示。其中，$\dot{A}$是无反馈时放大电路的放大倍数，称为**开环放大倍数**；$\dot{F}$表示**反馈系数**；带箭头的线条表示信号的传递方向，其中信号在放大电路中是正向传输，在反馈网络中是反向传输；符号“⊕”表示求和环节。净输入量$\dot{X}_i'$是输入信号$\dot{X}_i$和反馈信号$\dot{X}_f$求和得到的，然后经放大电路得到输出信号$\dot{X}_o$，反馈信号$\dot{X}_f$取自输出信号$\dot{X}_o$的部分或者全部。

2. 负反馈放大电路的一般表达式

根据图 5-8 及各变量的定义可知，开环放大倍数$\dot{A}$和反馈系数$\dot{F}$的定义为：

$$\dot{A} = \frac{\dot{X}_o}{\dot{X}_i'} \tag{5-1}$$

$$\dot{F} = \frac{\dot{X}_f}{\dot{X}_o} \tag{5-2}$$

而净输入信号

$$\dot{X}_i' = \dot{X}_i - \dot{X}_f \tag{5-3}$$

根据式(5-1)、式(5-2)和式(5-3)可以得到：

$$\dot{X}_o = \dot{A}\,\dot{X}_i' = \dot{A}(\dot{X}_i - \dot{X}_f) = \dot{A}(\dot{X}_i - \dot{F}\,\dot{X}_o) \tag{5-4}$$

整理可以得到：

$$\dot{A}_f = \frac{\dot{X}_o}{\dot{X}_i} = \frac{\dot{A}\,\dot{X}_i'}{(1+\dot{A}\,\dot{F})\,\dot{X}_i'} = \frac{\dot{A}}{1+\dot{A}\,\dot{F}} \tag{5-5}$$

式(5-5)即为**反馈的一般表达式**。式中$\dot{A}_f$ 称为**闭环放大倍数**，表示引入负反馈后放大电路的输出信号与输入信号的比值。式(5-5)表明，开环放大倍数是闭环放大倍数的$(1+\dot{A}\dot{F})$倍。显然，引入负反馈前后的放大倍数与$(1+\dot{A}\dot{F})$密切相关，因此，$|1+\dot{A}\dot{F}|$是衡量反馈程度的一个很重要的参数，称为**反馈深度**，用 D 表示，即

$$D = |1+\dot{A}\,\dot{F}| \tag{5-6}$$

由式(5-5)可得如下几点。

(1) 当 $D>1$ 时，则$|\dot{A}_f|<|\dot{A}|$。即放大电路引入反馈后使得放大倍数比原来变小，说明引入的反馈是负反馈。

(2) 当 $D<1$ 时，则$|\dot{A}_f|>|\dot{A}|$，即放大电路引入反馈后使得放大倍数比原来增大，说明引入的反馈是正反馈。

(3) 若 $D\gg1$，则$(1+\dot{A}\dot{F}\approx\dot{A}\dot{F})$，式(5-5)可简化为：

$$\dot{A}_f \approx \frac{1}{\dot{F}} \tag{5-7}$$

满足 $D\gg1$ 条件的负反馈，称为**深度负反馈**。式(5-7)表明，在深度负反馈条件下，闭环放大倍数$\dot{A}_f$ 与反馈系数$\dot{F}$的倒数基本相等，而与基本放大电路的放大倍数$\dot{A}$几乎无关。而反馈系数$\dot{F}$的值主要取决于反馈网络，一般反馈网络是由一些无源线性元件(如 R,C 等)组成的，由于这些元件受环境温度的影响很小，使得放大倍数$\dot{A}_f$ 获得了很高的稳定性。显然，$|\dot{A}|$越大，越容易满足深度负反馈条件，$\dot{A}_f$ 与 $1/\dot{F}$的值越接近。

(4) 若 $D=0$，则$|\dot{A}_f|\to\infty$，此时$\dot{A}\dot{F}=-1$，根据$\dot{A}_f$ 定义得到输入信号$\dot{X}_i=0$，输出信号$\dot{X}_o\neq0$。即放大电路虽然没有输入信号，却有信号输出，放大电路发生的这种现象称为**自激振荡**。当反馈放大电路发生自激振荡时，放大电路变成振荡器，失去了放大作用，这种现象将在第 7 章进行介绍。

5.1.4 负反馈放大电路的组态和4种基本类型

实际放大电路的反馈形式是多种多样的，本章重点研究负反馈放大电路，对具体的负反馈放大电路，在输出端，根据反馈量是取自输出电压还是取自输出电流，分为电压反馈和电流反馈；在输入端，根据反馈量与输入量不同的叠加方式，分为串联反馈和并联反馈。因此，负反馈放大电路具有4种组态，它们分别是：**电压串联负反馈**、**电压并联负反馈**、**电流串联负反馈**和**电流并联负反馈**。

1. 电压串联负反馈

在图5-9(a)所示的放大电路中，从集成运放的输出端到反相输入端通过电阻 R_f 引入了一个反馈，集成运放的净输入电压等于输入电压 u_I 与反馈电压 u_N 的差值，即反馈电压与输入电压以电压的形式求和，所以该电路引入的是串联反馈；根据瞬时极性法，假设 u_I 的瞬时极性为(+)，经放大器同相放大后，u_O 的瞬时极性为(+)，通过 R_f 反馈到反相输入端，使外加输入电压被削弱，故为负反馈；根据输出短路法，将图5-9(a)所示电路中的负载 R_L 短路，当负载短路时，$u_O=0$，反馈消失，即该电路中引入了电压反馈。以上分析说明，图5-9(a)电路中引入了电压串联负反馈。

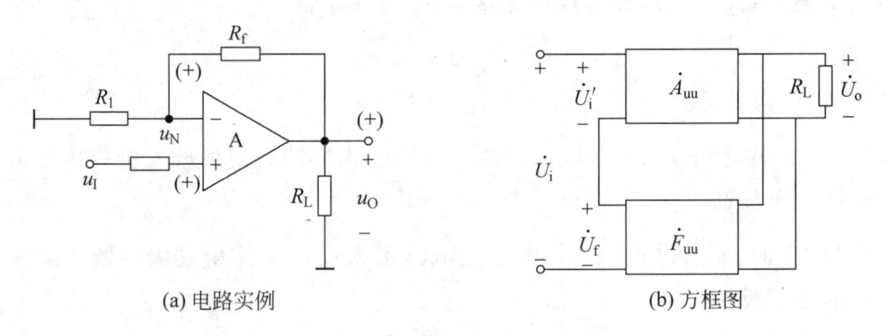

(a) 电路实例 (b) 方框图

图5-9 电压串联负反馈

电压串联负反馈可以用图5-9(b)所示的框图表示。图中有两个方框，标识 $\dot{A}_{uu}$ 的方框表示无反馈时的放大电路，标识 $\dot{F}_{uu}$ 的方框表示反馈网络。由方框图可知，反馈电压取自输出电压 $\dot{U}_o$，通过反馈网络将反馈电压 $\dot{U}_f$ 送回至输入端，与外加输入电压 $\dot{U}_i$ 通过KVL求和得到净输入电压 $\dot{U}_i'$。所以，电压串联负反馈电路的**开环放大倍数**用符号 $\dot{A}_{uu}$ 表示，**反馈系数**用符号 $\dot{F}_{uu}$ 表示，**闭环放大倍数**用符号 $\dot{A}_{uuf}$ 表示。其定义为：

$$\dot{A}_{uu}=\frac{\dot{U}_o}{\dot{U}_i'} \tag{5-8}$$

$$\dot{F}_{uu}=\frac{\dot{U}_f}{\dot{U}_o} \tag{5-9}$$

$$\dot{A}_{\mathrm{uuf}}=\frac{\dot{U}_{\mathrm{o}}}{\dot{U}_{\mathrm{i}}} \tag{5-10}$$

2. 电压并联负反馈

在图 5-10(a)所示的放大电路中，从集成运放的输出端到反相输入端通过电阻 R_{f} 引入了一个反馈，集成运放的净输入电流等于输入电流与反馈电流的差值，即反馈电流与输入电流以电流的形式求和，所以该电路引入的是并联反馈；根据瞬时极性法，假设 u_{I} 的瞬时极性为(＋)，经放大器反相放大后，u_{O} 的瞬时极性为(－)，通过 R_{f} 反馈到反相输入端，使外加输入电流被削弱，故为负反馈；根据输出短路法，将图 5-10(a)所示电路中的负载 R_{L} 短路，当负载短路时，$u_{\mathrm{O}}=0$，反馈消失，即该电路中引入了电压反馈。以上分析说明，图 5-10(a)电路中引入了电压并联负反馈。

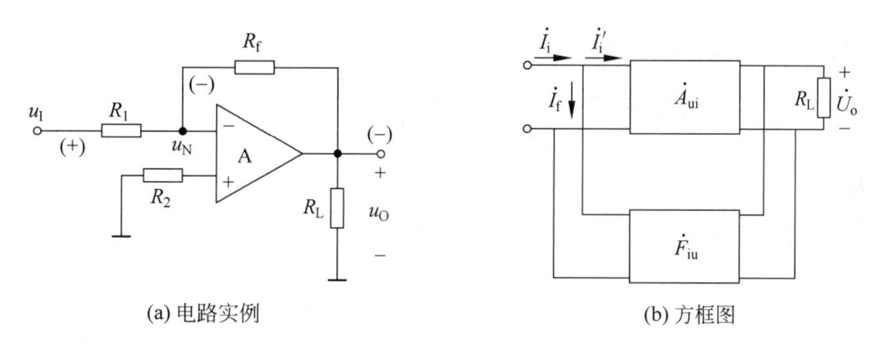

(a) 电路实例　　(b) 方框图

图 5-10　电压并联负反馈

电压并联负反馈可以用图 5-10(b)所示的框图表示。由方框图可知，$\dot{U}_{\mathrm{o}}$ 为输出电压，$\dot{I}_{\mathrm{f}}$ 为反馈电流，$\dot{I}_{\mathrm{i}}$ 为输入电流，$\dot{I}_{\mathrm{i}}'$为净输入电流。所以，电压并联负反馈电路的**开环放大倍数**用符号$\dot{A}_{\mathrm{ui}}$表示，量纲为电阻，称为放大电路的**转移电阻**，**反馈系数**用符号$\dot{F}_{\mathrm{iu}}$表示，量纲是电导，**闭环放大倍数**用符号$\dot{A}_{\mathrm{uif}}$表示，量纲是电阻。其定义为：

$$\dot{A}_{\mathrm{ui}}=\frac{\dot{U}_{\mathrm{o}}}{\dot{I}_{\mathrm{i}}'} \tag{5-11}$$

$$\dot{F}_{\mathrm{iu}}=\frac{\dot{I}_{\mathrm{f}}}{\dot{U}_{\mathrm{o}}} \tag{5-12}$$

$$\dot{A}_{\mathrm{uif}}=\frac{\dot{U}_{\mathrm{o}}}{\dot{I}_{\mathrm{i}}} \tag{5-13}$$

3. 电流串联负反馈

在图 5-11(a)所示的放大电路中，集成运放的净输入电压等于输入电压 u_{I} 与反馈电压 u_{N} 的差值，即反馈电压与输入电压以电压的形式求和，所以该电路引入的是串联反馈；根据瞬时极性法，假设 u_{I} 的瞬时极性为(＋)，经放大器同相放大后，u_{O} 的瞬时极性为(＋)，通过 R_{L} 反馈到反相输入端，使外加输入电压被削弱，故为负反馈；根据输出短路法，将

图 5-11(a)所示电路中的负载 R_L 短路，当负载短路时，$u_O=0$，而反馈依然存在，即该电路中引入了电流反馈。以上分析说明，图 5-11(a)电路中引入了电流串联负反馈。

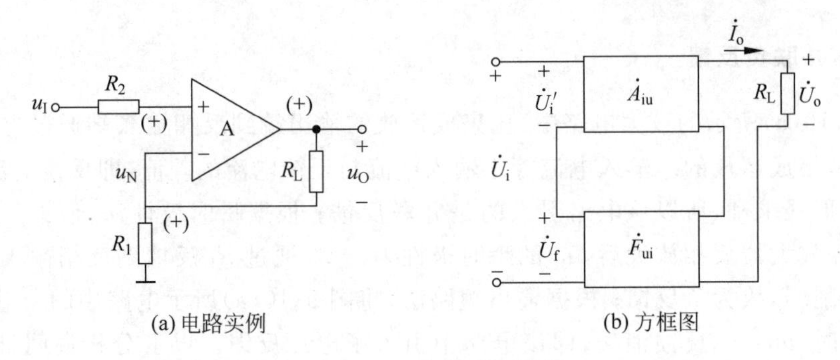

图 5-11　电流串联负反馈

电流串联负反馈可以用图 5-11(b)所示的框图表示。其中，$\dot{I}_o$ 为输出电流；$\dot{U}_f$ 为反馈电压；$\dot{U}_i$ 为输入电压；$\dot{U}_i'$为净输入电压。所以，电流串联负反馈电路的**开环放大倍数**用符号$\dot{A}_{iu}$表示，量纲为电导，称为放大电路的**转移电导**，**反馈系数**用符号$\dot{F}_{ui}$表示，量纲是电阻，**闭环放大倍数**用符号$\dot{A}_{iuf}$表示，量纲是电导。其定义为：

$$\dot{A}_{iu}=\frac{\dot{I}_o}{\dot{U}_i'} \tag{5-14}$$

$$\dot{F}_{ui}=\frac{\dot{U}_f}{\dot{I}_o} \tag{5-15}$$

$$\dot{A}_{iuf}=\frac{\dot{I}_o}{\dot{U}_i} \tag{5-16}$$

4. 电流并联负反馈

在图 5-12(a)所示的放大电路中，集成运放的净输入电流等于输入电流与反馈电流的差值，即反馈电流与输入电流以电流的形式求和，所以该电路引入的是并联反馈；根据瞬时极性法，假设 u_I 的瞬时极性为(＋)，经放大器反相放大后，u_O 的瞬时极性为(－)，通过 R_f 反馈到反相输入端，使外加输入电流被削弱，故为负反馈；根据输出短路法，不难判断出，当负载短接时，图 5-12(a)所示电路的反馈依然存在，所以该电路引入了电流反馈。可见，图 5-12(a)电路中引入了电流并联负反馈。

电流并联负反馈可以用图 5-12(b)所示的框图表示。其中，$\dot{I}_o$为输出电流，$\dot{I}_f$为反馈电流，$\dot{I}_i$ 为输入电流，$\dot{I}_i'$为净输入电流。所以，电流并联负反馈电路的**开环放大倍数**用符号$\dot{A}_{ii}$表示，**反馈系数**用符号$\dot{F}_{ii}$表示，**闭环放大倍数**用符号$\dot{A}_{iif}$表示。其定义为：

$$\dot{A}_{ii}=\frac{\dot{I}_o}{\dot{I}_i'} \tag{5-17}$$

$$\dot{F}_{ii}=\frac{\dot{I}_f}{\dot{I}_o} \tag{5-18}$$

$$\dot{A}_{iif}=\frac{\dot{I}_o}{\dot{I}_i} \tag{5-19}$$

不同组态负反馈放大电路的输入量、反馈量、净输入量和输出量及放大倍数和反馈系数如表5-1所示。表5-1表明，负反馈组态不同，闭环放大倍数、开环放大倍数和反馈系数的定义和量纲也各不相同，但均称为放大倍数和反馈系数。

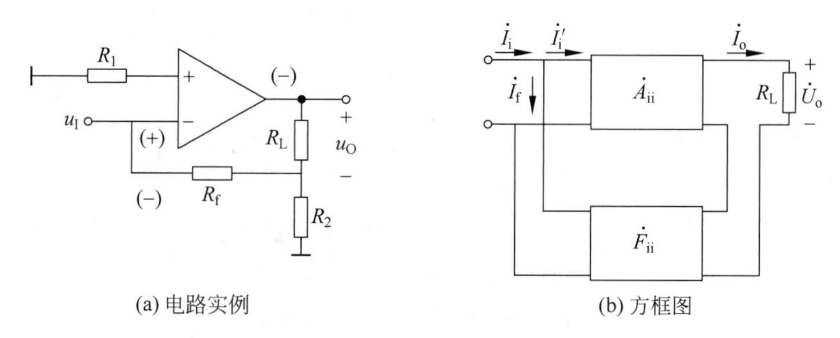

图5-12 电流并联负反馈

表5-1 4种负反馈组态的比较

负反馈组态	输入量	反馈量	净输入量	输出量	$\dot{A}$	$\dot{F}$	$\dot{A}_f$
电压串联	$\dot{U}_i$	$\dot{U}_f$	$\dot{U}_i'$	$\dot{U}_o$	$\dot{A}_{uu}=\frac{\dot{U}_o}{\dot{U}_i'}$ 电压放大倍数	$\dot{F}_{uu}=\frac{\dot{U}_f}{\dot{U}_o}$	$\dot{A}_{uuf}=\frac{\dot{U}_o}{\dot{U}_i}$
电压并联	$\dot{I}_i$	$\dot{I}_f$	$\dot{I}_i'$	$\dot{U}_o$	$\dot{A}_{ui}=\frac{\dot{U}_o}{\dot{I}_i'}$ 转移电阻	$\dot{F}_{iu}=\frac{\dot{I}_f}{\dot{U}_o}$	$\dot{A}_{uif}=\frac{\dot{U}_o}{\dot{I}_i}$
电流串联	$\dot{U}_i$	$\dot{U}_f$	$\dot{U}_i'$	$\dot{I}_o$	$\dot{A}_{iu}=\frac{\dot{I}_o}{\dot{U}_i'}$ 转移电导	$\dot{F}_{ui}=\frac{\dot{U}_f}{\dot{I}_o}$	$\dot{A}_{iuf}=\frac{\dot{I}_o}{\dot{U}_i}$
电流并联	$\dot{I}_i$	$\dot{I}_f$	$\dot{I}_i'$	$\dot{I}_o$	$\dot{A}_{ii}=\frac{\dot{I}_o}{\dot{I}_i'}$ 电流放大倍数	$\dot{F}_{ii}=\frac{\dot{I}_f}{\dot{I}_o}$	$\dot{A}_{iif}=\frac{\dot{I}_o}{\dot{I}_i}$

例5-4 判断图5-13所示的放大电路中所引入反馈的性质及组态。

解：如图5-13(a)所示电路，设u_I的瞬时极性为(+)，则三极管T_1的基极电位的瞬时极性也为(+)，经T_1的反相放大，u_{C1}(亦即u_{B2})的瞬时极性为(−)，再经T_2的反相放大，u_{C2}的瞬时极性为(+)，通过R_6反馈到输入端，使得T_1管的净输入电压u_{BE1}减小，即为负反馈；若将输出端短路，$u_o=0$，则R_6将与R_3并联，反馈通路不存在，反馈信号为0，即为电压反馈；由

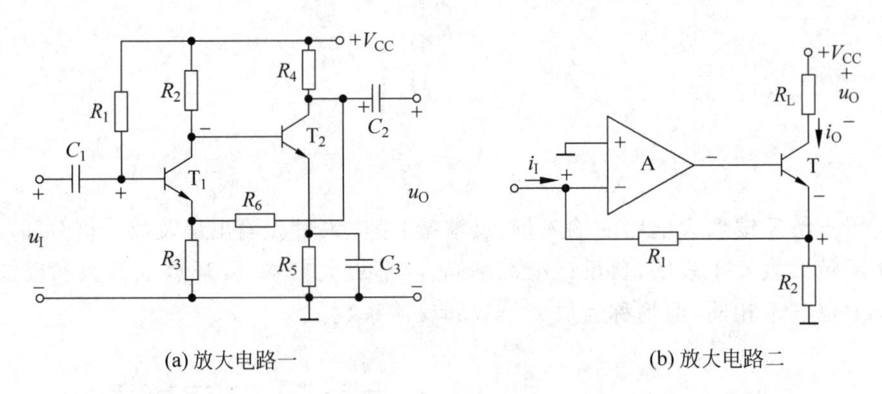

图 5-13 例 5-4 电路图

于输入信号与反馈信号加到三极管的两个不同输入端，输入端电压求和，则为串联反馈。

因此，图 5-13(a)所示电路中引入的是电压串联负反馈。

如图 5-13(b)所示电路，设输入信号的瞬时极性为(+)，经放大电路 A 反相放大后的输出信号(即三极管 T 的 u_B)的瞬时极性为(−)，再经三极管的同相放大，其射极电位 u_E 的瞬时极性也为(−)，通过 R_1 反馈到输入端，使净输入电流减小，显然为负反馈；若将负载 R_L 短路，$u_O=0$，R_1 仍然构成反馈通路，反馈信号依然存在，即为电流反馈；由于输入信号与反馈信号均加到放大电路 A 的反相输入端，输入端电流求和，则为并联反馈。

因此，图 5-13(b)所示电路中引入的是电流并联负反馈。

5.2 负反馈对放大电路性能的影响

负反馈虽然使放大电路的放大倍数下降，即牺牲了增益，但却能改善放大电路其他方面的性能，如提高放大倍数的稳定性。除此之外，负反馈还能改善放大电路的其他性能，如扩展通频带，减小非线性失真，改变输入、输出电阻等。因此，在实用放大电路中常常引入负反馈。

5.2.1 提高放大倍数的稳定性

在电子产品的生产过程中，由于半导体器件参数的分散性，例如，三极管 β 值的不同、电阻电容值的误差等，会使同一电路的放大倍数不尽相同，从而对产品的性能产生较大的影响，如收音机、电视机灵敏度的高低等。此外，环境温度、电源电压的变化以及电路元器件的老化和器件的更换也会引起电路放大倍数的变化。若在放大电路中引入交流负反馈，则可以提高电路放大倍数的稳定性，使电路的放大能力具有良好的一致性。

为了方便分析，假设信号频率为中频，则 $\dot{A}$、$\dot{F}$、$\dot{A}_f$ 均以实数 A、F、A_f 表示，A_f 的表达式可以写成

$$A_f=\frac{A}{1+AF} \tag{5-20}$$

式(5-20)对变量 A 求导可得

$$\frac{\mathrm{d}A_{\mathrm{f}}}{\mathrm{d}A}=\frac{1}{1+AF}-\frac{AF}{(1+AF)^{2}}=\frac{1}{(1+AF)^{2}} \tag{5-21}$$

式(5-21)等号两边同乘以 $\mathrm{d}A/A_{\mathrm{f}}$,化简可得

$$\frac{\mathrm{d}A_{\mathrm{f}}}{A_{\mathrm{f}}}=\frac{1}{1+AF}\times\frac{\mathrm{d}A}{A} \tag{5-22}$$

式(5-22)表明,负反馈放大电路闭环放大倍数 A_{f} 的相对变化量 $\mathrm{d}A_{\mathrm{f}}/A_{\mathrm{f}}$ 是其开环放大倍数 A 的相对变化量 $\mathrm{d}A/A$ 的 $1/(1+AF)$ 倍。即 A_{f} 的稳定性是 A 的 $(1+AF)$ 倍。

而且,当放大电路引入深度负反馈时,$A_{\mathrm{f}}=1/F$,即 A_{f} 仅由反馈网络决定,与放大电路无关。而反馈网络多由无源线性元件构成,因而可以获得良好的稳定性。

5.2.2　扩展通频带

引入深度负反馈时,放大倍数仅由反馈网络决定,如果反馈网络为纯电阻网络,则放大倍数为常数,与开环相比,此时放大倍数减小,而带宽增益积为常数,即引入**负反馈展宽了放大电路的频带**。

以单级电路为例,假设基本放大电路的中频电压放大倍数为 A_{o},上限截止频率为 f_{H},下限截止频率为 f_{L},加入负反馈后,反馈系数为 F,闭环放大倍数为 A_{of},上限截止频率为 f_{Hf},下限截止频率为 f_{Lf},则无反馈时高频段放大倍数 A_{H} 的表达式为:

$$A_{\mathrm{H}}=\frac{A_{\mathrm{o}}}{1+\mathrm{j}\,\dfrac{f}{f_{\mathrm{H}}}} \tag{5-23}$$

引入反馈后,闭环放大倍数 A_{Hf} 为:

$$A_{\mathrm{Hf}}=\frac{A_{\mathrm{H}}}{1+A_{\mathrm{H}}F} \tag{5-24}$$

将式(5-23)带入式(5-24),得

$$A_{\mathrm{Hf}}=\frac{\dfrac{A_{\mathrm{o}}}{1+\mathrm{j}\,\dfrac{f}{f_{\mathrm{H}}}}}{1+F\cdot\dfrac{A_{\mathrm{o}}}{1+\mathrm{j}\,\dfrac{f}{f_{\mathrm{H}}}}}=\frac{\dfrac{A_{\mathrm{o}}}{1+A_{\mathrm{o}}F}}{1+\mathrm{j}\cdot\dfrac{f}{(1+A_{\mathrm{o}}F)f_{\mathrm{H}}}}=\frac{A_{\mathrm{of}}}{1+\mathrm{j}\cdot\dfrac{f}{(1+A_{\mathrm{o}}F)f_{\mathrm{H}}}} \tag{5-25}$$

比较式(5-25)和式(5-23),可知

$$f_{\mathrm{Hf}}=(1+A_{\mathrm{o}}F)f_{\mathrm{H}} \tag{5-26}$$

同理,可以推导出负反馈放大电路下限截止频率的表达式

$$f_{\mathrm{Lf}}=\frac{f_{\mathrm{L}}}{(1+A_{\mathrm{o}}F)} \tag{5-27}$$

式(5-26)和式(5-27)表明,引入负反馈后,上限截止频率增大,下限截止频率减小,而一般放大电路的带宽近似由上限截止频率 f_{H} 决定,因此,频带宽度也增大 $(1+A_{\mathrm{o}}F)$ 倍。即

$$\mathrm{BW}_{\mathrm{f}}\approx(1+A_{\mathrm{o}}F)\mathrm{BW} \tag{5-28}$$

引入负反馈后通频带和中频放大倍数的变化如图5-14所示。中频段放大电路开环增

益 $|\dot{A}_o|$ 比较高，但开环时的通频带 $BW=f_H-f_L$ 相对较窄，引入负反馈后，中频段放大电路闭环增益 $|\dot{A}_{of}|$ 比较低，但闭环时的通频带 $BW_f=f_{Hf}-f_{Lf}$ 则相对较宽，即扩展了通频带。

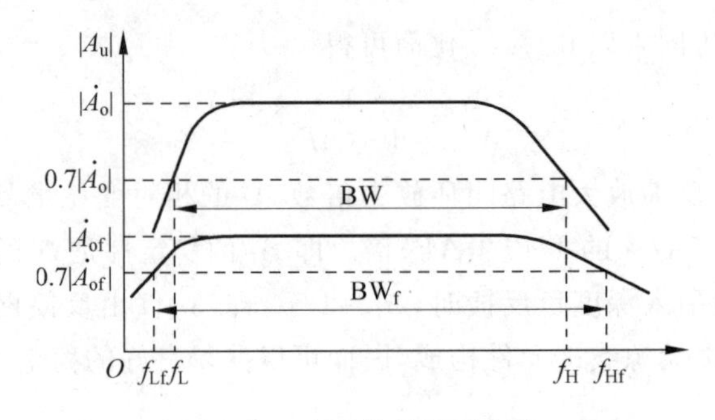

图 5-14　负反馈扩展通频带

5.2.3　减小非线性失真

放大电路中存在非线性器件，使其输出端的波形产生一定的非线性失真。下面以图 5-15 所示的负反馈放大电路为例，说明引入**负反馈减小非线性失真**的作用。

如图 5-15(a)所示，设输入信号为正弦信号，且基本放大电路的非线性放大使输出电压波形产生正半周幅度大于负半周的失真。如图 5-15(b)所示，引入负反馈后，反馈网络没有相移，反馈信号电压正比于输出电压，因此，u_f 也存在相同方向的失真，当反馈信号 u_f 与输入信号 u_i 在输入端求差后得到的净输入量 u_i'，其波形与输出波形的效果正好相反，这一信号再经过放大电路输出波形的失真就会得到改善。

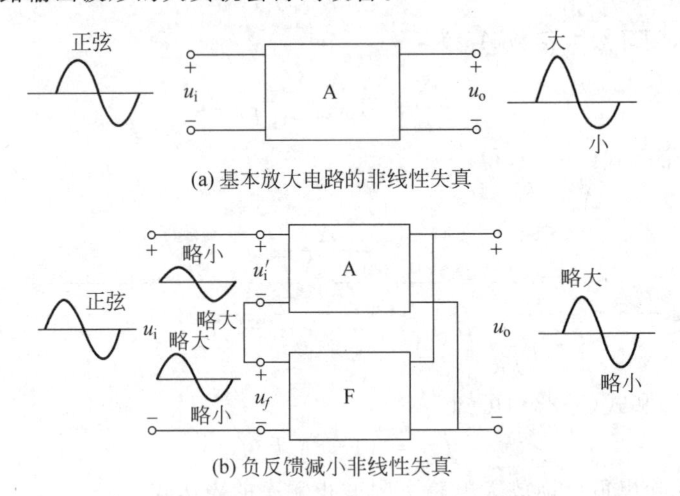

图 5-15　负反馈减小非线性失真示意图

需要指出的是，这种减小非线性失真的影响是在非线性失真不太严重并源于电路内部时才有效果，当非线性信号是和输入信号同时混入的，或者干扰源于外界时，引入负反馈将无济于事。

5.2.4　改变输入电阻和输出电阻

1. 改变输入电阻

(1) 串联负反馈使输入电阻增大

如图 5-16 所示为串联负反馈放大电路的一般结构框图，其中 $R_i = U_i'/I_i$ 为开环时基本放大电路的输入电阻，而该闭环放大电路的输入电阻

$$R_{if} = \frac{U_i}{I_i} = \frac{U_i + U_f}{I_i} = \frac{U_i' + AFU_i'}{I_i} = (1 + AF)R_i \tag{5-29}$$

显然，**串联负反馈使放大电路的输入电阻增大**，这是由于反馈电压的存在并与净输入电压之间相串联，使净输入电压及相应的输入电流减小，从而使放大电路总的输入电阻增大。

(2) 并联负反馈使输入电阻减小

如图 5-17 所示为并联负反馈放大电路的一般结构框图，其中 $R_i = U_i/I_i'$ 为开环时基本放大电路的输入电阻，而闭环放大电路的输入电阻

$$R_{if} = \frac{U_i}{I_i} = \frac{U_i}{I_i' + I_f} = \frac{U_i}{I_i' + AFI_i'} = \frac{R_i}{1 + AF} \tag{5-30}$$

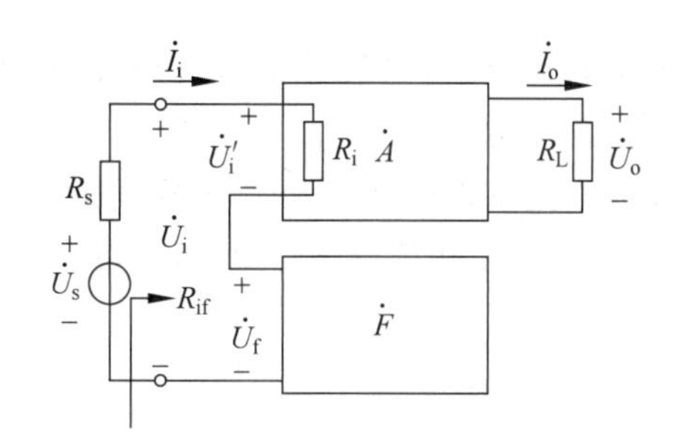

图 5-16　串联负反馈放大电路使输入电阻增大

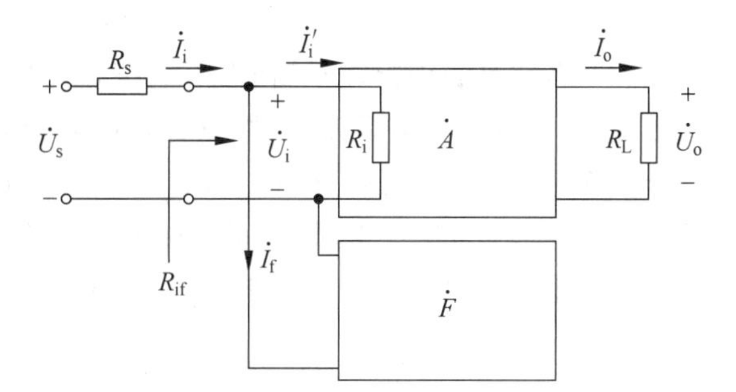

图 5-17　并联负反馈放大电路使输入电阻减小

显然，**并联负反馈使放大电路输入电阻减小**，这是由于反馈电流的存在并与净输入电流之间相并联，使净输入电流及相应的输入电压减小，从而使放大电路总的输入电阻减小。

2. 改变输出电阻

(1) 电压负反馈使输出电阻减小

电压负反馈使放大电路的输出电阻减小，这是由于在输出端反馈网络与基本放大电路相并联，且电压负反馈具有**稳定输出电压**的作用，而电压的稳定相当于内阻(输出电阻)减小了。

设基本放大电路的输出电阻为 R_o，可以证明，电压负反馈放大电路的输出电阻 R_{of} 为

$$R_{of} = \frac{R_o}{1 + AF} \tag{5-31}$$

(2) 电流负反馈使输出电阻增大

电流负反馈使放大电路的输出电阻增大，这是由于在输出端反馈网络与基本放大电路相串联，且电流负反馈具有**稳定输出电流**的作用，而电流的稳定相当于内阻(输出电阻)增

大了。

设基本放大电路的输出电阻为 R_o,可以证明,电流负反馈放大电路的输出电阻 R_{of} 为

$$R_{of} = (1 + AF)R_o \tag{5-32}$$

5.2.5 引入负反馈的一般原则

由于不同组态的负反馈对放大电路的性能有不同的影响,如对输入和输出电阻的改变以及对信号源要求等方面具有不同的特点,因此在放大电路中引入负反馈时,应该根据电路的要求,选择恰当的反馈组态。这里给出了引入负反馈的一般原则。

(1) 为了稳定静态工作点,应引入直流负反馈;如果要改善动态性能,应引入交流负反馈。

(2) 根据负载对放大电路输出量的要求,即放大电路要求输出(相当于负载的信号源)电压稳定或输出电阻小,应引入电压负反馈;若放大电路的负载要求电流稳定,即放大电路要求稳定输出电流或输出电阻大,应引入电流负反馈。

(3) 若信号源希望提供给放大电路(相当于信号源的负载)的电流要大,即负载向信号源索取的电流大或输入电阻要小,应引入并联负反馈;若希望输入电阻要大,应引入串联负反馈。

(4) 当信号源内阻较小(相当于电压源)时应引入串联负反馈,当信号源内阻较大(相当于电流源)时应引入并联负反馈,这样才能获得较好的反馈效果。

例 5-5 由集成运放 A 和三极管 T_1、T_2组成的放大电路如图 5-18 所示,试分别按下列要求将信号源 u_s、反馈电阻 R_f 正确接入该电路。①引入电压串联负反馈;②引入电压并联负反馈;③引入电流串联负反馈;④引入电流并联负反馈。

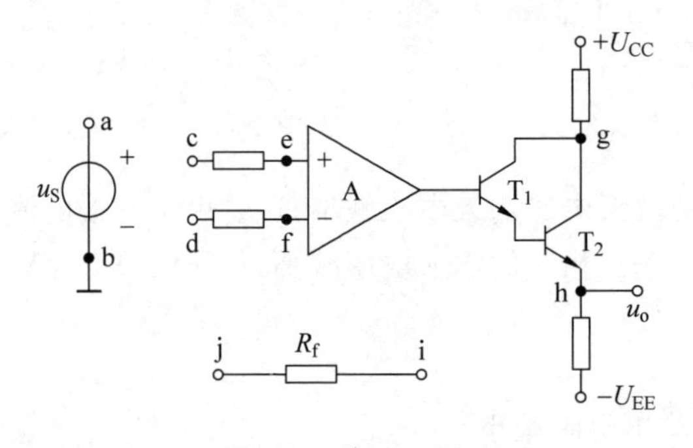

图 5-18 例 5-5 图

解:由瞬时极性可以判断,c、e、h 端相位相同,d、f、g 端相位相同,i、j 端相位相同。若要引入电压反馈,则 i 必须连至 h;若要引入电流反馈,则 i 必须连至 g。在输入回路上,j 应该连至 e 或 f。若引入并联反馈,则 j 应连到运放 e、f 中的信号输入端,且 i 所连的节点相位应该和信号输入端 c、d 相位相反;若引入串联负反馈,则 j 应连到运放 e、f 中的非信号输入端,且 i 所连的节点相位应该和信号输入端 c、d 相位相同。故有:

(1) 电压串联负反馈:a 连到 c,d 连到 b,则 i 连至 h,j 连到 f。

(2) 电压并联负反馈:a 连到 d,c 连到 b,则 i 连至 h,j 连到 f。

(3) 电流串联负反馈:a 连到 d,c 连到 b,则 i 连至 g,j 连到 e。

(4) 电流并联负反馈：a 连到 c,d 连到 b,则 i 连至 g,j 连到 e。

5.3 深度负反馈放大电路的近似计算

本节重点要讨论的问题是负反馈放大电路放大倍数的估算。负反馈放大电路仍然是放大电路,在求解动态参数时,依然可以用微变等效电路法进行分析计算。如分析分压式射极偏置电路,该电路引入了电流串联负反馈,在第 2 章就用等效电路法进行分析。但是,当反馈放大电路比较复杂时,此类方法的计算量就会非常大,很不方便,因此很少采用。

由于集成运算放大电路等各类具有高增益的模拟集成电路的出现,在实际的电子设备中,负反馈放大电路往往满足深度负反馈的条件,同时引入深度负反馈也是改善放大电路性能所必需的,因此这里主要讨论深度负反馈放大电路的闭环电压放大倍数的近似计算。在反馈的 4 种组态中,只有**电压串联负反馈**的闭环放大倍数即为电压放大倍数,其他三种组态的闭环放大倍数并不等于闭环电压放大倍数。

5.3.1 深度负反馈放大电路的特点

在深度负反馈的条件下,放大电路闭环增益近似为

$$\dot{A}_f = \frac{\dot{X}_o}{\dot{X}_i} = \frac{\dot{A}}{1+\dot{A}\dot{F}} \approx \frac{1}{\dot{F}} \tag{5-33}$$

由式(5-33)可知,在深度负反馈条件下,$\dot{A}_f$ 值与$\dot{A}$无关,仅与$\dot{F}$有关,因此只要求出$\dot{F}$就可得到$\dot{A}_f$。显然求$\dot{A}$的过程比较复杂,但求$\dot{F}$则简单多了。不过负反馈有 4 种组态,$\dot{F}$也有 4 种形式,很多时候求解和转换运算都不尽方便。实际中采用更为简便的直接计算方法。

由于深度负反馈时 $D=1+AF\gg 1$,即可以认为 $AF\gg 1$,而 $X_f=AFX_i'\gg X_i'$,$X_i=X_i'+X_f\approx X_f$,因此有

$$X_i' = X_i - X_f \approx 0 \tag{5-34}$$

式(5-34)表明,深度负反馈情况下放大电路实际净输入信号 X_i'近似为 0(但不绝对等于 0),这就意味着净输入电压或净输入电流近似为 0,同时与净输入电压相对应的输入电流和与净输入电流相对应的输入电压也近似为 0,即不管是串联反馈还是并联反馈,基本放大电路的实际输入电压和电流均可认为近似等于 0。

因此,从电压的角度来看,由于基本放大电路的输入电压近似为 0,即近似为短路,这种情况称为"**虚短**"(并非真正短路);而从电流的角度来看,由于基本放大电路的输入电流近似为 0,即近似为开路,这种情况称为"**虚断**"(并非真正开路)。

"虚短"和"虚断"的概念为**深度负反馈**放大电路的分析和计算带来了极大的方便。对于工作在线性区的负反馈放大电路来说,"虚短"和"虚断"是分析输入信号和输出信号关系的两个基本出发点。

利用深度负反馈情况下虚短和虚断的概念,可以非常方便地估算出电路的电压放大倍数,但大多数情况下却不能定量估算电路的输入电阻和输出电阻。在理性情况下可以认为:

深度串联负反馈：$R_{if}\rightarrow\infty$；

深度并联负反馈：$R_{if}\rightarrow 0$；

深度电压负反馈：$R_{of}\rightarrow 0$；

深度电流负反馈：$R_{of}\rightarrow\infty$。

上述 R_{if} 和 R_{of} 是指反馈环内的输入电阻和输出电阻，如有电阻不包括在反馈环内，则不受影响。

5.3.2　深度负反馈放大电路的近似计算

由集成运放组成的 4 种组态负反馈放大电路如图 5-19 所示。假设 4 个电路都满足深度负反馈的条件，即集成运放的输入端都有“虚短”和“虚断”的特点，则用表达式表示有

$$u_P = u_N \tag{5-35}$$

$$i_P = i_N = 0 \tag{5-36}$$

其中，u_P、u_N 分别是集成运放同相输入端和反向输入端的电位；i_P、i_N 是电流。

图 5-19(a)为电压串联负反馈电路，根据“虚短”和“虚断”有

$$\begin{cases}\dot{U}_i = \dot{U}_N = \dot{U}_P \\ \dfrac{\dot{U}_N}{R_1} = \dfrac{\dot{U}_o}{R_1 + R_f}\end{cases} \tag{5-37}$$

化简得闭环放大倍数

$$\dot{A}_{uf} = \frac{\dot{U}_o}{\dot{U}_i} = \frac{R_1 + R_f}{R_1} = 1 + \frac{R_f}{R_1} \tag{5-38}$$

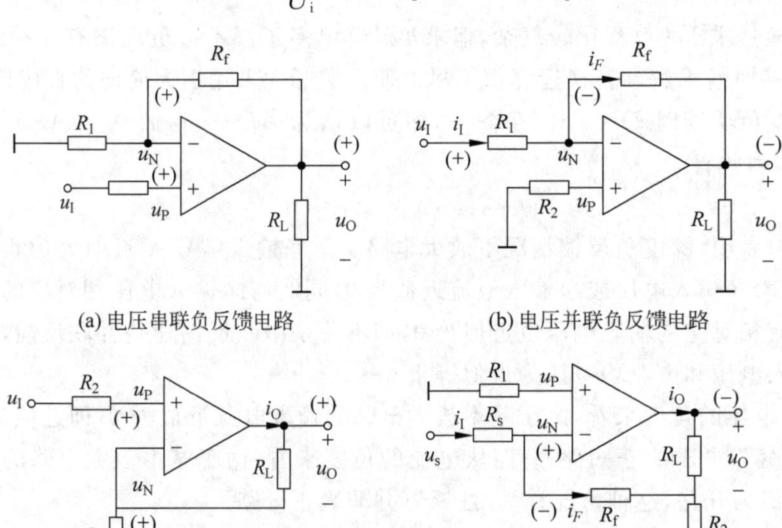

(a) 电压串联负反馈电路
(b) 电压并联负反馈电路
(c) 电流串联负反馈电路
(d) 电流并联负反馈电路

图 5-19　由理想运放组成的负反馈放大电路

图 5-19(b)所示的电压并联负反馈电路中,根据"虚短"和"虚断"有

$$\begin{cases}\dot{U}_{\mathrm{P}}=\dot{U}_{\mathrm{N}}=0\\ \dot{I}_{\mathrm{i}}=\dfrac{\dot{U}_{\mathrm{i}}}{R_1}=\dfrac{-\dot{U}_{\mathrm{o}}}{R_{\mathrm{f}}}=\dot{I}_{\mathrm{f}}\end{cases}\tag{5-39}$$

由式(5-39)知集成运放的两个输入端电位均为 0,称为"虚地"。化简得闭环放大倍数和闭环电压放大倍数为

$$A_{\mathrm{uif}}=\frac{-\dot{U}_{\mathrm{o}}}{\dot{I}_{\mathrm{i}}}=-R_{\mathrm{f}}\tag{5-40}$$

$$A_{\mathrm{uf}}=\frac{\dot{U}_{\mathrm{o}}}{\dot{U}_{\mathrm{i}}}=\frac{-R_{\mathrm{f}}}{R_1}\tag{5-41}$$

图 5-19(c)所示的电流串联负反馈电路中,根据"虚短"和"虚断"有

$$\begin{cases}\dot{U}_{\mathrm{P}}=\dot{U}_{\mathrm{N}}=\dot{U}_{\mathrm{i}}\\ \dfrac{\dot{U}_{\mathrm{N}}}{R_1}=\dfrac{\dot{U}_{\mathrm{o}}}{R_{\mathrm{L}}}=\dot{I}_{\mathrm{o}}\end{cases}\tag{5-42}$$

化简得闭环放大倍数和闭环电压放大倍数

$$A_{\mathrm{iuf}}=\frac{\dot{I}_{\mathrm{o}}}{\dot{U}_{\mathrm{i}}}=\frac{1}{R_1}\tag{5-43}$$

$$A_{\mathrm{uf}}=\frac{\dot{U}_{\mathrm{o}}}{\dot{U}_{\mathrm{i}}}=\frac{R_{\mathrm{L}}}{R_1}\tag{5-44}$$

图 5-19(d)所示的电流并联负反馈电路中,根据"虚短"和"虚断"有

$$\begin{cases}\dot{U}_{\mathrm{P}}=\dot{U}_{\mathrm{N}}=0\\ \dot{I}_{\mathrm{f}}=-\dot{I}_{\mathrm{o}}\dfrac{R_2}{R_2+R_{\mathrm{f}}}\\ \dot{I}_{\mathrm{o}}=\dfrac{\dot{U}_{\mathrm{o}}}{R_{\mathrm{L}}}\\ \dot{I}_{\mathrm{i}}=\dfrac{\dot{U}_{\mathrm{s}}}{R_{\mathrm{s}}}=\dot{I}_{\mathrm{f}}\end{cases}\tag{5-45}$$

化简得闭环放大倍数和闭环电压放大倍数为

$$A_{\mathrm{iif}}=\frac{\dot{I}_{\mathrm{o}}}{\dot{I}_{\mathrm{i}}}=-\left(1+\frac{R_{\mathrm{f}}}{R_2}\right)\tag{5-46}$$

$$A_{\mathrm{usf}}=\frac{\dot{U}_{\mathrm{o}}}{\dot{U}_{\mathrm{s}}}=\frac{\dot{I}_{\mathrm{o}}R_{\mathrm{L}}}{\dot{I}_{\mathrm{i}}R_{\mathrm{s}}}=-\left(1+\frac{R_{\mathrm{f}}}{R_2}\right)\frac{R_{\mathrm{L}}}{R_{\mathrm{s}}}\tag{5-47}$$

例 5-6　电路如图 5-20(a)所示。①指出级间反馈网络;②判断级间反馈组态;③在深度负反馈的条件下,计算其闭环电压增益 $\dot{A}_{\mathrm{uf}}$。

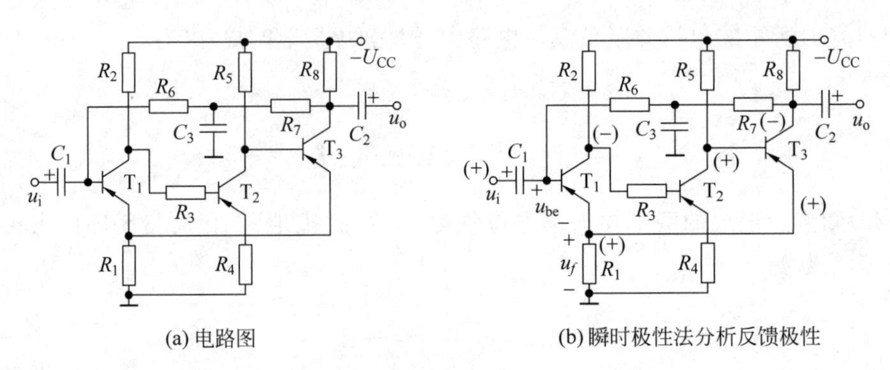

图 5-20 例 5-6 图

解：

(1) R_1 从输出级 T_3 的输出端(e 端)反向连接到输入级 T_1 的输入回路(e 端)，故其为级间反馈网络；由于交流直流通路都存在这个反馈网络，故其为交直流反馈。

同理，R_6、R_7 从输出级 T_3 的输出端(c 端)反向连接到输入级 T_1 的输入端(b 端)，故其为级间反馈网络；由于仅在直流通路中存在，所以是直流反馈。

(2) 用瞬时极性法，可以判断反馈极性。

假设在输入端加上瞬时极性为(＋)的动态信号，经过 T_1，在 T_1 的集电极得到瞬时极性为(－)的信号，经过 T_2，在其集电极得到瞬时极性为(＋)的信号，对经过 T_3，在发射极得到的是瞬时极性为(＋)的信号，在集电极得到瞬时极性为(－)的信号如图 5-20(b)所示。

由 R_1 构成的级间交直流反馈：经过反馈网络 R_1，送到 T_1 发射极，瞬时极性为(＋)，和输入信号比较，其减少净输入信号，故为负反馈。取用的是输出电流(发射极电流)作为反馈信号，为电流反馈。在输入级的输入回路，反馈输出信号和输入信号端连在不同的端，故为串联反馈。故由 R_1 构成的是交直流电流串联负反馈。

R_6、R_7 组成的级间直流反馈：由 R_6、R_7 馈送到输入端，极性也为(－)，故为负反馈。反馈取用的是输出电压，故为电压反馈。在输入级的输入回路，反馈输出信号和输入信号接在同一个端基极，故为并联反馈。所以 R_6、R_7 构成的是直流电压并联负反馈。

(3) 根据“虚短”和“虚断”有

$$\begin{cases}\dot{U}_i \approx \dot{U}_f \\ \dot{I}_{e1} = 0 \\ \dfrac{\dot{U}_f}{\dot{I}_{e3}} = -R_1 \\ \dot{U}_o = \dot{I}_{e3}(R_8 \parallel R_7)\end{cases}$$

化简得闭环放大倍数和闭环电压放大倍数

$$A_{iuf} = \frac{\dot{I}_{e3}}{\dot{U}_i} = -\frac{1}{R_1}$$

$$\dot{A}_{uf} = \frac{\dot{U}_o}{\dot{U}_i} = \frac{\dot{I}_{e3}(R_8 \parallel R_7)}{\dot{U}_i} \approx \dot{A}_{iuf}(R_8 \parallel R_7) = -\frac{R_8 \parallel R_7}{R_1}$$

例 5-7 电路如图 5-21 所示。假设级间反馈满足深度负反馈条件。试估算其闭环电压放大倍数$\dot{A}_{uf}$。

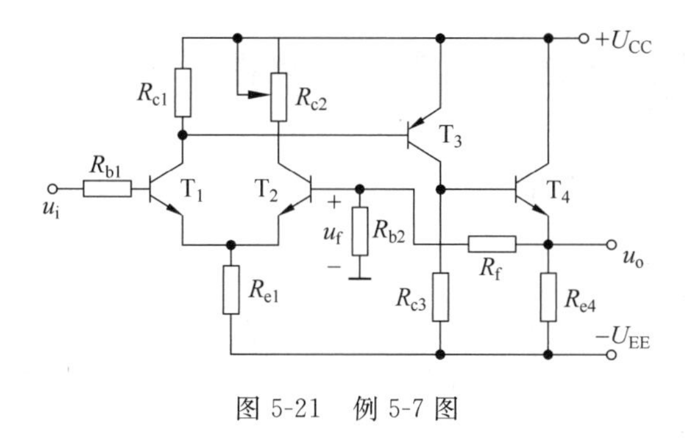

图 5-21　例 5-7 图

解：图 5-21 电路引入了电压串联负反馈，在深度负反馈条件下，根据“虚短”和“虚断”有

$$\begin{cases} \dot{U}_i \approx \dot{U}_f \\ \dfrac{\dot{U}_f}{R_{b2}} = \dfrac{\dot{U}_o}{R_{b2} + R_f} \end{cases}$$

化简得闭环电压放大倍数

$$\dot{A}_{uf} = \frac{\dot{U}_o}{\dot{U}_i} = \frac{R_{b2} + R_f}{R_{b2}} = 1 + \frac{R_f}{R_{b2}}$$

5.4　负反馈放大电路的稳定性

通过前面的讨论可以得知，放大器中引入负反馈能改善放大器的各项性能指标，且仅从所讨论的理论结果来看，反馈深度越深，改善的效果越明显，放大器的性能越优良。不过，这一结论仅在一定条件下才成立，如果反馈太深，则容易引起放大器的自激振荡，使放大器的输出信号不受输入信号控制，失去了放大作用，放大电路不能正常工作。

5.4.1　负反馈放大电路的自激振荡

应当指出的是，前面有关负反馈放大电路的讨论，都是假定信号工作频率为中频的情况下进行的，而实际情况并非完全如此。当放大电路的输入信号为高频或低频时，由于结电容和耦合电容的作用，输出信号将产生附加相移，如果在某一频率点上，基本放大器的附加相移达±180°(一般认为反馈网络为电阻性，不会产生附加相移)，此时反馈信号与输入信号的极性变为相同，净输入量为两者之和，此时反馈放大电路的性质将由负反馈变为正反馈。当反馈信号幅值等于或者大于净输入信号时，无须输入信号，电路就有输出，即放大电路在这个频率点产生了自激振荡。而此时是否有外加输入信号则与振荡无关，如图 5-22 所示。

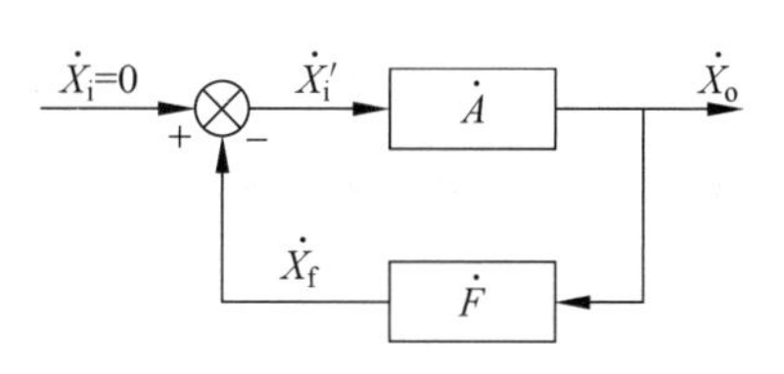

图 5-22　负反馈放大器的自激振荡

因此，负反馈放大电路产生自激振荡的根本原因有两

个,一是有附加相移,且相移为180°,此时负反馈变成了正反馈;二是反馈信号的幅度足够强。

5.4.2 负反馈放大电路的稳定工作条件

自激振荡时 $1+\dot{A}\dot{F}=0$,因此

$$\dot{A}\dot{F}=-1 \tag{5-48}$$

即环路放大倍数$\dot{A}\dot{F}$等于-1时,负反馈放大器会产生自激振荡。如果$\dot{A}$和$\dot{F}$的相角分别为φ_A和φ_F,即$\dot{A}=|\dot{A}|\angle\varphi_A=A\angle\varphi_A$,$\dot{F}=|\dot{F}|\angle\varphi_F=F\angle\varphi_F$,则由式(5-48)可得

$$AF=1 \tag{5-49a}$$

$$\varphi_A+\varphi_F=\pm(2n+1)\times180° \quad (n=0,1,2,\cdots) \tag{5-49b}$$

式(5-49a)和式(5-49b)分别称为自激振荡的振幅条件和相位条件。实际上式(5-49a)为自激振荡建立后的振幅条件,称为平衡条件;而在自激振荡的起始阶段,振幅条件应修正为$AF>1$,称为起振条件。

为使负反馈放大器能稳定地工作,必须设法破坏上述条件,即在$\varphi_A+\varphi_F=\pm(2n+1)\times180°$时,满足$AF<1$。这就是判别负反馈放大器稳定性的条件。

5.4.3 负反馈放大电路自激现象的消除

由于反馈网络一般由电阻构成,不会产生附加相移,因此附加相移主要由基本放大器产生。一般而言,单级RC放大器在高、低频区都只有一个电容起主要作用,其最大附加相移为90°;两级RC放大器的最大附加相移为180°,然而当附加相移为180°时,A已趋于0,而通常总是有$F\leqslant1$。因此,单级或两级负反馈放大器一般不会产生自激振荡。对于三级或三级以上的反馈放大器来说,$\dot{A}$的最大附加相移超过180°,因此在深度负反馈($AF\gg1$)情况下,当附加相移为180°时,A或AF仍然较大,可以满足$AF\geqslant1$的振幅条件,从而产生自激振荡。

采用频率补偿法可消除负反馈放大器的高频自激现象。频率补偿法就是在基本放大器或反馈网络中的节点与节点之间插入电抗元件(常用电容),使电路参数改变,即让放大器或反馈网络的频率特性发生变化,从而破坏自激振荡的条件。采用频率补偿电路后,放大器能够在一定程度上引入深度负反馈,同时又能保证有一定的稳定度。限于篇幅,这里对频率补偿电路不再进一步讨论。

5.5 Multisim仿真例题

本节讨论交流负反馈对放大倍数稳定性的影响,以运算放大器作为基本器件,以典型电压串联负反馈电路为例研究反馈对电压放大倍数的变化产生的影响。

1. 题目

研究电压串联负反馈放大电路中对电压放大倍数稳定性影响的因素。

2. 仿真电路

仿真电路如图 5-23 所示。运放采用通用运算放大器 UA741 器件，运放 U_1、U_2 构成级联，且分别引入局部电压并联负反馈。电路闭环电压放大倍数为 $A_{uf1}\approx-\dfrac{R_{f1}}{R_1}$，$A_{uf2}\approx-\dfrac{R_{f2}}{R_2}$，该负反馈放大电路基本放大倍数为 $A\approx A_{uf1}\cdot A_{uf2}\approx\dfrac{R_{f1}}{R_1}\cdot\dfrac{R_{f2}}{R_2}$。

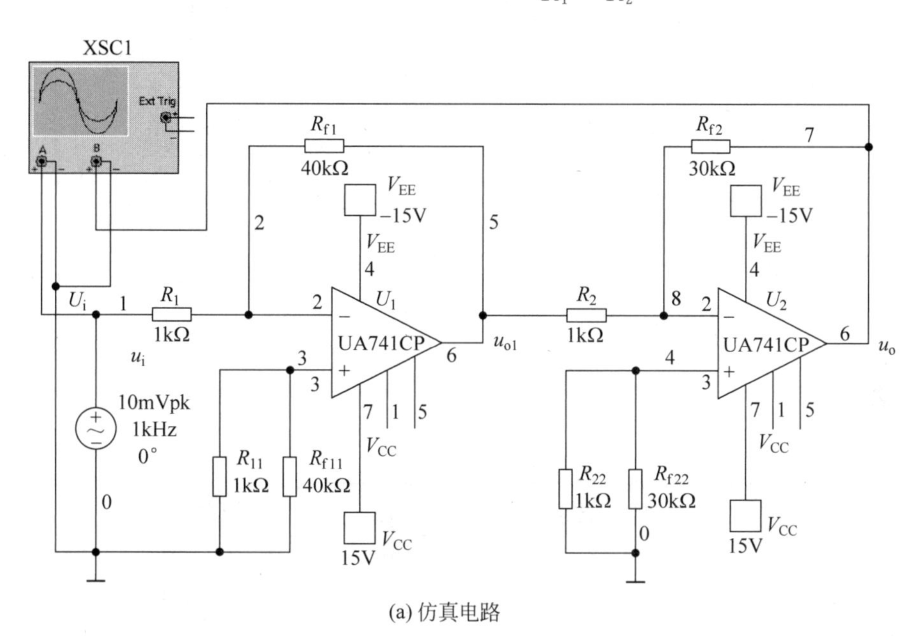

(a) 仿真电路

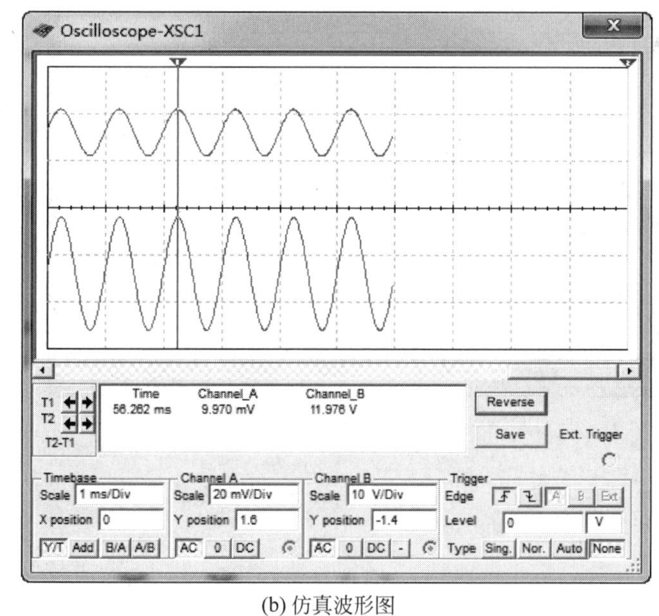

(b) 仿真波形图

图 5-23　仿真电路及波形图

当电路引入级间电压串联负反馈时，电路如图 5-24 所示，闭环电压放大倍数为

$$A_{\mathrm{uf}} \approx -\frac{A_{\mathrm{uf1}}A_{\mathrm{uf2}}}{1+A_{\mathrm{uf1}}A_{\mathrm{uf2}}F},\quad F=\frac{R}{R+R_{\mathrm{f}}}$$

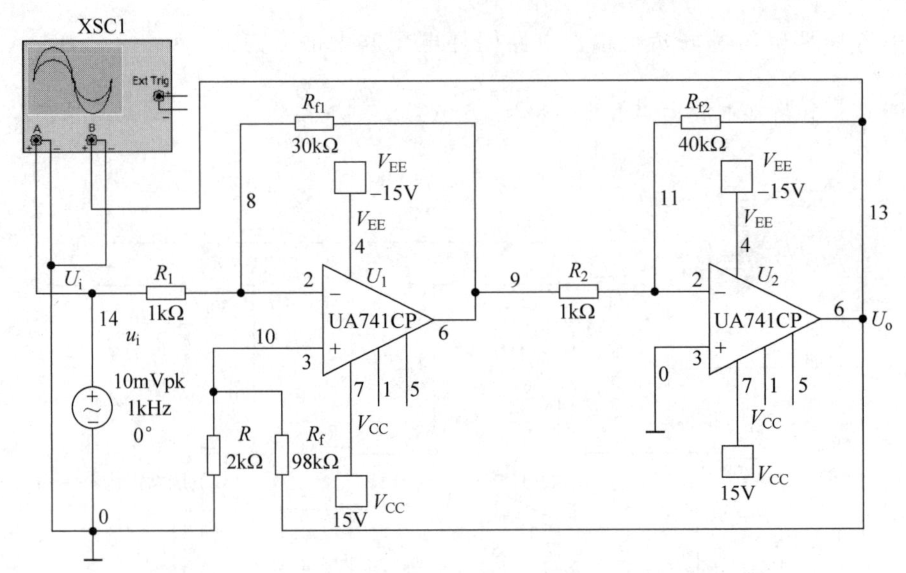

(a) 仿真电路

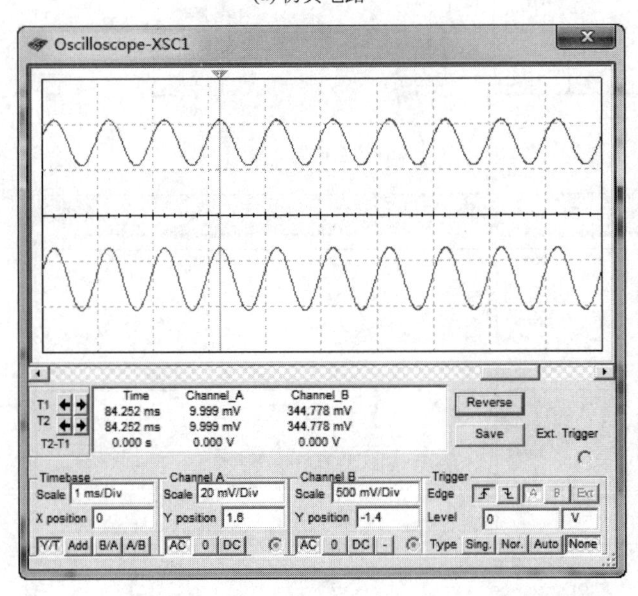

(b) 仿真波形图

图 5-24 引入级间反馈的仿真电路及波形图

3. 仿真内容

利用示波器测量图 5-23 及图 5-24 电路输出电压值，并计算电压放大倍数。改变 R_{f2} 为 4kΩ，再次测量。

4. 仿真结果

仿真结果如表5-2所示。

表5-2 仿真数据结果

信号源峰值 U_{ip}	反馈电阻 R_{f2}	运放 U_2 输出电压峰值 U_{op}	闭环运放 U_2 输出电压峰值 U_{op}	闭环电压放大倍数 A_{uf}	电压放大倍数 A_{uf1}	电压放大倍数 A_{uf2}	开环电压放大倍数 A
10mV	40kΩ	11.976V	464.643mV	46.5	−30	−40	1.2×10^3
10mV	4kΩ	1.199V	344.778mV	34.5	−30	−4	1.2×10^2

5. 结论

(1) 由表5-2可知，当 R_{f2} 从40kΩ变为4kΩ时，电路的开环电压放大倍数变化量 $\Delta A/A=(1.2\times10^2-1.2\times10^3)/(1.2\times10^3)=-0.9$，闭环电压放大倍数变化量 $\Delta A_{uf}/A_{uf}=(34.5-46.5)/46.5\approx-0.258$，$|\Delta A_{uf}/A_{uf}|<|\Delta A/A|$。由此说明负反馈提高了放大倍数的稳定性。

(2) 当 R_{f2} 从40kΩ变为4kΩ时，开环电压放大倍数 A 从 1.2×10^3 变为 1.2×10^2，闭环电压放大倍数 A_{uf} 分别为46.5和34.5，与计算结果近似。

(3) 当开环电压放大倍数 A 从 1.2×10^3 变为 1.2×10^2 时，闭环电压放大倍数变化量的计算结果为

$$\frac{\Delta A_{uf}}{A_{uf}}=\left(\frac{1.2\times10^2}{1+1.2\times10^2F}-\frac{1.2\times10^3}{1+1.2\times10^3F}\right)\Bigg/\frac{1.2\times10^2}{1+1.2\times10^2F}\approx-0.26$$

与仿真结果相同。

本章小结

放大电路的反馈是模拟电子技术课程中的重点内容之一，本章的主要内容有：

(1) 反馈是指把输入电压或输出电流的一部分或全部通过反馈网络，用一定的方式送回到输入回路，以影响净输入量的过程。反馈网络和基本放大电路一起组成闭合环路。

(2) 熟练掌握反馈的基本概念，并能够对反馈的类型进行判断，常见的负反馈的类型有电压串联、电压并联、电流串联、电流并联。

(3) 根据放大电路的方框图，推导出反馈的一般表达式，并根据一般表达式中 $|1+\dot{A}\dot{F}|$ 的值，判断出电路引入的反馈类型。

(4) 引入负反馈后，使得放大电路的闭环增益变小，但提高了电压增益的稳定性，同时减小了非线性失真，抑制了干扰和噪声，扩展了通频带。

(5) 串联负反馈能提高输入电阻，并联负反馈能减小输入电阻，电压负反馈能减小输出电阻，电流负反馈能增加输出电阻，电压负反馈能稳定地输出电压，电流负反馈能稳定地输

出电流；根据这些参数的改变，可以合理地引入负反馈以达到电路设计的要求。

(6) 在深度负反馈的条件下，可以利用“虚短”、“虚断”的概念估算电路的闭环增益。

(7) 引入负反馈可以改善放大电路的性能，反馈越深，性能改善越明显。但由于电路中存在电容等元件，它们的阻抗随信号频率而变化，因而使得电路响应的幅值和相位都随频率而变化，当满足$|1+\dot{A}\dot{F}|=0$时，电路就会从原来的负反馈变成正反馈而产生自激振荡。通常用频率补偿法来消除自激振荡。

习题

5-1

(1) 什么是放大电路的开环增益和闭环增益？

(2) 什么是反馈？什么是正反馈？什么是负反馈？

(3) 负反馈放大电路有哪4种组态？如何判断？

(4) 串联和并联负反馈对放大电路的输入电阻有何影响？它们各适合哪种输入信号形式？

(5) 电压和电流负反馈对输出电阻有何影响？它们稳定了什么输出量？

(6) 什么是放大电路的虚短和虚断？条件是什么？

(7) 负反馈放大电路满足深度负反馈条件时，闭环放大倍数有何特点？

(8) 负反馈对放大电路的性能都有何影响？

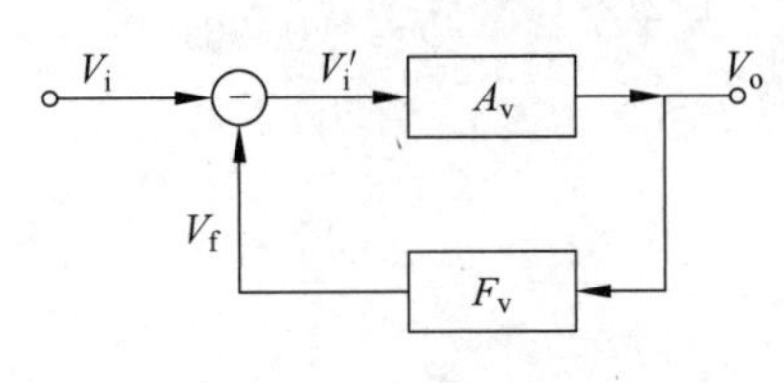

图 5-25 题 5-2 图

5-2 某反馈放大器的方框图如图 5-25 所示，已知其开环电压增益$A_v=2000$，反馈系数$F_v=0.0495$。若输出电压$V_o=2V$，则求输入电压V_i、反馈电压V_f及净输入电压V_i'。

5-3 试判断图 5-26 中各电路所引入的反馈组态，设各电容将交流信号视为短路。若图 5-26 中各电路满足深度负反馈条件，试计算反馈系数和电压放大倍数。

5-4 因为引入了负反馈，试列出在图 5-26 各电路中输入和输出电阻的变化（增大或减小）。

5-5 试画出图 5-26(d)和图 5-26(e)所示电路的中频交流等效电路，并计算各电路输入和输出电阻。

5-6 集成放大电路所组成的电路如图 5-27 所示，试判断图 5-27 中各电路所引入的反馈组态。

5-7 试计算图 5-27(c)、图 5-27(e)和图 5-27(f)所示电路的反馈系数和电压放大倍数。

5-8 在图 5-27(a)和图 5-27(b)所示电路中，$R_1=R_2=R_3=R_4=10\text{k}\Omega$、$R_f=100\text{k}\Omega$，试计算各电路的反馈系数和电压放大倍数。

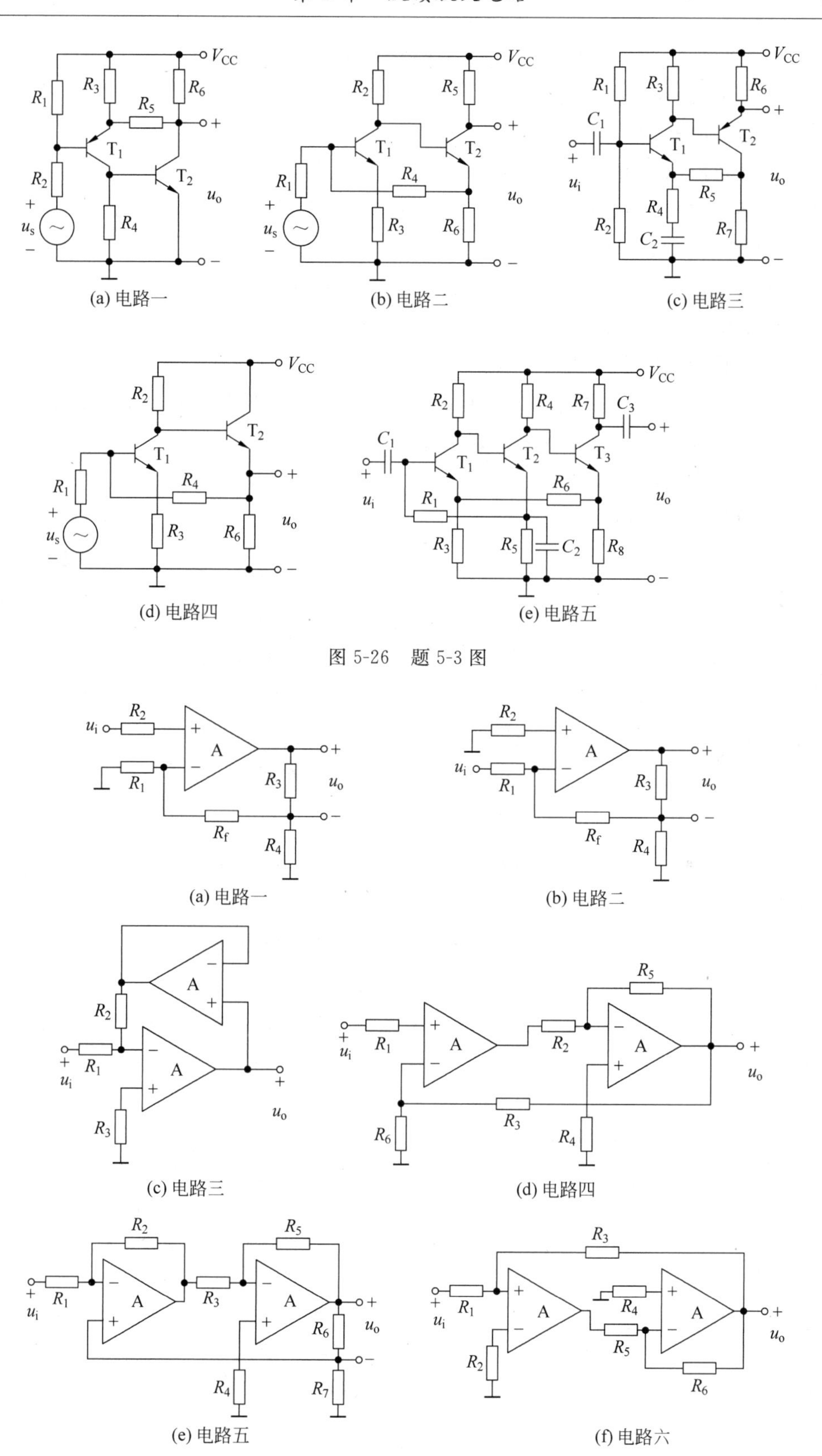

图 5-26　题 5-3 图

图 5-27　题 5-6 图

5-9　在图 5-28 所示的集成放大电路中，$R_1=R_3=R_4=100\text{k}\Omega$，$R_5=1020\Omega$，试：

(1) 判断放大电路的反馈组态。

(2) 计算该电路的反馈系数。

(3) 计算该电路的电压放大倍数。

5-10　在图 5-29 所示的集成放大电路中，$R_1=R_2=10\text{k}\Omega$，$R_4=2\text{k}\Omega$，$R_5=1\text{k}\Omega$，$R_3=489\text{k}\Omega$，三极管 T 的放大倍数足够大，试：

(1) 电路若欲引入电流串联负反馈，则电阻 R_3 该如何连接？

(2) 计算该电路的反馈系数。

(3) 计算该电路的电压放大倍数。

5-11　在图 5-30 所示的集成放大电路中，$R_1=R_2=1\text{k}\Omega$，电位器 $W=2\text{k}\Omega$，稳压管的稳压值 $U_Z=3.75\text{V}$，三极管 T 的放大倍数足够大，试：

(1) 判断放大电路的反馈组态。

(2) 计算该电路的输出电压范围。

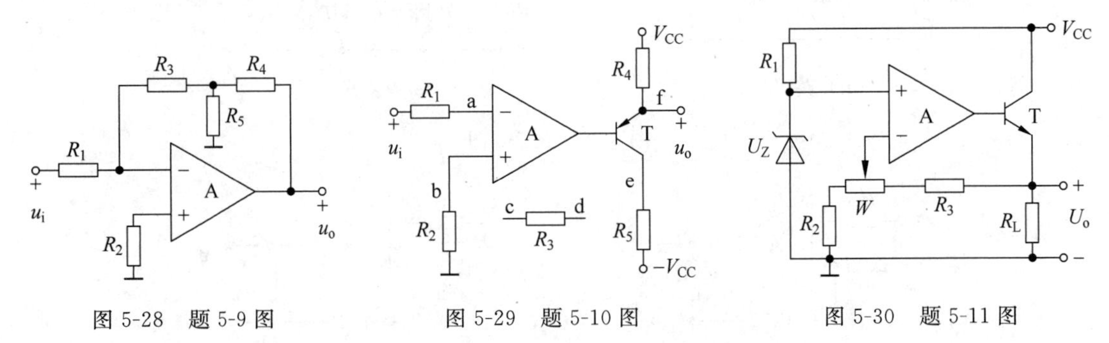

图 5-28　题 5-9 图　　图 5-29　题 5-10 图　　图 5-30　题 5-11 图

5-12　对于某电压串联负反馈放大器，若输入电压 $U_i=0.1\text{V}$(有效值)，则测得其输出电压为 1V，去掉负反馈后，测得其输出电压为 10V(保持 U_i 不变)，求反馈系数 F_u。

5-13　为了满足以下要求，各电路应引入什么组态的负反馈？

(1) 某仪表放大电路，要求输入电阻大，输出电流稳定。

(2) 某电压信号内阻很大(几乎不能提供电流)，但希望经放大后输出电压与信号电压成正比。

(3) 要得到一个由电流控制的电流源。

(4) 要得到一个由电流控制的电压源。

(5) 要减小电路从信号源索取的电流，增大带负载能力。

(6) 需要一个阻抗变换电路，要求输入电阻小，输出电阻大。

5-14　在图 5-31 所示的集成放大电路中，

(1) 为了稳定输出电压，电路应引入何种反馈，电阻 R_3 应如何连接？

(2) 若 $R_1=R_2=10\text{k}\Omega$，要求电压放大倍数为 50，则电阻 R_3 的值应为多少？

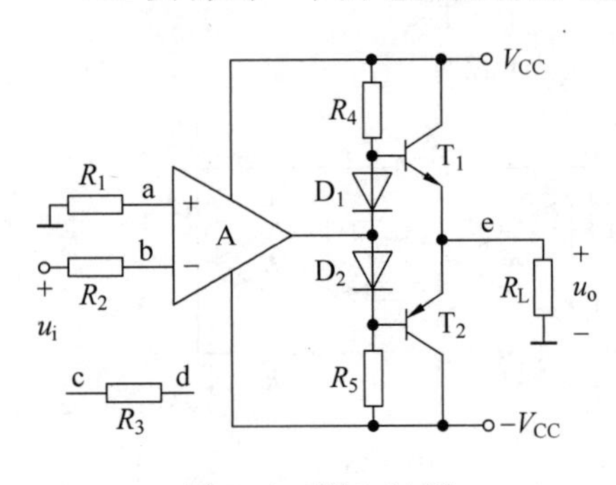

图 5-31　题 5-14 图

5-15　电路如图 5-32 所示，它的最大级间反馈可从 T_3 的集电极或发射极引出，接到 T_1 的发射极或基极，于是共有 4 种接法(1 和 3、1 和 4、2 和 3、2 和 4 相接)。试判断这 4 种接法是正反馈还是负反馈？各为什么组态？

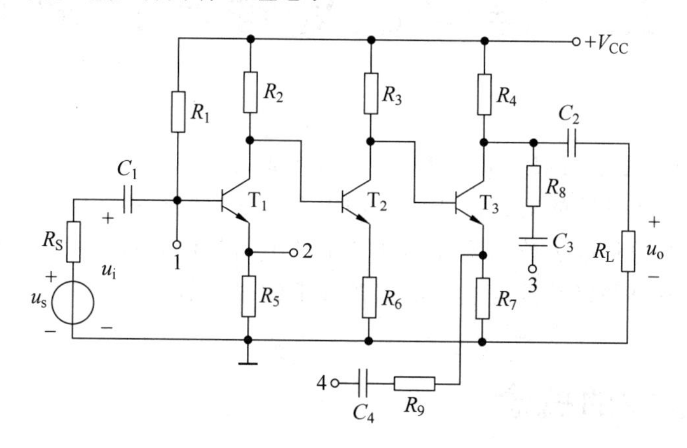

图 5-32　题 5-15 图

5-16　电路如图 5-32 所示。为了实现以下要求，各应采用什么负反馈形式？如何连接？

(1) 要求 R_L 变化时输出电压基本不变。

(2) 要求信号源为电流源时，反馈的效果比较好。

(3) 要求放大器的输出信号接近恒流源。

(4) 要求输入端向信号源索取的电流尽可能小。

(5) 要求信号源为电流源时，输出电压稳定。

(6) 要求输入电阻大，且输出电流变化尽可能小。

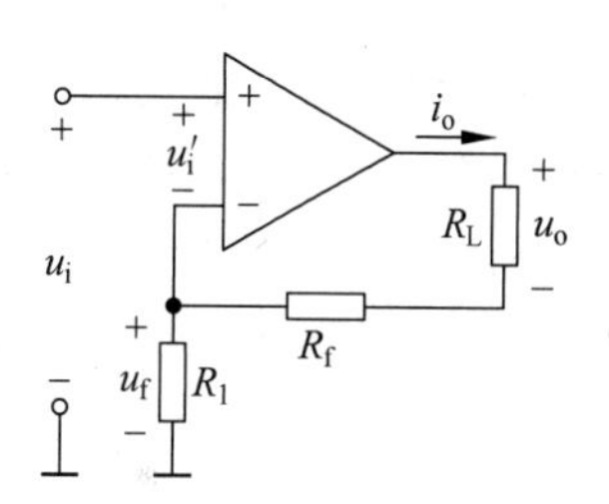

图 5-33　题 5-17 图

5-17　深度负反馈放大电路如图 5-33 所示，试求其闭环电压放大倍数 A_{uf}。

第 6 章 信号的处理与运算电路

我们在第 3 章学习了集成运算放大器(简称集成运放或运放)的特点、结构组成和性能指标,第 5 章又引入了反馈的概念。作为一种用途广泛的模拟集成电路,本章在理解理想集成运放的基础上,学习集成运放在闭环和开环条件下的各种应用,特别是负反馈条件下各种模拟运算、有源滤波电路以及开环或正反馈条件下的比较器等。

6.1 理想运放的概念

6.1.1 集成运放的模型与电压传输特性

图 6-1 为集成运放的符号,其中,u_P 和 u_N 分别是同相和反相输入端;u_O 为输出端。

集成运放有直接耦合、差模放大倍数大、输入电阻大、输出电阻小、共模抑制比高等特点。可以称为双端输入单端输出、高差模放大倍数、高输入电阻、低输出电阻、能抑制温漂的差分放大器。

其中输出电压 u_O、输入电压 u_p 和 u_N 与差模放大倍数 A_{od} 的关系为:

$$A_{od}=\frac{u_O}{u_P-u_N} \quad \text{或} \quad u_O=A_{od}(u_P-u_N) \tag{6-1}$$

定义输出电压 u_O 与两输入电压之差(u_P-u_N)的关系为集成运放的电压传输特性,如图 6-2 所示。其中斜线部分为线性区、输出电压与输入电压之差为线性关系;直线部分为非线性区,输出电压达到最大值($\pm U_{OM}$)。

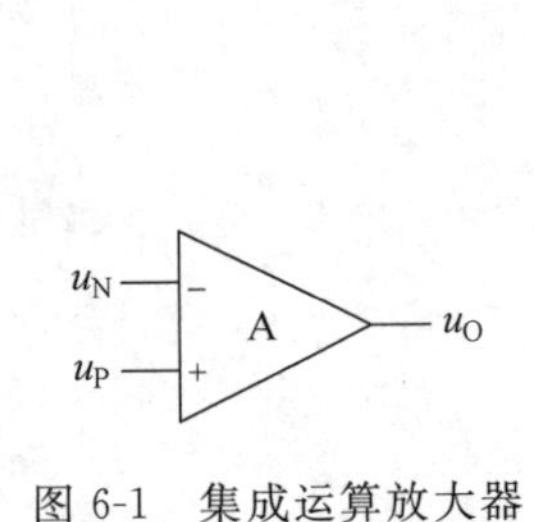

图 6-1 集成运算放大器

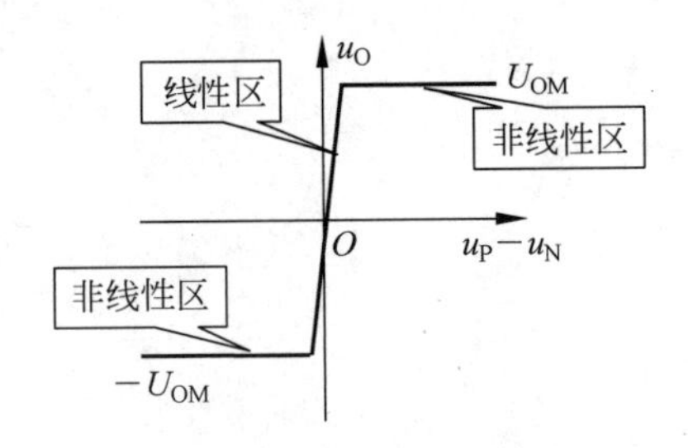

图 6-2 集成运放的电压传输特性

6.1.2 理想运放工作在线性区的特点

当集成运放满足以下条件时,可以认为是理想运放:

开环差模电压增益 $A_{od}\rightarrow\infty$;

差模输入电阻 $R_{id} \to \infty$；

差模输出电阻 $R_{od} \to 0$；

共模抑制比 $K_{CMR} \to \infty$；

开环带宽 $BW \to \infty$；

失调电压及其温漂 $V_{IO} \to 0, \Delta V_{IO}/\Delta T \to 0$；

失调电流及其温漂 $I_{IO} \to 0, \Delta I_{IO}/\Delta T \to 0$。

开环差模电压放大倍数 $A_{od} \to \infty$ 和差模输入电阻 $R_{id} \to \infty$ 是两个最重要的指标，一般认为，满足这两个条件即是理想运放。

当 $A_{od} \to \infty$ 时，理想集成运放的电压传输特性如图 6-3 所示。很明显，理想运放工作在线性区的条件是 $u_P = u_N$。

对于理想运放，由于 $A_{od} \to \infty$，所以即使净输入($u_P - u_N$)有微小的电压，输出也将进入非线性区。要保证运放工作在线性区，应引入负反馈，如图 6-4 所示。

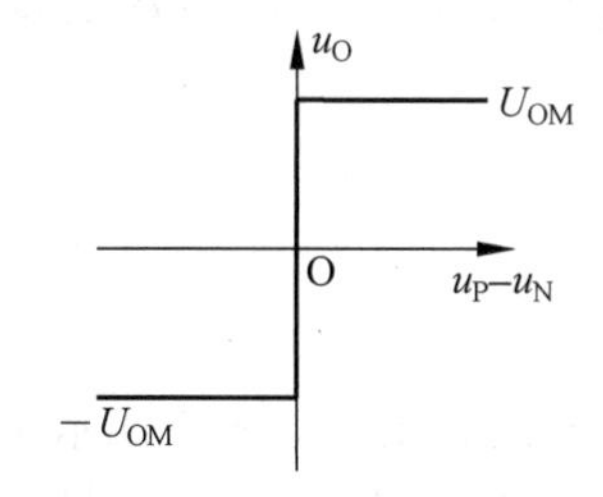

图 6-3　理想集成运放的电压传输特性

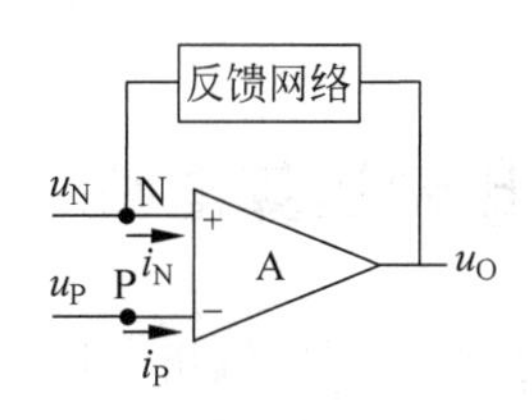

图 6-4　集成运放引入负反馈

设 u_O 因某种原因增加，有如下反馈过程：

$$u_O \uparrow \Rightarrow u_N \uparrow \Rightarrow (u_P - u_N) \downarrow \Rightarrow u_O \downarrow$$

反之亦然，通过负反馈 u_P 和 u_N 可以逐渐接近，使输出电压 u_O 逐步稳定、保证其工作在线性区。

在线性区有两个重要的结论：

(1) 由于 u_O 为有限值，$A_{od} \to \infty$，所以 $u_P = u_N$，即 P、N 两点电位相等，其效果相当于短路，而实际两点之间并未真正短路，所以将 $u_P = u_N$ 称为“虚短路”或“虚短”。

(2) 由于运放的差模输入电阻 $R_{id} \to \infty$，所以两输入端的电流很小，理想情况下可视为零。流进的电流 $i_P = i_N = 0$，两输入端并未真正断开，但其效果相当于断开，因此称为“虚断路”或“虚断”。

虚短和虚断是分析运放线性应用的两个重要结论，如图 6-5 所示。

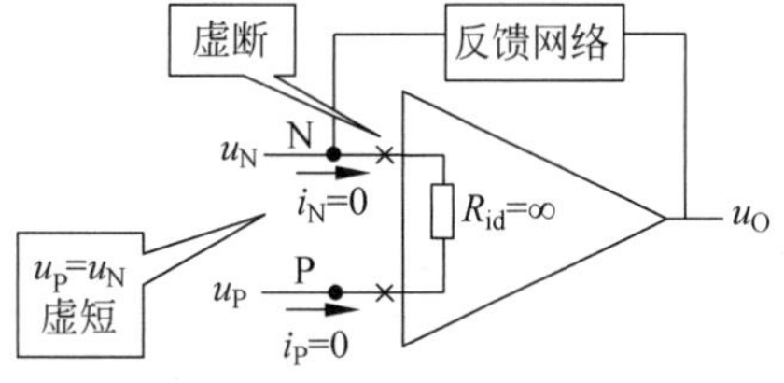

图 6-5　虚短和虚断

6.1.3　理想运放工作在非线性区的特点

当不满足 $u_P = u_N$ 时，输出电压将达到最大值($\pm U_{OM}$)，进入非线性区。根据关系式：

$$u_O = A_{od}(u_P - u_N)$$

输出电压的正负可以反映两输入电压的大小关系，可作为电压比较器。在非线性区，不存在“虚短”的现象，但“虚断”的现象依然存在。

6.2 基本运算电路

运算放大器，顾名思义，其基本功能首先是运算，即以输入电压为变量，输出电压为函数，根据电路结构、反馈网络和输入网络的不同，可以构成包括比例、加减、微积分、对数和指数、乘除等模拟运算电路。

两点说明：

(1) 模拟运算是在运放的线性应用条件下进行的，必须在负反馈条件下工作，运放的指标参数决定了负反馈一定是深度的。

(2) 利用“虚短”和“虚断”两个重要结论，运用电路运算的方法，分析运算电路的输出-输入关系。

6.2.1 比例运算电路

所谓比例运算，即输出电压与输入电压呈一定的比例关系。图 6-6 所示是一个单输入、单输出的电路，其比例系数 K 与电路中的输入元件和反馈元件有关。比例运算电路可以实现晶体管放大电路进行电压放大的功能，且电路简化、不需设置静态工作点，不必考虑非线性失真及低频特性的问题。

1. 反相比例运算

反相比例运算电路如图 6-7 所示。这是一个电压并联负反馈电路，R_F 为反馈电阻、输入电压通过电阻 R 作用于运放的反相输入端，同相端通过平衡电阻 R' 接地。

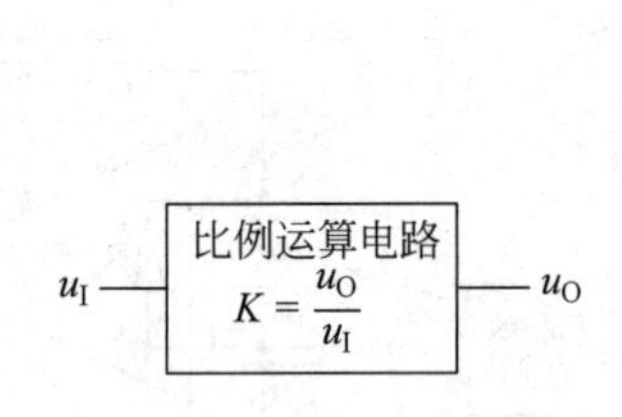

图 6-6 比例运算电路

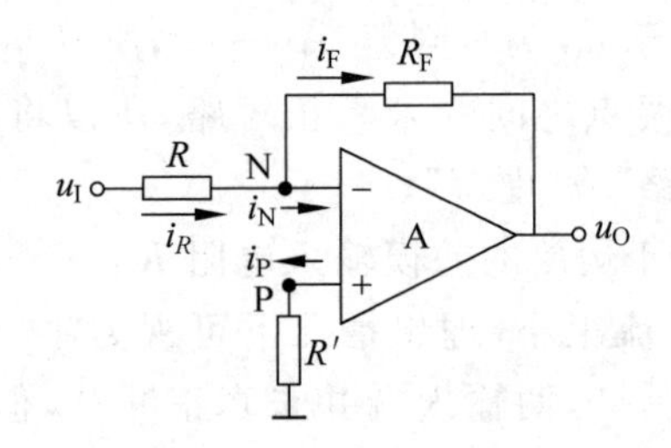

图 6-7 反相比例运算电路

分析：因“虚断”，$i_P=i_N=0$，所以 $u_P=0$、$i_R=i_F$；因“虚短”，所以 $u_N=u_P=0$，u_N 又称为“虚地”。通过节点 N 的电流方程，可以推导出输出-输入电压的函数关系。

因为

$$i_R = i_F$$

所以

$$\frac{u_I - u_N}{R} = \frac{u_N - u_O}{R_F} \tag{6-2}$$

因为

$$u_N = 0$$

所以

$$\frac{u_I}{R} = -\frac{u_O}{R_F}$$

即

$$\frac{u_O}{u_I} = -\frac{R_F}{R} = K \qquad (6\text{-}3)$$

比例系数 K 仅与两个电阻的比值有关，根据所选电阻不同，可以大于、小于或等于1。负号表示输出与输入电压反相。

考虑到并联电压负反馈的特点，其输出电阻较小($R_o=0$)、输入电阻也不大($R_i=R$)。

平衡电阻 R' 的选择：考虑到作为运放输入端的差分放大器静态时的对称性，要求两个输入端静态总电阻相等，即：

$$R_P = R_N \quad \Rightarrow \quad R' = R \mathbin{/\!/} R_F \qquad (6\text{-}4)$$

如果 $R_F=R$，则 $K=-1$，输入与输出幅值相等，相位相反，称为反相器。

例 6-1 设计一个电路，实现 $u_O=-12u_I$。

解：因为比例系数 $K=-12$，为反相比例放大电路，电路如图6-7所示。可以选择 $R_F=24\text{k}\Omega$、$R=2\text{k}\Omega$、$R'=24 /\!/ 2\approx 1.85(\text{k}\Omega)$。实际操作中，平衡电阻可以通过电位器调节。

2. 同相比例运算

同相比例运算电路如图6-8所示。这是一个电压串联负反馈电路，R_F 为反馈电阻，输入电压通过平衡电阻 R' 作用于运放的同相输入端，反相端通过电阻 R 接地。

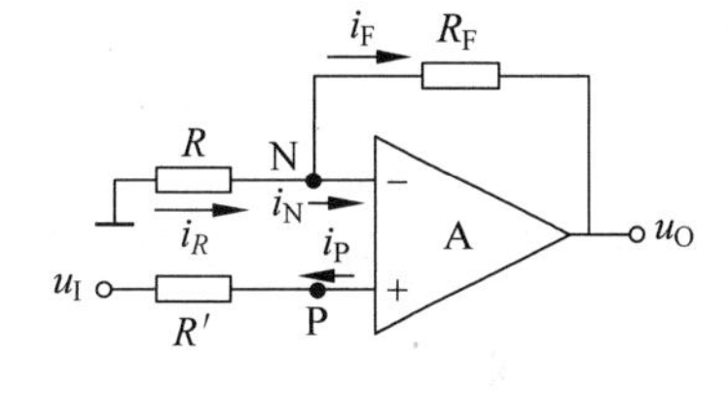

图6-8 同相比例运算电路

分析：因为“虚断”，$i_P=i_N=0$，所以 $u_P=u_I$、$i_R=i_F$；因为“虚短”，所以 $u_N=u_P=u_I$。

列出节点N的电流方程，推导出输出-输入电压的函数关系。

因为

$$i_R = i_F$$

所以

$$\frac{0-u_N}{R} = \frac{u_N-u_O}{R_F} \qquad (6\text{-}5)$$

因为

$$u_N = u_P = u_I$$

所以

$$-\frac{u_I}{R} = \frac{u_I-u_O}{R_F}$$

即

$$\frac{u_O}{u_I} = 1+\frac{R_F}{R} = K \qquad (6\text{-}6)$$

比例系数 K 与 1 和两个电阻比值之和有关,根据所选电阻不同,可以大于或等于 1。输出与输入电压同相。

由于是串联负反馈,其输入电阻较大($R_i \approx \infty$)。

平衡电阻:

$$R' = R \mathbin{/\!/} R_F \tag{6-7}$$

如果 $K=1$,即 $R=\infty$ 或 $R_F=0$,根据"虚短"和"虚断"分析得知,$u_I = u_N = u_O$,输入电压与输出电压的幅值和相位相同,称为"电压跟随器",如图 6-9 所示。

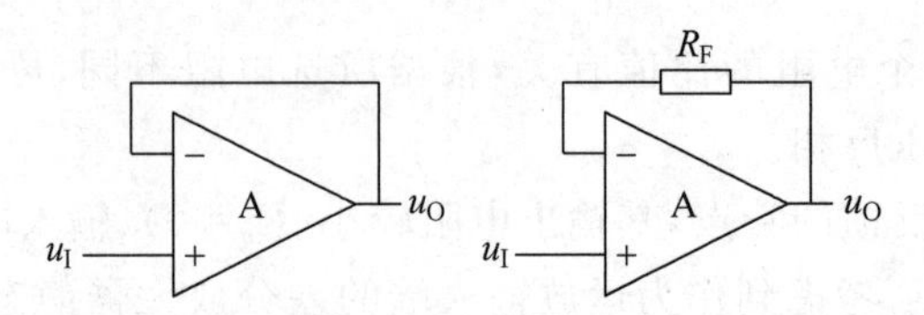

图 6-9 同相比例电路的应用——电压跟随器

例 6-2 电路如图 6-10 所示,其中 $R_1 = 3\text{k}\Omega$、$R_{F1} = 6\text{k}\Omega$、$R_2 = 2\text{k}\Omega$、$R_{F2} = 4\text{k}\Omega$。如果 $u_I = 0.5\text{V}$,计算 u_{O1} 和 u_O 各是多少?

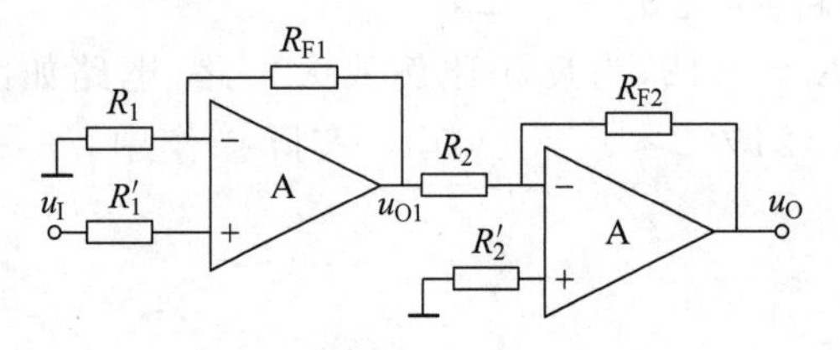

图 6-10 例 6-2 图

解:第一级为同相比例运算电路,其比例系数:

$$K_1 = 1 + \frac{R_{F1}}{R_1} = 1 + \frac{6}{3} = 3$$

所以,第一级的输出:

$$u_{O1} = K_1 u_I = 3 \times 0.5 = 1.5\text{V}$$

第二级为反相比例运算电路,其比例系数:

$$K_2 = -\frac{R_{F2}}{R_2} = -\frac{4}{2} = -2$$

所以,第二级的输出:

$$u_O = K_2 u_{O1} = -2 \times 1.5 = -3\text{V}$$

例 6-3 电路如图 6-11 所示,写出输出-输入关系式。

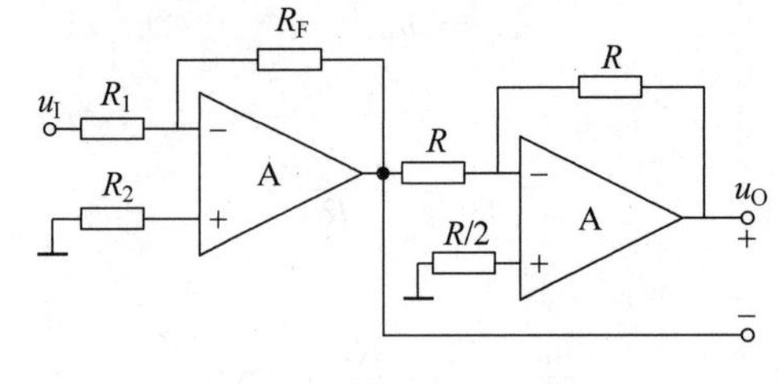

图 6-11 例 6-3 图

解：注意到两级都是反相比例运算电路，但输出电压 u_O 是两个运放对地输出电压之差，其中第一级输出电压为 u_{O1}，第二级输出电压为 u_{O2}。

因为

$$u_{O1}=-\frac{R_F}{R_1}u_I$$

$$u_{O2}=-\frac{R}{R}u_{O1}=-u_{O1}=\frac{R_F}{R_1}u_I$$

所以

$$u_O=u_{O2}-u_{O1}=\frac{R_F}{R_1}u_I+\frac{R_F}{R_1}u_I=\frac{2R_F}{R_1}u_I$$

6.2.2　求和运算电路

求和运算又称加法运算，即输出电压与多个输入电压的和有关。实现的方法是将多个输入信号作用于运放的同一个输入端，是一个多输入、单输出的运算电路。

1. 反相求和运算电路

反相求和运算电路也是电压并联负反馈，实际是在反相比例电路的基础上，将多个输入信号加到运放的反相输入端，如图 6-12 所示为两个输入信号的反相求和运算电路。

根据“虚短”和“虚断”的结论，$u_N=u_P=0$，u_N 为“虚地”，可列出 N 点的电流方程。

因为

$$i_1+i_2=i_F$$

$$i_1=\frac{u_{I1}-u_N}{R_1}=\frac{u_{I1}}{R_1}$$

$$i_2=\frac{u_{I2}-u_N}{R_2}=\frac{u_{I2}}{R_2}$$

$$i_F=\frac{u_N-u_O}{R_F}=-\frac{u_O}{R_F}$$

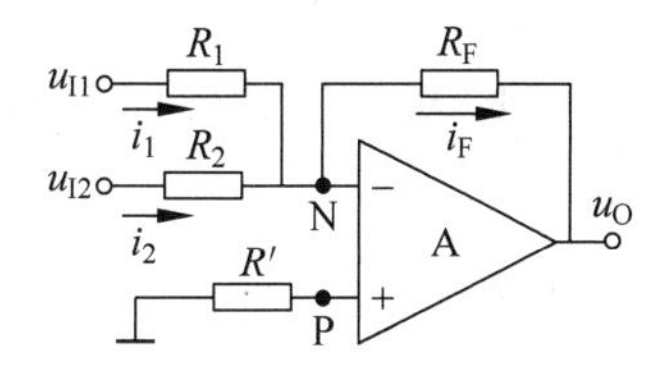

图 6-12　反相求和运算电路

所以

$$\frac{u_{I1}}{R_1}+\frac{u_{I2}}{R_2}=-\frac{u_O}{R_F} \tag{6-8}$$

即

$$u_O=-\left(\frac{R_F}{R_1}u_{I1}+\frac{R_F}{R_2}u_{I2}\right)=-(Au_{I1}+Bu_{I2}) \tag{6-9}$$

结论：

(1) 输出电压与输入电压之和有关，因是反相输入(反相求和)，所以加负号。

(2) A、B 等系数为反馈电阻与输入端电阻之比，实际是比例求和运算。当 $R_1=R_2=R_F$ 时，表达式可写为：

$$u_O = -(u_{I1} + u_{I2}) \tag{6-10}$$

(3) 可以推广到任意多个输入相加，设 N 个输入信号：u_{I1}、u_{I2}、…、u_{IN}，则

$$u_O = -\left(\frac{R_F}{R_1}u_{I1} + \frac{R_F}{R_2}u_{I2} + \cdots + \frac{R_F}{R_N}u_{IN}\right) \tag{6-11}$$

(4) 平衡电阻仍应满足 $R_P = R_N$ 的要求。

例 6-4 设计一个加法电路，用单运放实现：$u_O = -(4u_1 + 5u_2 + 6u_3)$。

解：该运算为三输入、单输出电路的反相运算电路，如果要求所有电阻取整数，则反馈电阻应选择 4、5、6 的公倍数。如果选择 $R_F = 60\text{k}\Omega$，则 $R_1 = 15\text{k}\Omega$、$R_2 = 12\text{k}\Omega$、$R_3 = 10\text{k}\Omega$、$R' = R_1 /\!/ R_2 /\!/ R_3 = 4\text{k}\Omega$，电路如图 6-13 所示。

2. 同相求和运算电路

同相求和运算电路是电压串联负反馈，实际是在同相比例电路的基础上，将多个输入信号加到运放的同相输入端，如图 6-14 所示为两个输入信号的同相求和运算电路。

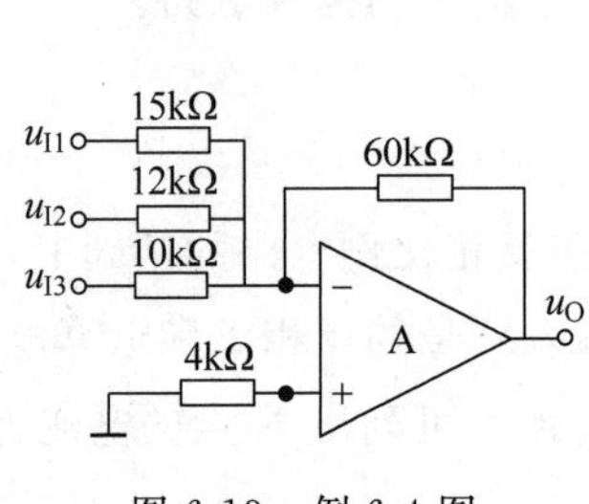

图 6-13 例 6-4 图

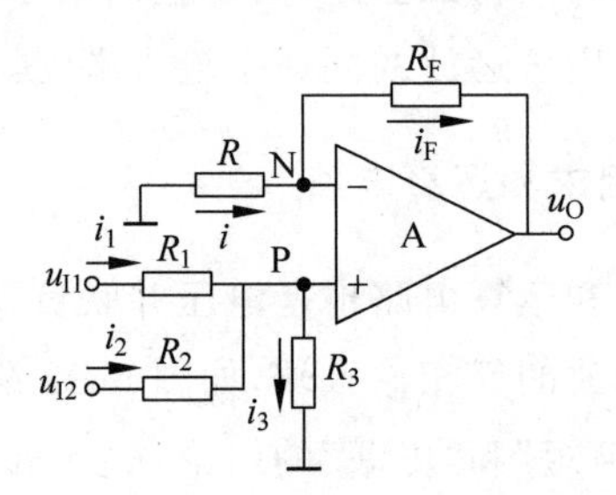

图 6-14 同相求和运算电路

根据“虚短”和“虚断”的结论判断，$u_N = u_P$、$i = i_F$。先列出 P 点的电流方程，求 P 点电位。

因为

$$i_1 + i_2 = i_3$$

所以

$$\frac{u_{I1} - u_P}{R_1} + \frac{u_{I2} - u_P}{R_2} = \frac{u_P}{R_3} \tag{6-12}$$

$$\left(\frac{1}{R_1} + \frac{1}{R_2} + \frac{1}{R_3}\right)u_P = \frac{u_{I1}}{R_1} + \frac{u_{I2}}{R_2}$$

所以

$$u_P = R_P\left(\frac{u_{I1}}{R_1} + \frac{u_{I2}}{R_2}\right) \quad R_P = R_1 /\!/ R_2 /\!/ R_3 \tag{6-13}$$

因为

$$i = i_F \Rightarrow \frac{0 - u_P}{R} = \frac{u_P - u_O}{R_F}$$

$$R_N = R /\!/ R_F$$

所以

$$u_O=\left(1+\frac{R_F}{R}\right)u_P=\left(1+\frac{R_F}{R}\right)R_P\left(\frac{u_{I1}}{R_1}+\frac{u_{I2}}{R_2}\right)=R_F\frac{R_P}{R_N}\left(\frac{u_{I1}}{R_1}+\frac{u_{I2}}{R_2}\right) \tag{6-14}$$

如果满足 $R_P=R_N$，则：

$$u_O=R_F\left(\frac{u_{I1}}{R_1}+\frac{u_{I2}}{R_2}\right)=Au_{I1}+Bu_{I2} \tag{6-15}$$

如果满足 $R_P=R_N=R_F$，则：

$$u_O=u_{I1}+u_{I2} \tag{6-16}$$

结论：

(1) 输出电压与输入电压之和有关，因是同相输入(同相求和)，所以其关系式为正号。

(2) A、B 等系数为反馈电阻与输入端电阻之比。

(3) 同样可以推广到任意多个输入信号，设 N 个输入信号：u_{I1}、u_{I2}、…、u_{IN}，则：

$$u_O=\frac{R_F}{R_1}u_{I1}+\frac{R_F}{R_2}u_{I2}+\cdots+\frac{R_F}{R_N}u_{IN} \tag{6-17}$$

(4) 上述推导是在 $R_P=R_N$ 条件下成立的。

6.2.3 求差与加减运算电路

1. 求差运算

求差运算即减法运算，将两个信号分别加到运放的同相和反相输入端，输出电压与两输入电压之差有关，即构成减法运算电路，如图 6-15 所示。根据“虚短”和“虚断”的结论，$u_N=u_P$、$i_1=i_F$。先求 P 点电位，再通过 N 点的电流方程求输出与输入的关系。

因为

$$u_N=u_P=u_{I2}\times\frac{R_3}{R_2+R_3} \tag{6-18}$$

$$i_1=i_F\Rightarrow\frac{u_{I1}-u_N}{R_1}=\frac{u_N-u_O}{R_F}$$

$$R_N=R_P\Rightarrow R_1\,/\!/\,R_F=R_2\,/\!/\,R_3$$

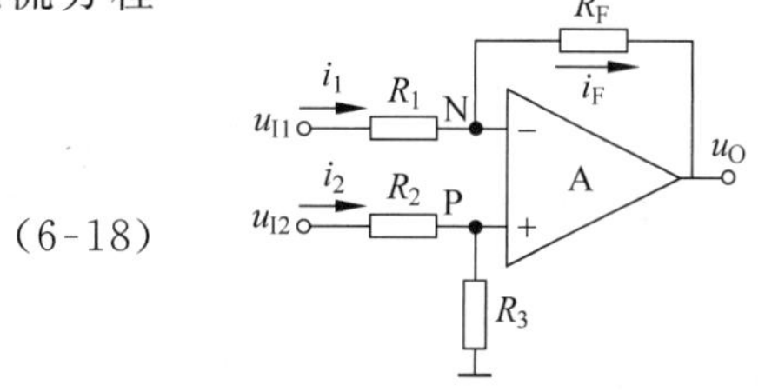

图 6-15　求差(减法)运算电路

所以

$$u_O=u_N\left(1+\frac{R_F}{R_1}\right)-\frac{R_F}{R_1}u_{I1}=u_{I2}\times\frac{R_3}{R_2+R_3}\left(1+\frac{R_F}{R_1}\right)-\frac{R_F}{R_1}u_{I1} \tag{6-19}$$

即

$$u_O=\frac{R_F}{R_2}u_{I2}-\frac{R_F}{R_1}u_{I1}=Au_{I2}-Bu_{I1} \tag{6-20}$$

实现了求差(减法)运算。

如果满足 $R_F=R_1=R_2$，则

$$u_O=u_{I2}-u_{I1} \tag{6-21}$$

例 6-5 设计一个减法电路，要求实现 $u_O=2u_{I2}-u_{I1}$。

解：选定 $R_F=8\text{k}\Omega$，则 $R_1=8\text{k}\Omega$、$R_2=4\text{k}\Omega$、$R_3=\infty$（可省略）。电路如图 6-16 所示。

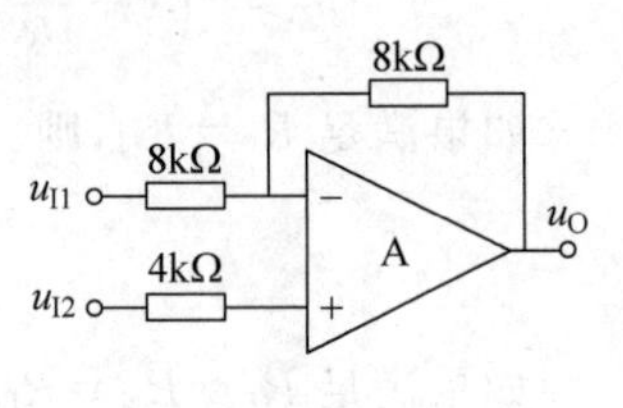

图 6-16 例 6-5 电路

2. 加减运算

综上所述：

当一个信号加到同相或反相输入端时，分别实现同相比例运算或反相比例运算；

当多个信号加到同相或反相输入端时，分别实现同相求和运算或反相求和运算；

当两个信号分别加到同相和反相输入端时，实现求差（减法）运算。

可以设想：在同相输入端和反相输入端各加入多个信号时，可以实现多个信号的加减运算，即：

$$u_O=\sum\text{同相端信号之和}-\sum\text{反相端信号之和}$$

例 6-6 电路如图 6-17 所示，$R_F=60\text{k}\Omega$、$R_1=30\text{k}\Omega$、$R_2=20\text{k}\Omega$、$R_3=60\text{k}\Omega$、$R_4=12\text{k}\Omega$，分析其函数关系。

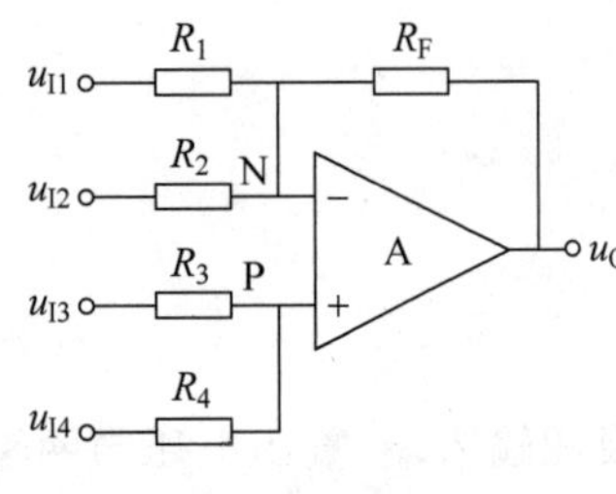

图 6-17 例 6-6 电路

解：分析思路是先通过同相端两个信号的叠加，求 P(N)点的电位，再通过 N 点的电流方程求出输出与输入的运算关系。

首先注意到，该电路的 $R_N=60\,/\!/\,30\,/\!/\,20=10\text{k}\Omega$、$R_P=60\,/\!/\,12=10\text{k}\Omega$，已满足对称的条件，以下推导是在满足这个对称条件下成立的。

根据叠加原理，如果反相端两个信号单独作用、同相端两个输入接地，则为反相求和运算：

$$u_{O1}=-\left(\frac{R_F}{R_1}u_{I1}+\frac{R_F}{R_2}u_{I2}\right)=-\left(\frac{60}{30}u_{I1}+\frac{60}{20}u_{I2}\right)=-(2u_{I1}+3u_{I2})$$

如果同相端两个信号单独作用、反相端两个输入接地，则为同相求和运算：

$$u_{O2}=\frac{R_F}{R_3}u_{I3}+\frac{R_F}{R_4}u_{I4}=\frac{60}{60}u_{I3}+\frac{60}{12}u_{I4}=u_{I3}+5u_{I4}$$

所以，输出电压为：

$$\begin{aligned}u_O&=u_{O2}+u_{O1}=\left(\frac{R_F}{R_3}u_{I3}+\frac{R_F}{R_4}u_{I4}\right)-\left(\frac{R_F}{R_1}u_{I1}+\frac{R_F}{R_2}u_{I2}\right)\\&=u_{I3}+5u_{I4}-2u_{I3}-3u_{I4}\end{aligned}$$

例 6-7 设计一个加减混合运算电路，实现 $u_O=2u_{I1}+3u_{I2}-9u_{I3}$。

解：

方法一：采用两级运算电路、一个反相比例运算电路和一个同相求和运算电路（如图 6-18 所示），通过选择电阻确定各输入信号前的比例系数。

方法二：采用一级运算电路构成加减运算电路（如图 6-19 所示），通过选择电阻确定各输入信号前的比例系数。考虑到 $R_N=36\,/\!/\,4=3.6\text{k}\Omega$、$R_P=18\,/\!/\,12\,/\!/\,R=3.6\text{k}\Omega$，同相端应加 7.2kΩ 的平衡电阻 R。

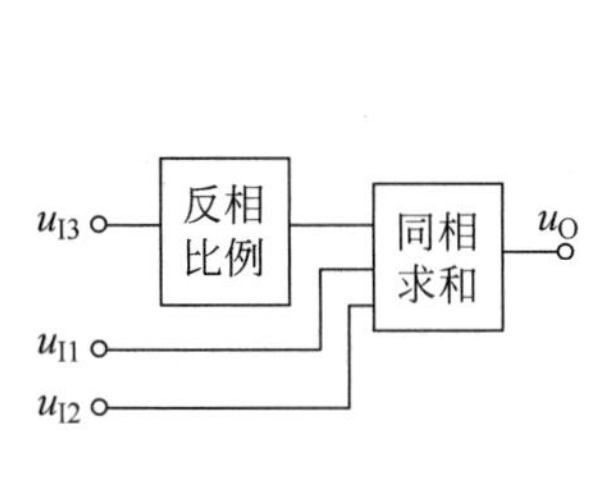

图 6-18　例 6-7 方法一框图

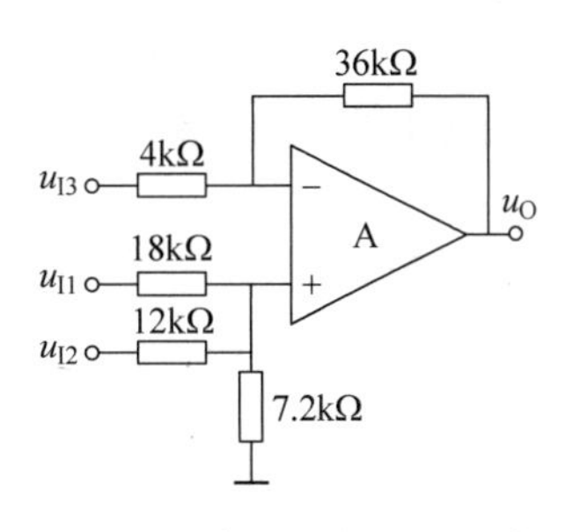

图 6-19　例 6-7 方法二电路

例 6-8　电路如图 6-20 所示,写出输出-出入关系式,分析其功能。

解:这是一种精密放大器的原理电路,用于弱信号的放大,又称为仪表放大器。其特点是输入电阻大,可以针对各种被测信号内阻变化的特点,减小测量误差。同时,可以抑制被测信号中的共模部分,具有很高的共模抑制比。

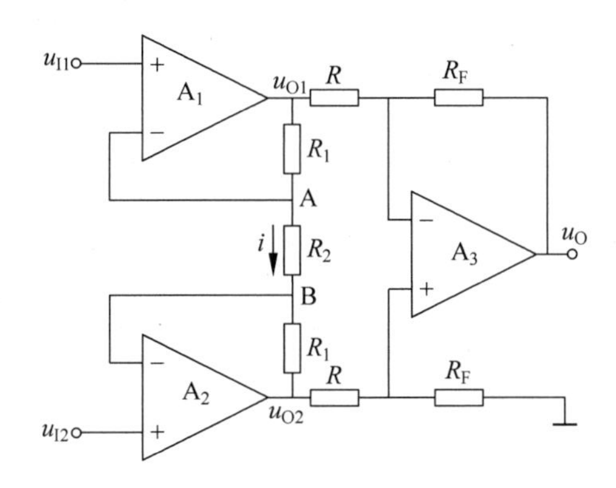

图 6-20　例 6-8 电路

根据“虚短”和“虚断”的概念,因为

$$u_A = u_{I1} \quad u_B = u_{I2}$$

所以

$$u_{I1} - u_{I2} = (u_{O1} - u_{O2}) \times \frac{R_2}{2R_1 + R_2}$$

即

$$u_{O1} - u_{O2} = \left(1 + \frac{2R_1}{R_2}\right)(u_{I1} - u_{I2})$$

所以

$$\begin{aligned} u_O &= \frac{R_F}{R_2}(u_{O2} - u_{O1}) \\ &= -\frac{R_F}{R_2}\left(1 + \frac{2R_1}{R_2}\right)(u_{I1} - u_{I2}) \end{aligned}$$

如果 u_{I1} 和 u_{I2} 为共模信号,则 $u_A = u_B$,R_2 中电流为零,u_{O1} 和 u_{O2} 也为共模信号,输出电压 $u_O = 0$,所以,可以抑制共模信号,放大差模信号。

6.2.4 积分和微分运算电路

在自动控制系统中,积分和微分电路可作为调节环节,还可用于波形变换、时间延迟等电路中。

利用电容作为反馈元件或输入元件,利用电容中电压和电流的微积分关系,可以构为积分或微分电路,实现模拟信号的积分和微分运算。

1. 电容中电压和电流的关系

图 6-21 所示为电容中电流与电压的关联方向,电压和电流的关系见式(6-22)。

$$\begin{cases} i = C\dfrac{\mathrm{d}u_C}{\mathrm{d}t} \\ u_C = \dfrac{1}{C}\displaystyle\int_{t_1}^{t_2} i_C\,\mathrm{d}t + u_C(t_0) \end{cases} \tag{6-22}$$

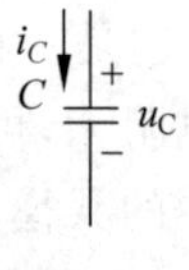

图 6-21 电容中的电流和电压

2. 积分电路

在反相比例运算电路中,用电容 C 代替电阻 R_F 作为反馈元件,就构成了实际的积分电路,如图 6-22 所示。

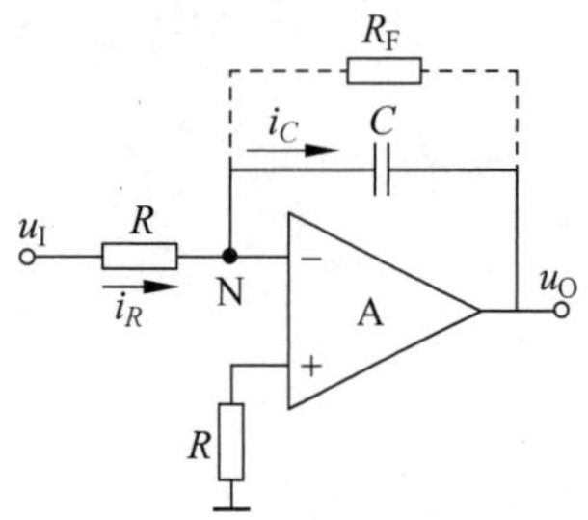

图 6-22 积分电路

根据"虚短"和"虚断"的结论,确定 N 点为"虚地"。因为

$$i_C = i_R = \frac{u_I}{R}$$

所以

$$u_O = -u_C = -\frac{1}{C}\int i_C\,\mathrm{d}t = -\frac{1}{C}\int \frac{u_I}{R}\mathrm{d}t = -\frac{1}{RC}\int u_I\,\mathrm{d}t \tag{6-23}$$

即

$$u_O = -\frac{1}{RC}\int u_I\,\mathrm{d}t \tag{6-24}$$

式(6-24)说明,输出电压与输入电压的积分有关,因反相输入,前面有负号,说明输出与输入反相。定义时间常数:$\tau = RC$。

在求解 $t_1 \sim t_2$ 时间内的积分值时:

$$u_O = -\frac{1}{RC}\int_{t_1}^{t_2} u_I\,\mathrm{d}t + u_O(t_1) \tag{6-25}$$

如果 u_I 在解 $t_1 \sim t_2$ 时间内为常量,则

$$u_O = -\frac{1}{RC}\cdot u_I(t_2 - t_1) + u_O(t_1) \tag{6-26}$$

在实际应用中,为防止低频增益过大,可在电容上并联一个电阻,如图 6-22 中虚线所示部分。

例 6-9　在积分电路(图 6-22)中,$R=100\text{k}\Omega$、$C_F=10\mu\text{F}$,运放的 $U_{OM}=\pm12\text{V}$,当 u_I 为下列信号时,计算并画出输出电压 u_O 的波形。

(1) u_I 为 5V 的阶跃信号(输出电压初始为零)。

分析:加入阶跃信号(直流、相当于常量)后,u_O 向与 u_I 相反方向线性变化,直至达到该方向的最大值。

t 在 0~2.4s 内,输出电压 u_O 线性下降,$t=2.4\text{s}$ 时,u_O 达到 −12V 并保持,如图 6-23(a)所示。

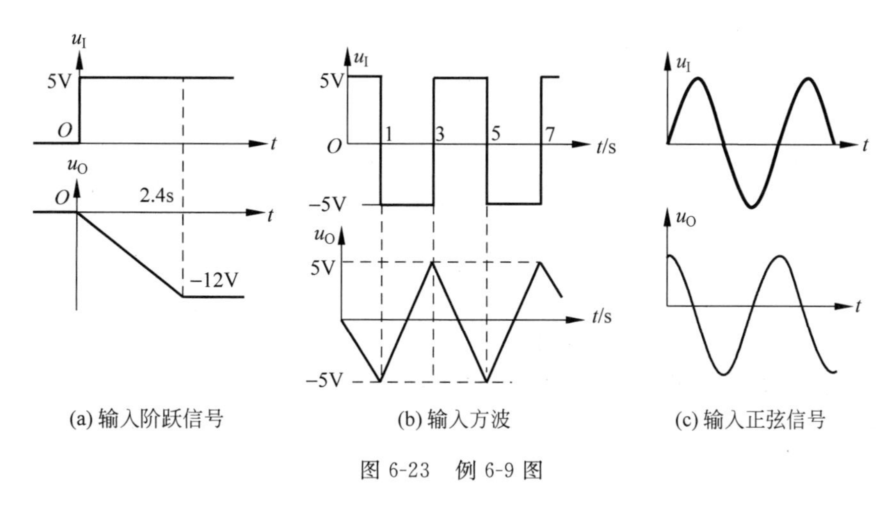

(a) 输入阶跃信号　(b) 输入方波　(c) 输入正弦信号

图 6-23　例 6-9 图

结论一:积分电路可以作为延迟电路,输入加入阶跃电压,输出延迟一段时间达到某个预定值。

$$\tau = RC_F = 100\times10^3\times10\times10^{-6} = 1\text{s}$$

$$u_O = -\frac{1}{RC}\cdot u_I(t_2-t_1)+u_O(t_1) = -\frac{1}{1}\cdot 5(t-0)+0 = -5t = -12\text{V}$$

$$t = 2.4\text{s}$$

(2) u_I 为 ±5V、$t=4\text{s}$ 时的方波信号(输出电压初始为零)。

u_I 为方波,根据每个时间段按常量方法计算。

$$u_O = -\frac{1}{RC}\cdot u_I(t_2-t_1)+u_O(t_1)\begin{cases} 0\text{s}<t<1\text{s}\ 时,u_O = -\dfrac{1}{1}\cdot 5(1-0) = -5\text{V} \\ 1\text{s}<t<3\text{s}\ 时,u_O = -\dfrac{1}{1}\cdot(-5)(3-1)-5 = 5\text{V} \\ 3\text{s}<t<5\text{s}\ 时,u_O = -\dfrac{1}{1}\cdot 5(5-3)+5 = -5\text{V} \\ 5\text{s}<t<7\text{s}\ 时,u_O = -\dfrac{1}{1}\cdot(-5)(7-5)-5 = 5\text{V} \end{cases}$$

结论二:积分电路可以将方波变换为三角波,如图 6-23(b)所示。

(3) 输入为正弦波信号。

输入正弦信号,可以通过积分电路变换为余弦信号,相当于正弦—余弦的移相功能,如图 6-23(c)所示。

结论三:积分电路具有移相电路的功能。

3. 微分电路

微分运算与积分运算互为逆运算，将积分电路中的输入端电阻和反馈电容互换位置，就构成了基本的微分电路，如图 6-24 所示。

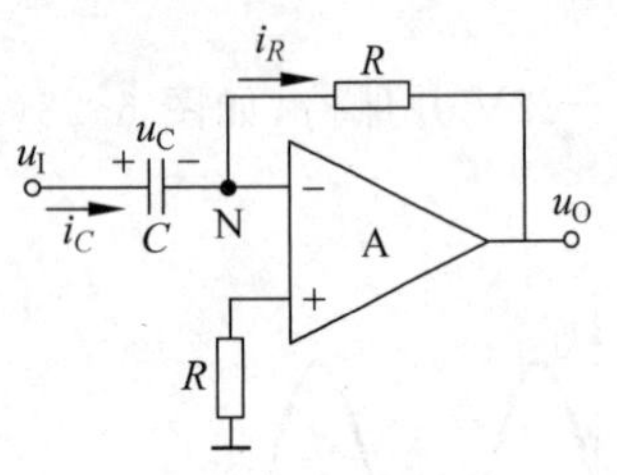

图 6-24 微分电路

根据“虚短”和“虚断”的结论，确定 N 点为“虚地”。

因为

$$u_I = u_C$$

$$i_R = i_C = C\frac{du_C}{dt} = C\frac{du_I}{dt}$$

所以

$$u_O = -i_R R = -RC\frac{du_I}{dt}$$

即：

$$u_O = -RC\frac{du_I}{dt} \tag{6-27}$$

式(6-27)说明，输出电压与输入电压的微分有关，即与输入电压的变化率成比例。因反相输入，前面有负号，说明输出与输入反相，时间常数 $\tau=RC$。

例 6-10 在微分电路(如图 6-24 所示)中，$R=100\text{k}\Omega$、$C_F=10\mu\text{F}(\tau=1\text{s})$，当 u_I分别为三角波、方波时，计算并画出输出电压 u_O 的波形。

解：

(1) u_I为±5V、t=4s 时的三角波信号(输出电压初始为零)。

$$u_O = -RC\frac{du_I}{dt}\begin{cases} 0\text{s}<t<1\text{s 时}, & u_O = -\dfrac{du_I}{dt} = -\dfrac{5}{1} = -5\text{V} \\ 1\text{s}<t<3\text{s 时}, & u_O = -\dfrac{du_I}{dt} = -\dfrac{-10}{2} = 5\text{V} \\ 3\text{s}<t<5\text{s 时}, & u_O = -\dfrac{du_I}{dt} = -\dfrac{10}{1} = -5\text{V} \\ 5\text{s}<t<7\text{s 时}, & u_O = -\dfrac{du_I}{dt} = -\dfrac{-10}{1} = 5\text{V} \end{cases}$$

输入与输出波形见图 6-25(a)，微分电路可以将三角波变换为方波，证明是积分电路的逆运算。

(2) u_I为±5V、t=4s 时的方波信号。

由于方波的变化时间趋近于零，即 $dt\to 0$，所以在方波变化瞬间，输出电压呈现反方向的尖脉冲，其恢复时间取决于时间常数的大小，如图 6-25(b)所示。

例 6-11 如图 6-26 所示电路，写出表达式，分析功能。

解：根据“虚短”和“虚断”的概念，$u_N=u_P=0$，为“虚地”。根据 N 点的电流方程，因为

$$i_F = i_{C1} + i_1 \quad i_{C1} = C_1\frac{du_I}{dt} \quad i_1 = \frac{u_I}{R_1}$$

所以

$$u_{R2} = i_F R_2 = (i_{C1} + i_1)R_2 = R_2 C_1\frac{du_I}{dt} + \frac{R_2}{R_1}u_I$$

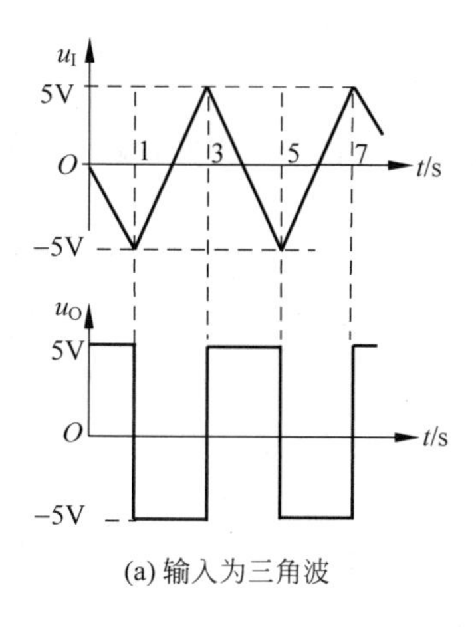

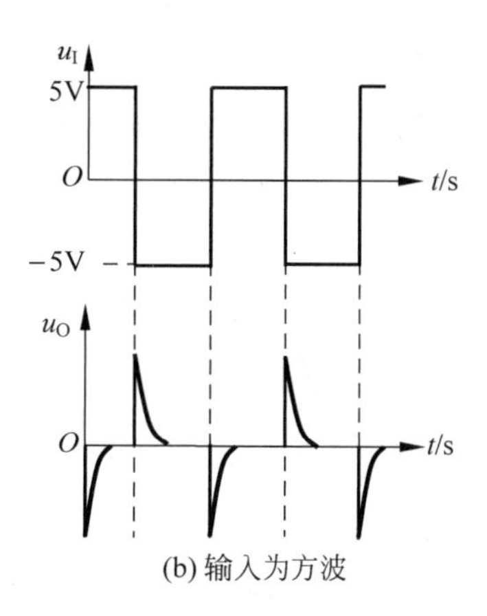

图 6-25　例 6-10 波形图

因为

$$
\begin{aligned}
u_{C2} &= \frac{1}{C_2}\int i_F \mathrm{d}t = \frac{1}{C_2}\int (i_{C1} + i_1)\mathrm{d}t \\
&= \frac{1}{C_2}\int \left(C_1 \frac{\mathrm{d}u_I}{\mathrm{d}t} + \frac{u_I}{R_1}\right)\mathrm{d}t \\
&= \frac{C_1}{C_2}u_I + \frac{1}{R_1 C_2}\int u_I \mathrm{d}t
\end{aligned}
$$

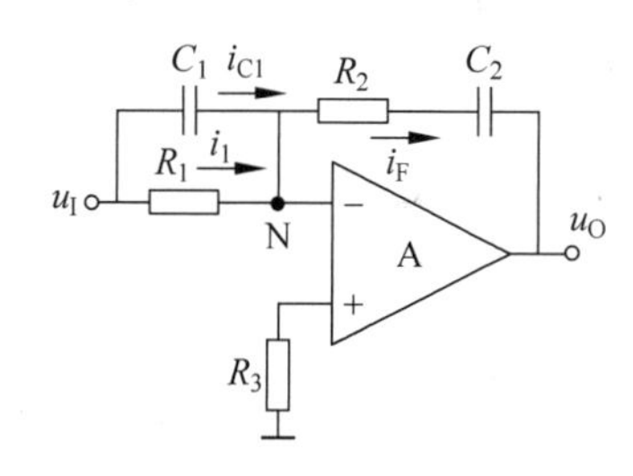

图 6-26　例 6-11 电路

所以

$$u_O = -\left(\frac{R_2}{R_1} + \frac{C_1}{C_2}\right)u_I - R_2 C_1 \frac{\mathrm{d}u_I}{\mathrm{d}t} - \frac{1}{R_1 C_2}\int u_I \mathrm{d}t$$

输出电压 u_O 与输入电压 u_I 存在比例、微分和积分关系，故称为“比例-微分-积分调节器”，即 PID 调节器。

如果 $R_2=0$，则只有比例与积分部分，称为比例-积分调节器(PI 调节器)；如果 $C_2=0$，则只有比例-微分部分，称为比例-微分调节器(PD 调节器)。

6.2.5　对数和指数运算电路

用二极管或三极管作为反馈元件或输入元件，利用 PN 结中电压和电流的指数和对数关系，可以实现模拟信号的指数和对数运算，分别称为对数运算电路和指数运算电路。

1. PN 结中电压和电流的关系

图 6-27 为二极管(由一个 PN 结构成)，其正向电流及电压关系符合 PN 结方程，见式(6-28)，其中 I_S、U_T 均为常数。

$$
\begin{cases}
i_D \approx I_S e^{u_D/U_T} \\
u_D \approx U_T \ln \dfrac{i_D}{I_S}
\end{cases}
\tag{6-28}
$$

2. 对数运算电路

图 6-28 为采用二极管的对数运算电路，考虑到二极管的导通方向，输入信号 u_I 应大于零。

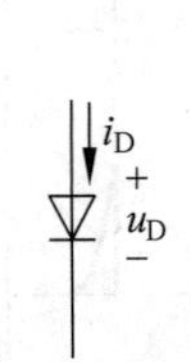

图 6-27 二极管及正向电流、电压

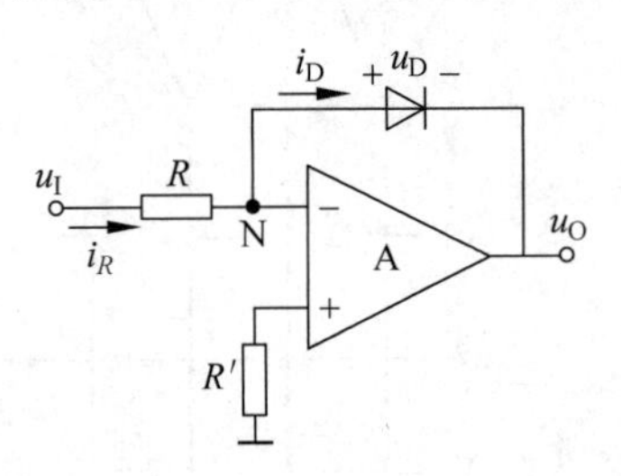

图 6-28 采用二极管的对数运算电路

根据“虚短”和“虚断”的结论，N 点应为“虚地”，通过 N 点的电流方程以及二极管电压-电流关系可以推导出电路的运算关系。

因为

$$i_D = i_R = \frac{u_I}{R}$$

$$u_D \approx U_T \ln \frac{i_D}{I_S}$$

所以

$$u_O = -u_D \approx -U_T \ln \frac{u_I}{I_S R} \tag{6-29}$$

式(6-29)表明，输出电压 u_O 与输入电压 u_I 的自然对数有关，故称该电路为对数运算电路。

例 6-12 采用三极管的对数运算电路。

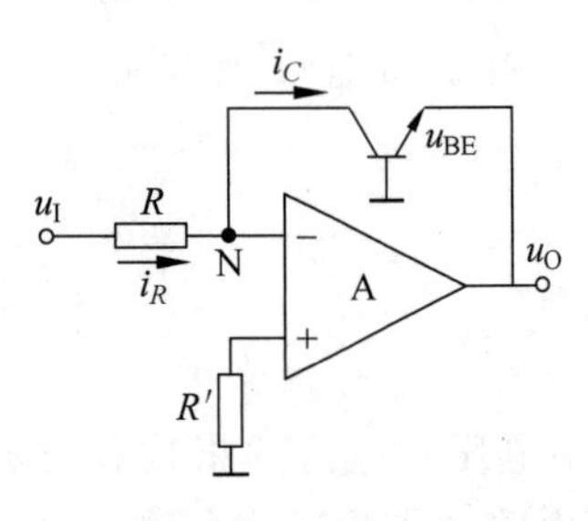

图 6-29 采用三极管的对数运算电路

由于二极管的输入电压动态范围较小，实际电路中常常用三极管取代二极管，如图 6-29 所示。由于 N 点为“虚地”，与三极管的基极电位相等，相当于“虚短”，所以利用三极管发射结电压和电流关系实现对数运算。同样要求输入信号 u_I 应大于零。因为

$$i_C = i_R = \frac{u_I}{R}$$

$$u_{BE} \approx U_T \ln \frac{i_C}{I_S}$$

所以

$$u_O = -u_{BE} \approx -U_T \ln \frac{u_I}{I_S R} \tag{6-30}$$

3. 指数运算电路

将对数运算电路中的电阻和三极管互换位置，即得到指数运算电路，如图 6-30 所示。

根据“虚短”和“虚断”的结论，N 点应为“虚地”，通过 N 点的电流方程以及三极管电压-

电流关系可以推导出电路的运算关系。因为

$$u_{BE}=u_I$$

$$i_R=i_E\approx I_S e^{u_I/U_T}$$

所以

$$u_O=-i_R R\approx -I_S R e^{u_I/U_T} \tag{6-31}$$

式(6-31)表明，输出电压 u_O 与输入电压 u_I 的指数有关，故称为指数运算电路。

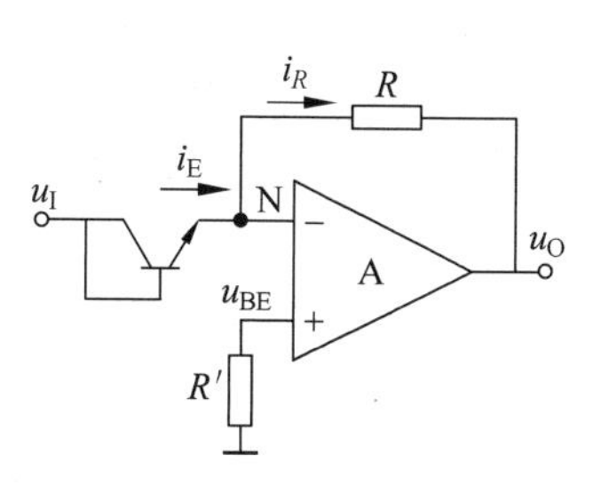

图 6-30　指数运算电路

6.2.6　乘法和除法运算电路

1. 用对数和指数电路实现乘法和除法运算

根据对数和指数电路的功能和相关运算规则，可以利用对数和指数电路构成模拟乘法或除法电路，其原理框图如图 6-31 所示。

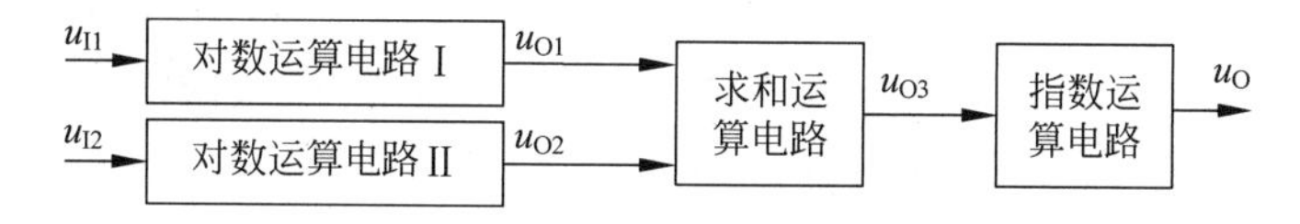

图 6-31　用指数和对数运算电路实现乘法运算电路的框图

实际电路中，对数运算电路的输出为：

$$\begin{cases} u_{O1}\approx -U_T\ln\dfrac{u_{I1}}{I_S R} \\ u_{O2}\approx -U_T\ln\dfrac{u_{I2}}{I_S R} \end{cases} \tag{6-32}$$

如果求和电路采用反相求和电路，则：

$$u_{O3}=-(u_{O1}+u_{O2})\approx -U_T\left(\ln\frac{u_{I1}}{I_S R}+\ln\frac{u_{I2}}{I_S R}\right)=U_T\ln\frac{u_{I1}u_{I2}}{(I_S R)^2} \tag{6-33}$$

指数电路的输出为：

$$u_O=-I_S R e^{u_{O3}/U_T}\approx -\frac{u_{I1}u_{I2}}{I_S R}=k u_{I1}u_{I2} \tag{6-34}$$

如果将求和运算电路改为求差运算，则可以实现模拟除法的运算。

$$\begin{cases} u_{O3}=u_{O1}-u_{O2}\approx -U_T\left(\ln\dfrac{u_{I1}}{I_S R}-\ln\dfrac{u_{I2}}{I_S R}\right)=U_T\ln\dfrac{u_{I1}}{u_{I2}} \\ u_O=-I_S R e^{u_{O3}/U_T}\approx -\dfrac{u_{I1}}{I_S R u_{I2}}=k\dfrac{u_{I1}}{u_{I2}} \end{cases} \tag{6-35}$$

2. 模拟乘法器

模拟乘法器是一种非线性电子器件，其符号如图 6-32(a)所示，等效电路如图 6-32(b)所示。

模拟乘法器的输出与两个输入的乘积成正比，即：

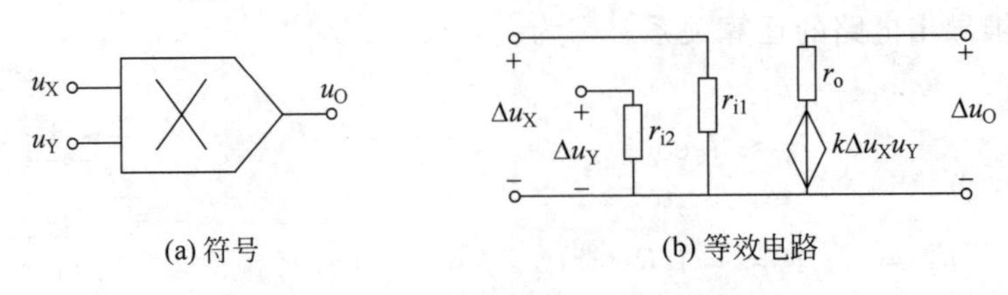

图 6-32 模拟乘法器的符号和等效电路

$$u_O = k u_X u_Y \tag{6-36}$$

k 为乘积系数,有正有负,k 为正时,为同相乘法器;k 为负时,为反相乘法器。k 的单位是 V^{-1},其值多为 $+0.1V^{-1}$ 或 $-0.1V^{-1}$。

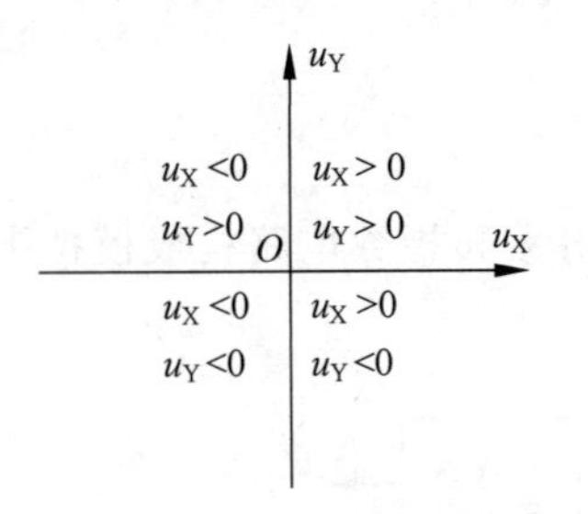

图 6-33 模拟乘法器输入信号的 4 个象限

根据模拟乘法器的两个输入信号 u_X 和 u_Y 的正负极性不同,有 4 种组合方式,分为 4 个不同的工作象限,如图 6-33 所示。如 u_X 和 u_Y 的极性不限,可在 4 个象限上工作,则称为四象限乘法器;如 u_X 和 u_Y 中只有一个极性不限、另一个必须为单极性,则称为两象限乘法器;如果 u_X 和 u_Y 的极性都必须是单极性的,则称为单象限乘法器,在选用时应注意其区别。

理想的模拟乘法器应满足:两个输入端的输入电阻 r_{i1} 和 r_{i2} 为无穷大;输出电阻 $r_o=0$;k 不随输入信号的幅值和频率变化而变化;输入为零时,没有失调电压、失调电流和噪声。

3. 模拟乘法器的应用

(1) 平方与立方运算

将两个输入端连接构成平方运算电路,如图 6-34(a)所示;用两个模拟乘法器可实现立方运算电路,如图 6-34(b)所示。

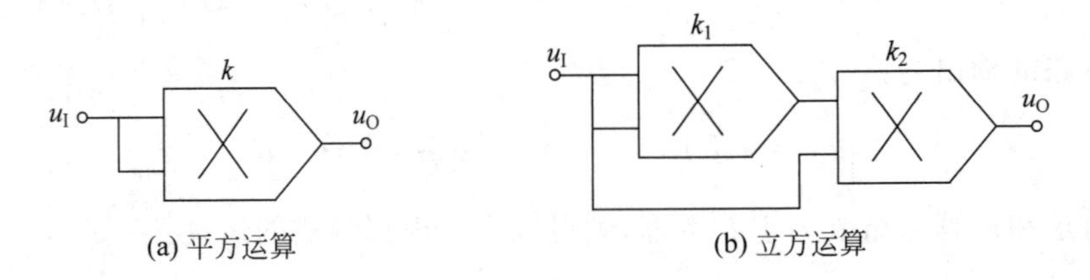

图 6-34 平方运算与立方运算

(2) 开方运算

开方运算电路如图 6-35 所示,将模拟乘法器接成平方电路,作为反馈元件。为保证根号下为正值,选择 k 为正值时,输入信号 u_I 必须为负值。

输入-输出关系推导如下。

因为

$$u'_O = k u_O^2$$

$$u_N = 0$$

$$i_1 = i_2$$

$$\frac{0 - u_I}{R_1} = \frac{u'_O - 0}{R_2} = \frac{k u_O^2 - 0}{R_2}$$

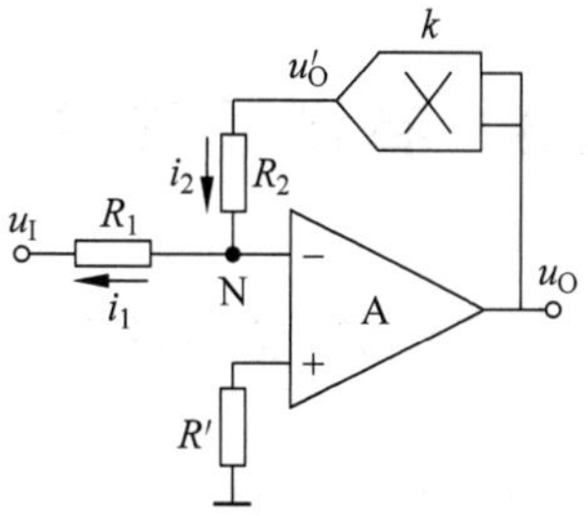

所以

$$u_O = \sqrt{-\frac{R_2 u_I}{k R_1}} \tag{6-37}$$

图 6-35　开方运算电路

式(6-37)表明，输出电压与输入电压的开方有关，故称为开放运算电路。

(3) 除法运算

除法运算除可采用式(6-35)所示的方法外，还可以在开方电路的基础上，实现模拟除法运算，电路如图 6-36 所示，模拟乘法器作为反馈元件，在其中一个输入端上加入除数(图 6-36 中的 u_{I2})。

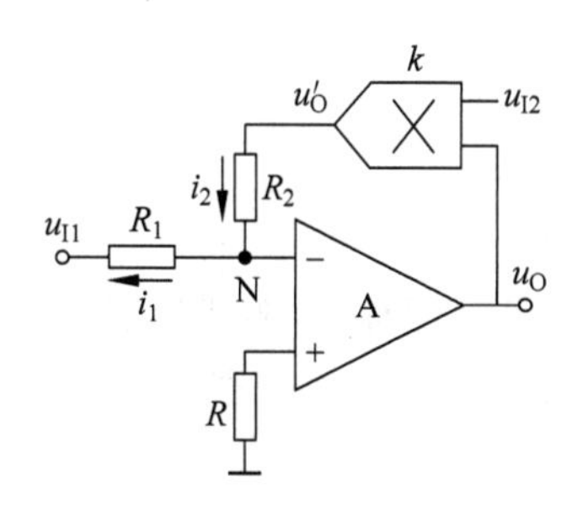

图 6-36　用模拟乘法器实现的除法运算

除法运算的输入-输出关系式推导如下，因为

$$u'_O = k u_O u_{I2}$$

$$u_N = 0$$

$$i_1 = i_2$$

$$\frac{0 - u_{I1}}{R_1} = \frac{u'_O - 0}{R_2} = \frac{k u_O u_{I2} - 0}{R_2}$$

所以

$$u_O = -\frac{R_2 u_{I1}}{k R_1 u_{I2}} = -k\frac{u_{I1}}{u_{I2}} \tag{6-38}$$

式(6-38)表明，输出电压为两个输入电压之比，故称为除法运算电路。

例 6-13　图 6-37 所示电路中，已知 $k = -0.1\text{V}^{-1}$、$R_1 = 10\text{k}\Omega$、$R_2 = 100\text{k}\Omega$。要求分析其功能，写出输出-输入关系式。

解：因 k 为负值，所以要求 u_{I3} 也为负值，才能保证反馈极性为负。因为

$$u_N = u_P = u_{I2} \times \frac{R_2}{R_1 + R_2}$$

$$i_1 = i_2 \Rightarrow \frac{u_N - u_{I1}}{R_1} = \frac{u'_O - u_N}{R_2}$$

$$u'_O = \frac{R_2}{R_1}(u_{I2} - u_{I1}) = k u_O u_{I3}$$

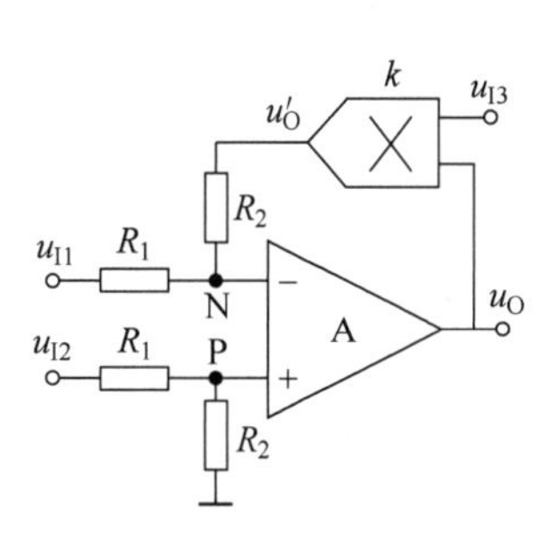

图 6-37　例 6-13 电路

所以

$$u_O = \frac{R_2}{k R_1} \times \frac{u_{I2} - u_{I1}}{u_{I3}} = \frac{100}{0.1 \times 10} \times \frac{u_{I2} - u_{I1}}{u_{I3}} = 100 \times \frac{u_{I2} - u_{I1}}{u_{I3}}$$

6.3 有源滤波器

6.3.1 滤波电路的作用与分类

1. 滤波电路的定义

所谓**滤波**,就是对交流信号进行过滤,使特定频率的信号通过,而将其他频率的信号进行抑制、衰减或阻止。实现滤波功能的电路称为滤波电路或滤波器。

滤波多用于通信、信号检测、自动控制中的信号处理、数据传送和干扰抑制等方面。

2. 滤波的分类

(1) 根据所选择通过的频率范围,滤波电路可以分为:

低通滤波器(Low Pass Filter,LPF);

高通滤波器(High Pass Filter,HPF);

带通滤波器(Band Pass Filter,BPF);

带阻滤波器(Band Elimimnation Filter,BEF)。

滤波器所能够通过的频率范围称为“通带”;阻止通过的频率范围称为“阻带”,其分界称为截止频率(f_P);A_{up}为通带放大倍数。各滤波器理想的幅频特性如图 6-38 所示。

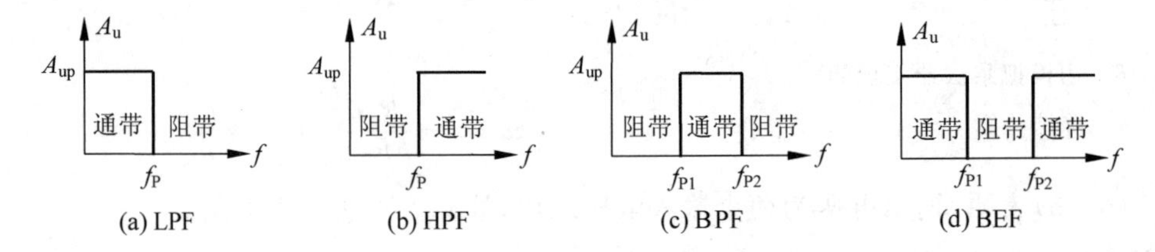

图 6-38 各种滤波器的理想幅频特性

在本书第 4 章中,我们学习了 RC 耦合放大电路的频率特性,电路中的耦合电容串联在输入和输出回路中,与相关电阻实际构成高通电路;晶体管的结电容并联在输入、输出回路中,与相关电阻实际构成低通电路。而 RC 耦合放大电路本身实际是带通电路。

(2) 如果滤波电路仅由电阻、电容或电感等无源元件实现,则称为无源滤波器。无源滤波器的带负载能力小、没有放大能力(通带放大倍数 $A_{up}=1$)。在无源滤波器的基础上加入由运放组成的比例运算电路,就构成了有源滤波器,具有带负载能力强、有放大和缓冲的作用。本章介绍各种有源滤波器。

3. 利用传递函数分析有源滤波电路

在分析有源滤波电路时,可以通过拉普拉斯变换,将相关电压和电流转换为“象函数”$U(s)$、$I(s)$,电阻的 $R(s)=R$、电容的 $Z_C(s)=1/sC$,输出与输入之比为传递函数,即:

$$A_u(s)=\frac{U_o(s)}{U_i(s)} \tag{6-39}$$

将 s 换为 $\mathrm{j}\omega$，即可得到放大倍数；如令 $s=0$，即 $\omega=0$，可得到通带放大倍数。传递函数中分母中 s 的最高指数称为滤波器的阶数，在下面的分析中将会用到。

6.3.2　低通滤波器

低通滤波器(LPF)的功能是能够通过低于截止频率的信号。

有源低通滤波器有三种基本形式，如图6-39所示，因各有一级 RC 元件组成低通滤波电路，故称为一阶低通滤波器。其中：

图6-39(a)为带有同相比例运算电路的LPF，其通带放大倍数：

$$A_{\mathrm{up}}=1+\frac{R_{\mathrm{F}}}{R_1}$$

图6-39(b)为带有跟随器的LPF，其通带放大倍数：

$$A_{\mathrm{up}}=1$$

图6-39(c)为带有反相比例运算电路的LPF，其通带放大倍数：

$$A_{\mathrm{up}}=-\frac{R_{\mathrm{F}}}{R_1}$$

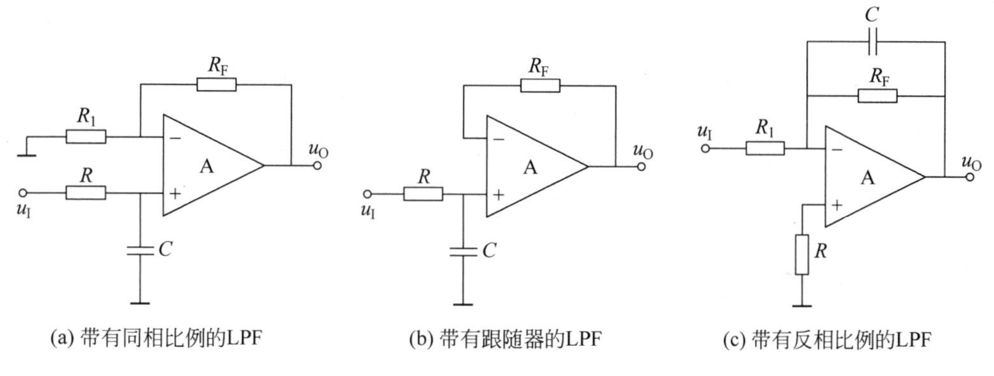

图6-39　有源低通滤波器的三种基本形式

以带有同相比例运算电路的有源低通滤波器为例，写出其传递函数，其中 s 指数为1，故为一阶电路：

$$A_{\mathrm{u}}(s)=\frac{U_{\mathrm{o}}(s)}{U_{\mathrm{i}}(s)}=A_{\mathrm{up}}\frac{U_{\mathrm{p}}(s)}{U_{\mathrm{i}}(s)}=A_{\mathrm{up}}\frac{1}{1+sRC}\tag{6-40}$$

将 s 换为 $\mathrm{j}\omega$、同时令 $f_0=\dfrac{1}{2\pi RC}$，则电压放大倍数：

$$\begin{cases}\dot{A}_{\mathrm{u}}=A_{\mathrm{up}}\times\dfrac{1}{1+\mathrm{j}\dfrac{f}{f_0}}\\[2ex] A_{\mathrm{u}}=\dfrac{A_{\mathrm{up}}}{\sqrt{1+\left(\dfrac{f}{f_0}\right)^2}}\end{cases}\tag{6-41}$$

f_0 称为特征频率，当 $f=f_0$ 时，$A_{\mathrm{u}}=A_{\mathrm{up}}/\sqrt{2}$，所以一阶低通滤波器的截止频率 $f_{\mathrm{P}}=f_0$。

考虑到低通滤波器，其截止频率又称为上限截止频率(简称上限频率)，因此可以用

f_H表示。其通带放大倍数：

$$A_{up}=1+R_F/R_1 \tag{6-42}$$

当 $f\gg f_H$ 时，-20dB/十倍频程下降。一阶低通滤波器的幅频特性如图 6-40 所示。

从图 6-40 中可以看出，实际的幅频特性存在过渡带（见图中阴影部分），与理想的幅频特性（图 6-38(a)）有明显的差别，理想情况下过渡带是可以忽略的。过渡带越窄，电路的选择性越好，波形特性越理想。

为了使滤波器的特性更接近理想状态，可以在一阶电路的基础上增加一级 RC 低通网络，构成二阶低通滤波器，实际二阶压控有源低通滤波器如图 6-41 所示。

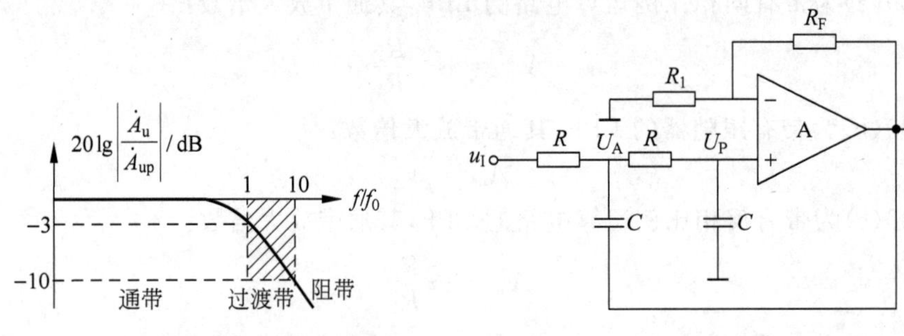

图 6-40　一阶低通滤波器的实际幅频特性　　　　图 6-41　二阶压控有源低通滤波器

根据图 6-41 电路的结构，首先根据 A、P 两点的电流方程，求解其传递函数：

$$\begin{cases}\dfrac{U_i(s)-U_A(s)}{R}=\dfrac{U_A(s)-U_O(s)}{1/sC}+\dfrac{U_A(s)-U_P(s)}{R}\\[2ex]\dfrac{U_A(s)-U_P(s)}{R}=\dfrac{U_P(s)}{1/sC}\end{cases} \tag{6-43}$$

根据式(6-43)联立求解，得到

$$A_u(s)=\frac{U_O(s)}{U_i(s)}=\frac{A_{up}(s)}{1+[3-A_{up}(s)]sRC+(sRC)^2} \tag{6-44}$$

令 $s=\mathrm{j}\omega$、$f_0=\dfrac{1}{2\pi RC}$，则：

$$\dot{A}_u=\frac{\dot{A}_{up}}{1-\left(\dfrac{f}{f_0}\right)^2+\mathrm{j}(3-\dot{A}_{up})\left(\dfrac{f}{f_0}\right)} \tag{6-45}$$

令

$$Q=\left|\frac{1}{3-\dot{A}_{up}}\right|$$

则：

$$\dot{A}_u=\frac{\dot{A}_{up}}{1-\left(\dfrac{f}{f_0}\right)^2+\mathrm{j}\dfrac{1}{Q}\left(\dfrac{f}{f_0}\right)} \tag{6-46}$$

$$A_u=\frac{A_{up}}{\sqrt{\left[1-\left(\dfrac{f}{f_H}\right)^2\right]^2+\left[\dfrac{1}{Q}\left(\dfrac{f}{f_0}\right)\right]^2}} \tag{6-47}$$

式中，s 最高指数为 2，故为二阶电路。Q 称为品质因数，与通带放大倍数有关，A_{up} 的取值只能小于 3，Q 一般不超过 10。设式(6-24)的分母为$\sqrt{2}$，当 $Q=1/\sqrt{2}$ 时，滤波的效果最好，可解出通带截止频率 $f_P=f_0$。如果当 $f \gg f_H$ 时，曲线按 -40dB/十倍频下降，比一阶电路快得多，过渡带很小，更接近于理想状态。其幅频特性如图 6-42 所示。

该电路中实际引入了交流电压正反馈，当信号频率趋近于零时，反馈很弱；当信号频率趋近于无穷大时，由于第一级电容的作用，U_P 趋近于零。所以，只要正反馈引入的合适，就既可以在 $f=f_0$ 时电压放大倍数很大，又不会因正反馈过强而产生自激振荡。因为同相输入端电位控制由集成运放和 R_F、R_1 组成的电压源，故称为压控滤波器。

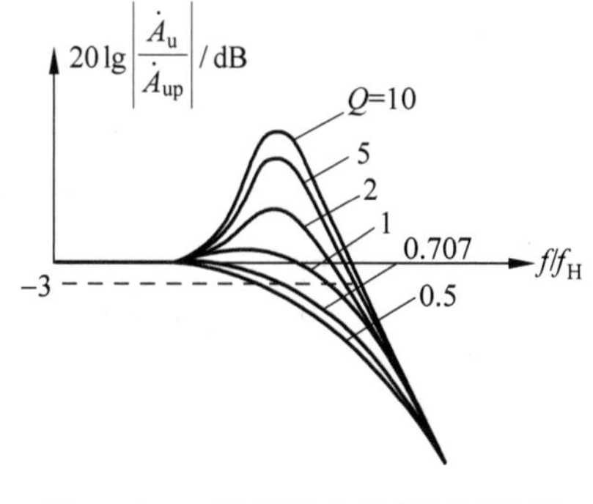

图 6-42　二阶压控有源低通滤波器幅频特性

例 6-14　设计一个二阶压控有源低通滤波器，要求：$f_H=800$Hz（误差 1%）、$Q=0.707$、C 选择为 0.01μF。试选择其他电阻。

解：电路如图 6-41 所示。

$$R=\frac{1}{2\pi f_H C}=\frac{1}{2\pi\times 800\times 0.01\times 10^{-6}}=19.9\text{k}\Omega$$

实际取

$$R=20\text{k}\Omega$$

则

$$f_H=\frac{1}{2\pi RC}=\frac{1}{2\pi\times 20\times 10^{3}\times 0.01\times 10^{-6}}=796.18\text{k}\Omega$$

因为

$$Q=\frac{1}{3-A_{up}}$$

所以

$$A_{up}=1+\frac{R_F}{R_1}=3-\frac{1}{Q}=1.586$$

因为

$$R+R=R_F /\!/ R_1$$

所以

$$\begin{cases} R_F=0.586R_1 \\ R_F /\!/ R_1=40 \end{cases}$$

解之

$$R_1=108.26\text{k}\Omega,\quad R_F=63.44\text{k}\Omega$$

6.3.3　高通滤波器

高通滤波器（HPF）的功能是能够通过高于截止频率的信号。

为提高滤波的效果，同样可以采用二阶甚至更高阶的形式。采用同相比例运算电路的一阶有源高通滤波器如图 6-43 所示。

传递函数和电压放大倍数为：

$$A_u(s)=\frac{U_o(s)}{U_i(s)}=A_{up}\frac{U_p(s)}{U_i(s)}$$

$$=A_{up}\frac{R}{R+\frac{1}{sC}}=A_{up}\frac{1}{1+\frac{1}{sCR}} \quad (6\text{-}48)$$

$$\dot{A}_u=A_{up}\left(\frac{1}{1+\frac{1}{\mathrm{j}2\pi fCR}}\right)=A_{up}\times\frac{1}{1-\mathrm{j}\frac{f_0}{f}} \quad (6\text{-}49)$$

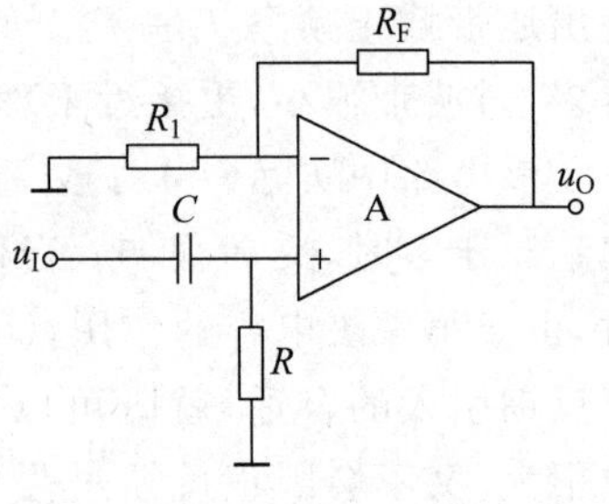

图 6-43 一阶有源高通滤波器

$$f_0=\frac{1}{2\pi RC}$$

$$A_u=\frac{A_{up}}{\sqrt{1+\left(\frac{f_0}{f}\right)^2}} \quad (6\text{-}50)$$

f_0为特征频率，当 $f=f_0$ 时，$A_u=A_{up}/\sqrt{2}$，所以一阶高通滤波器的截止频率 $f_P=f_0$。

考虑到高通滤波器的特点，其截止频率又称为下限截止频率(简称下限频率)，可以用 f_L 表示。其通带放大倍数：$A_{up}=1+R_F/R_1$。一阶有源高通滤波器的幅频特性如图 6-44 所示。

为了使滤波器的特性更接近理想状态，同样可以采用二阶高通滤波器，实际二阶压控有源高通滤波器如图 6-45 所示。

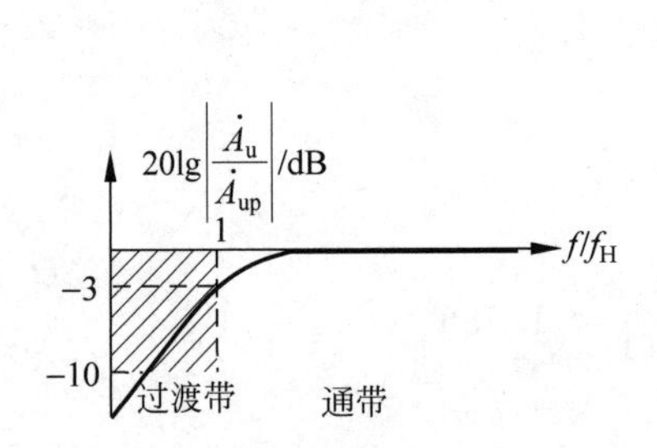

图 6-44 一阶高通电路的实际幅频特性

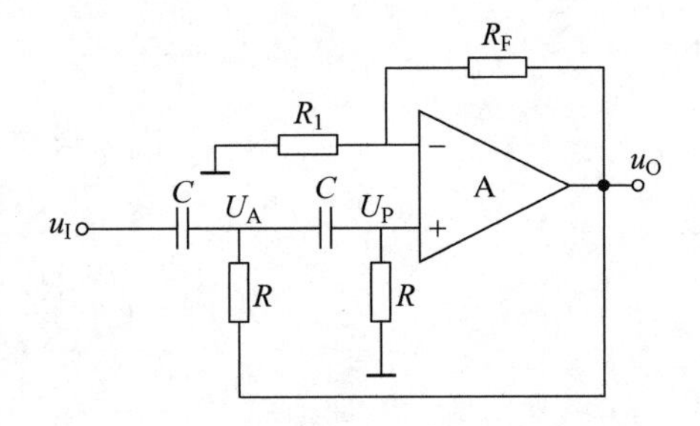

图 6-45 二阶压控有源高通滤波器

其传递函数为：

$$A_u(s)=\frac{U_O(s)}{U_i(s)}=A_{up}(s)\cdot\frac{(sRC)^2}{1+[3-A_{up}(s)]sRC+(sRC)^2} \quad (6\text{-}51)$$

电压放大倍数为：

$$\dot{A}_u=A_{up}\cdot\frac{-(\omega RC)^2}{1+[3-A_{up}]\mathrm{j}\omega RC-(\omega RC)^2} \quad (6\text{-}52)$$

截止频率为：

$$f_P=f_0$$

品质因数为：

$$Q = \left| \frac{1}{3 - \dot{A}_{up}} \right| \tag{6-53}$$

通带放大倍数为：

$$A_u = 1 + \frac{R_F}{R_1} \tag{6-54}$$

6.3.4 带通滤波器

带通滤波器(BPF)的功能是只允许某一频段的信号通过，可以由低通滤波器(LPF)和高通滤波器(HPF)串联实现。同时满足两个滤波器通过条件的信号可以通过，所以要求LPF 的上限频率大于 HPF 的下限频率。带通滤波器的原理框图和幅频特性如图 6-46所示。

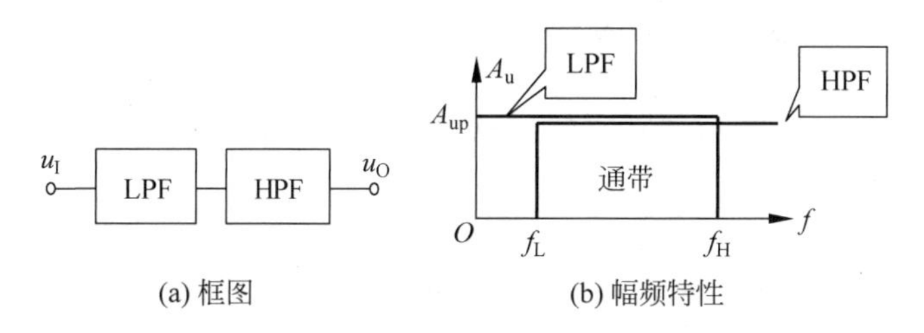

图 6-46　带通滤波器的框图和幅频特性

实际二阶压控有源带通滤波器如图 4-47(a)所示，其幅频特性如图 6-47(b)所示。

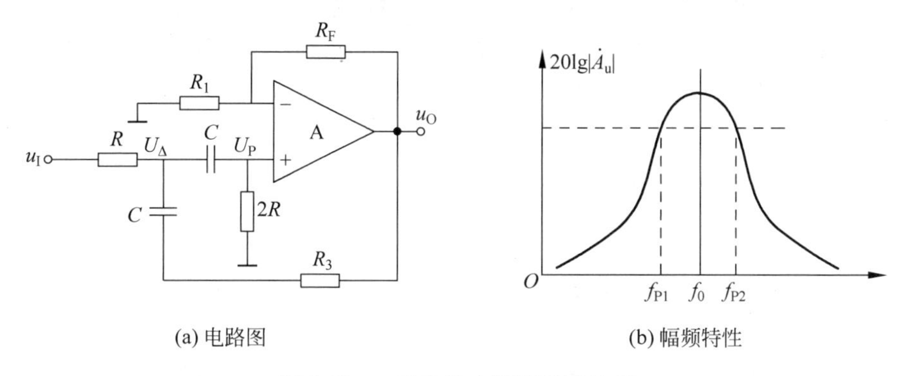

图 6-47　二阶压控有源带通滤波器

由幅频特性可以看出，带通滤波器有两个截止频率(f_{P1} 和 f_{P2})和中心频率 f_0，用 f_{bw} 表示通带的带宽，很明显，$f_{bw} = f_{P2} - f_{P1}$。

同相比例运算的比例系数：

$$\dot{A}_{uf} = \frac{\dot{U}_o}{\dot{U}_p} = 1 + \frac{R_F}{R_1}$$

其传递函数为：

$$A_u(s) = \frac{U_O(s)}{U_i(s)} = A_{uf}(s) \cdot \frac{sRC}{1 + [3 - k(s)]sRC + (sRC)^2} \tag{6-55}$$

中心频率为：

$$f_0 = \frac{1}{2\pi RC}$$

电压放大倍数为：

$$\dot{A}_u = \frac{\dot{A}_{uf}}{3-\dot{A}_{uf}} \cdot \frac{1}{1+j\dfrac{1}{3-\dot{A}_{uf}}\left(\dfrac{f}{f_0}+\dfrac{f_0}{f}\right)} \tag{6-56}$$

当 $f=f_0$ 时，得到通带放大倍数：

$$\dot{A}_{up} = \frac{\dot{A}_{uf}}{3-\dot{A}_{uf}} = Q\dot{A}_{uf} \quad \left(Q = \frac{1}{3-\dot{A}_{uf}}\right) \tag{6-57}$$

令式(6-56)的分母为$\sqrt{2}$，即其分母虚部绝对值为1，求解方程，可求出两个截止频率：

$$\begin{cases} f_{P1} = \dfrac{f_0}{2}\left[\sqrt{(3-\dot{A}_{uf})^2+4}-(3-\dot{A}_{uf})\right] \\ f_{P2} = \dfrac{f_0}{2}\left[\sqrt{(3-\dot{A}_{uf})^2+4}+(3-\dot{A}_{uf})\right] \end{cases} \tag{6-58}$$

通频带(通带宽度)：

$$f_{bw} = f_{P2} - f_{P1} = |3-\dot{A}_{uf}|\, f_0 = \frac{f_0}{Q} \tag{6-59}$$

品质因数 Q 越大，则通带放大倍数越大、频带越窄、选择性越好。

例 6-15 设计一个二阶压控有源带通滤波器，要求通过900～1100Hz的信号，阻断其他频率的信号。如果电容选择0.01μF，试计算各参数、选择其他元件。

解：根据要求，中心频率 $f_0=1000\text{Hz}$、$f_{P2}=1100\text{Hz}$、$f_{P1}=900\text{Hz}$，代入下式：

$$\begin{cases} 900 = \dfrac{1000}{2}\left[\sqrt{(3-\dot{A}_{uf})^2+4}-(3-\dot{A}_{uf})\right] \\ 1100 = \dfrac{1000}{2}\left[\sqrt{(3-\dot{A}_{uf})^2+4}+(3-\dot{A}_{uf})\right] \end{cases}$$

得到：

$$\dot{A}_{uf} \approx 2.8 \quad Q = \frac{1}{3-2.8} = 5$$

$$R = \frac{1}{2\pi f_0 C} = \frac{1}{2\pi \times 1000 \times 0.01 \times 10^{-6}} = 15.9\text{k}\Omega$$

$$\begin{cases} R_F/R_1 = 1.8 \\ R_F /\!/ R_1 = 2R = 31.8\text{k}\Omega \end{cases}$$

$$R_F \approx 49.5\text{k}\Omega \quad R_1 \approx 27.5\text{k}\Omega$$

6.3.5 带阻滤波器

带阻滤波器(BEF)的功能与带通滤波器(BPF)相反，要求阻断某一频段的信号通过。可以由低通滤波器(LPF)和高通滤波器(HPF)并联实现。

满足任何一个滤波器通过条件的信号就可以通过，都不满足的被阻断，所以要求 LPF

的上限频率低于 HPF 的下限频率。带阻滤波器可以抑制或消除某一特定频率的干扰信号。

带阻滤波器的原理框图和幅频特性如图 6-48 所示。

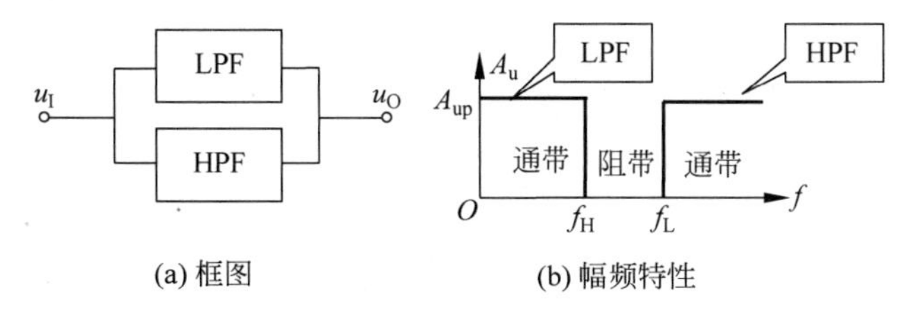

(a) 框图　(b) 幅频特性

图 6-48　带阻滤波器的框图和幅频特性

实际带阻滤波电路如图 6-49 所示，其中两个滤波电路均由三个元件组成 T 型，故称为双 T 型网络。后面为同相比例电路。

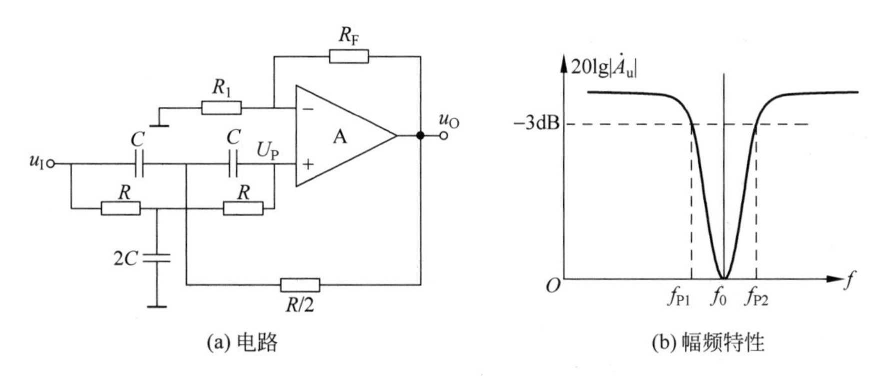

(a) 电路　(b) 幅频特性

图 6-49　二阶压控有源带阻滤波器(双 T 型带阻滤波器)

由幅频特性可以看出，带阻滤波器也有两个截止频率(f_{P1} 和 f_{P2})和中心频率 f_0，用 BW 表示阻带的带宽，很明显，$BW = f_{P2} - f_{P1}$。

通带放大倍数为：

$$\dot{A}_{up} = 1 + \frac{R_F}{R_1}$$

传递函数为：

$$A_u(s) = \frac{U_O(s)}{U_i(s)} = A_{up}(s) \cdot \frac{1 + (sRC)^2}{1 + 2[2 - A_{up}(s)]sRC + (sRC)^2} \tag{6-60}$$

中心频率为：

$$f_0 = \frac{1}{2\pi RC}$$

电压放大倍数为：

$$\dot{A}_u = \dot{A}_{uf} \cdot \frac{1 - \left(\frac{f}{f_0}\right)^2}{1 - \left(\frac{f}{f_0}\right)^2 + j2(2 - \dot{A}_{up})\frac{f}{f_0}} = \frac{\dot{A}_{up}}{1 + j2(2 - \dot{A}_{up})\frac{ff_0}{f_0^2 - f^2}} \tag{6-61}$$

令分母为$\sqrt{2}$，求解方程，可求出两个截止频率：

$$\begin{cases} f_{P1} = f_0[\sqrt{(3-\dot{A}_{up})^2+1}-(2-\dot{A}_{up})] \\ f_{P2} = f_0[\sqrt{(3-\dot{A}_{up})^2+1}+(2-\dot{A}_{up})] \end{cases} \tag{6-62}$$

阻带宽度：

$$BW = f_{P2} - f_{P1} = 2|2-\dot{A}_{up}|f_0 = \frac{f_0}{Q} \tag{6-63}$$

其中：

$$Q = \frac{1}{2|2-\dot{A}_{up}|} \tag{6-64}$$

6.4 电压比较器

6.4.1 概述

1. 电压比较器的功能

所谓电压比较器，就是对两个电压信号的大小进行比较的电路，本节介绍的是用集成运放实现的电压比较器。

我们在前面的学习中了解到，集成运放在引入负反馈时，由于存在“虚短”的现象，可以工作在线性区，其输出-输入构成比例、加减、微积分等函数关系。当集成运放工作在开环或正反馈时不存在“虚短”的现象，根据式(6-1)，即：

$$u_O = A_{od}(u_P - u_N)$$

开环放大倍数 $A_{od}=10^4\sim10^7$（理想运放为∞），所以，即使 u_P 和 u_N 有微小的差别，输出也会达到最大值（进入非线性区）。

例 6-16 图 6-50 中的运放处于开环状态，$A_{od}=10^7$、$U_{OM}=\pm13V$、$u_{I1}=0.01mV$、$u_{I2}=0.008mV$，则输出 $u_O=10^7\times(0.01-0.008)\times10^{-3}=+13V$。

结论：用集成运放作为电压比较器，可以利用运放开环电压放大倍数非常大的特点，将两个输入信号的电压之间的微小差别放大，可以精确判断两个电压信号之间的大小关系。

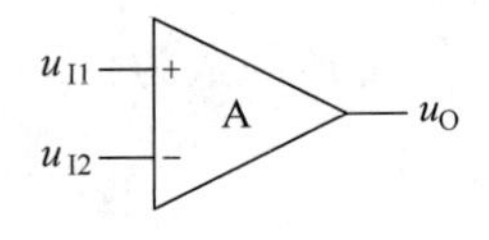

图 6-50 例 6-16 图

2. 电压比较器的传输特性

在比较器中，输出电压 u_O 与输入电压 u_I 的关系称为电压传输特性。设图 6-50 电路中反相输入端接固定的参考电压（$U_{REF}=2V$），同相输入端加模拟信号 u_I，则：当 $u_I<U_{REF}$ 时，$u_O=-U_{OM}$；当 $u_I>U_{REF}$ 时，$u_O=+U_{OM}$。传输特性如图 6-51(a)所示。

图中 $U_T=2V$，称为“阈值”，是引起输出跳变时输入电压的值。

如果同相输入端接参考电压，反相输入端加模拟信号 u_I，则：当 $u_I<U_{REF}$ 时，$u_O=+U_{OM}$；当 $u_I>U_{REF}$ 时，$u_O=-U_{OM}$。传输特性如图 6-51(b)所示。

以上两种情况下，传输特性的方向是相反的。图 6-51(a)称为同相型，图 6-51(b)称为反相型。

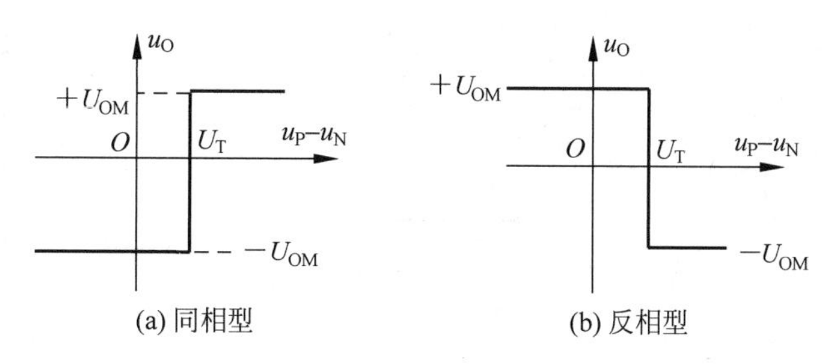

图 6-51　例 6-16 传输特性

3. 电压比较器的三要素

综上所述,要正确绘制电压传输特性,以下三个因素缺一不可:

(1) 阈值。

(2) 最大值(U_{OM}或 U_{OH}、U_{OL})。

(3) 方向(同相型或反相型)。

4. 电压比较器的分类

电压比较器分为单限比较器、滞回比较器、窗口比较器等。将在下文详细介绍。

6.4.2　单限比较器

只有一个阈值的比较器称为单限比较器,其特点是输入电压 u_I 在增加和减小,经过同一个阈值 U_T 时,输出电压 u_O 发生跳变,又称为简单比较器。图 6-49 即单限比较器。

例 6-17　分析图 6-52 各电路的功能、画出其传输特性(未加稳压管的 $U_{OM}=\pm13V$)。

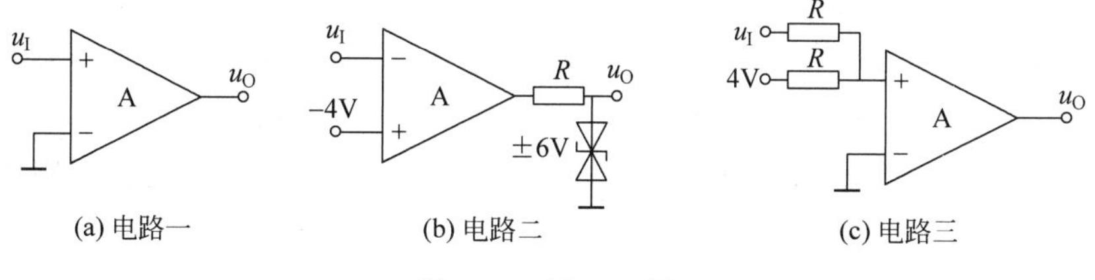

图 6-52　例 6-17 图

图 6-52(a)电路中,输入信号加到同相端,反相输入端接地(零),即参考电压为零,称为“过零比较器”,该电路为同相型过零比较器,输出的绝对值最大值为 13V。其传输特性见图 6-53(a)。

图 6-52(b)电路中,输入信号加到反相端,同相输入端接 $U_{REF}=-4V$ 的参考电压,即参考电压为−4V,该电路为反相型,输出接双向稳压管以限幅,输出的绝对值最大值为 6V。其传输特性见图 6-53(b)。

图 6-52(c)电路中,输入信号和参考电压(4V)都加到同相端,反相端接地($U_N=0$)。该电路为同相型,输入电压 u_I 和参考电压 U_{REF} 共同作用于 U_P,当 $U_P=U_N$ 时,输出电压 u_O 跳变。首先应求出输入电压 u_I 与 U_P 的关系,根据输出电压跳变的条件求出输入电压的阈值。

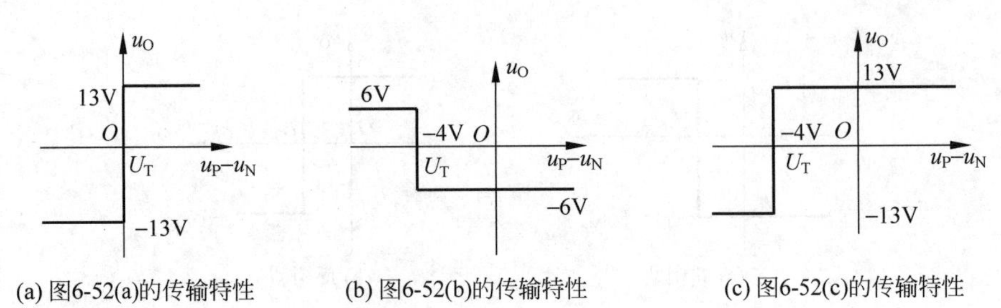

图 6-53　例 6-17 传输特性

根据叠加原理：$u_P = u_I \times \dfrac{R}{R+R} + U_{REF} \times \dfrac{R}{R+R} = u_I \times \dfrac{1}{2} + 4 \times \dfrac{1}{2} = \dfrac{u_I}{2} + 2$。

当 $u_P = 0$ 时，$u_I = -4V$ 即为阈值。其传输特性如图 6-53(c)所示。

例 6-18　某单限比较器，其反相端加参考电压 $U_{REF} = 4V$，输出电压 $U_{OH} = 6V$、$U_{OL} = -0.7V$。同相端加三角波电压（峰值为 7V，如图 6-54 所示），试画出其输出电压的波形。

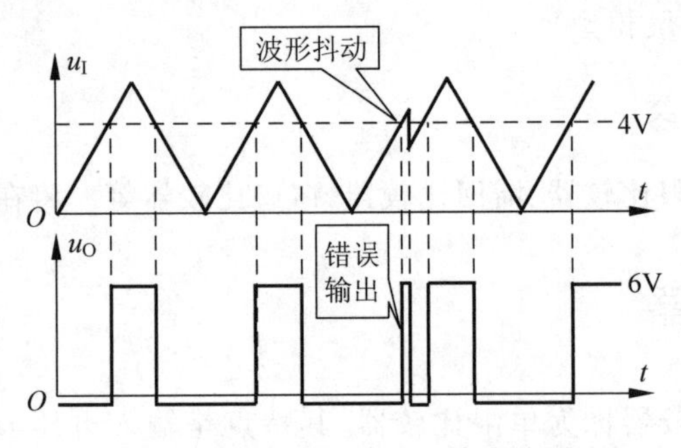

图 6-54　例 6-18 输入与输出波形

分析：该电路为同相型，阈值 $U_T = U_{REF} = 4V$，输出最大值为 6V。在输出波形中用虚线画出阈值(4V)。当 $u_I < 4V$ 时，输出 $u_O = -6V$；当 $u_I > 4V$ 时，输出 $u_O = +6V$。输入前两个波形正常，输出为与输入同频率的矩形波，如调节阈值，可改变矩形波的占空比。

第三个三角波在阈值附近有干扰信号（波形有抖动），产生错误输出。

结论：比较器可以进行波形变换（或整形），可以将三角波、正弦波或不规则的周期性信号转换为矩形波。单限比较器抗干扰能力较差。

6.4.3　滞回比较器

针对单限比较器抗干扰能力差的问题，本节引入了有两个阈值、其输出-输入关系具有滞回特性的比较器，称为滞回比较器，又称“双限比较器”。图 6-55(a)所示为反相型滞回比较器。

由于输出电压 $u_O = \pm U_Z$，通过电阻 R_1 和 R_2 分压，在 P 点得到两个电压，即：

$$u_P = \pm U_Z \times \frac{R_1}{R_1 + R_2} \tag{6-65}$$

因为：

$$u_I = u_N$$

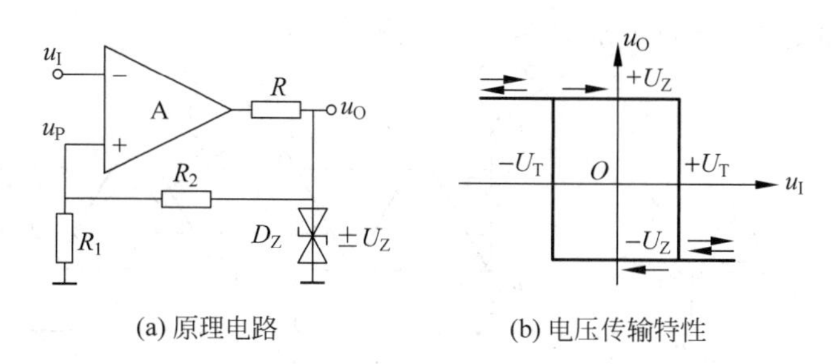

(a) 原理电路　(b) 电压传输特性

图 6-55　反相型滞回比较器及其传输特性

当 $u_I = u_N = u_P$ 时，输出跳变，所以阈值：

$$\pm U_T = \pm U_Z \times \frac{R_1}{R_1 + R_2} \tag{6-66}$$

按以下两种情况分析：

(1) u_I从小到大增加：如果 $u_I < -U_T$，则 $u_N < u_P$，u_O 一定等于$+U_Z$，阈值为$+U_T$；u_I 增加到略大于$+U_T$ 时，输出跳变为$-U_Z$。

(2) u_I从大到小减小：如果 $u_I > +U_T$，则 $u_N > u_P$，u_O 一定等于$-U_Z$，阈值为$-U_T$；u_I减小到略小于$-U_T$ 时，输出跳变为$+U_Z$。

当$-U_T < u_I < +U_T$ 时，如果 u_I没有变化，则输出 $u_O = \pm U_Z$，其取值是随机的；u_I即使有微小的变化，由于电路中引入正反馈，电路会迅速产生正反馈的效应，使输出达到某一个最大值。

因为 u_I增加和减小时，电压传输特性分别为不同的曲线，即传输特性有方向性，所以称为"滞回特性"。该比较器称为滞回比较器。

滞回比较器的两个阈值电压(U_{T1}和 U_{T2})之差定义为回差电压 ΔU_T，即

$$\Delta U_T = U_{T1} - U_{T2} = \frac{2R_1}{R_1 + R_2} U_Z \tag{6-67}$$

从式(6-67)可得出结论，回差电压的大小只与稳压管的稳定电压和两个反馈电阻有关。滞回比较器的传输特性如图 6-55(b)所示。

例 6-19　图 6-56 为增加参考电压的滞回比较器，已知 $U_{REF} = 6V$、$U_Z = \pm 6V$、$R_1 = 2V$、$R_2 = 4V$，要求：

(1) 求阈值、回差电压，画出传输特性。

(2) u_I加入图 6-54 所示的三角波，画出输出波形。

解：

(1) 首先根据叠加原理求阈值

因为

$$U_T = \pm U_Z \times \frac{R_1}{R_1 + R_2} + U_{REF} \times \frac{R_2}{R_1 + R_2}$$

$$= \pm 6 \times \frac{2}{2+4} + 6 \times \frac{4}{2+4}$$

所以

$$U_{T1} = +6V \quad U_{T2} = +2V$$

回差电压

$$\Delta U_T = U_{T1} - U_{T2} = 4V$$

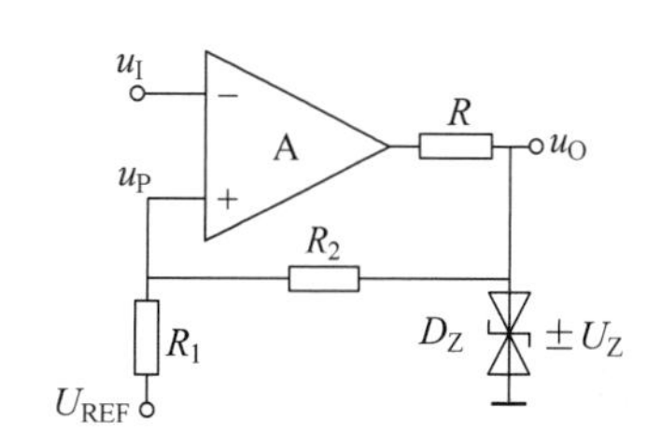

图 6-56　例 6-19 电路(增加 U_{REF} 的滞回比较器)

其传输特性如图 6-57(a)所示。

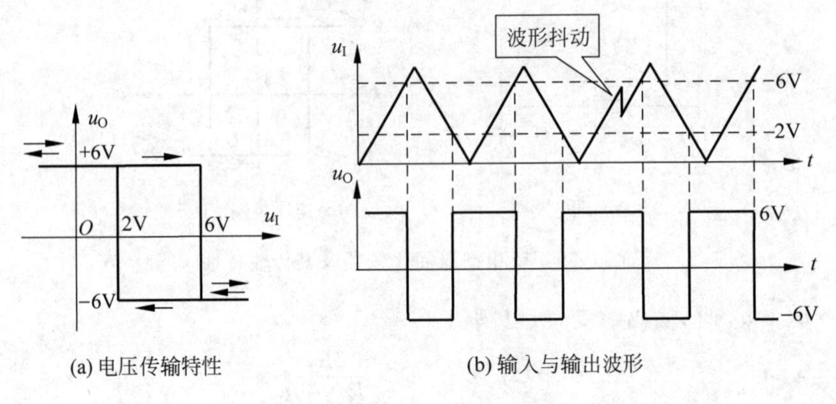

图 6-57 例 6-19 电路的电压传输特性及其输入与输出波形

(2) 根据传输特性和 u_I 画出 u_O 的波形。可以看出,只要输入信号的干扰(抖动)不超过回差电压的大小,就不会产生错误输出。回差电压越大、电路的抗干扰能力越强。

例 6-20 设计滞回比较器,其传输特性如图 6-58(a)所示。求解其相关电阻之间的关系。

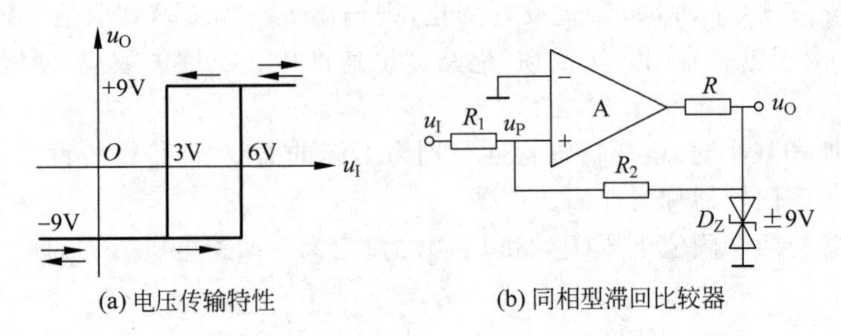

图 6-58 例 6-20 电压传输特性与同相型滞回比较器

解:从电压传输特性分析,这是一个同相型滞回比较器,输入电压加在同相输入端,反相输入端可接地。两个阈值:$U_{T1}=6V$、$U_{T2}=3V$。输出端选 $U_Z=\pm 9V$ 的双向稳压管,如图 6-58(b)所示。

首先通过输入、输出电压的叠加求 U_P,令 $U_P=U_N=0$,通过阈值求解电阻 R_1 和 R_2 之间的关系。

$$U_P=\pm U_Z\times\frac{R_1}{R_1+R_2}+u_I\times\frac{R_2}{R_1+R_2}=\pm 9\times\frac{R_1}{R_1+R_2}+u_I\times\frac{R_2}{R_1+R_2}=0$$

因为

$$\begin{cases}9\times\dfrac{R_1}{R_1+R_2}+u_I\times\dfrac{R_2}{R_1+R_2}=6\\-9\times\dfrac{R_1}{R_1+R_2}+u_I\times\dfrac{R_2}{R_1+R_2}=3\end{cases}$$

所以

$$\frac{R_2}{R_1}=5$$

按照 $R_2=5R_1$ 的关系选择两个电阻即可。

6.4.4 窗口比较器

图 6-59 所示电路由两个单限比较器及相关电阻和二极管构成，两个不同的参考电压分别加到两个比较器的一个输入端，其中，$U_{RH}>U_{RL}$；输入电压 u_I 同时加到两个单限比较器的另一个输入端。所以，输入电压实际是同时与两个参考电压比较的，在两个比较器分别产生输出，再叠加到总的输出端。其电压传输特性类似于窗口，故称为“窗口比较器”。

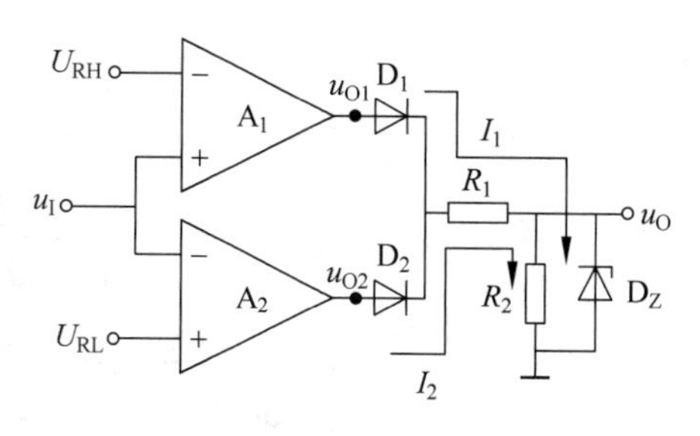

图 6-59 窗口比较器

通过表 6-1 分析窗口比较器工作状态。

表 6-1 窗口比较器工作状态

u_I	u_{O1}	u_{O2}	D_1	D_2	I	u_O
$u_I<U_{RL}$	$-U_{OM}$	$+U_{OM}$	截止	导通	I_1	U_{OH}
$U_{RL}\leqslant u_I\leqslant U_{RH}$	$-U_{OM}$	$-U_{OM}$	截止	截止	无	U_{OL}
$u_I>U_{RH}$	$+U_{OM}$	$-U_{OM}$	导通	截止	I_2	U_{OH}

结论：当输入电压在两个参考电压之间时，两个比较器输出均为负值，两个二极管截止，输出电压为 U_{OL}；当输入电压大于 U_{RH} 或小于 U_{RL} 时，必有一个比较器输出为正值，一个二极管导通，产生一路电流，输出电压为 U_{OH}。

窗口比较器的传输特性如图 6-60 所示。

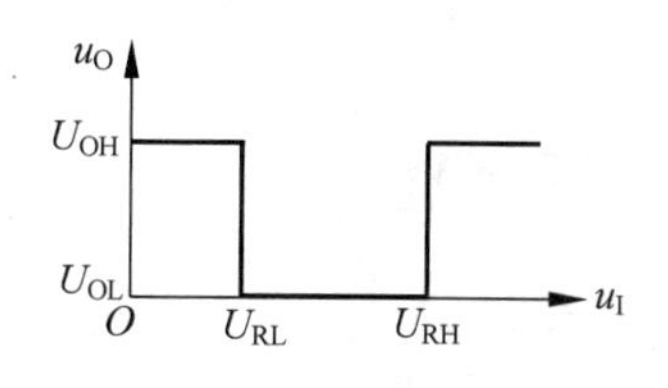

图 6-60 窗口比较器的传输特性

例 6-21 要求输入电压 $u_I=10V$，允许波动范围为 10%，设计一个检测电路，如超过允许值，则通过发光二极管发出信号。

解：窗口比较器可以用于检测输入电压是否介于某两个值之间。参考图 6-59 所示电路，$U_{RL}=9V$、$U_{RH}=11V$，输出接发光二极管。

当 u_I 在 9～11V 之间时，输出为 U_{OL}，发光二极管截止；当 u_I 超出 9～11V 的范围时，输出为 U_{OH}，发光二极管导通并发光。

6.5 Multisim 仿真例题

1. 题目

二阶低通滤波器电路频率特性的研究。

2. 仿真电路

电路如图 6-61 所示。运放采用通用运算放大器 UA741 器件。

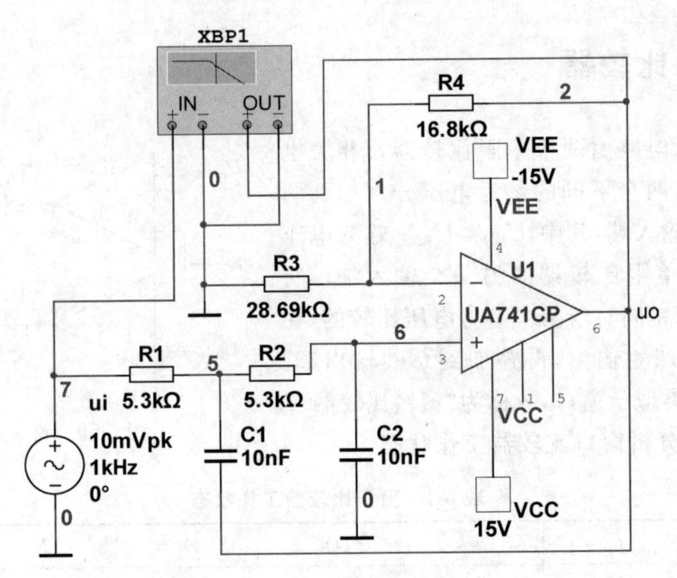

图 6-61　二阶低通滤波器电路

3. 仿真内容

图 6-61 二阶低通滤波器电路中，当 $R_1=R_2=R=5.3\text{k}\Omega$，$C_1=C_2=C=0.01\mu\text{F}$，$R_4=16.8\text{k}\Omega$ 及 $R_3=28.69\text{k}\Omega$ 时，测量其幅频特性，测量通带电压增益以及 $f=f_0$ 处的电压增益。改变 $R_4=43\text{k}\Omega$，再次测量。

4. 仿真结果

当 $R_4=16.8\text{k}\Omega$ 时，仿真结果如图 6-62 所示。

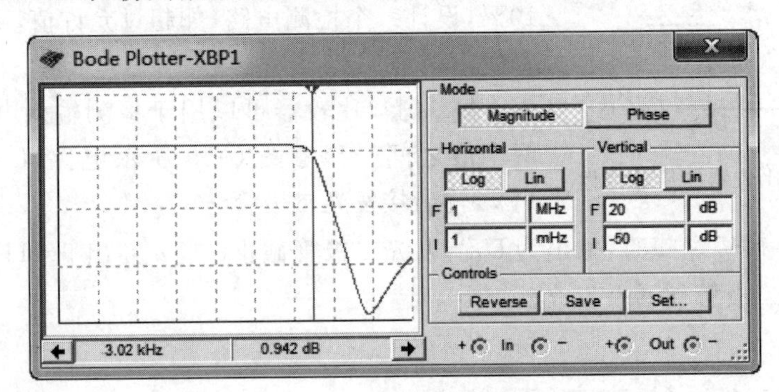

图 6-62　波特仪仿真图一

当 $R_4=43\text{k}\Omega$ 时，仿真结果如图 6-63 所示。

根据图 6-61 所示二阶低通滤波电路，可知 $R_1=R_2=R$，$C_1=C_2=C$，可以由低通滤波器的传递函数推导出如下公式。

$$\dot{A}_{\text{up}}=1+\frac{R_4}{R_3}$$

$$f_0=\frac{1}{2\pi RC}$$

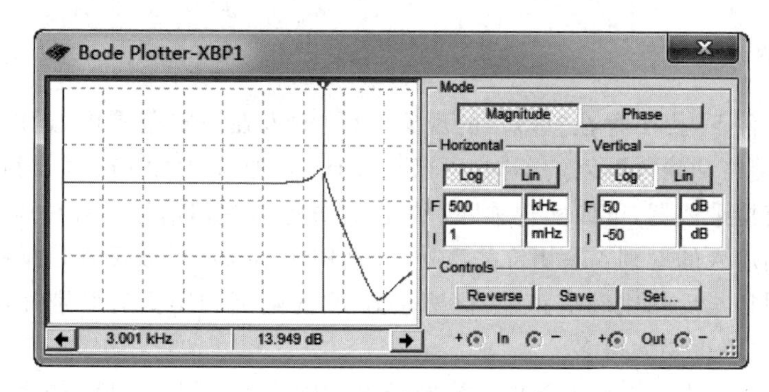

图 6-63 波特仪仿真图二

$$Q=\frac{|\dot{A}_{u}|_{f=f_0}}{|\dot{A}_{up}|}$$

$\dot{A}_{up}$为带内增益，f_0为截止频率，Q为品质因数。当 $f=f_0$时，$|\dot{A}_u|=Q|\dot{A}_{up}|$。理论计算与仿真结果的比较，如表 6-2 所示。

表 6-2 二阶低通滤波器数据表格

	R_4 阻值	通带电压增益 $20\lg\|\dot{A}_{up}\|$/dB	通带电压放大倍数 $\dot{A}_{up}$	$f=f_0$处的电压增益 $20\lg\|\dot{A}_u\|$/dB	$f=f_0$处的电压放大倍数$\dot{A}_u$	品质因数 Q	截止频率 f_0
计算	16.8kΩ	4.003	1.5856	0.992	1.113	0.7070	3.00kHz
仿真	16.8kΩ	4.003	1.5855	0.942	1.114	0.7069	3.02kHz
计算	43kΩ	7.955	2.4988	13.954	4.9856	1.995	3.00kHz
仿真	43kΩ	7.954	2.4986	13.949	4.9825	1.994	3.00kHz

5. 结论

反馈电阻 R_4 增大，通带电压放大倍数$\dot{A}_{up}$增大，使品质因数 Q 增大，从而使 $f=f_0$处的电压放大倍数增大。适当调节$\dot{A}_{up}$增大品质因数，可以改善滤波电路的频率特性。

仿真结果与理论计算基本相同。

本章小结

本章介绍集成运算放大器在“信号的运算与处理”方面的应用，分为信号的运算和处理两个部分，从反馈的角度总结，可以分为三种情况：

(1) 无反馈：即开环工作状态，构成单限比较器(简单比较器)。

(2) 正反馈：构成双限比较器(滞回比较器)。

(3) 负反馈：构成各种运算电路，包括有源滤波电路中的比例运算部分。

1. 运算电路

在负反馈条件下，由于存在“虚短”的现象，只要输入在一定范围内，运放就会工作在线性区，根据反馈网络和输入网络的不同，可以构成比例、加减、微积分、对数和指数等各种运算电路。利用模拟乘法器，可以实现乘除、平方、开方等对模拟信号的各种运算。

同相与反相输入的区别：除相位关系外，分别构成串联和并联反馈，对输入电阻的影响是不同的。如同相与反相比例电路，除比例系数 K 的范围和正负有区别外，前者作为串联负反馈，其输入电阻也要大得多。

运算电路的分析方法：基于理想运放的概念，根据“虚短”和“虚断”的概念，通过关键点的节点电流方程，以及各种元件（电阻、电容、晶体管等）中电流和电压的关系，求解输出与输入电压的运算关系。对多信号输入的电路，可以根据叠加原理分析计算。

2. 有源滤波电路

根据电阻和电容的不同组合，可以构成 LPF、HPF、BPF、BEF 等滤波器，通带放大倍数由有源部分，即各种比例运算电路决定。可以根据需要和效果选择不同类型或不同阶数的滤波器及有源电路部分。

滤波电路的分析方法：可以利用传递函数表示输出-输入关系。“有源”部分由引入负反馈的比例运算电路构成，其比例系数与通带放大倍数 A_{up} 有关。在压控电压源滤波器中也适当引入了正反馈，当参数选择不当时可能产生自激振荡。

3. 比较器

电压比较器可以将模拟信号转换为具有数字信号特点的两值信号（高电平和低电平），工作在非线性区，属于比较特殊的信号处理电路。

用电压传输特性表述电压比较器的输出-输入关系，其中阈值（U_T）、输出最大值（U_{OH} 和 U_{OL}）和方向（同相型与反相型）是其三要素。

单限比较器只有一个阈值电压；窗口比较器由两个单限比较器构成，输入电压单一方向变化时，输出电压变化两次；滞回比较器有两个与输出电压有关的阈值电压，但输入单一方向变化时，输出电压只变化一次，滞回比较器的抗干扰能力较强。

习题

6-1 填空

(1) ________运算电路可以实现 $K=-100$ 的放大电路。

(2) 在直流电压上叠加一个交流电压，应选用________运算电路。

(3) 将方波转换为三角波，应选用________运算电路。

(4) 将方波转换为尖脉冲，应选用________运算电路。

(5) 将正弦波移相 90°，应选用________运算电路。

(6) ________运算电路可以实现函数：$Y=aX_1+bX_2+cX_3$，a、b、c 均小于零。

（7）________运算电路可以实现函数：$Y=aX_1-bX_2$。

（8）________运算电路可以实现函数：$Y=a\ln X$。

6-2　电路如图 6-64 所示，集成运放的最大输出电压为±13V，$R_F=80\text{k}\Omega$、$R_1=10\text{k}\Omega$。根据不同的输入电压，将输出电压填入表 6-3 中。

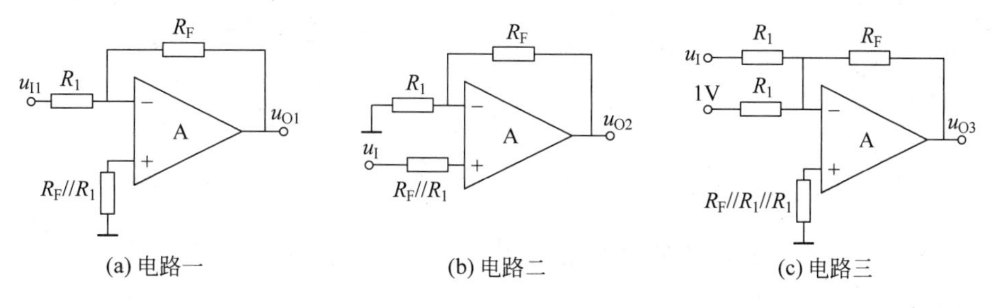

图 6-64　题 6-2 图

表 6-3　题 6-2 表

u_I/V	0.2	1.0	2.0
u_{O1}/V			
u_{O2}/V			
u_{O3}/V			

6-3　在图 6-65 所示电路中，既可以获得较大的电压放大倍数，又可以避免采用很大的 R_F，已知 $R_F \gg R_B$，试证明：$\dfrac{u_O}{u_I}=-\dfrac{R_F}{R_1}\left(1+\dfrac{R_A}{R_B}\right)$。

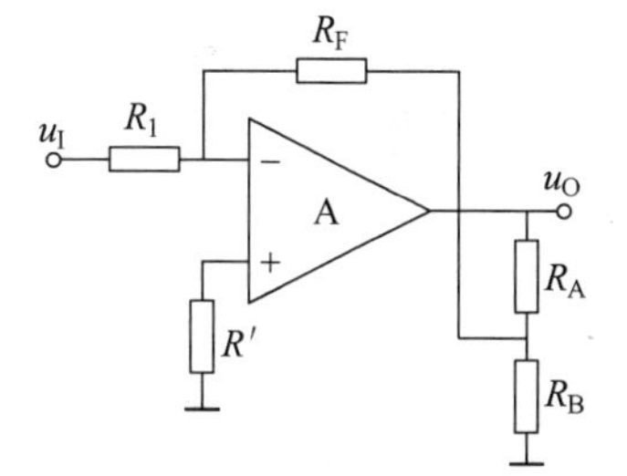

图 6-65　题 6-3 图

6-4　按照以下运算关系，画出运算电路并计算各电阻的阻值，括号中的电阻和电容为给定值。

（1）$u_O=-4u_I$　（$R_F=50\text{k}\Omega$）；

（2）$u_O=4u_I$　（$R_F=20\text{k}\Omega$）；

（3）$u_O=-(2u_{I1}+3u_{I2})$　（$R_F=60\text{k}\Omega$）；

（4）$u_O=2u_{I1}-u_{I2}$　（$R_F=60\text{k}\Omega$）；

（5）$u_O=5u_{I1}-2u_{I2}-2u_{I3}$　（$R_F=100\text{k}\Omega$）；

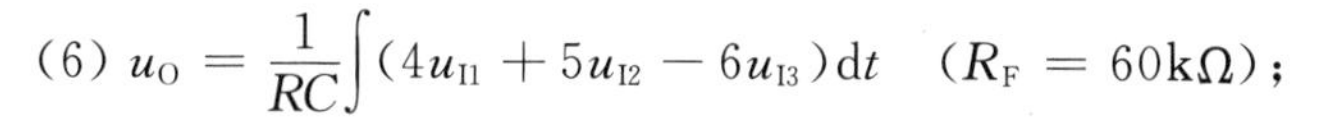

（6）$u_O=\dfrac{1}{RC}\int(4u_{I1}+5u_{I2}-6u_{I3})\text{d}t$　（$R_F=60\text{k}\Omega$）；

（7）$u_O=-100\int u_I\text{d}t(C_F=1\mu\text{F})$；

（8）$u_O=-100\dfrac{\text{d}u_I}{\text{d}t}(R_F=100\text{k}\Omega)$；

（9）$u_O=\sqrt{\dfrac{1}{RC}\int(u_{I1}+u_{I2})^2\text{d}t}$　（$R=10\text{k}\Omega$）。

6-5　图 6-66 为应用运算放大器测量电压的原理电路，u_I为被测电压，根据被测电压的大小分为 0.5、1、5、10、50V 五挡。输出为满量程 5V、500μA 的电压表，$R_F=1\text{M}\Omega$。求电阻 $R_{I1}\sim R_{I5}$的值。

6-6　图 6-67 为一个能够提供基准电压(u_O)的电路，计算 u_O 的调节范围。

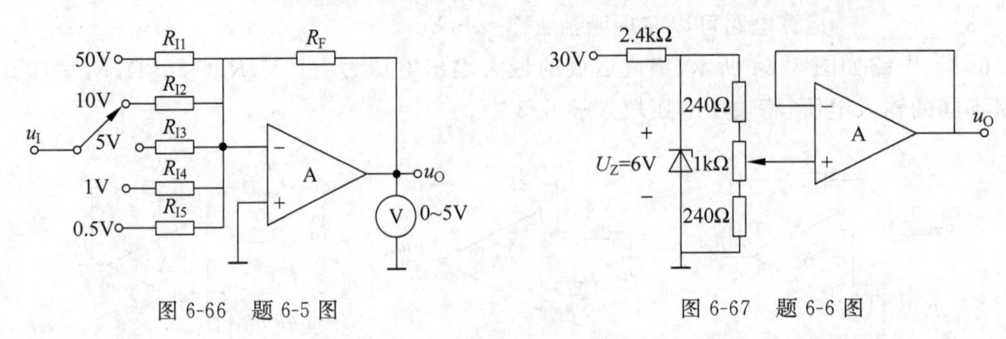

图 6-66　题 6-5 图　　　　图 6-67　题 6-6 图

6-7　图 6-68 是电压-电流转换电路，其中负载电阻 $R_L \ll R$，求：负载电流 i_o 与输入电压 u_I 的关系。

6-8　图 6-69 是应用运算放大器测量电阻的原理电路，输出为满量程 5V、500μA 的电压表，当电压表显示 5V 时，计算被测电阻 R_X 的值。

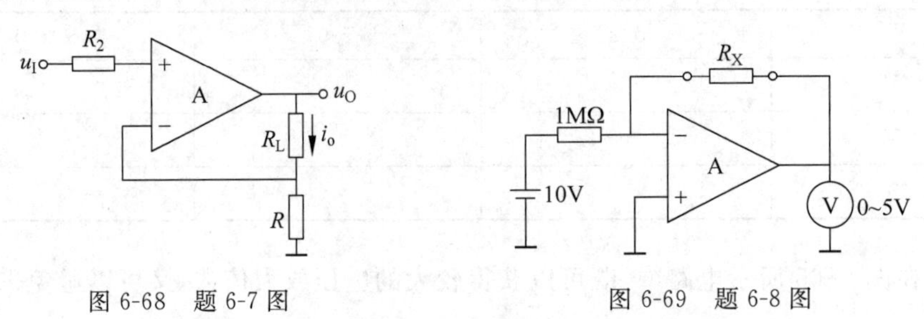

图 6-68　题 6-7 图　　　　图 6-69　题 6-8 图

6-9　图 6-70 是应用运算放大器测量电流的电路，根据被测电流 I 的大小分为 5mA、0.5mA、0.1mA、50μA、10μA 五挡。输出为满量程 5V、500μA 的电压表，求电阻 $R_{F1} \sim R_{F5}$ 的值。

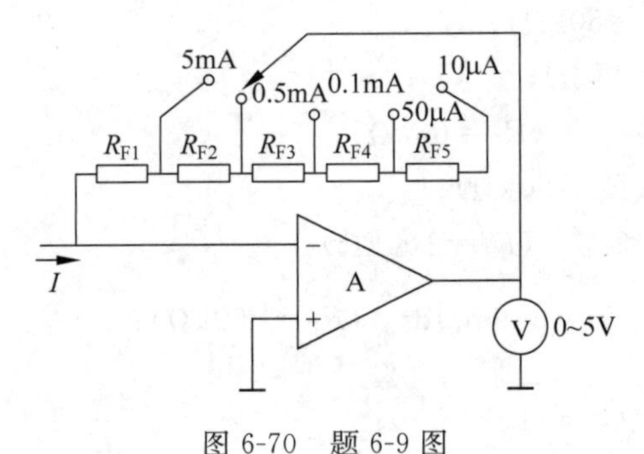

图 6-70　题 6-9 图

6-10　图 6-71(a)电路中，$R_1 = R_2 = R_3 = R_F$，两个输入信号 u_{I1} 和 u_{I2} 波形如图 6-71(b)所示，试画出输出电压 u_O 的波形。

6-11　图 6-72 电路中，$u_{I1} = 1.1\text{V}$、$u_{I2} = 1\text{V}$、$R_1 = R_2 = 10\text{k}\Omega$、$R_3 = R_F = R_4 = 20\text{k}\Omega$、$C = 1\mu\text{F}$，求：接入输入电压后，输出电压 u_O 从 0 上升到 10V 的时间($u_C(0) = 0$)。

6-12　图 6-73 电路中，$R_1 = R_2 = 100\text{k}\Omega$、$R_3 = R_4 = 10\text{k}\Omega$、$R_5 = 2\text{k}\Omega$、$C = 1\mu\text{F}$、$U_{OM} = \pm 12\text{V}$。

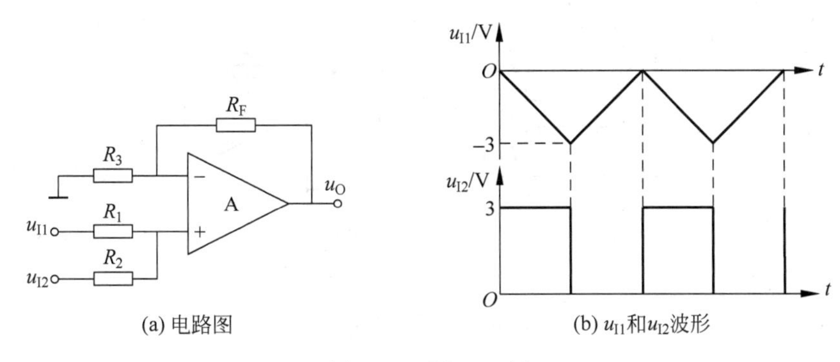

图 6-71 题 6-10 图

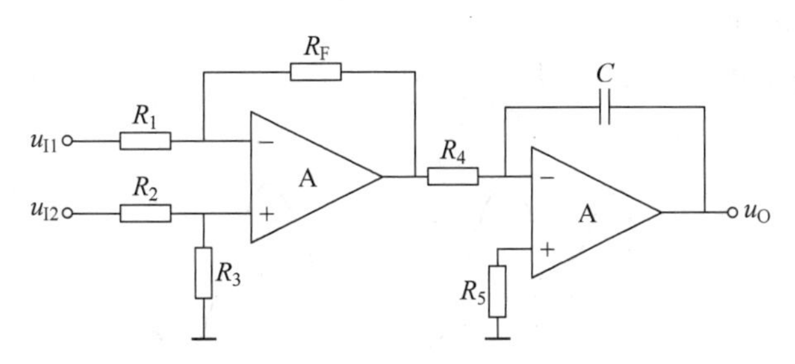

图 6-72 题 6-11 图

(1) 电路由哪些基本单元组成。

(2) 设初始：$u_C(0)=0\text{V}$，$u_{I1}=u_{I2}=0$、$u_O=-12\text{V}$。$t=0$ 时加入 $u_{I1}=2\text{V}$、$u_{I2}=-4\text{V}$，经过多长时间，输出电压会达到 $+12\text{V}$。画出 u_{O1} 和 u_O 的波形。

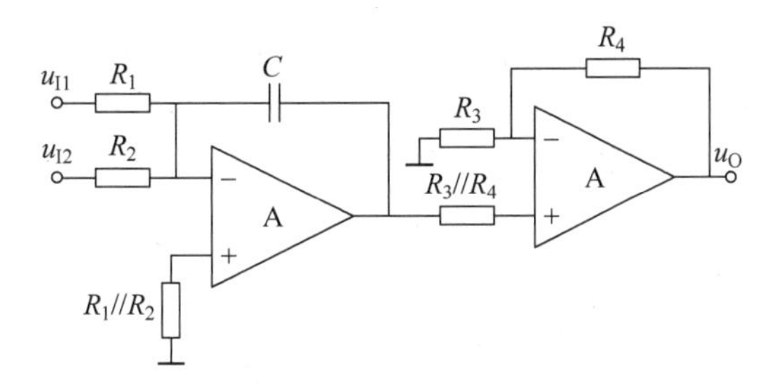

图 6-73 题 6-12 图

6-13 电路如图 6-74 所示，写出其运算关系。

6-14 要实现以下功能，应采用哪种类型的滤波电路？请画出电路。

(1) 只能通过频率低于 400Hz 的交流信号并放大 3 倍。

(2) 只能通过频率高于 1000Hz 的交流信号并放大 5 倍，且输出与输入反相。

(3) 只能通过频率在 400～1000Hz 的交流信号。

(4) 抑制 1000kHz 的高频干扰信号。

6-15 设一阶 HPF 和二阶 LPF 的通带放大倍数均为 2，通带截止频率分别为 2kHz 和 100Hz。组成一个带通滤波电路，画出其幅频特性图。

6-16 某比较器输入、输出电压波形如图 6-75 所示，要求：

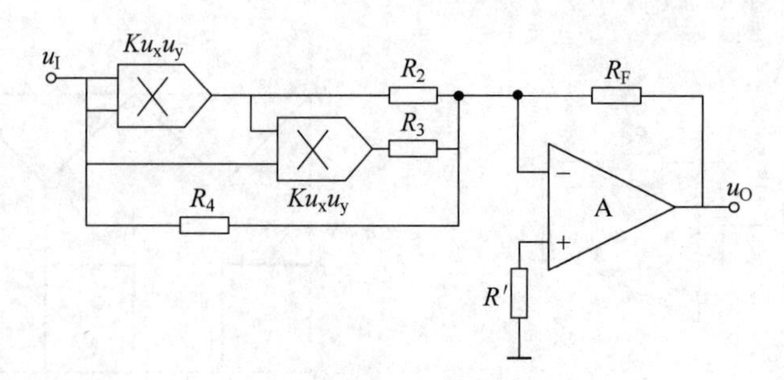

图 6-74 题 6-13 图

(1) 判断这是哪种比较器?

(2) 画出其传输特性。

(3) 画出该电路,选择各元件参数。

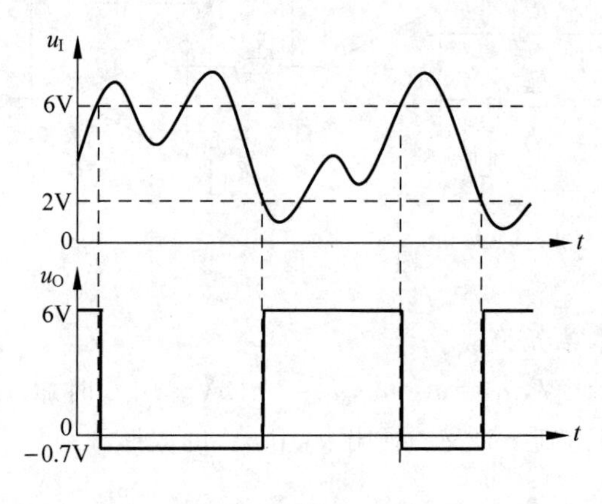

图 6-75 题 6-16 图

6-17 分析图 6-76 所示比较器,并画出其传输特性。

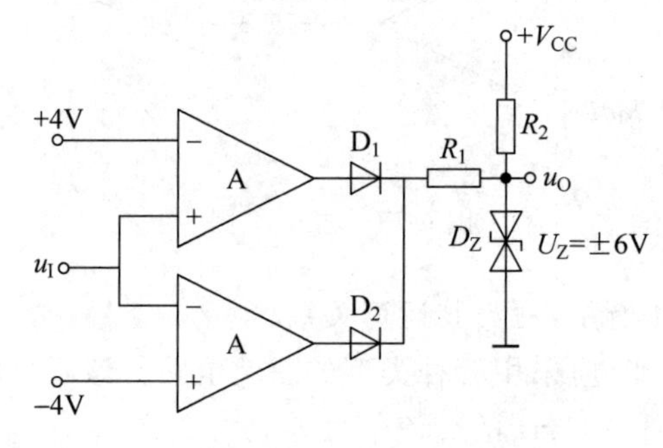

图 6-76 题 6-17 图

第 7 章　波形发生电路

波形发生电路，顾名思义就是产生需要波形的电路。本章之前第 6 章所讲述的信号运算和处理电路，都是对已经存在的输入信号进行运算和处理的。而本章所研究电路的最大不同之处在于，波形发生电路不需要输入信号。波形发生电路一般是指能自动产生正弦波、三角波、方波及锯齿波、阶梯波等电压波形的电路，这些波形信号可以作为后续电路的测试信号或控制信号。

7.1　正弦波振荡电路的分析方法

正弦波发生电路通常称为正弦波振荡电路，是模拟电子电路的一种重要形式。其特点是不需要外加任何输入信号就能根据要求输出特定频率的正弦波信号，这种现象称为“自激振荡”。它广泛地应用于测量、遥控、通信、自动控制、热处理和超声波电焊等加工设备中，也常用作模拟电子电路的测试信号。本节将详细介绍正弦波振荡电路的分析方法。

7.1.1　正弦波电路的振荡条件

在前面所讲述的运算放大电路中，为了改善电路性能，通常会引入负反馈。与之不同的是，波形发生电路是非常典型的正反馈放大电路。在波形发生振荡电路中，人为地引入了正反馈，并使反馈环路增益满足一定的条件，电路在没有外部输入信号的情况下会产生输出信号，即产生自激振荡。因此，正反馈是振荡电路的必备条件之一，并且环路增益必须满足一定的条件。由此分析，在正弦波振荡电路中，需要采用正反馈信号来取代输入信号。

通常，可以将正弦波振荡电路分解为图 7-1 (a)所示的方框图，$\dot{A}$表示放大电路，$\dot{F}$表示反馈网络，反馈极性为正。当输入量为零时，反馈量等于净输入量，如图 7-1 (b)所示，此时$\dot{X}_i'=\dot{X}_f$。按照反馈框图的性质，可以写成表达式为

$$\dot{X}_o = \dot{A}\dot{X}_i' = \dot{A}\dot{X}_f$$

$$\dot{X}_f = \dot{F}\dot{X}_o$$

综合上述两式，可以得到$\dot{X}_o=\dot{A}\dot{F}\dot{X}_o$，也就是说正弦波振荡的平衡条件为

$$\dot{A}\dot{F} = 1 \tag{7-1}$$

式(7-1)是相量形式的正弦波振荡平衡条件，它包含幅度和相位两方面的信息，写成模与相角的形式为

$$\begin{cases}|\dot{A}||\dot{F}|=1 & (7\text{-}2a)\\ \varphi_A+\varphi_F=2n\pi \quad (n\text{ 为整数}) & (7\text{-}2b)\end{cases}$$

式(7-2a)称为幅值平衡条件，式(7-2b)称为相位平衡条件，分别简称为幅值条件和相位条件。

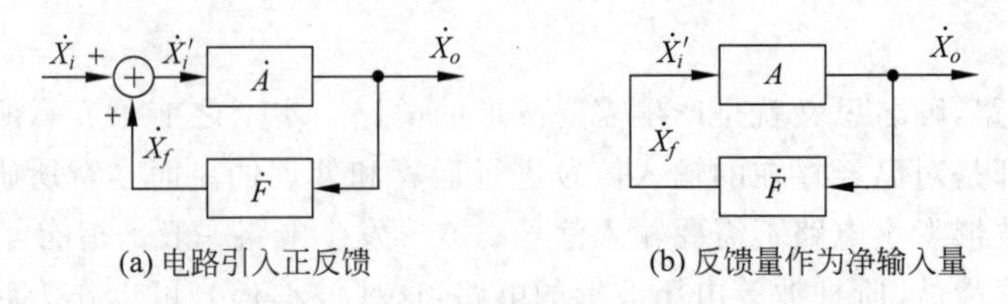

(a) 电路引入正反馈　　(b) 反馈量作为净输入量

图 7-1　正弦波振荡电路方框图

需要特别说明的是，$|\dot{A}||\dot{F}|=1$ 是幅值平衡条件，这里所说的“平衡”的含义是，电路输出的幅度保持不变，维持平衡状态，即电路产生等幅振荡或稳幅振荡。而当$|\dot{A}||\dot{F}|<1$ 时电路产生减幅振荡；$|\dot{A}||\dot{F}|>1$ 时，电路产生增幅振荡。

7.1.2　正弦波振荡电路的组成

上一小节介绍了正弦波电路的振荡条件，但是对于一个功能完善的正弦波振荡电路而言，仅仅满足振荡条件还是远远不够的，还需要电路其他部件协调工作。通俗来讲，一个振荡电路的正常工作过程是由起振开始的，然后其振荡幅度逐渐增大，直到振荡幅度稳定，最终产生需要的正弦信号。

一般情况下，正弦波信号发生电路由放大电路、正反馈网络、选频网络和稳幅环节组成。其中，选频网络既可以包含在放大电路内，也可以包含在正反馈网络之中。稳幅环节一般由放大电路中的非线性元件或增加非线性负反馈网络实现。

(1) 放大电路：振荡电路的核心，保证电路能够有从起振到动态平衡的过程，使电路获得一定幅值的输出量，实现能量的控制。

(2) 正反馈网络：引入正反馈，使放大电路的输入信号等于反馈信号，将选出来的所需频率的信号送回到输入端放大。

(3) 选频网络：从信号中选出所需的频率，从而确定电路的振荡频率，使电路产生单一频率的振荡，即保证电路产生正弦波振荡。

(4) 稳幅电路：也就是非线性环节，一般靠器件自身的非线性稳幅，作用是使输出信号幅值稳定。

在实际应用电路中，常常将放大电路和稳幅电路“二合一”，选频网络和正反馈网络“二合一”，从而使得振荡电路更为简化，具体的电路结构将在 7.2 节给出。

正弦波振荡电路常用选频网络所用元件来命名，分为 RC 正弦波振荡电路、LC 正弦波振荡电路和石英晶体正弦波振荡电路三种类型。RC 正弦波振荡电路的振荡频率较低，一般在 1MHz 以下；LC 正弦波振荡电路的振荡频率多在 1MHz 以上；石英晶体正弦波振荡电路可以等效为 LC 正弦波振荡电路，其特点是振荡频率非常稳定。

7.1.3　正弦波振荡电路的分析步骤

(1) 检查电路的组成是否满足要求。

检查电路是否同时具备放大电路、正反馈网络、选频网络和稳幅电路四个组成部分,四部分缺一不可。

(2) 分析放大电路能否正常工作。

对分立元件电路,首先估计放大电路静态工作点是否合适,其次分析交流通路是否能正常输入、输出和放大交流信号。对集成运放电通路,检查是否构成集成交流放大电路。

(3) 分析电路是否满足自激振荡的相位条件和幅度条件。

对电路自激振荡条件的分析,首先是判断相位条件,其次判断幅度条件。

① 相位条件的判断

相位条件的判断就是判断电路中的反馈是否是正反馈。具体方法是从振荡电路的输出寻找反馈网络,在反馈网络的输出与基本放大电路的输入端处断开反馈环,在断开处给放大电路施加一假想的信号,用瞬时极性法判别反馈极性。若反馈为正反馈,则电路满足相位条件,有可能产生振荡,否则不会产生振荡。

判断相位条件时应注意两点:①如果原电路比较复杂,可画出原电路的交流通路,在交流通路中用瞬时极性法判断反馈极性比较方便;②判定选频网络输出与输入相位关系时,应以振荡中心频率 f_0 时的相位关系为准。

② 幅度条件的判断

幅度条件判断的是计算环路增益 AF 的大小是否能够满足起振条件。若 $AF<1$,则不能振荡;若 $AF=1$,则能产生等幅振荡;若 $AF>1$,则会产生增幅振荡(起振条件)。环路增益 AF 的具体计算方法是在振荡频率 $f=f_0$ 时,根据电路的微变等效电路分别计算 A 和 F 的值。需要特别说明的是,只有在电路满足相位条件的情况下,判断是否满足幅值条件才有意义。换言之,若电路不满足相位条件,则电路肯定不能产生振荡,也就无须判断幅度条件了。

(4) 判断电路是否存在稳幅环节。

稳幅环节是电路中的非线性环节,需要判断振荡电路中的非线性器件是否能够使电路从增幅振荡过渡到稳幅振荡。

7.2　RC 正弦波振荡电路

RC 串并联网络振荡电路用以产生低频正弦波信号,是一种使用十分广泛的振荡电路,该振荡电路由放大电路和具有正反馈特性的 RC 网络组成。前面已经提过,正弦波振荡电路常用选频网络所用元件来命名,因此 RC 网络除了提供正反馈通路的作用之外,还有一个重要的作用就是选频网络。本节将从 RC 串并联网络的选频特性讲起,逐步分析 RC 正弦波振荡电路的工作原理。

7.2.1 RC 串并联网络的选频特性

RC 串并联网络又称文氏桥选频网络，其具体电路如图 7-2 所示。

通过以下计算，可以求出 RC 串并联选频网络的频率特性和中心频率 f_0。

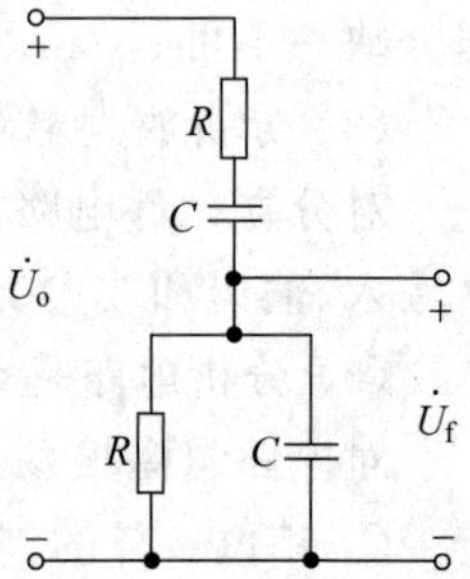

$$\dot{F}=\frac{\dot{U}_{\mathrm{f}}}{\dot{U}_{\mathrm{o}}}=\frac{R /\!/ \dfrac{1}{\mathrm{j}\omega C}}{R+\dfrac{1}{\mathrm{j}\omega C}+R /\!/ \dfrac{1}{\mathrm{j}\omega C}}$$

$$=\frac{1}{3+\mathrm{j}\left(\omega RC-\dfrac{1}{\omega RC}\right)} \tag{7-3}$$

图 7-2 RC 串并联选频网络

令 $\omega_0=\dfrac{1}{RC}$，则 $f_0=\dfrac{1}{2\pi RC}$，代入式(7-3)可得

$$\dot{F}=\frac{1}{3+\mathrm{j}\left(\dfrac{f}{f_0}-\dfrac{f_0}{f}\right)} \tag{7-4}$$

由式(7-4)可得 RC 串并联选频网络的幅度频率特性为

$$|\dot{F}|=\frac{1}{\sqrt{3^2+\left(\dfrac{f}{f_0}-\dfrac{f_0}{f}\right)^2}}=\frac{1}{\sqrt{3^2+\left(\dfrac{\omega}{\omega_0}-\dfrac{\omega_0}{\omega}\right)^2}} \tag{7-5}$$

其相位频率特性为

$$\varphi_F=-\arctan\frac{1}{3}\left(\frac{f}{f_0}-\frac{f_0}{f}\right) \tag{7-6}$$

根据式(7-5)和式(7-6)画出 $\dot{F}$ 的频率特性曲线，如图 7-3 所示。当 $f=f_0$ 时，$\dot{F}=\dfrac{1}{3}$，$\varphi_F=0°$。

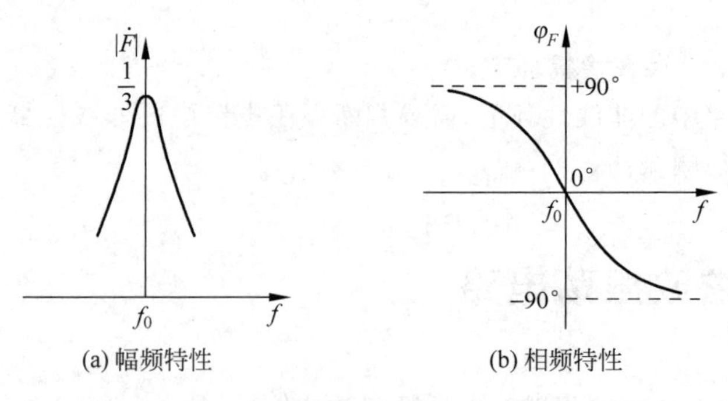

(a) 幅频特性　　(b) 相频特性

图 7-3 RC 串并联选频网络的频率特性曲线

7.2.2 RC 串并联网络振荡电路

RC 文氏桥振荡器的电路如图 7-4 所示，其中集成运放 A 作为放大电路，选频网络是由

R、C 元件组成的串并联选频网络，R_f 和 R_1 支路引入一个负反馈，构成同相比例放大器。由图 7-4 可见，串并联网络与负反馈支路中的 R_f 和 R_1 正好组成一个电桥，因此这种电路又称为文氏桥振荡电路。

下面针对图 7-4 桥式正弦波振荡电路，进行具体分析。

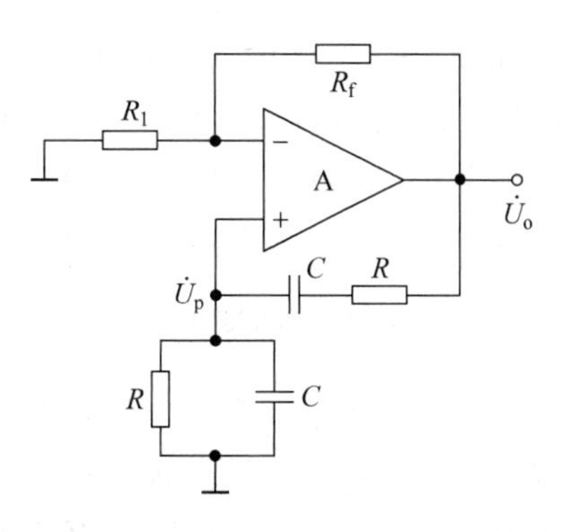

图 7-4　RC 桥式正弦波振荡电路

1. 振荡频率

为了满足振荡的相位条件，要求 $\varphi_A+\varphi_F=2n\pi$。在图 7-4 所示的电路中，$A$ 代表的是同相比例放大电路，F 表示的是 RC 串并联正反馈网络。由前述分析可知，对于 RC 串并联网络，当 $f=f_0$ 时，$\varphi_F=0°$，如果在此频率下能使放大电路的 $\varphi_A=2n\pi$，即放大电路的输出电压与输入电压同相，即可达到振荡的相位条件。在图 7-4 所示的 RC 串并联振荡电路图中，放大部分是集成运放，采用同相输入方式，构成同相比例运算电路，则在中频范围内 φ_A 近似等于零。因此，电路在 f_0 频率时，$\varphi_A+\varphi_F=0$，而对于其他任何频率，则不满足振荡的相位条件，所以电路的振荡频率为

$$f_0=\frac{1}{2\pi RC} \tag{7-7}$$

2. 起振条件

在 7.2.1 节已经求出，当 $f=f_0$ 时，$|\dot{F}|=\frac{1}{3}$。为了满足振荡的起振条件，必须使电路产生增幅振荡，即要求 $|\dot{A}\dot{F}|>1$，由此可以求得图 7-4 振荡电路的起振条件为

$$|\dot{A}|>3 \tag{7-8}$$

又因为同相比例运算电路的电压放大倍数为

$$\dot{A}=\dot{A}_{uf}=1+\frac{R_f}{R_1} \tag{7-9}$$

为了使 $|\dot{A}|>3$，图 7-4 所示振荡电路中负反馈支路的参数应满足以下关系

$$R_f>2R_1 \tag{7-10}$$

3. 振荡电路中的负反馈

根据上述分析可知，RC 桥式正弦波振荡电路中，只要达到 $|\dot{A}|>3$，即可满足产生正弦波振荡的起振条件。但是如果 $|\dot{A}|$ 的值过大，振荡幅度将超出放大电路的线性放大范围而进入非线性区，输出波形将产生明显的失真。另外，放大电路的放大倍数因受环境温度及元件老化等因素影响，也会发生波动。这些都将直接影响振荡电路输出波形的质量，因此，通常都在放大电路中引入负反馈以改善振荡波形。在图 7-4 所示的 RC 桥式正弦波振荡电路中，电阻 R_f 和 R_1 引入了一个电压串联负反馈，它不仅可以提高放大倍数的稳定性，改善振荡电路的输出波形，而且能够提高放大电路的输入电阻，降低输出电阻，从而减小放大电路

对 RC 串并联网络选频特性的影响，提高振荡电路的带负载能力。

改变电阻 R_f 和 R_1 阻值的大小可以调节负反馈的深度。R_f 越小，负反馈系数越大，负反馈深度越深，放大电路的电压放大倍数越小；反之，R_f 越大，负反馈系数越小，负反馈越弱，电压放大倍数越大。如果电压放大倍数太小，不能满足 $|\dot{A}|>3$ 条件，则振荡电路不能起振；而如果电压放大倍数太大，则可能导致输出信号幅度太大，使振荡波形产生明显的非线性失真。因此需要调整 R_f 和 R_1 的阻值，使振荡电路产生比较稳定而失真较小的正弦波信号。

4. 振荡频率的调节

只要改变电阻 R 或电容 C 的值，即可调节振荡频率。例如，在 RC 串并联网络中，利用波段开关换接不同阻值的电阻对振荡频率进行粗调，利用双联可调电容器对振荡频率进行细调。采用这种办法可以很方便地在一个比较宽的范围内对振荡频率进行连续调节，如图 7-5 所示。

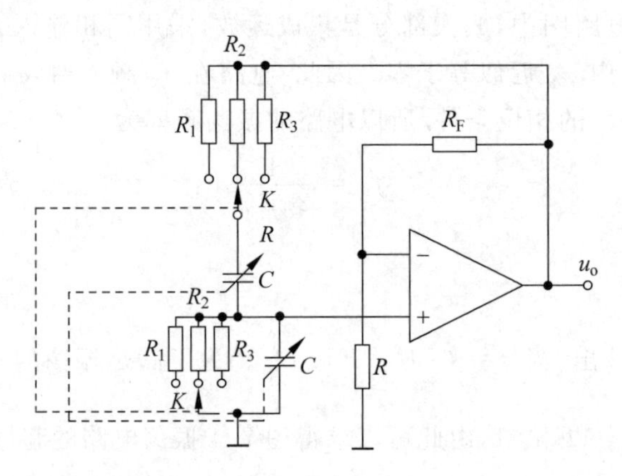

图 7-5 振荡频率连续可调的 RC 桥式正弦波振荡电路

5. RC 桥式振荡电路的稳幅过程

前面讲述了 RC 文氏桥振荡电路的起振条件为 $|\dot{A}|>3$，此时为增幅振荡，输入信号的振荡幅度会不断增大。然而输出波形是不可能无限增大的，而且要产生的波形的幅度应该是稳定不变的，因此需要一定的措施使得振荡电路能够自动稳幅，即从增幅振荡自动过渡到稳幅振荡。

RC 文氏桥振荡电路的自动稳幅作用是靠引入非线性元件，如热敏电阻或二极管实现的，如图 7-6 所示。图 7-6(a)中 R_1 是正温度系数热敏电阻，当输出电压升高，R_1 上所加的电压升高，电阻温度会随之升高，R_1 阻值增加，负反馈增强，输出幅度下降。若热敏电阻是负温度系数，则应放置在 R_f 的位置。

采用两个反向并联二极管的自动稳幅电路如图 7-6(b)所示，利用电流增大时二极管动态电阻减小、电流减小时二极管动态电阻增大的特点，加入非线性环节，从而使输出电压稳定。此时电路的电压增益为

$$\dot{A}_{uf}=1+\frac{R_f+r_d}{R_1} \tag{7-11}$$

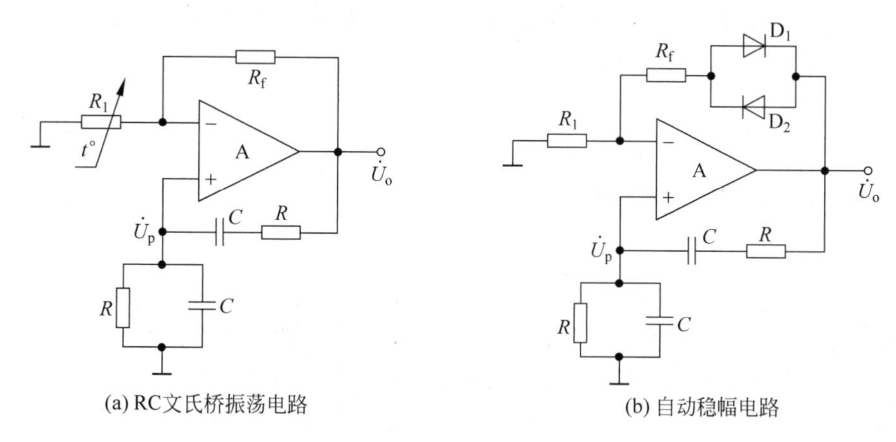

图 7-6 带有热敏电阻的 RC 桥式正弦波振荡电路

例 7-1 图 7-7(a)所示电路是还不完整的正弦波振荡器。

(1) 完成各点的连接。

(2) 计算电阻 R_2 的取值范围。

(3) 计算电路的振荡频率。

(4) 若用热敏电阻 R_t 代替反馈电阻 R_2(R_t 的特性如图 7-7(b)所示),当电流有效值 I_t 多大时该电路会出现稳定的正弦波振荡?此时输出电压有多大?

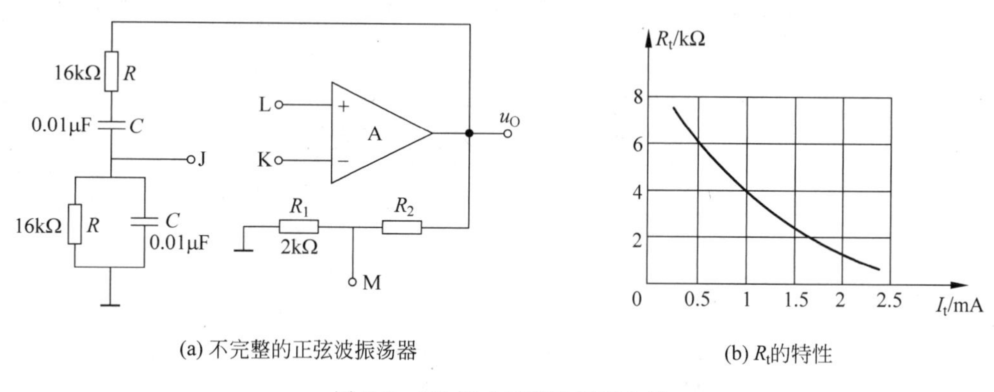

图 7-7 RC 桥式正弦波振荡电路

解:解题思路是根据 RC 正弦波振荡器的组成和工作原理对题目分析、求解。

(1) 在图 7-7(a)中,当 $f=f_0$ 时,RC 串并联选频网络的相移为零,为了满足相位条件,放大器的相移也应为零,所以节点 J 应与 L 相连接;为了减少非线性失真,放大电路引入负反馈,节点 K 应与 M 相连接。

(2) 由于正反馈网络(选频网络)的反馈系数等于 1/3($f=f_0$ 时),为了满足振荡电路起振的条件,同相比例运算电路的放大倍数 $|\dot{A}_{uf}|=1+\frac{R_2}{R_1}$应大于 3,即 $R_2>2R_1=4\text{k}\Omega$。故 R_2 应选择大于 4kΩ 的电阻。

(3) 电路的振荡频率为

$$f_0=\frac{1}{2\pi RC}=\frac{1}{2\pi\times 16\times 10^3\times 0.01\times 10^{-6}}\approx 995\text{Hz}$$

(4) 当 $R_t=4\text{k}\Omega$ 时，电路会出现稳定的正弦波振荡，由图 7-7(b)可得，当 $R_t=4\text{k}\Omega$ 时，$I_t=1\text{mA}$，此时输出电压的有效值为

$$U_o = I_t(R_t + R_1) = 6\text{V}$$

7.3 LC 正弦波振荡电路

LC 正弦波振荡电路与 RC 桥式正弦波振荡电路的组成在本质上是相同的，只是选频网络采用 LC 电路。在 LC 正弦波振荡电路中，当 $f=f_0$ 时，放大电路的放大倍数数值最大，而其他频率的信号均被衰减到零；引入正反馈后，使反馈电压作为放大电路的输入电压，以维持输出波形，从而形成正弦波振荡。由于 LC 正弦波振荡电路的振荡频率较高，所以放大电路多采用分立元件电路，必要时还需采用共基放大电路。

7.3.1 LC 并联电路的选频特性

理想的 LC 并联电路如图 7-8(a)所示，其谐振频率为

$$f_0 = \frac{1}{2\pi\sqrt{LC}} \tag{7-12}$$

实际的 LC 并联电路总是有损耗的，其等效电路如图 7-8(b)所示，图中电阻 R 为等效电阻，电阻总的导纳可以写为

$$\begin{aligned} Y &= \mathrm{j}\omega C + \frac{1}{R+\mathrm{j}\omega L} \\ &= \frac{R}{R^2+(\omega L)^2} + \mathrm{j}\left[\omega C - \frac{\omega L}{R^2+(\omega L)^2}\right] \end{aligned} \tag{7-13}$$

(a) 理想LC并联电路　　(b) 实际LC并联电路的等效电路

图 7-8　LC 并联电路

LC 并联电路的电抗 $Z=1/Y$，是频率的函数，其频率特性曲线如图 7-9 所示。

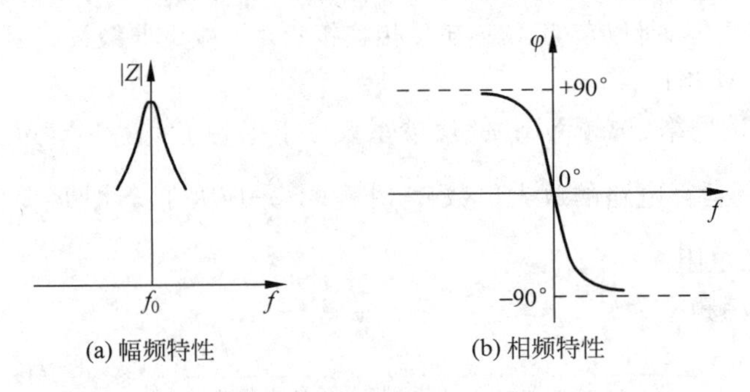

(a) 幅频特性　　(b) 相频特性

图 7-9　LC 并联电路电抗的频率特性

令式(7-13)中虚部为零，就可求出谐振角频率

$$\omega_0 = \frac{1}{\sqrt{1+\left(\frac{R}{\omega_0 L}\right)^2}} \cdot \frac{1}{\sqrt{LC}} = \frac{1}{\sqrt{1+\left(\frac{1}{Q}\right)^2}} \cdot \frac{1}{\sqrt{LC}} \tag{7-14}$$

式中 Q 为品质因数可表示为

$$Q = \frac{\omega_0 L}{R} \tag{7-15}$$

当 $Q \gg 1$ 时，LC 电路接近理想 LC 电路，$\omega_0 \approx \frac{1}{\sqrt{LC}}$，所以谐振频率为

$$f_0 \approx \frac{1}{2\pi\sqrt{LC}} \tag{7-16}$$

将 $\omega_0 \approx \frac{1}{\sqrt{LC}}$ 代入式(7-15)可以得出在谐振条件下

$$Q = \frac{1}{R}\sqrt{\frac{L}{C}} \tag{7-17}$$

当 $f = f_0$ 时，LC 电路的电抗可以写为

$$Z_0 = \frac{1}{Y_0} = \frac{R^2 + (\omega L)^2}{R} = (1 + Q^2)R \tag{7-18}$$

根据 LC 并联网络的频率特性，当 $f = f_0$ 时，无附加相移。对于其余频率的信号有附加相移，电路具有选频特性，故称为选频电路。若在放大电路中加入 LC 并联选频网络，同时引入正反馈，并能用反馈电压取代输入电压，则电路就会成为正弦波振荡电路。根据引入反馈的方式不同，LC 正弦波振荡电路分为变压器反馈式和 LC 三点式两大类。

7.3.2 变压器反馈式 LC 振荡电路

引入正反馈最简单的方法是采用变压器反馈方式，如图 7-10 所示，图中已经标示出了变压器的同名端，以满足正弦振荡的相位条件。在该电路中 LC 并联谐振电路作为三极管的负载，其反馈线圈 L_2 与电感线圈 L_1 相耦合，将反馈信号送入三极管的输入回路。交换反馈线圈的两个线头或改变变压器的同名端，可改变反馈的极性。调整反馈线圈的匝数可以改变反馈信号的强度，以使正反馈的幅度条件得以满足。

对于图 7-10 所示的电路，可以采用前面介绍过的正弦波振荡电路的分析方法来判断电路是否满足正弦波振荡的条件。

首先，观察图 7-10 所示电路，该电路存在三极管放大电路、LC 并联选频网络、正反馈网络以及用晶体管的非线性特性所实现的稳幅环节 4 个部分。

然后判断放大电路能否正常工作，图中放大电路是典型的静态工作点稳定电路，可以设置合适的静态工作点，交流信号的传递也无开路或短路现象，电路可以正常放大。

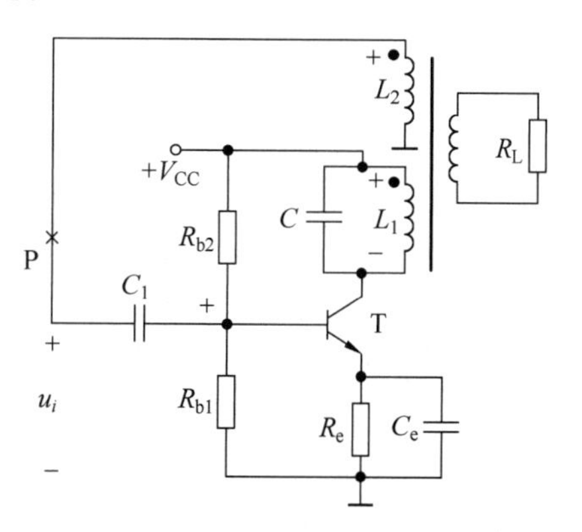

图 7-10　变压器反馈式振荡电路

最后，采用瞬时极性法判断电路是否满足相位平衡条件。具体做法是：在图7-10所示电路中，断开P点，在断开处给放大电路加 $f=f_0$ 的输入电压 u_i，给定其极性对“地”为正，因而晶体管基极动态电位对“地”为正，由于放大电路为共射接法，所以集电极动态电位对“地”为负；对于交流信号，直流电源 V_{CC} 相当于“地”，所以线圈 L_1 上电压为上“+”下“-”；根据同名端，L_2 上电压也为上“+”下“-”，即反馈电压极性对“地”为正，与输入电压 u_i 的假设极性相同，满足正弦波振荡的相位条件。

关于图7-10所示变压器反馈式振荡电路的振荡频率的具体求法和起振条件请读者参阅相关文献，这里不再叙述。

变压器反馈式振荡电路易于产生振荡，输出电压的波形失真不大，应用范围广泛。但是由于输出电压与反馈电压靠磁路耦合，因而耦合不紧密，损耗较大。并且振荡频率的稳定性不高。

7.3.3　三点式LC振荡电路

为了克服变压器反馈式振荡电路中变压器原边线圈和副边线圈耦合不紧密的缺点，可以采用三点式LC振荡电路。三点式LC振荡电路主要分为电感三点式LC振荡电路和电容三点式LC振荡电路两种。

1. 电感三点式LC振荡电路

将变压器反馈式振荡电路的 L_1 和 L_2 合并为一个线圈，把图7-10所示电路中线圈 L_1 接电源的一端和 L_2 接地的一端相连作为中间抽头，为了加强谐振效果，将电容C跨接在整个线圈两端，便得到电感三点式反馈式LC振荡电路，如图7-11(a)所示，这种电路也称为电感反馈式LC振荡电路。

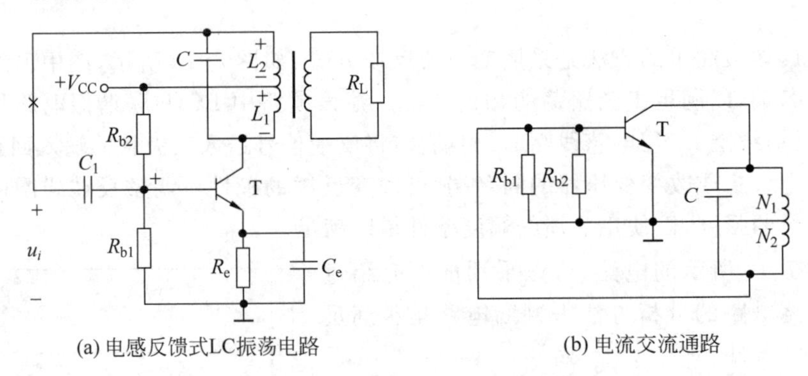

图7-11　电感三点式LC振荡电路

在图7-11(a)中，电感 L_2 上的电压就是送回到三极管基极回路的反馈电压 U_f，观察电路，它包含了放大电路、选频网络、反馈网络和非线性元件(晶体管)4个部分，而且放大电路能够正常工作。电路的交流通路如图7-11(b)所示，电感的三个抽头分别接晶体管的基极、发射极和集电极三个极，故称为电感三点式电路。

用瞬时极性法判断电路是否满足正弦波振荡的相位条件：断开反馈，加频率为 f_0 的输入电压，给定其极性，判断出从 L_2 上获得的反馈电压极性与输入电压相同，故电路满足正弦波振荡的相位条件，各点瞬时极性如图 7-11(a)所示。

电感三点式反馈式 LC 振荡电路的振荡频率由 L_1、L_2 和 C 组成的回路决定，其振荡频率为

$$f_0 \approx \frac{1}{2\pi\sqrt{(L_1+L_2+2M)C}} \tag{7-19}$$

式中 M 为 L_1 和 L_2 之间的互感。

电感反馈式振荡电路中 L_1 和 L_2 之间耦合紧密，振幅大，易起振；当 C 采用可变电容时，可以获得调节范围较宽的振荡频率，最高振荡频率可达几十兆赫兹。由于反馈电压取自电感，对高频信号具有较大的电抗，所以反馈信号中含有较多的高次谐波分量，其输出电压波形不好。因此，电感反馈式振荡电路常用在对波形要求不高的设备中，如高频加热器、接收机的本机振荡器等。

2. 电容三点式 LC 振荡电路

为了获得较好的输出电压波形，若将电感反馈式振荡电路中的电容换成电感，电感换成电容，并在转换后将两个电容的公共端接地，且增加集电极电阻 R_c，就可以得到电容反馈式振荡电路，如图 7-12 所示。因为两个电容的三个端分别接在晶体管的三个极，故也称为电容三点式电路。

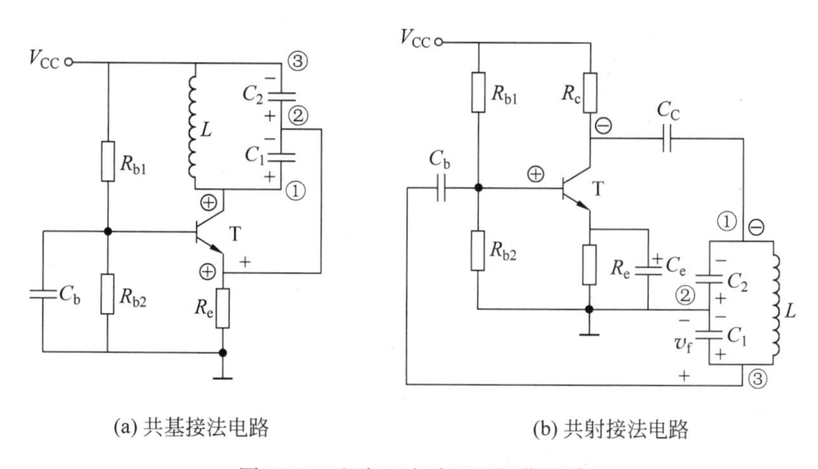

(a) 共基接法电路　　(b) 共射接法电路

图 7-12　电容三点式 LC 振荡电路

根据正弦波振荡电路的判断方法，观察图 7-12 所示电路，其包含了放大电路、选频网络、反馈网络和非线性元件(晶体管)4 个部分且放大电路能够正常工作。

断开反馈，加频率为 f_0 的输入电压，给定其极性，判断出从电容上所获得的反馈电压极性与输入电压极性相同，故电路正弦波振荡的相位条件，各点瞬时极性在图中已经标出。只要电路参数选择得当，电路就可以满足幅值条件，从而产生正弦波振荡。

电容三点式反馈式 LC 振荡电路的振荡频率由 C_1、C_2 和 L 组成的回路决定，其振荡频率为

$$f_0 \approx \frac{1}{2\pi\sqrt{L\dfrac{C_1C_2}{C_1+C_2}}} \tag{7-20}$$

电容反馈式 LC 振荡电路的输出电压波形好，但若用改变电容的方法来调节振荡频率，则会影响电路的反馈系数和起振条件；而若用改变电感的方法来调节振荡频率，则比较困难。因此电容反馈式 LC 振荡电路常用在固定振荡频率的场合。

例 7-2 试判断图 7-13 所示电路是否有可能产生振荡。若不能产生振荡，请指出电路中的错误，画出一种正确的电路，写出电路振荡频率表达式。

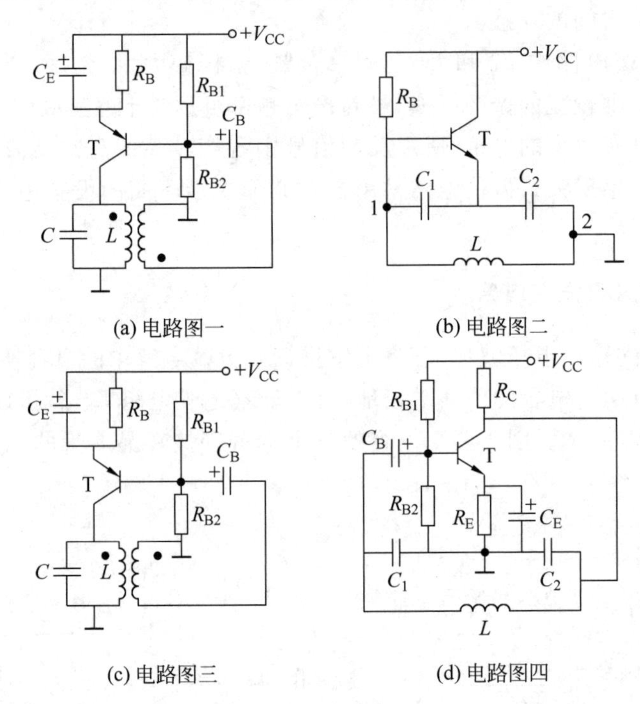

图 7-13 例 7-2 电路图

解：解题思路是首先从相位平衡条件分析电路能否产生振荡，然后计算 LC 电路的振荡频率 $f_0=\dfrac{1}{2\pi\sqrt{LC}}$，$L$、$C$ 分别为谐振电路的等效电感和电容。

其解题过程如下：

图 7-13(a)电路中的选频网络由电容 C 和电感 L(变压器的等效电感)组成；晶体管 T 及其直流偏置电路构成基本放大电路；变压器副边电压反馈到晶体管的基极，构成闭环系统；本电路利用晶体管的非线性特性稳幅。静态时，电容开路、电感短路，从电路结构来看，本电路可使晶体管工作在放大状态，若参数选择合理，可使本电路有合适的静态工作点。动态时，射极旁路电容 C_E 和基极耦合电容 C_B 短路，集电极的 LC 并联网络谐振，其等效阻抗呈阻性，构成共射极放大电路。

利用瞬时极性法判断相位条件：首先断开反馈信号(变压器副边与晶体管基极之间)，给晶体管基极接入对地极性为“＋”的输入信号，则集电极对地的输出信号极性为“－”，即变压器同名端极性为“－”，反馈信号对地极性也为“－”。反馈信号输入信号极性相反，为负反馈，不可能产生振荡。若要电路满足相位平衡条件，只要对调变压器副边绕组接线，使反馈信号对地极性为“＋”即可。改正后的电路如图 7-13(c)所示，本电路振荡频率的表达式为

$f_0 \approx \frac{1}{2\pi\sqrt{LC}}$。

图 7-13(b)电路中的选频网络由电容 C_1、C_2 和电感 L 组成；晶体管 T 是放大元件，但直流偏置不合适；电容 C_1 两端电压可作为反馈信号，但放大电路的输出信号(晶体管集电极信号)没有传递到选频网络。因此本电路不可能产生振荡。

首先修改放大电路的直流偏置电路：为了设置合理的偏置电路，选频网络与晶体管的基极连接时要加隔直电容 C_B，晶体管的偏置电路有两种选择：一种是固定基极偏置电阻的共射电路；另一种是分压式偏置的共射电路。选用静态工作点比较稳定的电路(分压式偏置电路)比较合理。

其次修改交流信号通路：把选频网络的接地点移到 C_1 和 C_2 之间，并把原电路图中的节点"2"连接到晶体管 T 的集电极。修改后的电路如图 7-13(d)所示。

然后再判断相位条件：在图 7-13(d)电路中，断开反馈信号(选频网络与晶体管基极之间)，给晶体管基极接入对地极性为"+"的输入信号，集电极输出信号对地极性为"−"(共射放大电路)，当 LC 选频网络发生并联谐振时，LC 网络的等效阻抗呈阻性，反馈信号(电容 C_1 两端电压)对地极性为"+"。反馈信号与输入信号极性相同，修改后的电路能满足相位平衡条件，电路有可能产生振荡。本电路振荡频率的表达式见式(7-20)。

7.3.4 石英晶体正弦波振荡电路

石英晶体振荡器，简称石英晶振，是一个特殊的 LC 振荡器，其特点是振荡频率稳定度极高。

1. 石英晶体的基本特性

将二氧化硅结晶体按一定的方向切割成很薄的晶片，再将晶片两个对应的表面抛光和涂敷银层，并引出两个电极，然后在两极加上一个电场，晶片将会产生机械变形。相反，若在晶片上施加机械压力，则在晶片相应的方向上会产生一定的交变电场，这种物理现象称为压电效应。因此，当在晶片的两极加上交变电压时，晶片将会产生机械变形振动，同时晶片的机械振动又会产生交变电场。在一般情况下，晶片的机械振动的振幅和交变电场的振幅都非常微小，只有在外加交变电压的频率为某一特定频率时，振幅才会突然增加，产生共振，这种现象称为压电谐振。这和 LC 回路的谐振现象十分相似，因此，石英晶体又称为石英谐振器。上述特定频率称为晶体的固有频率或谐振频率。

石英晶体的符号、等效电路及其频率特性如图 7-14 所示。

当晶体不振动时，可以看成是一个平板电容器 C_0，称为静态电容。C_0 与晶片的几何尺寸和电极面积有关，一般约为几到几十皮法。当晶体振动时，有一个机械振动的惯性，用电感 L 来等效，一般 L 值为几到几十毫亨。晶片的弹性一般以电容 C 来等效，C 值为 0.01～0.1pF。L、C 的具体数值与晶体的切割方式，晶片和电极的尺寸、形状等有关。晶片振动时，因摩擦而造成的损耗则用电阻 R 来等效，它的数值约为 100Ω。由于晶片的等效电感 L 很大，而等效电容 C 很小，电阻 R 也小，因此回路的品质因数 Q 很大，可达 $10^4 \sim 10^6$，再加上晶片本身的固有频率只与晶片的几何尺寸有关，所以很稳定，而且可做得很精确。因此，利

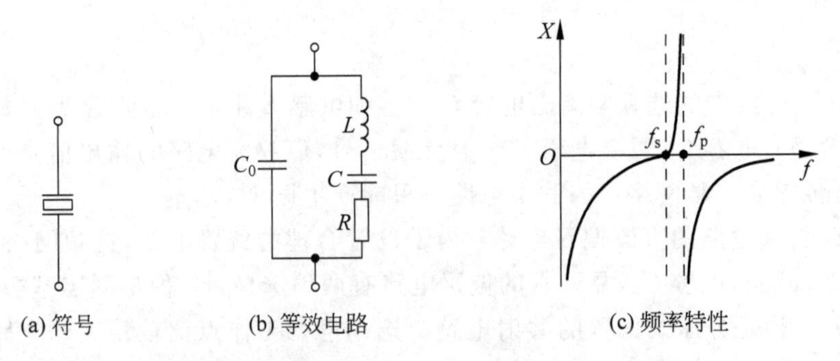

图 7-14　石英晶体的符号、等效电路及其频率特性

用石英谐振器组成振荡电路,可获得很高的频率稳定性。

从石英谐振器的等效电路可知,这个电路有两个谐振频率,当 L、C、R 支路串联谐振时,等效电路的阻抗最小(等于 R),串联谐振频率为

$$f_s \approx \frac{1}{2\pi\sqrt{LC}} \tag{7-21}$$

当图 7-14(b)电路产生并联谐振时,并联谐振频率为

$$f_p \approx \frac{1}{2\pi\sqrt{L\dfrac{CC_0}{C+C_0}}} = f_s\sqrt{1+\frac{C}{C_0}} \tag{7-22}$$

由于 $C \ll C_0$,所以 $f_p \approx f_s$。

当 $f < f_s$ 时,C 和 C_0 电抗较大,起主导作用,石英晶体呈容性;

当 $f > f_p$ 时,电抗主要取决于 C_0,石英晶体依然呈容性;

当 $f_s < f < f_p$ 时,石英晶体才呈现感性。

2. 石英晶体正弦波振荡电路

(1) 并联型石英晶体正弦波振荡电路

用石英晶体取代图 7-12(b)所示电路中的电感,利用石英晶体谐振器工作在 f_s 和 f_p 之间,把石英晶体谐振器当作电感与电容并联构成电容三点式,就得到并联型石英晶体正弦波振荡电路,如图 7-15 所示。

图中电容 C_1 和 C_2 与石英晶体中的 C_0 并联,总电容量大于 C_0,当然远远大于石英晶体中的 C,所以电路的振荡频率约等于石英晶体的并联谐振频率 f_p。

(2) 串联型石英晶体正弦波振荡电路

利用石英晶体作反馈通路,如图 7-16 所示,在该电路中晶体具有电容的性质,振荡器的振荡频率由晶体的串联谐振频率所决定。电容 C 为旁路电容,对交流信号可视为短路。电路的第一级为共基放大电路,第二级为共集放大电路。若断开反馈,给放大电路加输入电压,极性上“+”下“−”,则 T_1 管集电极动态电位为“+”,T_2

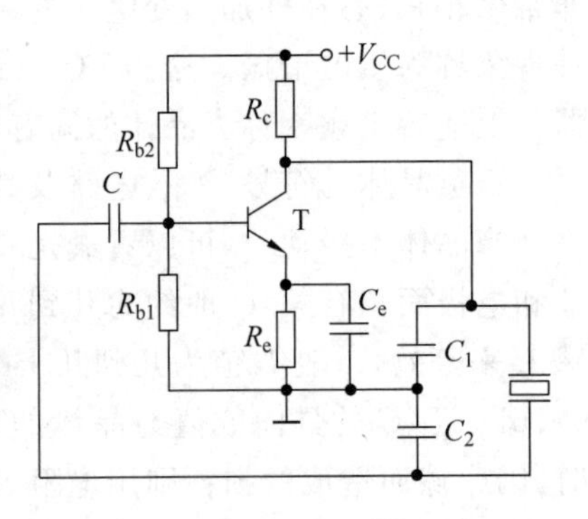

图 7-15　并联型石英晶体正弦波振荡电路

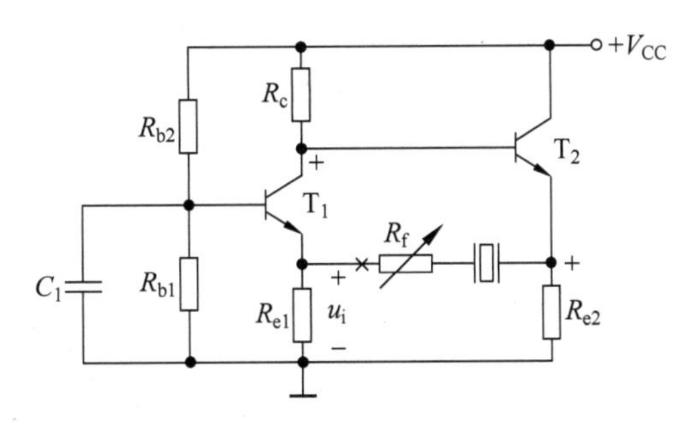

图 7-16　串联型石英晶体正弦波振荡电路

管发射极动态电位也为"+"。只有在石英晶体呈纯阻性，即产生串联谐振时，反馈电压才与输入电压同相，电路才满足正弦波振荡的相位平衡条件。所以电路的振荡频率为石英晶体的串联谐振频率 f_s。调整 R_f 的阻值，可使电路满足正弦波振荡的幅值平衡条件。

7.4　非正弦波发生电路

常用的非正弦波信号有矩形波、三角波、锯齿波、尖顶波和阶梯波，如图 7-17 所示。

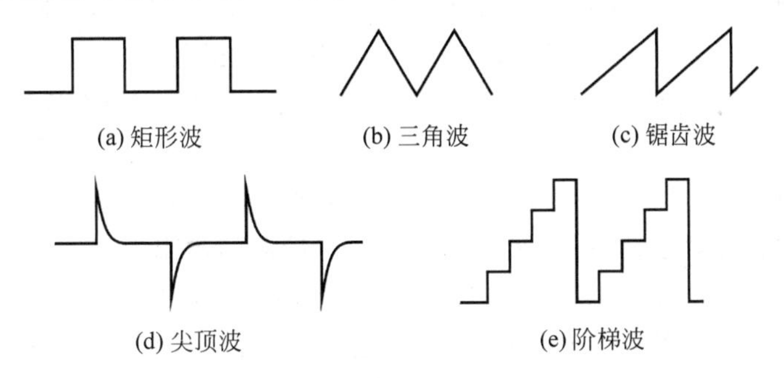

图 7-17　几种常见的非正弦波

本节主要讲述模拟电子电路中最常用的矩形波、三角波和锯齿波三种非正弦波信号发生电路的组成、工作原理及主要参数。

7.4.1　矩形波发生电路

矩形波发生电路是其他非正弦波发生电路的基础，例如，若矩形波电压加在积分运算电路的输入端，则输出就获得三角波电压；若改变积分电路正向积分和反向积分时间常数，使某一方向的积分常数趋于零，则可获得锯齿波。

1. 矩形波发生电路组成及工作原理

1）电路结构

矩形波发生电路是由滞回比较器和 RC 电路构成的，如图 7-18 所示。图中 RC 电路既作为延迟环节，又作为反馈网络，通过 RC 充放电实现输出状态的自动转换。

图 7-18 中的滞回比较器的输出电压 $u_O=\pm U_Z$，阈值电压为

$$\pm U_T=\pm\frac{R_1}{R_1+R_2}\cdot U_Z \tag{7-23}$$

其电压传输特性如图 7-19 所示。

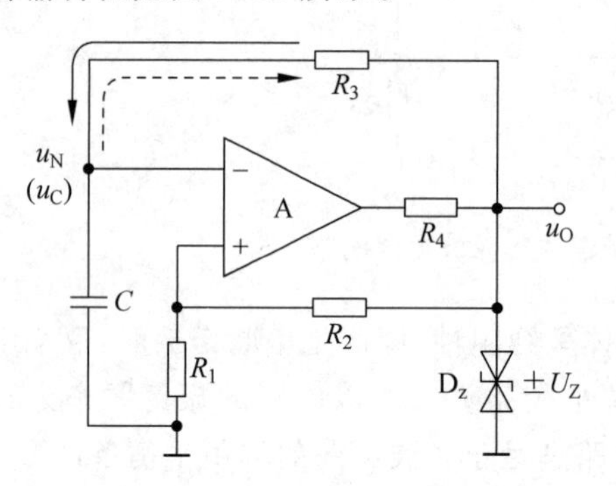

图 7-18　矩形波发生电路

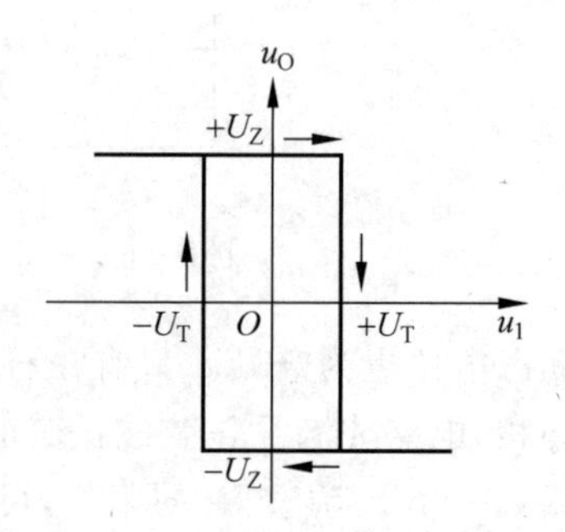

图 7-19　滞回比较器电压传输特性

2）工作原理

由于滞回比较器的存在，使得图 7-18 所示电路的输出电压 u_O 不是高电平 $+U_Z$ 就是低电平 $-U_Z$，而高低电平之间的相互转换是靠电容的充放电控制的，具体的工作原理如下。

(1) 电容充电过程。假设某一时刻，比较器的输出电压为高电平，即 $u_O=+U_Z$，则同相输入端电位 $u_P=+U_T$。此时 u_O 通过电阻 R_3 对电容 C 正向充电，如图中实线箭头所示。由于反相输入端电位 u_N 即为电容的电压 u_C，因此 u_N 随时间 t 增长而逐渐升高，当 t 趋近于无穷时，u_N 趋于 $+U_Z$。

(2) 电容放电过程。但实际上，u_N 是不可能达到 $+U_Z$ 的，因为一旦 $u_N=+U_T$，再稍微增大一点，滞回比较器将会起作用，此时 $u_N>u_p$，比较器的输出 u_O 就从 $+U_Z$ 跃变为 $-U_Z$，同时 u_p 从 $+U_T$ 跃变为 $-U_T$。随着 u_O 变为 $-U_Z$，电容 C 将通过 R_3 进行放电，如图 7-18 中虚线所示，u_N 将随时间 t 增长而逐渐降低，当 t 趋近于无穷时，u_N 趋于 $-U_Z$。

(3) 电容重复充电、放电。但实际上，u_N 是不可能达到 $-U_Z$ 的，因为一旦 $u_N=-U_T$，再稍微减小一点，滞回比较器将会起作用，此时 $u_N<u_p$，比较器的输出 u_O 就从 $-U_Z$ 跃变为 $+U_Z$，同时 u_p 从 $-U_T$ 跃变为 $+U_T$，电容又开始正向充电。电容充电、放电过程周而复始，电路就产生了自激振荡，输出矩形波。

2. 波形分析及主要参数

由于图 7-18 所示电路中电容正向充电与反向充电的时间常数均为 RC，而且充电的总幅值也相等，因而在一个周期内输出电压在低电平和高电平的时间相等，u_O 为对称的矩形波，所以也称该电路为方波发生电路。电容上电压 u_C（即集成运放反向输入端的电位 u_N）和电路输出电压 u_O 波形如图 7-20 所示。矩形波的宽度 T_k 与周期 T 之比称为占空比，因此 u_O 是占空比为 1/2 的矩形波。

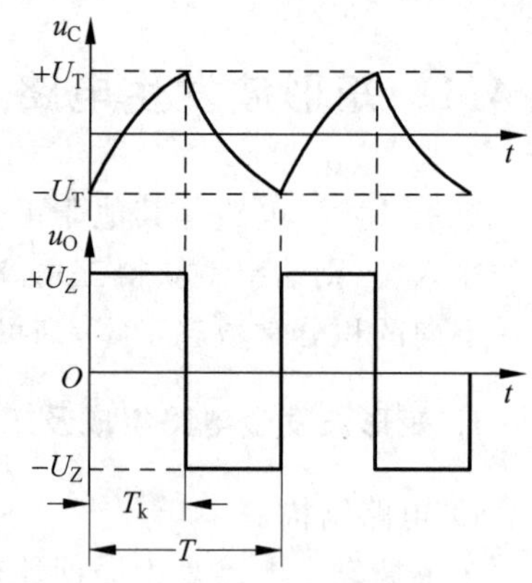

图 7-20　方波发生电路的波形图

根据电容上电压波形可知，在二分之一周期内，电容充电的起始值为$-U_T$，终了值为$+U_T$，时间常数为R_3C，时间t趋于无穷时，u_C趋于$+U_Z$，利用一阶 RC 电路的三要素法

$$f(t)=f(\infty)+[f(0_+)-f(\infty)]\mathrm{e}^{-\frac{t}{\tau}} \tag{7-24}$$

可列出方程

$$u(T/2)=U_T=U_Z+(-U_T-U_Z)\mathrm{e}^{-\frac{T/2}{R_3C}} \tag{7-25}$$

综合式(7-23)和式(7-25)可求出矩形波的振荡周期为

$$T=2R_3C\ln\left(1+\frac{2R_1}{R_2}\right) \tag{7-26}$$

通过以上分析可知，调整参数R_1和R_2可以改变u_C的幅值，调整电阻R_1、R_2、R_3和电容C的数值可以改变电路的振荡频率。而要调整输出电压u_O的振幅，则要改变稳压管的稳压值U_Z，此时u_C的幅值也将随之改变。

3. 占空比可调矩形波发生电路

通过对方波发生电路的分析，可以想象，欲改变输出电压的占空比，就必须使电容充电和放电的时间常数不同。利用二极管的单向导电性可以引导充电电流和放电电流流经不同的通路，占空比可调的矩形波发生电路如图 7-21(a)所示，电容上电压和输出电压波形如图 7-21(b)所示。

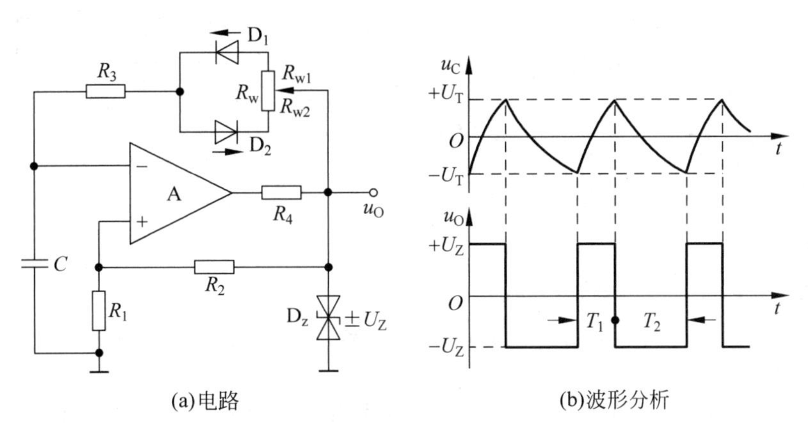

图 7-21　占空比可调的矩形波发生电路

当$u_O=+U_Z$时，u_O通过R_{w1}、D_1和R_3对电容C正向充电，若忽略二极管导通时的等效电阻，则时间常数为

$$\tau_1=(R_{w1}+R_3)C \tag{7-27}$$

当$u_O=-U_Z$时，电容通过R_{w2}、D_2和R_3进行放电，若忽略二极管导通时的等效电阻，则时间常数为

$$\tau_2=(R_{w2}+R_3)C \tag{7-28}$$

利用一阶RC电路的三要素法可以解出

$$\begin{cases}T_1=\tau_1\ln\left(1+\dfrac{2R_1}{R_2}\right)\\ T_2=\tau_2\ln\left(1+\dfrac{2R_1}{R_2}\right)\end{cases} \tag{7-29}$$

$$T = T_1 + T_2 \approx (R_w + 2R_3)C\ln\left(1 + \frac{2R_1}{R_2}\right) \tag{7-30}$$

式(7-29)和式(7-30)表明改变电位器的滑动端可以改变占空比，但周期不变。占空比为

$$q = \frac{T_1}{T} \approx \frac{R_{w1} + R_3}{R_w + 2R_3} \tag{7-31}$$

7.4.2 三角波发生电路

1. 三角波发生电路组成及工作原理

(1) 电路结构

在“6.2.4 积分和微分运算电路”小节曾经讲过积分运算电路的作用，只要将方波信号做积分运算就可以得到三角波信号，因此最简单的三角波发生电路就是由方波发生电路和积分运算电路组成的，如图 7-22(a)所示。当方波发生电路的输出电压 $u_{O1}=+U_Z$ 时，积分运算电路的输出电压 u_O 将线性下降；而当 $u_{O1}=-U_Z$ 时，u_O 将线性上升；波形如图 7-22(b)所示。

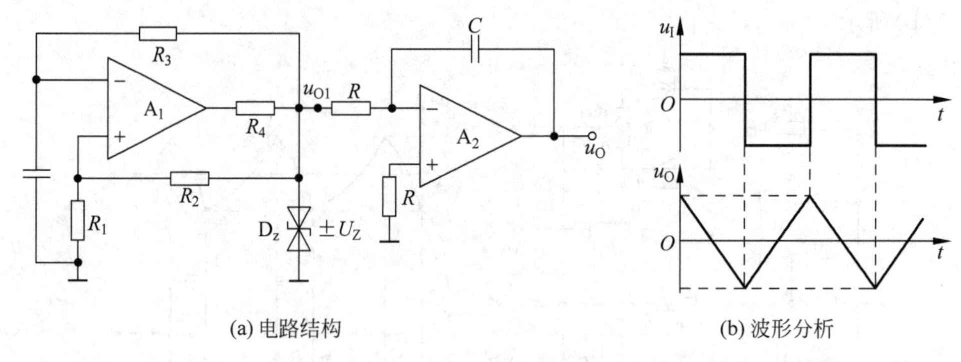

(a) 电路结构　　(b) 波形分析

图 7-22　由矩形波发生电路和积分运算电路构成的三角波发生电路

由于图 7-22(a)所示电路中存在 RC 电路和电容积分电路两个延迟环节，因此在实用电路中往往将它们“合二为一”，即去掉方波发生电路中的 RC 回路，使积分运算电路既作为延迟环节，又用作方波变三角波电路。滞回比较器和积分运算电路的输出互为另一个电路的输入，如图 7-23(a)所示。

(2) 工作原理

在图 7-23(a)所示的三角波发生电路中，虚线左边为同相输入滞回比较器，右边为积分运算电路。对于由多个集成运放组成的应用电路，一般应首先分析每个集成运放所组成电路输出与输入的函数关系，然后分析各电路间的相互联系，在此基础上得出电路的功能。

图中滞回比较器的输出电压 $u_{O1}=\pm U_Z$，它的输入电压是积分电路的输出电压 u_O，根据叠加原理，集成运放 A_1 同相输入端的电位为

$$u_{P1} = \frac{R_2}{R_1 + R_2}u_O + \frac{R_1}{R_1 + R_2}u_{O1} = \frac{R_2}{R_1 + R_2}u_O \pm \frac{R_1}{R_1 + R_2}U_Z \tag{7-32}$$

令 $u_{P1}=u_{N1}=0$，得到滞回比较器的阈值电压为

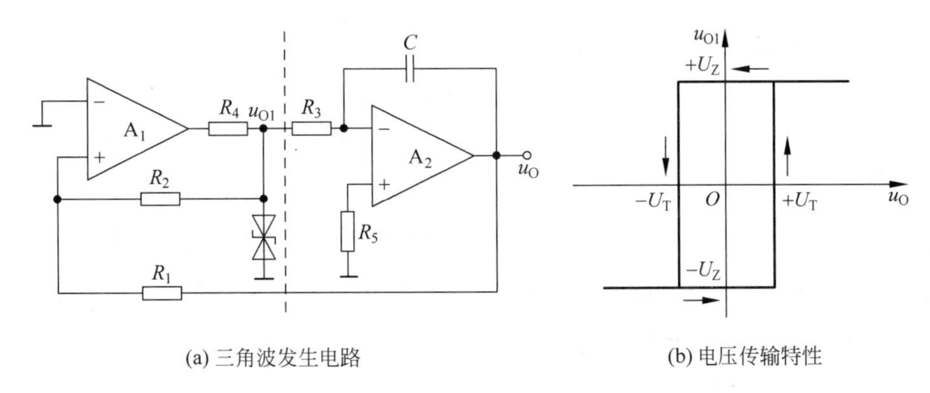

(a) 三角波发生电路　　(b) 电压传输特性

图 7-23　三角波发生电路及电路中的滞回比较器的电压传输特性

$$U_T=\pm\frac{R_1}{R_2}U_Z \tag{7-33}$$

因此滞回比较器的电压传输特性曲线如图 7-23(b)所示。

积分电路的输入电压是滞回比较器的输出电压 u_{O1}，而且 u_{O1} 不是 $+U_Z$，就是 $-U_Z$，所以输出电压 u_O 的表达式为

$$u_O=-\frac{1}{R_3C}u_{O1}\cdot(t_1-t_0)+u_O(t_0) \tag{7-34}$$

式中 $u_O(t_0)$ 为初态时的输出电压。设初态时 u_{O1} 正好从 $-U_Z$ 跃变为 $+U_Z$，则式(7-34)应写成

$$u_O=-\frac{1}{R_3C}U_Z\cdot(t_1-t_0)+u_O(t_0) \tag{7-35}$$

积分电路反向积分(电容放电)，u_O 随时间的增长线性下降。根据图 7-23(b)所示电压传输特性，一旦 $u_O=-U_T$，再减小，u_{O1} 将从 $+U_Z$ 跃变为 $-U_Z$，此时式(7-34)变为

$$u_O=\frac{1}{R_3C}U_Z\cdot(t_2-t_1)+u_O(t_1) \tag{7-36}$$

$u_O(t_1)$ 为 u_{O1} 产生跃变时的输出电压。积分电路正向积分(电容充电)，u_O 随时间的增长线性增大。根据图 7-23(b)所示电压传输特性，一旦 $u_O=+U_T$，再增大，u_{O1} 将从 $-U_Z$ 跃变为 $+U_Z$，回到初态，电容又开始充电。电路重复上述过程，产生自激振荡。

由上述分析可知，u_O 是三角波，幅值为 $\pm U_T$；u_{O1} 是方波，幅值为 $\pm U_Z$，如图 7-24 所示，因此图 7-23(a)也可以称为三角波-方波发生电路。由于积分电路引入了深度电压负反馈，所以三角波电压几乎稳定不变。

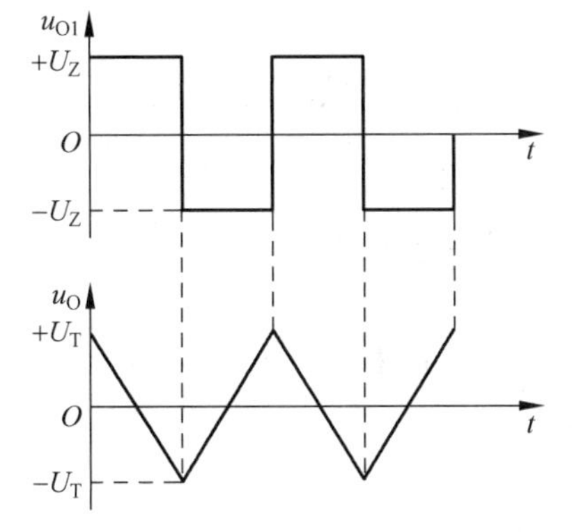

图 7-24　三角波-方波发生电路波形图

2. 振荡频率

根据图 7-24 所示波形图可知，电容充电的起始值为 $-U_T$，终了值为 $+U_T$，积分时间为二分之一周期，将它们代入式(7-36)，可得

$$U_T=\frac{1}{R_3C}U_Z\cdot\frac{T}{2}+(-U_T) \tag{7-37}$$

式中 $U_T=\frac{R_1}{R_2}U_Z$，经整理可得出振荡周期为

$$T=\frac{4R_1R_3C}{R_2} \tag{7-38}$$

振荡频率为

$$f=\frac{1}{T}=\frac{R_2}{4R_1R_3C} \tag{7-39}$$

调节电路中 R_1、R_2、R_3 的阻值和电容 C 的容量，可以改变振荡频率；而调节 R_1 和 R_2 的阻值，可以改变三角波的幅值。

7.4.3　锯齿波发生电路

如果图 7-23(a)所示积分电路正向积分的时间常数远大于反向积分的时间常数，或者反向积分的时间常数远大于正向积分的时间常数，那么输出电压 u_O 上升和下降的斜率会相差很多，就可以获得锯齿波。利用二极管的单向导通性使积分电路两个方向的积分通路不同，就可以得到锯齿波发生电路，如图 7-25(a)所示。图中 R_3 的阻值远远小于 R_W 的阻值。

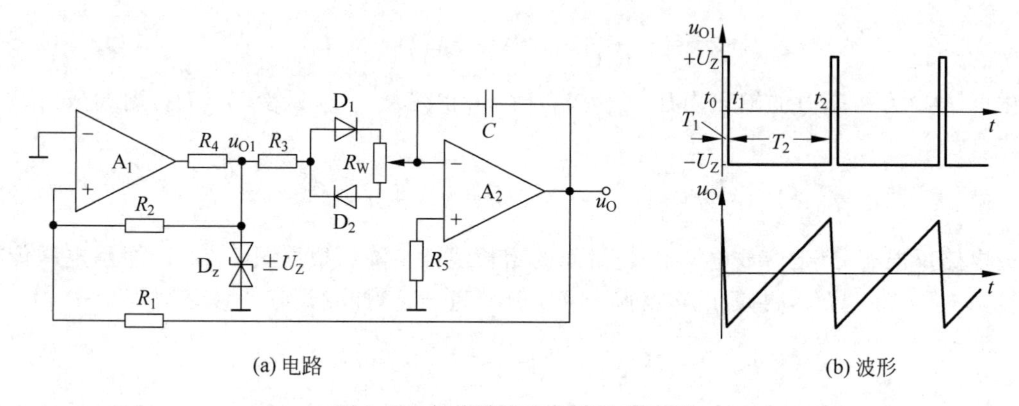

(a) 电路　　(b) 波形

图 7-25　锯齿波发生电路及其波形

设二极管导通时的等效电阻可忽略不计，电位器的滑动端移到最上端。当 $u_{O1}=+U_Z$ 时，D_1 导通，D_2 截止，输出电压的表达式为

$$u_O=-\frac{1}{R_3C}U_Z\cdot(t_1-t_0)+u_O(t_0) \tag{7-40}$$

u_O 随时间线性下降。当 $u_{O1}=-U_Z$ 时，D_2 导通，D_1 截止，输出电压的表达式为

$$u_O=-\frac{1}{(R_3+R_W)C}U_Z\cdot(t_2-t_1)+u_O(t_1) \tag{7-41}$$

u_O 随时间线性上升。由于 $R_3\ll R_W$，因此两条直线的斜率相差很大，u_{O1} 和 u_O 的波形图如图 7-25(b)所示。

根据三角波发生电路振荡周期的计算方法，可以得出下降时间和上升时间分别为

$$T_1=t_1-t_0\approx 2\cdot\frac{R_1}{R_2}\cdot R_3C \tag{7-42}$$

$$T_1=t_2-t_1\approx 2\cdot\frac{R_1}{R_2}\cdot(R_3+R_W)C \tag{7-43}$$

所以振荡周期为

$$T = T_1 + T_2 \approx \frac{2R_1(2R_3 + R_W)C}{R_2} \tag{7-44}$$

因为 R_3 的阻值远远小于 R_W，所以可以认为 $T \approx T_2$。

根据式(7-42)和式(7-44)可得 u_{O1} 的占空比为

$$q_1 = \frac{T_1}{T} = \frac{R_3}{2R_3 + R_W} \tag{7-45}$$

调整 R_1 和 R_2 的阻值可以改变锯齿波的幅值；调整 R_1、R_2 和 R_W 的阻值以及 C 的容量，可以改变振荡周期；调整电位器滑动端的位置，可以改变 u_{O1} 的占空比，以及锯齿波上升和下降的斜率。

例 7-3　图 7-26 所示电路可产生三种不同的波形。设集成运放的最大输出电压为±14V，稳压管的 $U_Z = \pm 12V$，控制信号电压 u_C 的值在 u_{O1} 的两个峰值之间变化。

(1) 试简述电路的组成及工作原理。

(2) 试求 u_{O1} 的周期值。

(3) 试求 u_{O3} 的占空比与 u_C 的函数关系；设 $u_C = 2.5V$，试画出 u_{O1}、u_{O2} 与 u_{O3} 的波形。

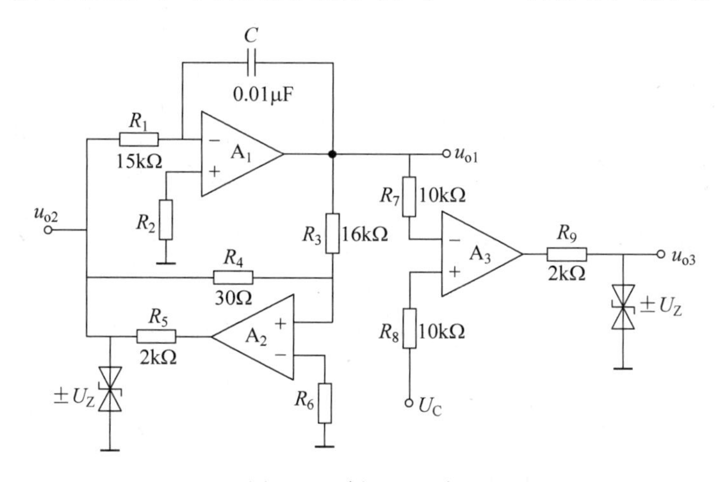

图 7-26　例 7-3 电路图

解：解题思路是首先分析运放 A_1、A_2 和 A_3 各自组成的电路及其工作原理；然后根据运放 A_1 电路的工作原理求出 u_{O1} 的振荡周期；再根据电压比较器输入电压随时间线性变化(三角波)的特征，推导 u_{O3} 的占空比与 u_C 的函数关系；最后画出 $u_C = 2.5V$ 时 u_{O1}、u_{O2} 与 u_{O3} 的波形。

(1) 由图 7-26 可知，运放 A_1 组成积分器，A_2 组成滞回比较器，两个单元电路形成闭环后，构成三角波与方波发生器。其中 u_{O1} 为三角波，u_{O2} 为方波。A_3 组成单门限电压比较器，输出电压为矩形波，其占空比由控制电压 u_C 决定。

(2) 由于 A_2 的反相输入端电压为零，利用叠加原理可求得 A_2 的同相输入端电压为

$$u_{2+} = \frac{u_{o1}}{R_3 + R_4}R_4 + \frac{u_{o2}}{R_3 + R_4}R_3 \tag{7-46}$$

当 u_{2+} 过零时，比较器输出电压发生跃变，即比较器的翻转条件为

$$\frac{u_{o1}}{R_3 + R_4}R_4 + \frac{u_{o2}}{R_3 + R_4}R_3 = 0 \tag{7-47}$$

求解上式可得比较器翻转时 u_{O1} 与 u_{O2} 的关系为

$$u_{o1} = -\frac{R_3}{R_4}u_{o2} \tag{7-48}$$

当 $u_{O2}=U_Z=-12V$ 时，

$$u_{o1} = U_{o1m} = -\frac{R_3}{R_4}u_{o2} = -\frac{16}{30}\times(-12) = 6.4V \tag{7-49}$$

当 $u_{O2}=U_Z=12V$ 时，

$$u_{o1} = -U_{o1m} = -\frac{R_3}{R_4}u_{o2} = -\frac{16}{30}\times 12 = -6.4V \tag{7-50}$$

因为积分器 A_1 的输出电压 u_{O1} 为三角波，比较器输出电压 u_{O2} 为方波。所以

$$u_{o1}(t) = -\frac{1}{R_1C}\int_{t_1}^{t} u_{o2}\,dt + u_{o1}(t_1) = -\frac{u_{o2}}{R_1C}t + u_{o1}(t_1) \tag{7-51}$$

即 u_{O1} 随时间 t 线性地变化。令 $t_1=0$，则 $u_{O1}(0)=0$。

当 $t=t_1+\frac{T}{4}$ 时，$u_{o1}\left(\frac{T}{4}\right)=\frac{12}{R_1C}\frac{T}{4}=U_{o1m}=6.4V$，$T=\frac{6.4}{3}R_1C=\frac{6.4}{3}\times15\times10^3\times0.1\times10^{-6}=3.2ms$，即电路的振荡周期为 3.2ms。

(3) 设 u_{O3} 波形的占空比 q 与控制信号 u_C 成线性关系，其函数关系为 $q=\frac{T_1}{T}=au_C+b$。

当 $u_C=0$ 时，u_{O3} 为方波，占空比为 50%，得常数 $b=0.5$。

当 $u_C=\frac{1}{2}U_{O1m}=3.2V$ 时，占空比为 75%，可得比例系数 $a=\frac{5}{64}V^{-1}$。于是可得 $q=\frac{5}{64}u_C+0.5$。

当 $u_C=2.5V$ 时，u_{O3} 矩形脉冲的占空比为 $q=\frac{5}{64}\times2.5+0.5\approx70\%$。

由以上分析可画出 u_{O1}、u_{O2} 与 u_{O3} 的波形如图 7-27 所示。

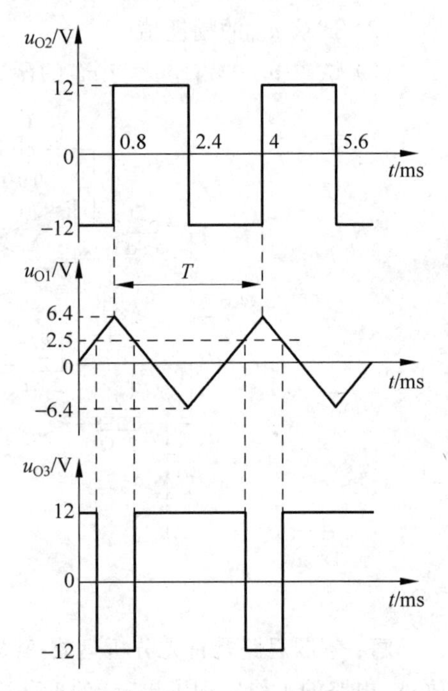

图 7-27　u_{O1}、u_{O2} 与 u_{O3} 的波形

7.5　Multisim 仿真例题

7.5.1　RC 桥式正弦波振荡电路的调试

1. 题目

RC 桥式正弦波振荡电路的调试。

2. 仿真电路

仿真电路参数如图 7-28 所示。其中 $R_3=R_4=R=16\text{k}\Omega$，$C_1=C_2=C=0.01\mu\text{F}$，运放采用 UA741。

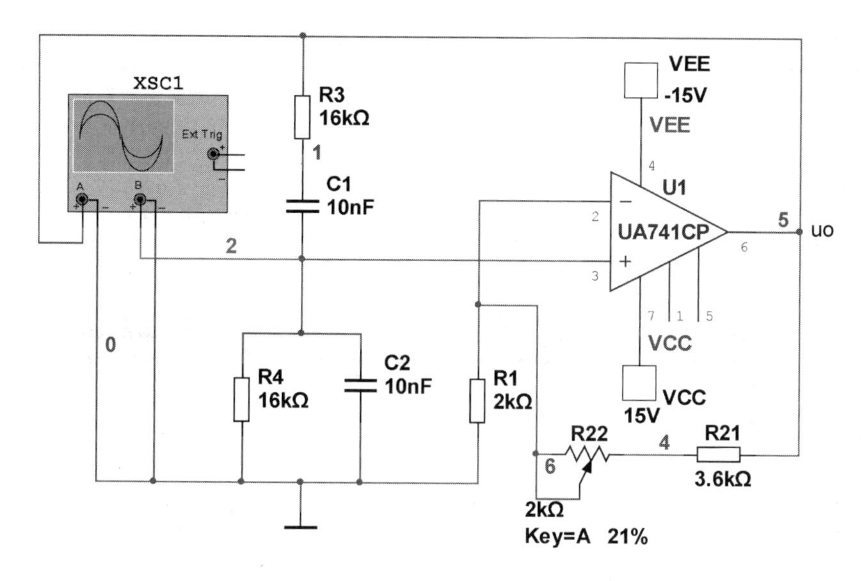

(a) 未加入稳幅二极管电路

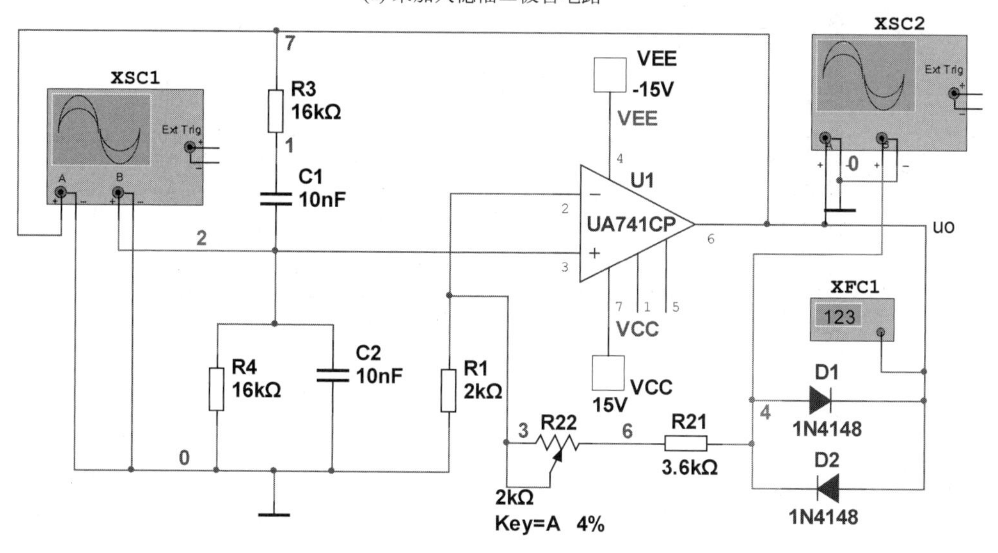

(b) 加入自动稳幅二极管电路

图 7-28　RC 桥式正弦波振荡电路

3. 仿真内容

(1) 调节反馈电阻 R_{22}，使电路振荡，观察电路起振的波形。

(2) 测量引入稳幅二极管稳定振荡时，输出电压峰值、运放同相端电压峰值、二极管两端电压最大值，分析它们之间的关系。

（3）测量电路的振荡频率。

4. 仿真结果

测量结果如表7-1、图7-29、图7-30、图7-31所示。

表7-1　RC桥式正弦波振荡电路测试数据

	输出电压峰值 U_{OP}	运放同相端电压峰值 U_{+P}	二极管两端最大值电压 U_{Dmax}	振荡频率
加入自动稳幅二极管电路	13.003V	4.438V	0.599V	988Hz
未加稳幅二极管电路	13.005V	4.400V		990Hz

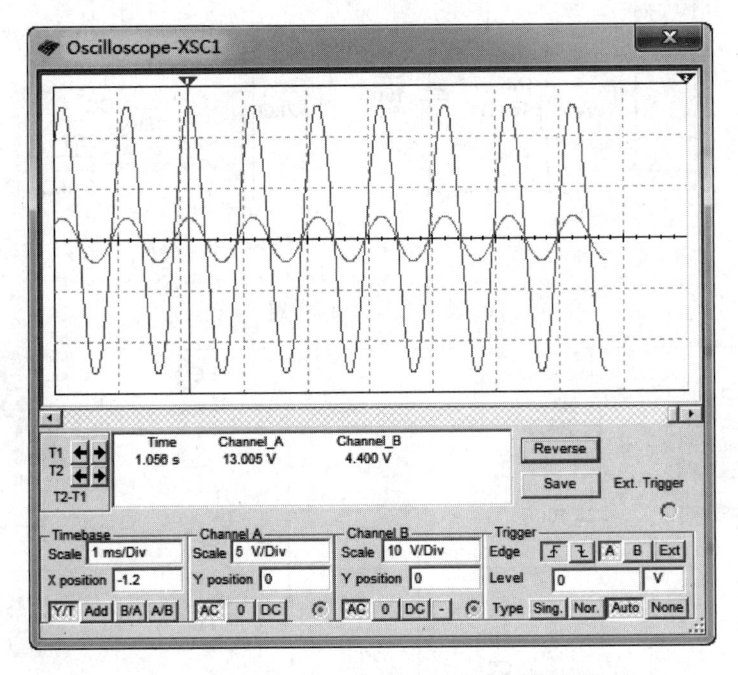

图7-29　未有稳幅二极管电路仿真振荡波形

5. 结论

（1）实际电路中很难观察到振荡电路起振的过渡过程，但通过仿真可以方便地看到，波形如图7-32所示。

（2）调节反馈电阻 R_{22}，当 $R_{22}+R_{21}$ 大于4kΩ时，电路起振；继续调整 R_{22}，当振荡波形无失真，且输出波形与运放同相端波形相位相同，幅度满足三倍关系时，电路振荡频率与理论计算相同。

（3）加入自动稳幅二极管电路，就增加了输出波形的稳定性。稳定振荡时，运放反相输入端电位的最大值是输出电压峰值 U_{OP} 的三分之一，如图7-30所示。由于 R_1 的电流峰值与 R_{22}、R_{21} 相同，即

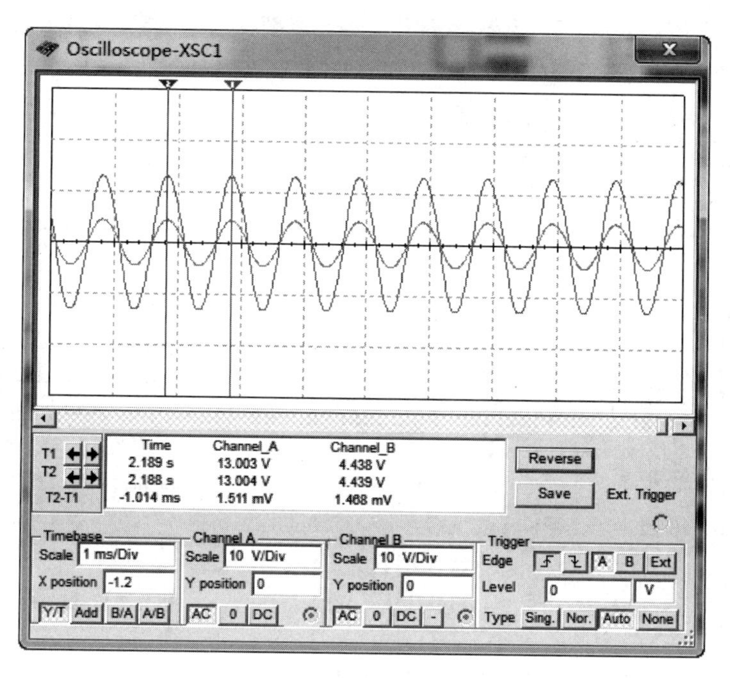

图 7-30　加入稳幅电路振荡输出与运放同相端电压仿真波形

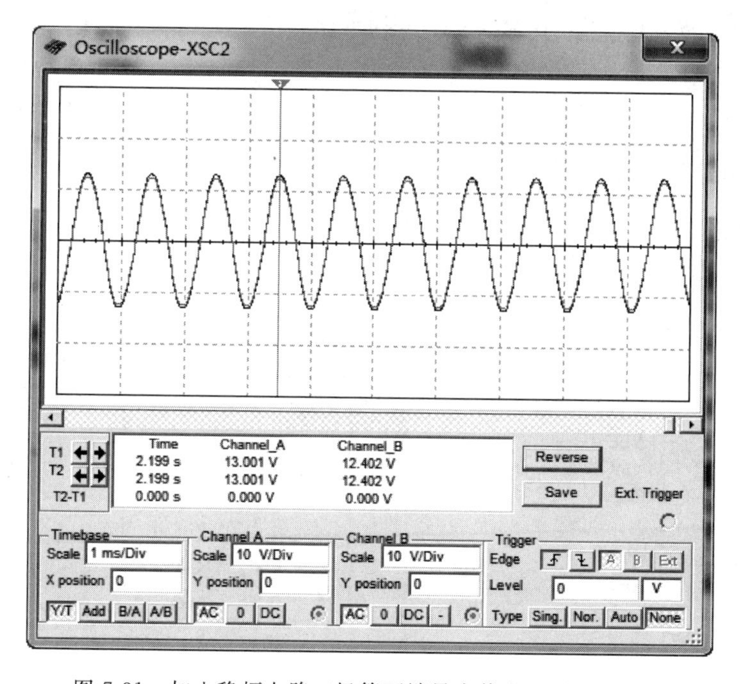

图 7-31　加入稳幅电路二极管两端最大值电压测量波形图

$$\frac{U_{op}}{3R_1}=\frac{U_{op}-U_{Dmax}-U_{op}/3}{R_{21}+R_{22}}$$

因此，U_{OP}与二极管两端电压最大值 U_{Dmax}基本满足 $U_{op}=[3R_1/(2R_1-R_{21}-R_{22})]U_{Dmax}$的关系，说明输出电压峰值与二极管两端电压的最大值成正比。

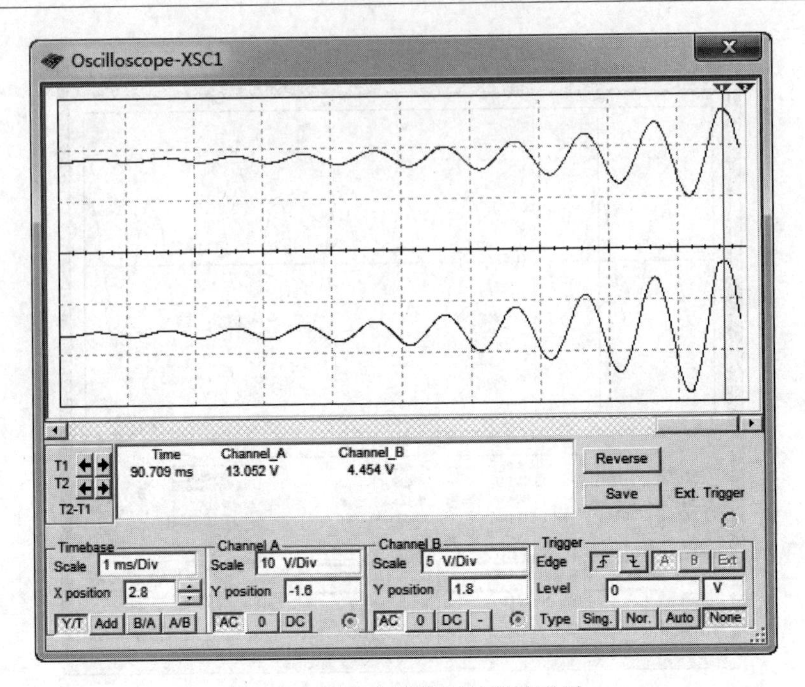

图 7-32 振荡电路起振过程波形图

7.5.2 三角波和方波发生器电路调试

1. 题目

三角波和方波发生器电路调试。

2. 仿真电路

仿真电路如图 7-33 所示。

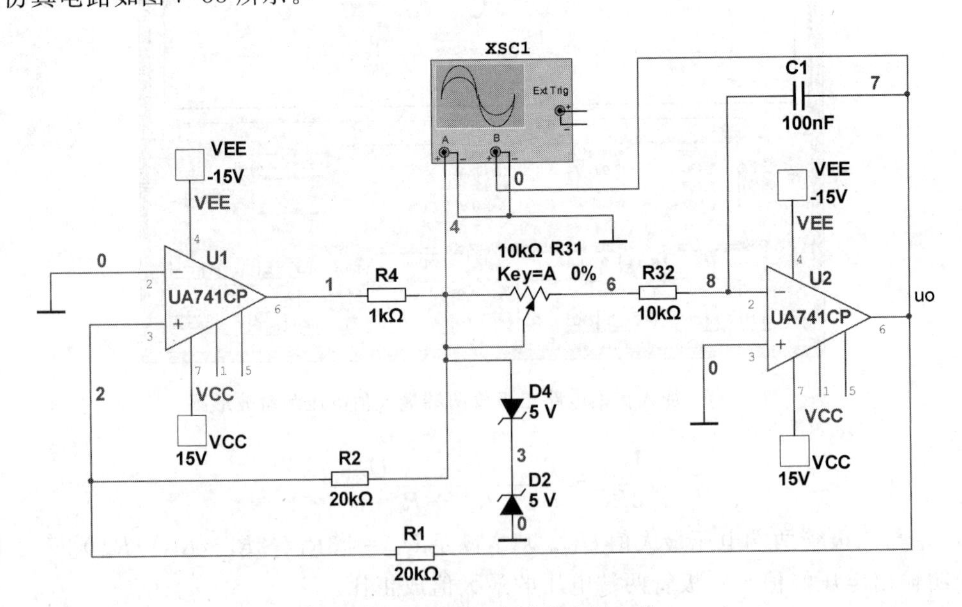

图 7-33 三角波、方波发生器电路

3. 仿真内容

(1) 测量方波、三角波输出幅度及周期。

(2) 研究电阻参数变化对波形输出幅度及频率的影响。

4. 仿真结果

当 $R_1=20\text{k}\Omega$,$R_2=20\text{k}\Omega$,$R_{31}=10\text{k}\Omega$ 时,仿真波形如图 7-34 所示。

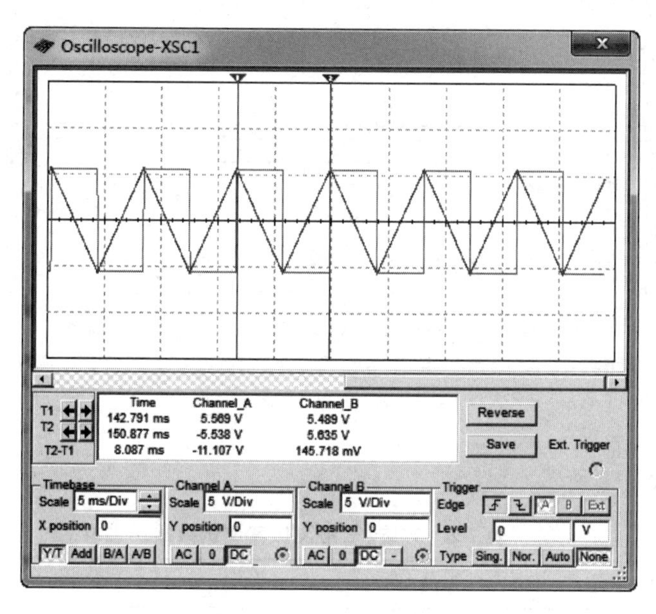

图 7-34　仿真波形图一

改变 R_{31} 为 $0\text{k}\Omega$,R_1、R_2 及其他器件数值不变,则仿真波形如图 7-35 所示。

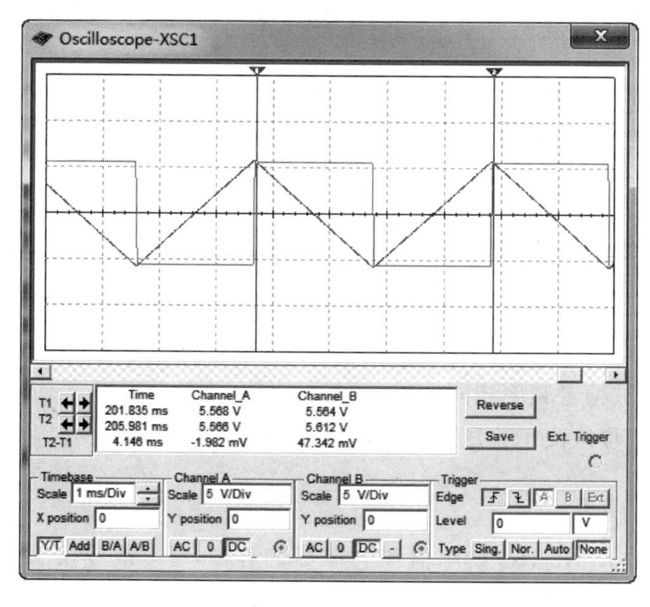

图 7-35　仿真波形图二

改变 R_{31} 为 0kΩ，R_1 为 10kΩ，其他器件数值不变，则仿真波形如图 7-36 所示。

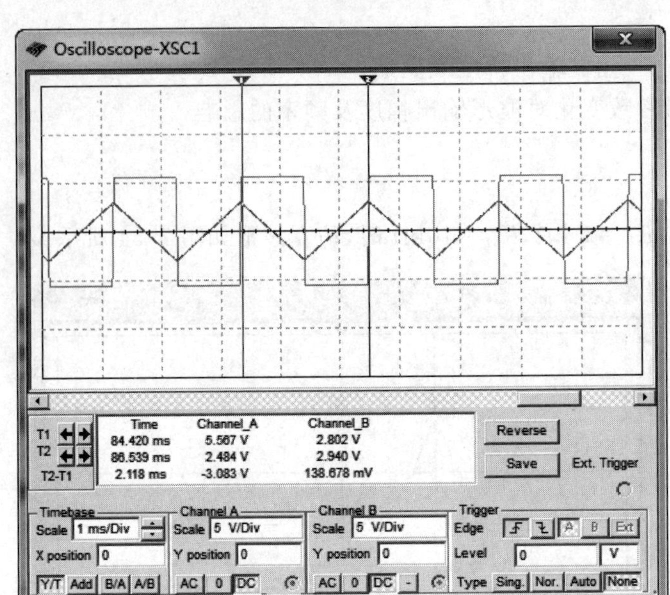

图 7-36　仿真波形图三

仿真结果如表 7-2 所示。

表 7-2　方波、三角波仿真测试数据

参数	方波		三角波	
	输出电压幅度	周期	输出电压幅度	周期
$R_1=20\text{k}\Omega$，$R_2=20\text{k}\Omega$，$R_{31}=10\text{k}\Omega$	±5.6V	8.1ms	±5.6V	8.1ms
$R_1=20\text{k}\Omega$，$R_2=20\text{k}\Omega$，$R_{31}=0\text{k}\Omega$	±5.6V	4.1ms	±5.6V	4.1ms
$R_1=10\text{k}\Omega$，$R_2=20\text{k}\Omega$，$R_{31}=0\text{k}\Omega$	±5.6V	2.1ms	±2.9V	2.1ms

5. 结论

（1）方波、三角波两者频率相同。

（2）方波输出幅度取决于稳压管稳压数值大小，幅值为 $\pm U_Z$。三角波输出幅度幅值为 $\pm U_T$，而 $U_T=\pm\dfrac{R_1}{R_2}U_Z$。

（3）调节电路中 R_1、R_2、R_3 的阻值和电容 C 的容量，可以改变振荡频率；而调节 R_1 和 R_2 的阻值，可以改变三角波的幅值。

本章小结

本章主要讲述了正弦波振荡电路和非正弦波发生电路，具体内容如下：

1. 正弦波振荡电路

(1) 正弦波振荡电路由放大电路、选频网络、正反馈网络和稳幅环节4个部分组成。正弦波振荡的幅值平衡条件为$|\dot{A}\dot{F}|=1$，相位平衡条件为$\varphi_A+\varphi_F=2n\pi$（$n$为整数）。按照选频网络所用元件不同，正弦波振荡电路可分为RC、LC和石英晶体振荡电路几种类型。在分析电路能否产生正弦波振荡时，应首先观察电路是否包含4个组成部分，进而检查放大电路能否正常工作，然后利用瞬时极性法判断电路是否满足相位平衡条件，必要时再判断电路是否满足幅值平衡条件。

(2) RC正弦波振荡电路的振荡频率较低。常用的RC桥式正弦波振荡电路由RC串并联网络和同相比例运算电路组成。若RC串并联网络中的电阻均为R，电容均为C，则振荡频率$f_0=\dfrac{1}{2\pi RC}$，反馈系数$\dot{F}=1/3$，因而同相比例运算电路的放大倍数$A_u\geqslant3$。

(3) LC正弦波振荡电路的振荡频率较高，由分立元件组成。分为变压器反馈式、电感反馈式和电容反馈式三种。谐振回路的品质因数Q值越大，电路的选频特性越好。

(4) 石英晶体的振荡频率非常稳定，有串联和并联两个谐振频率，分别为f_s和f_p，且$f_s\approx f_p$。在$f_s<f<f_p$极窄的频率范围内呈现感性。利用石英晶体可构成串联型和并联型两种正弦波振荡电路。

2. 非正弦波发生电路

模拟电路中的非正弦波发生电路由滞回比较器和RC延时电路组成，其主要参数是振荡幅值和振荡频率。由于滞回比较器引入了正反馈，从而加速了输出电压的变化；延时电路使比较器输出电压周期性地在高电平和低电平之间转换，从而使电路产生振荡。

图7-20、图7-23和图7-25所示分别为方波发生电路、三角波发生电路和锯齿波发生电路，式(7-26)、式(7-38)和式(7-44)分别是它们的振荡周期。利用二极管的单向导电性改变RC电路充电和放电的时间常数，可将方波发生电路变为占空比可调的矩形波发生电路；改变三角波发生电路中正向积分和反向积分的时间常数，可以将三角波发生电路变为锯齿波发生电路。

习题

7-1　判断下面叙述的正误。

(1) 串联型石英晶体振荡电路中，石英晶体相当于一个电感而起作用。　(　　)

(2) 电感三点式振荡器的输出波形比电容三点式振荡器的输出波形好。　(　　)

(3) 反馈式振荡器只要满足振幅条件就可以振荡。　(　　)

(4) 串联型石英晶体振荡电路中，石英晶体相当于一个电感而起作用。 ( )

(5) 放大器必须同时满足相位平衡条件和振幅条件才能产生自激振荡。 ( )

(6) 正弦振荡器必须输入正弦信号。 ( )

(7) LC 振荡器是靠负反馈来稳定振幅的。 ( )

(8) 正弦波振荡器中如果没有选频网络，就不能引起自激振荡。 ( )

(9) 反馈式正弦波振荡器是正反馈的一个重要应用。 ( )

(10) LC 正弦波振荡器的振荡频率由反馈网络决定。 ( )

(11) 振荡器与放大器的主要区别之一是：放大器的输出信号与输入信号频率相同，而振荡器一般不需要输入信号。 ( )

(12) 若某电路满足相位条件(正反馈)，则其一定能产生正弦波振荡。 ( )

(13) 正弦波振荡器输出波形的振幅随着反馈系数 F 的增加而减小。 ( )

7-2 并联谐振回路和串联谐振回路在什么激励下(电压激励还是电流激励)才能产生负斜率的相频特性?

7-3 电路如图 7-37 所示，试求解：(1) R_W 的下限值；(2)振荡频率的调节范围。

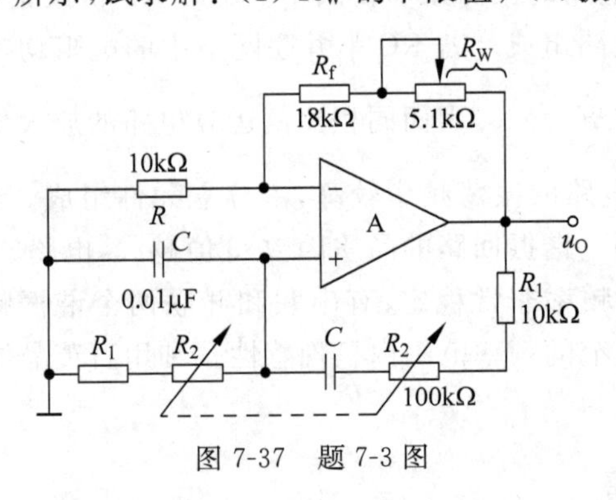

图 7-37 题 7-3 图

7-4 在图 7-38 所示电路中，已知 $R_1=10\text{k}\Omega$，$R_2=20\text{k}\Omega$，$C=0.01\mu\text{F}$，集成运放的最大输出电压幅值为±12V，二极管的动态电阻可忽略不计。①求出电路的振荡周期；②画出 u_O 和 u_C 的波形。

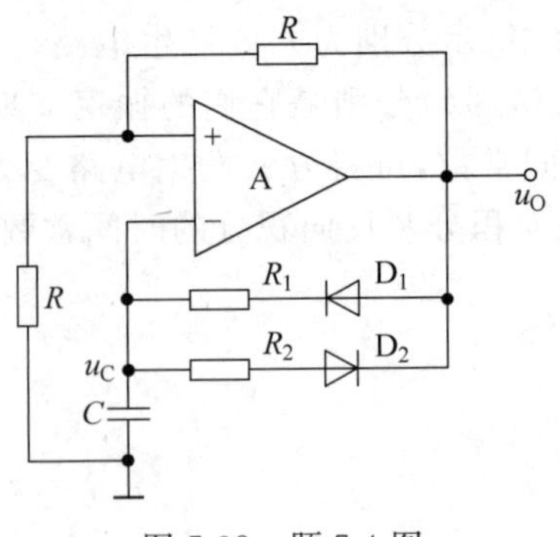

图 7-38 题 7-4 图

7-5 试判断如图 7-39 所示各 RC 振荡电路中，哪些可能振荡，哪些不能振荡，并改正错误。图中，C_B、C_C、C_E、C_S 对交流呈短路。

7-6 分别标出图 7-40 所示各电路中变压器的同名端，使之满足正弦波振荡的相位条件。

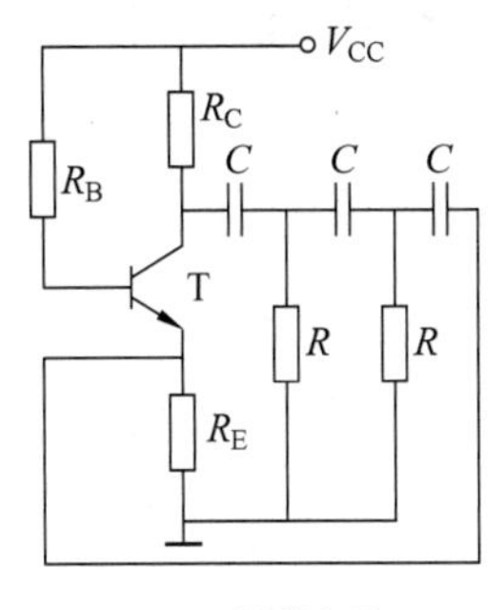

(a) RC振荡电路一

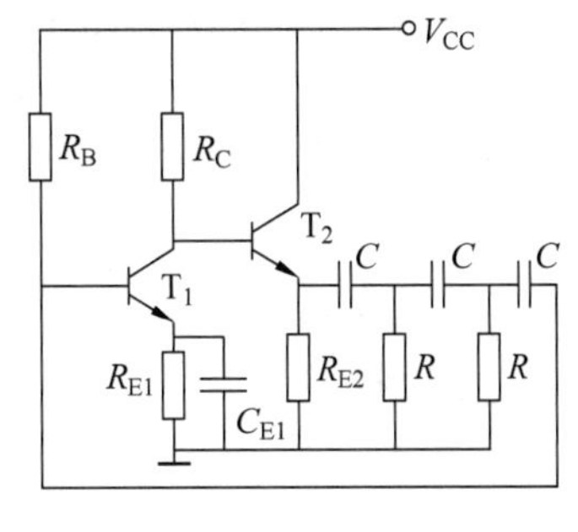

(b) RC振荡电路二

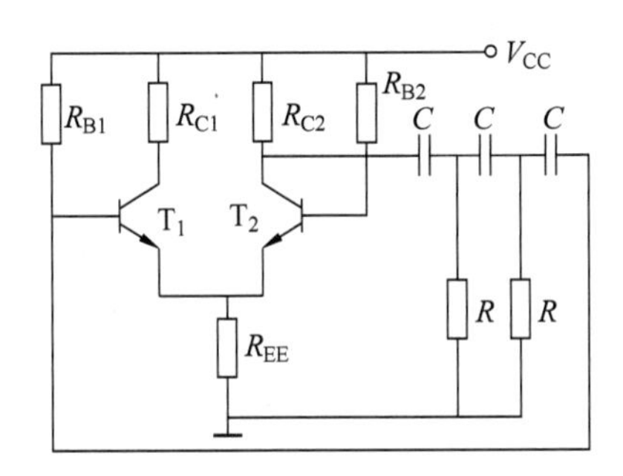

(c) RC振荡电路三

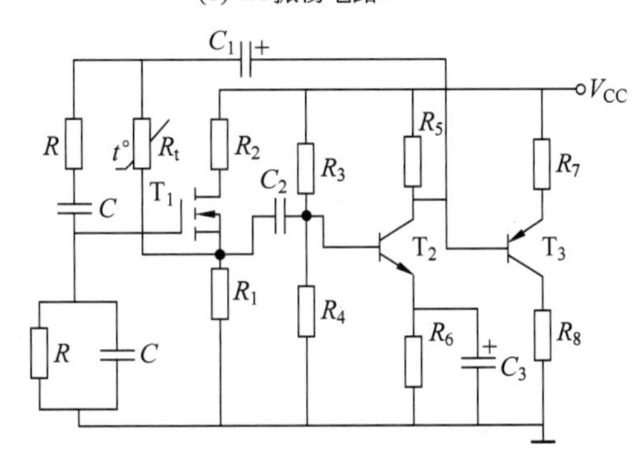

(d) RC振荡电路四

图 7-39　题 7-5 图

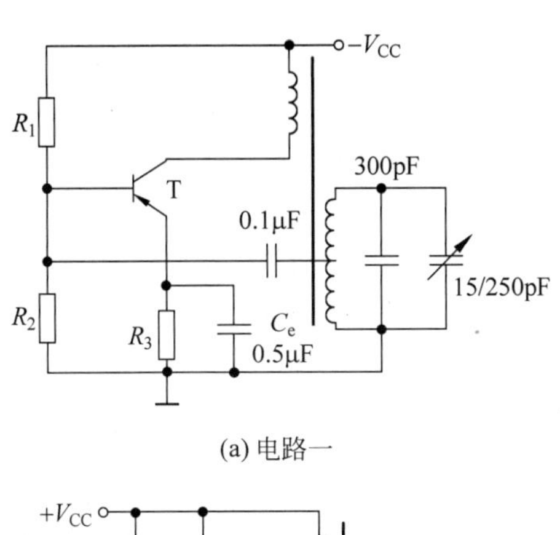

(a) 电路一

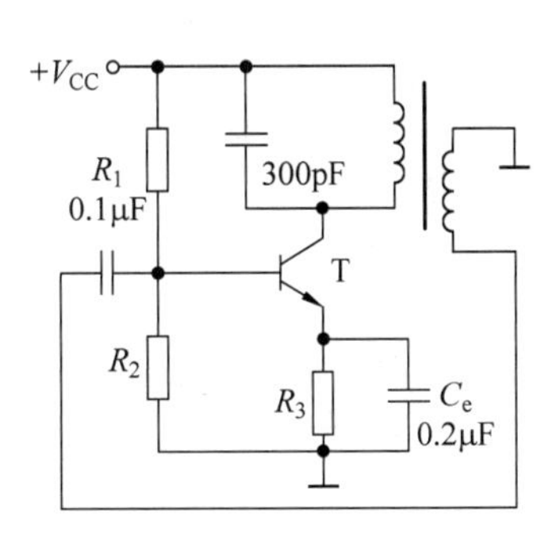

(b) 电路二

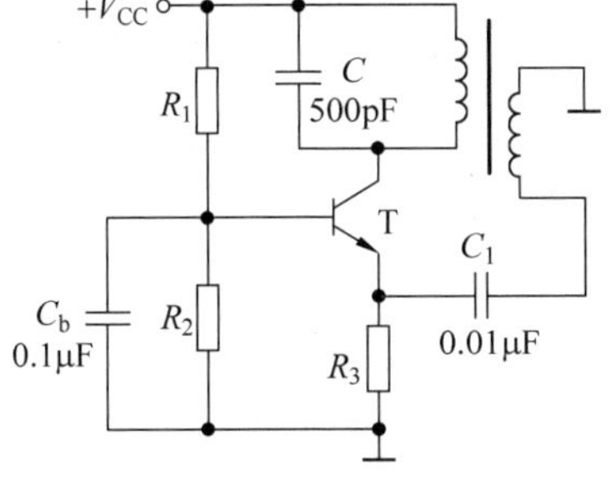

(c) 电路三

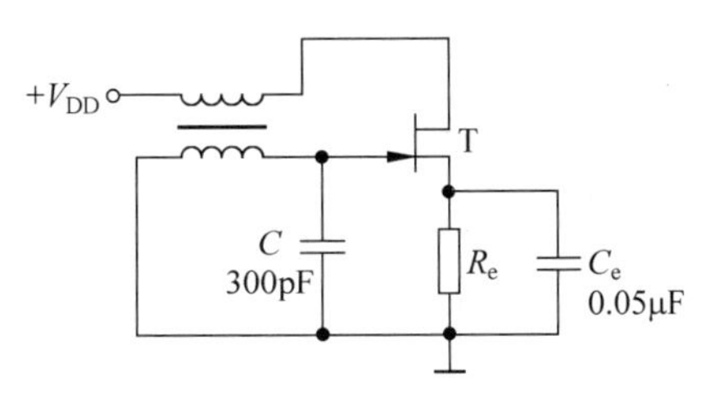

(d) 电路四

图 7-40　题 7-6 图

7-7 试判断图 7-41 所示交流通路中，哪些可能产生振荡，哪些不能产生振荡。若能产生振荡，则说明各交流通路属于哪种振荡电路。

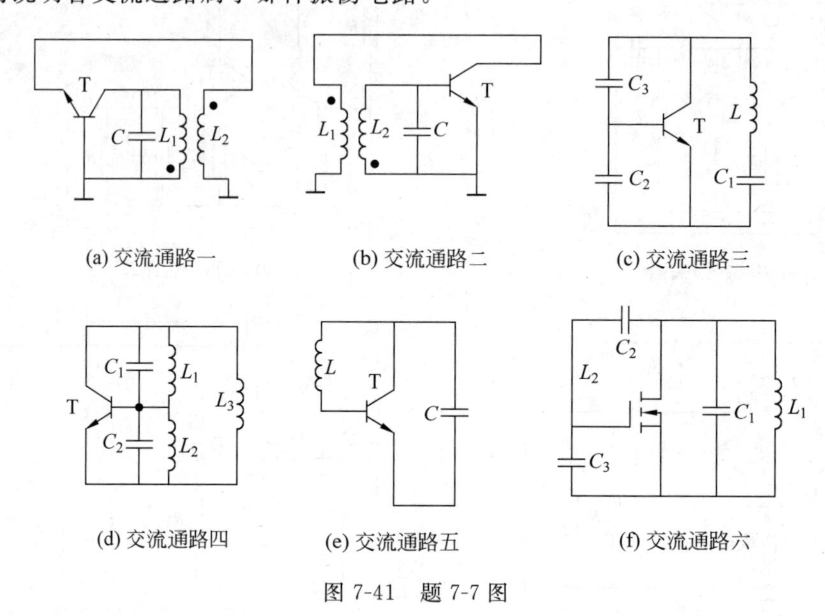

图 7-41 题 7-7 图

7-8 试画出图 7-42 所示各振荡器的交流通路，并判断哪些电路可能产生振荡，哪些电路不能产生振荡。图中，C_B、C_C、C_E、C_D 为交流旁路电容或隔直流电容，L_C 为高频扼流圈，偏置电阻 R_{B1}、R_{B2}、R_G 不计。

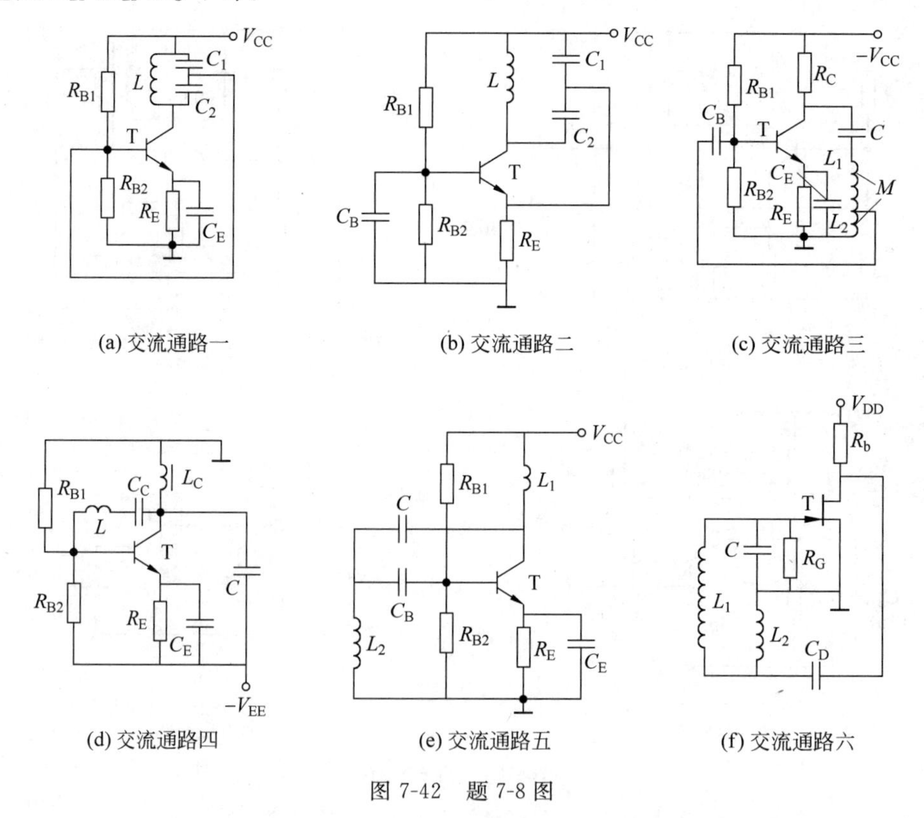

图 7-42 题 7-8 图

7-9　试改正如图 7-43 所示振荡电路中的错误，并指出电路类型。图中 C_B、C_D、C_E 均为旁路电容或隔直流电容，L_C、L_E、L_S 均为高频扼流圈。

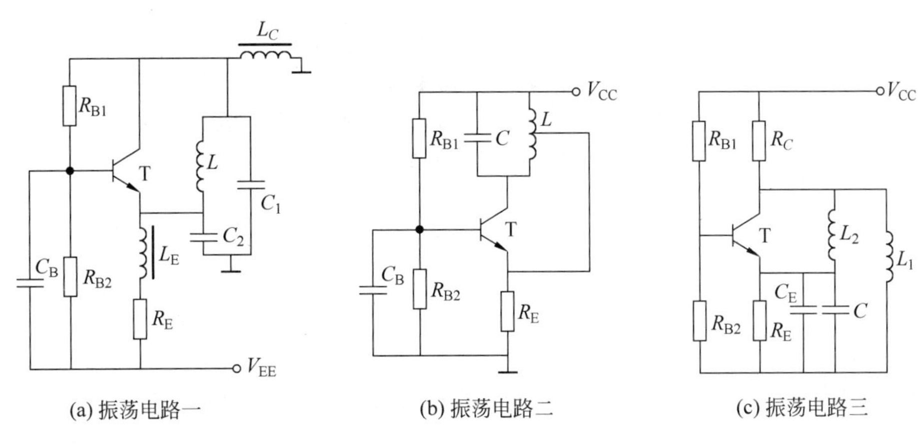

图 7-43　题 7-9 图

7-10　在图 7-44 所示的电容三点式振荡电路中，已知 $L=0.5\mu\text{H}$，$C_1=51\text{pF}$，$C_2=3300\text{pF}$，$C_3=(12\sim250)\text{pF}$，$R_L=5\text{k}\Omega$，$g_m=30\text{mS}$，$C_{b'e}=20\text{pF}$，β 足够大。$Q_0=80$，试求能够起振的频率范围，图中 C_B、C_C 对交流呈短路，L_E 为高频扼流圈。

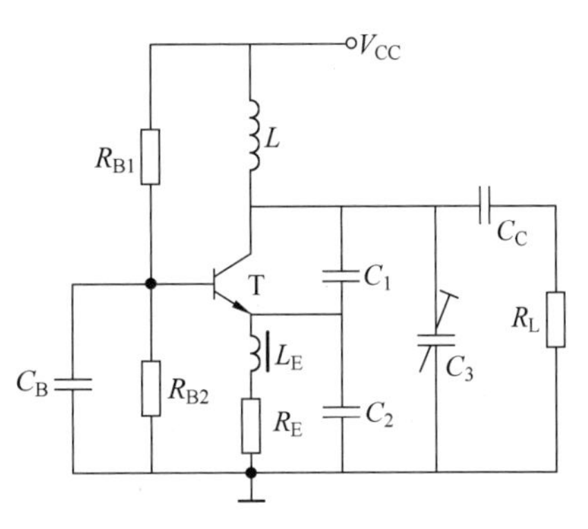

图 7-44　题 7-10 图

7-11　试指出如图 7-45 所示各振荡器电路的错误，并改正，画出正确的振荡器交流通路，指出晶体管的作用。图中 C_B、C_C、C_E、C_S 均为交流旁路电容或隔直流电容。

7-12　电路如图 7-46 所示，已知集成运放的最大输出电压幅值为 $\pm12\text{V}$，u_I 的数值在 u_{O1} 的峰-峰值之间。

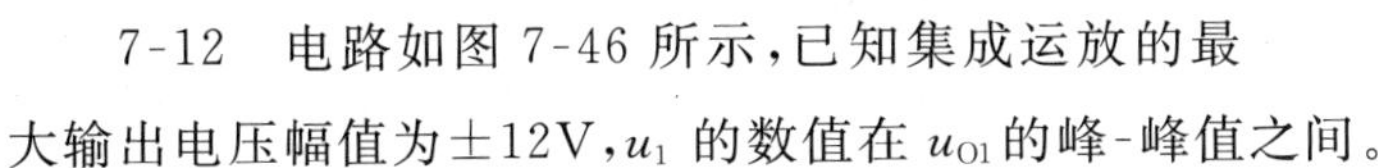

(1) 求解 u_{O3} 的占空比与 u_I 的关系式。

(2) 设 $u_I=2.5\text{V}$，画出 u_{O1}、u_{O2} 和 u_{O3} 的波形。

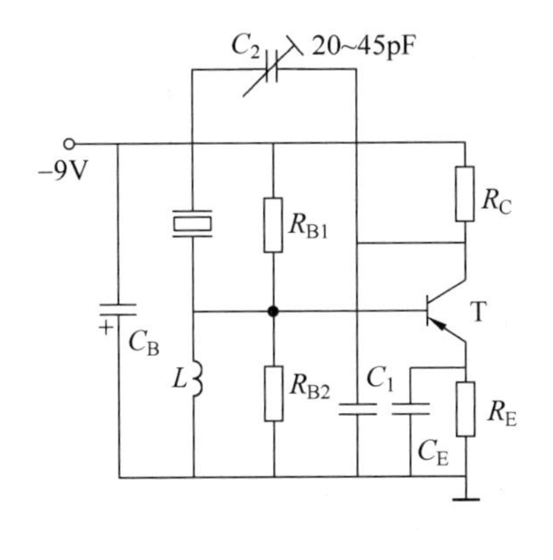

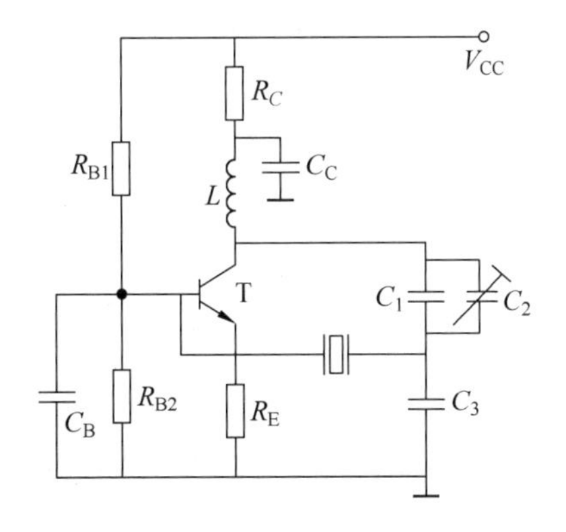

图 7-45　题 7-11 图

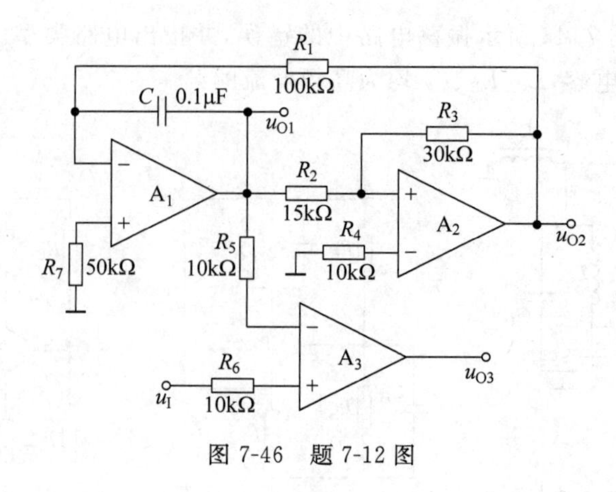

图 7-46　题 7-12 图

7-13　图 7-47 所示电路为某同学所接的方波发生电路，试找出图中的三个错误，并改正。

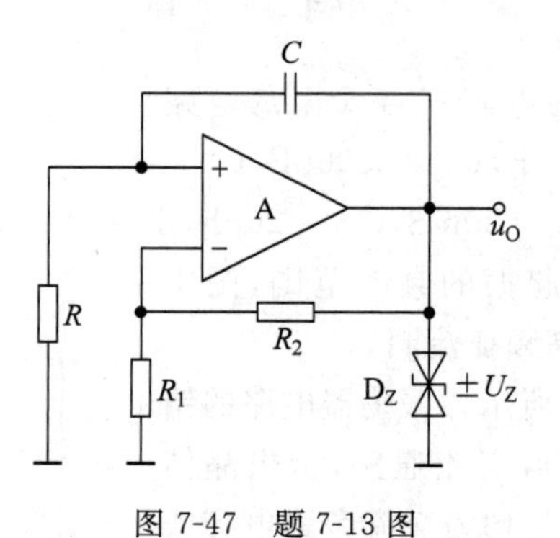

图 7-47　题 7-13 图

7-14　波形发生电路如图 7-48 所示，设振荡周期为 T，在一个周期内 $u_{O1}=U_Z$ 的时间为 T_1，则占空比为 T_1/T；在电路某一参数变化时，其余参数不变。选择"增大"、"不变"或"减小"填入空内。

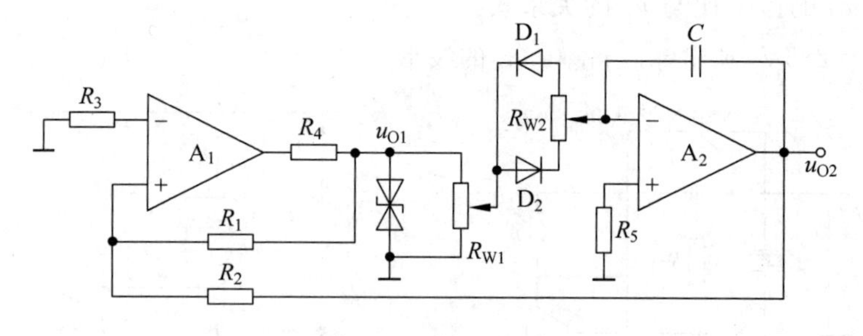

图 7-48　题 7-14 图

当 R_1 增大时，u_{O1} 的占空比将________，振荡频率将________，u_{O2} 的幅值将________；

若 R_{W1} 的滑动端向上移动，则 u_{O1} 的占空比将________，振荡频率将________，u_{O2} 的幅值将________；

若 R_{W2} 的滑动端向上移动，则 u_{O1} 的占空比将________，振荡频率将________，u_{O2} 的幅值将________。

7-15　在图 7-48 所示电路中，已知 R_{W1} 的滑动端在最上端，试分别定性画出 R_{W2} 的滑动端在最上端和在最下端时 u_{O1} 和 u_{O2} 的波形。

7-16　电路如图 7-49 所示。①定性画出 u_{O1} 和 u_O 的波形；②估算振荡频率与 u_I 的关系式。

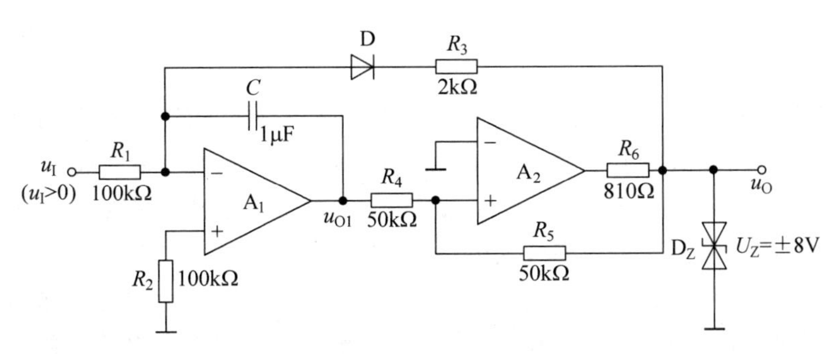

图 7-49　题 7-16 图

第 8 章　功率放大电路

在前面几章中系统地介绍了基本放大电路的原理和分析方法，在性能分析中比较关注的是基本放大电路的电压或电流放大作用。而在实际应用中，对于末级放大电路，需要输出要求的功率水平，用以驱动负载，如计算机显示器、音响放大器中的喇叭等。能够为负载提供足够大功率的放大电路称为功率放大电路，简称功放。

功率放大电路和基本放大电路没有本质的区别，只是功率放大电路追求输出尽可能大的功率，以及尽可能提高放大电路的输出效率。因此对于功率放大电路的组成和分析方法以及晶体管或集成电路的选择，都跟前面介绍的基本放大电路有区别。

按构成放大电路器件的不同，功率放大电路可分为分立元件功率放大电路和集成功率放大电路。由分立元件构成的功率放大电路，电路所用元器件较多，对元器件的精度要求也较高，输出功率可以做得比较高。采用单片集成功率放大电路，其主要优点是电路简单，设计与生产比较方便，但是其耐电压和耐电流能力较弱，输出功率偏小。功率放大电路按放大信号的频率，又可分为高频功率放大电路和低频功率放大电路。本章主要研究低频功率放大电路。

8.1　功率放大电路的特点与分类

8.1.1　功率放大电路的特点

1. 主要技术指标及要求

功率放大电路的主要指标有以下几项：

(1) 最大输出功率 P_{om}

功率放大电路的主要要求之一就是输出功率要大，通常情况下用最大输出功率 P_{om} 来衡量功率放大电路输出功率的能力。功率放大电路提供给负载的信号功率称为输出功率。在输入信号为正弦波且输出不失真的条件下，输出功率的表达式为 $P_o=U_oI_o$，式中 U_o 和 I_o 分别为输出交流电压和电流的有效值。P_{om} 是在电路参数确定的情况下负载上可获得的最大交流功率。为了获得较大的输出功率，要求功率放大管（简称功放管）既要输出足够大的电压，同时也要输出足够大的电流，因此功放管往往在接近极限状态下工作。

(2) 转换效率 η

功率放大电路实质上是一个能量转换器，它将直流电源提供的功率转换成交流信号功率提供给负载，但同时还有一部分功率消耗在功率管上并产生热量。本章所研究的功率放大电路的转换效率是指输出功率与电源所提供的功率之比，即 $\eta=P_o/P_V$。值得注意的是，效率越低，输出功率就越低，相对的消耗在电路内部的损耗功率也就越高，这部分电能使元器件和功率管的温度升高，对电路的工作会不利。

除了上述两个最重要的指标，对功率放大电路还有其他一些要求。

① 非线性失真要小

功率放大电路是在大信号下工作的，其电压电流变化幅度很大，所以不可避免地会产生非线性失真。而同一功率管的输出功率越大，非线性失真也就越严重。在实际应用中，我们应根据负载的不同要求来选择重点，如在音响和测量设备中应尽量减小非线性失真。而在控制继电器和驱动电机等工业控制场合，允许有一定的非线性失真，而以大的输出功率为主要目标。

② 功率管的散热要好

在功率放大电路中，即使最大限度地提高效率 η，仍有相当大的功率会消耗在功率管上，使其温度升高。为了充分利用允许的晶体管集电极功耗（管耗），使管子输出的功率足够大，就必须研究功率管的散热问题。为了功率管的工作安全，必须给它加装散热片。功率管装上散热片后，可使其输出功率成倍提高。

2. 功率放大电路与电压放大电路的区别

（1）本质相同

电压放大电路或电流放大电路主要用于增强电压幅度或电流幅度。功率放大电路主要用于输出较大的功率。

但无论哪种放大电路，在负载上都同时存在输出电压、电流和功率，从能量控制的观点来看，放大电路实质上都是能量转换电路。

因此，功率放大电路和电压放大电路没有本质区别。称呼上的区别只不过是强调的输出量不同而已。

（2）任务不同

电压放大电路的主要任务是使负载得到不失真的电压信号，其输出功率并不一定大，而且是在小信号状态下工作。

功率放大电路的主要任务是使负载得到不失真或失真较小的输出功率，在大信号状态下工作。

（3）指标不同

电压放大电路的主要指标是电压增益、输入和输出阻抗；功率放大电路的主要指标是功率、效率和非线性失真。

（4）研究方法不同

电压放大电路可以采用图解分析方法和等效电路法；而功率放大电路只能采用图解分析方法。

3. 功率放大电路的分析方法

因为功率放大电路的输出电压和输出电流幅值均较大，功放管的非线性不可忽略，所以在分析功放电路时，不能采用仅适用于小信号的交流等效电路法，而应该采用图解法。

此外，由于功放的输入信号较大，输出波形容易产生非线性失真，电路中应采用适当方法改善输出波形，如引入交流负反馈。

8.1.2　功率放大电路的分类

1. 按照三极管工作状态分类

功率放大电路按放大器中三极管工作方式的不同，可以分为甲类、乙类、甲乙类三种方式，三种状态电路中功放管输出的波形图如图 8-1 所示。

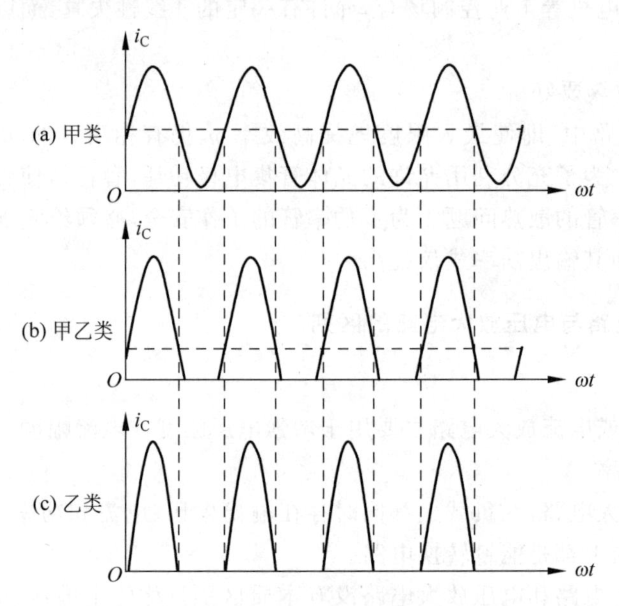

图 8-1　功率放大电路的三种工作状态下的波形图

(1) 甲类方式

甲类功率放大电路通常将晶体管工作点设置在交流负载线的中点，功放管在整个输入信号周期内都导通，功放管中始终有电流流过，因此甲类功放的导通角为 $\theta=360°$。在甲类放大器中，当工作点确定之后，不管有无交流信号输入，直流电源提供的功率 P_V 始终是恒定的，且为直流电压 V_{CC} 与直流电流 I_C 之积，即 $P_V=V_{CC}I_C$。因此，当交流输出功率 P_o 越小时，功放管及电阻上损耗的功率即无用功率 P_T 反而越大，这种损耗功率通常以热量的形式耗散出去。也就是说，在没有信号输出时，放大器的负荷恰恰是最重的，最有可能被热击穿，显然这是极不合理的。

甲类功放的最大缺点是效率低下，可以证明在理想情况下，甲类放大电路的效率最高也只能达到 50%，实际的甲类放大器的效率通常在 10%以下。如果能做到无信号时，三极管处于截止状态，电源不提供电流，则只在有信号时电源才提供电流。把电源提供的能量大部分用到负载上，整体效率就会提高很多，按照此要求设计的放大器就是乙类功率放大器。

(2) 乙类方式

乙类功率放大电路通常将功放管静态工作点设置在截止区，放大管在整个输入信号周期内仅有半个周期导通，因此乙类功放的导通角为 $\theta=180°$。

(3) 甲乙类方式

甲乙类功率放大电路通常将功放管静态工作点设置在放大区内，但很接近截止区，放大管在整个输入信号周期内有大半个周期导通，因此甲乙类功放的导通角为 $180° < \theta < 360°$。

甲乙类和乙类放大器的效率大大提高，因此甲乙类和乙类放大器主要用于功率放大电路中。功率放大电路还有丙类、丁类等。丙类放大器一般用在高频发射机的谐振功率放大电路中，其导通角为 $\theta < 180°$。丁类放大器工作于开关状态，由于其工作效率高而得到越来越广泛的应用。

2. 按照电路形式分类

功率放大电路按电路形式可分为单管功放、推挽式功放、桥式功放等。

3. 按照耦合方式分类

功率放大电路按功放管与后级电路耦合的方式分为变压器耦合、电容耦合(OTL①)、直接耦合(OCL②)三种耦合方式，这三种耦合方式将在下一节进行具体介绍。

4. 按照功放管的类型分类

功率放大电路按功放管的类型分为电子管、晶体管、场效应管、集成功放。本章重点讲解晶体管功率放大电路的组成和原理，同时在 8.4 节对集成功放做简单介绍。

8.2　乙类互补对称功率放大电路

乙类放大电路虽然管耗小，有利于提高效率，但是功放管只在交流信号的半个周期内导通，即输出信号只有半个波形。常用两个对称的乙类放大电路，一个放大正半周信号，而另一个放大负半周信号，从而在负载上得到一个合成的完整波形，这种两管交替工作的方式称为推挽工作方式，这种电路称为乙类互补对称推挽功率放大电路。

8.2.1　双电源互补对称乙类功率放大电路

最常见的双电源互补对称乙类功率放大电路的基本电路如图 8-2(a)所示，该电路中，T_1 和 T_2 分别为 NPN 型晶体管和 PNP 型晶体管，两只晶体管的基极和发射极分别相互连接在一起，信号从基极输入，从发射极输出，R_L 为负载。这个电路可以看成是由图 8-2(b)、图 8-2(c)两个射极输出器组合而成。

1. 静态分析

当输入信号 $u_i = 0$ 时，两个三极管都工作在截止区，此时的静态工作电流为零，负载上

① OTL 是 Output Transfomerless 的缩写。

② OCL 是 Output Capacitorless 的缩写。

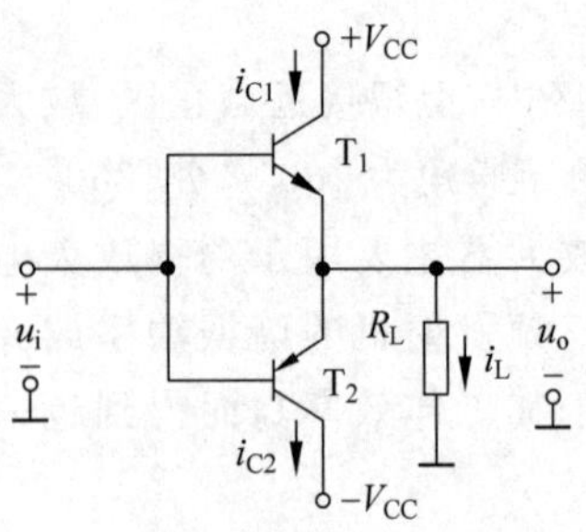

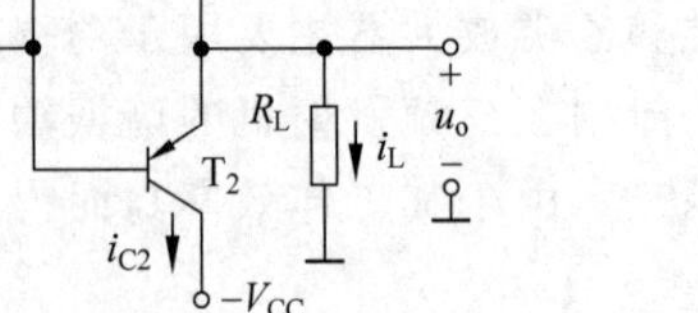

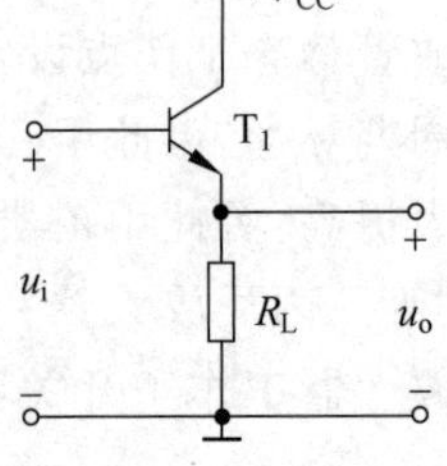

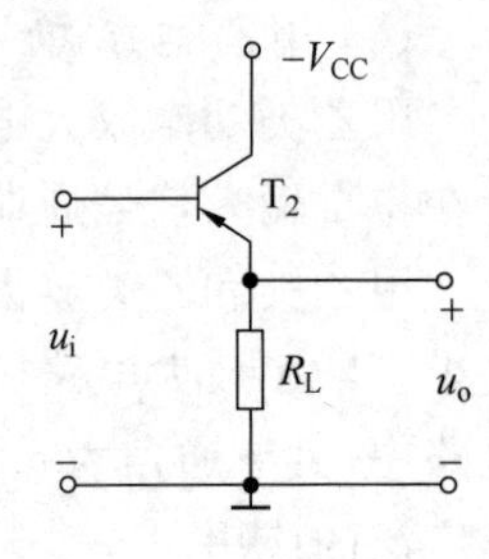

(a) 基本互补对称电路　　(b) 由NPN管组成的射极输出器　　(c) 由PNP管组成的射极输出器

图 8-2　双电源互补对称乙类功率放大电路

无电流流过，输出电压为零，输出功率为零。

2. 动态分析

当信号处于正半周时，T_2 截止，T_1 放大，有电流通过负载 R_L；而当信号处于负半周时，T_1 截止，T_2 放大，仍有电流通过负载 R_L。负载 R_L 上流过的电流是一个完整的正弦波信号。

在电路完全对称的理想情况下，负载电阻上的直流电压为零，因此，不必采用耦合电容来隔直流，所以该电路又称为无输出电容电路(简称为 OCL 电路)。

3. OCL 电路的性能分析

设晶体管是理想的，且两管完全对称，其导通电压 $U_{BE}=0$，饱和压降 $U_{CES}=0$。则放大器的最大输出电压振幅为 V_{CC}，最大输出电流振幅为 V_{CC}/R_L，且在输出不失真时始终有 $u_i=u_o$。

(1) 最大输出功率 P_{om}

设输出电压的幅值为 U_{om}，有效值为 U_o，输出电流的幅值为 I_{om}，有效值为 I_o，则

$$P_o=U_oI_o=\frac{U_{om}}{\sqrt{2}}\times\frac{I_{om}}{\sqrt{2}}=\frac{1}{2}I_{om}^2R_L=\frac{U_{om}^2}{2R_L} \tag{8-1}$$

当输入信号足够大，在满足输出信号不失真的条件下，最大不失真输出电压为 $U_{om}=V_{CC}-U_{CES}\approx V_{CC}$时，可得最大输出功率为

$$P_{om}=\frac{1}{2}\times\frac{U_{om}^2}{R_L}\approx\frac{V_{CC}^2}{2R_L} \tag{8-2}$$

(2) 直流电源消耗的总功率 P_V

由于 T_1 和 T_2 在一个信号周期内均为半周导通，因此直流电源 V_{CC}供给的功率为

$$P_{V1}=\frac{1}{2\pi}\int_0^{\pi}V_{CC}\times i_{C1}\,d(\omega t)=\frac{1}{2\pi}\int_0^{\pi}V_{CC}\times I_{Cmax}\sin\omega t\,d(\omega t)=\frac{V_{CC}U_{om}}{\pi R_L} \tag{8-3}$$

因为有正负两组电源供电，所以总的直流电源供给的功率 P_V 为

$$P_V=\frac{2V_{CC}U_{om}}{\pi R_L} \tag{8-4}$$

当输出电压幅值达到最大不失真输出电压，即 $U_{om}\approx V_{CC}$时，可得电源供给的最大功率 P_{VM}为

$$P_{VM}=\frac{2}{\pi}\times\frac{V_{CC}^2}{R_L}\approx 1.27P_{om}\tag{8-5}$$

(3) 效率 η

$$\eta=\frac{P_o}{P_V}=\frac{\pi}{4}\times\frac{U_{om}}{V_{CC}}\tag{8-6}$$

当输出电压幅值达到最大，即 $U_{om}\approx V_{CC}$ 时，得最高效率为

$$\eta_m=\frac{P_{om}}{P_{Vm}}=\frac{\pi}{4}\approx 78.5\%\tag{8-7}$$

这个结论是假定互补对称电路工作在乙类状态，且负载电阻为理想值，忽略管子的饱和压降 U_{CES} 和输出信号足够大（$U_{om}\approx V_{CC}$）的情况下得来的，实际效率比这个数值要低些。

(4) 晶体管功耗 P_T

两只晶体管的总功耗为直流电源供给的功率 P_V 与输出功率 P_o 之差，即

$$P_T=P_V-P_o=\frac{2V_{CC}U_{om}}{\pi R_L}-\frac{U_{om}^2}{2R_L}=\frac{2}{R_L}\left(\frac{V_{CC}U_{om}}{\pi}-\frac{U_{om}^2}{4}\right)\tag{8-8}$$

显然，当 $u_i=0$ 即无输入信号时，$U_{om}=0$，输出功率 P_o、管耗 P_T 和直流电源供给的功率 P_V 均为 0。

4. OCL 电路中功率晶体管的选择

在选择功率晶体管时，必须考虑晶体管的最大管压降 U_{CEmax}、集电极最大电流 I_{CM}、集电极最大功耗 P_{CM}。

(1) 最大管压降 $|U_{CEmax}|$

由于乙类互补对称功率放大电路中的一个晶体管导通时，另一个晶体管截止。当输出电压达到最大不失真输出电压时，截止管所承受的反向电压为最大。在图 8-2(a)所示的电路中，设输入电压为正半周，T_1 导通，T_2 截止，当 u_i 从零逐渐增大到峰值时，T_1 和 T_2 管的发射极电位 u_E 从零逐渐增大到($V_{CC}-U_{CES}$)，此时 T_2 管的压降为

$$U_{EC2}=(V_{CC}-U_{CES})-(-V_{CC})=2V_{CC}-U_{CES}\tag{8-9}$$

当忽略 U_{CES} 时，最大管压降近似等于 $2V_{CC}$。因此，应选用击穿电压 $|V_{BR,CEO}|>2V_{CC}$ 的功率管。

(2) 集电极最大电流 I_{Cmax}

从电路最大输出功率的分析可知，晶体管的发射极电流等于负载电流，负载电阻上的最大电压为($V_{CC}-U_{CES}$)，故集电极电流的最大值为

$$I_{Cmax}\approx I_{Emax}=\frac{V_{CC}-U_{CES}}{R_L}\tag{8-10}$$

考虑留有一定余量，忽略 U_{CES} 可得

$$I_{Cmax}\approx\frac{V_{CC}}{R_L}\tag{8-11}$$

(3) 集电极最大功耗 P_{Tmax}

当输出电压幅度最大时，虽然功放管电流最大但管压降最小，故晶体管集电极功耗（管耗）不是最大的；当输出电压为零时，虽然功放管管压降最大但集电极电流最小，故管耗也不是最大的。可见，管耗最大既不会发生在输出电压最大时，也不会发生在输出电压最小

时。由式(8-8)可知,管耗 P_T 是输出电压幅值U_{om}的一元二次函数,存在极值,对U_{om}求导,令导数等于零,得出的结果就是管耗 P_T 最大的条件。

对式(8-8)中的U_{om}求导可得

$$dP_T/dU_{om} = \frac{2}{R_L}\left(\frac{V_{CC}}{\pi} - \frac{U_{om}}{2}\right) \tag{8-12}$$

令 $dP_{VT}/dU_{om}=0$,即$\frac{V_{CC}}{\pi}-\frac{U_{om}}{2}=0$,求得

$$U_{om} = \frac{2}{\pi}V_{CC} \approx 0.6V_{CC} \tag{8-13}$$

式(8-13)表明,当输出电压 $U_{om}=0.6V_{CC}$时具有最大管耗。

将式(8-13)代入式(8-8)可得最大管耗为

$$P_{Tmax} = \frac{1}{R_L}\left[\frac{\frac{2}{\pi}V_{CC}^2}{\pi} - \frac{\left(\frac{2V_{CC}}{\pi}\right)^2}{4}\right] = \frac{1}{R_L}\left[\frac{2V_{CC}^2}{\pi^2} - \frac{V_{CC}^2}{\pi^2}\right] = \frac{V_{CC}^2}{\pi^2 R_L} \tag{8-14}$$

而根据式(8-2)可知最大输出功率 $P_{om}=\frac{1}{2}\times\frac{V_{CC}^2}{R_L}$,则每只晶体管的最大管耗和电路的最大输出功率具有如下的关系

$$P_{Tmax} = \frac{1}{\pi^2}\frac{V_{CC}^2}{R_L} = \frac{2}{\pi^2}P_{om} \approx 0.2P_{om} \tag{8-15}$$

式(8-15)常用来作为乙类互补对称电路选择管子的依据,例如,如果要求输出功率为10W,则只要用两个额定管耗大于2W的管子就可以了。

需要指出的是,上面的计算是在理想情况下进行的,实际上在选择管子的额定功耗时,还要留有充分的余地。功放管消耗的功率主要表现为管子结温的升高。散热条件越好,越能发挥管子的潜力,增加功放管的输出功率。因而,管子的额定功耗还和所装的散热片的大小有关,必须为功放管配备合适尺寸的散热器。

因此选择功率晶体管时,其极限参数应满足

$$\begin{cases} I_{CM} > I_{Cmax} \approx \frac{V_{CC}}{R_L} \\ U_{CEO(BR)} > U_{CEmax} \approx 2V_{CC} \\ P_{CM} > P_{Tmax} \approx 0.2 \times \frac{V_{CC}^2}{2R_L} \end{cases} \tag{8-16}$$

式中,I_{CM}表示晶体管集电极所能承受的最大电流;$U_{CEO(BR)}$表示晶体管的反向击穿电压;P_{CM}表示晶体管集电极所能承受的最大耗散功率。

例 8-1 已知乙类互补对称功放电路如图 8-2(a)所示,设 $V_{CC}=24V$,$R_L=8\Omega$,试求:

(1) 估算其最大输出功率 P_{om} 以及最大输出时的 P_{Tmax} 和效率 η,并说明该功率放大电路对功率晶体管的要求。

(2) 放大电路在 $\eta=0.6$ 时的输出功率 P_o 的值。

解:

(1) 求 P_{om}。

由式(8-2)可求出

$$P_{om} = \frac{1}{2} \times \frac{V_{CC}^2}{R_L} = \frac{(24V)^2}{2 \times 8\Omega} = 36W$$

而通过晶体管的最大集电极电流，晶体管的 c、e 极间的最大压降和它的最大管耗分别为

$$I_{Cmax} = \frac{V_{CC}}{R_L} = \frac{24V}{8\Omega} = 3A$$

$$U_{CEmax} = 2V_{CC} = 48V$$

$$P_{Tmax} \approx 0.2P_{om} = 0.2 \times 36W = 7.2W$$

功率晶体管的最大集电极电流 I_{CM} 必须大于 3A，功率管的击穿电压 $|U_{CEO(BR)}|$ 必须大于 48V，功率管的最大允许管耗 P_{CM} 必须大于 7.2W。

(2) 求 $\eta=0.6$ 时的 P_o 值。

由式(8-6)可求出

$$U_{om} = \frac{4V_{CC}\eta}{\pi} = \frac{4 \times 24V \times 0.6}{\pi} \approx 18.3V$$

则

$$P_o = \frac{1}{2} \times \frac{U_{om}^2}{R_L} = \frac{1}{2} \times \frac{(18.3V)^2}{8\Omega} \approx 20.9W$$

OCL 乙类互补对称功率放大电路的特点是：双电源供电，由于电路无须输出电容所以电路可以放大变化较缓慢的信号，频率特性较好。但由于负载电阻直接连在两个晶体管的发射极上，假如，静态工作点失调或电路内元器件损坏，负载上有可能因获得较大的电流而损坏，实际电路中可以在负载回路中接入熔断丝。

8.2.2　单电源互补对称乙类功率放大电路

OCL 乙类互补对称功率放大电路具有很多优点，但是采用双电源的供电方式很不方便，互补对称电路也可以采用单电源供电，与负载通过大容量电容进行耦合，即为无输出变压器的功率放大电路(简称为 OTL 电路)。

OTL 乙类互补对称功率放大电路如图 8-3 所示，T_1 为 NPN 型管，T_2 为 PNP 型管。T_1 和 T_2 组成互补对称功放的输出电路，信号从基极输入，发射极输出；C 为输出端所接的耦合电容，由于 T_1 和 T_2 对称，所以静态时耦合电容 C 上的电压为 $V_{CC}/2$，电容 C 可以作为一个电源使用，同时电容 C 还有隔直流的作用。

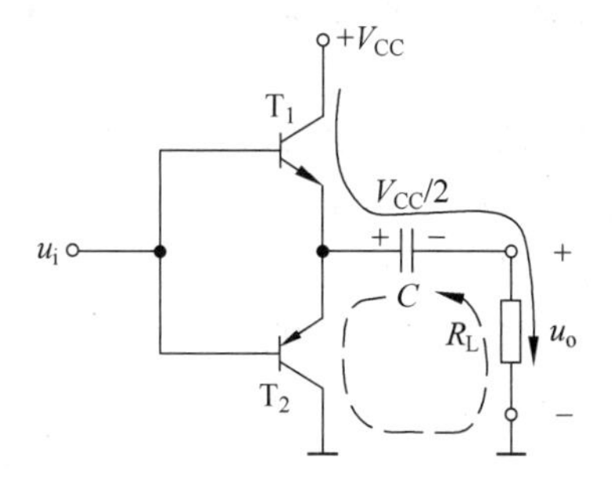

图 8-3　OTL 乙类互补对称功率放大电路

静态时，前级电路应使基极电位为 $V_{CC}/2$，由于 T_1 和 T_2 特性对称，发射极电位也为 $V_{CC}/2$，故电容上的电压也为 $V_{CC}/2$，极性如图 8-3 所标注。设电容容量足够大，对交流信号可视为短路，晶体管 b、e 间的开启电压可忽略不计，输入电压为正弦波，当 $u_i>0$ 时，T_1 管导通，T_2 管截止，电流如图 8-3 中实线所示，此时由 T_1 和 R_L 组成的电路为射极输出形式，$u_o \approx u_i$；当 $u_i<0$ 时，T_2 管导通，T_1 管截止，电流如图 8-3 中虚线所示，此时由 T_2 和 R_L 组成的电路为射极输出形式，$u_o \approx u_i$。所以电路输出电压始终跟随输入电压。

OTL 乙类互补对称功率放大电路虽然少用一个电源，但由于大电容 C 的存在，使电路对不同频率的信号会产生不同的相移，输出信号会产生失真。

OTL 电路的分析计算方法和 OCL 基本相同，只要把前面推导出的计算公式中的 V_{CC} 换成 $V_{CC}/2$ 即可。

8.3 甲乙类互补对称功率放大电路

前面所讨论的乙类互补对称电路，都是假设晶体管为理想晶体管，没有为晶体管设置直流偏置电流。但在实际应用中这种理想假设存在一些缺陷，只有当输入电压大于晶体管死区电压(硅管约为 0.6V，锗管约为 0.2V)时才有输出电流，当输入信号 u_i 低于这个数值时，晶体管都截止，电流基本为零，负载 R_L 上无电流通过，出现一段死区，如图 8-4(b)所示，这种现象称为交越失真。解决这一问题的办法就是预先给晶体管提供一较小的基极偏置电流，使晶体管在静态时处于临界导通或微导通状态，即甲乙类状态。

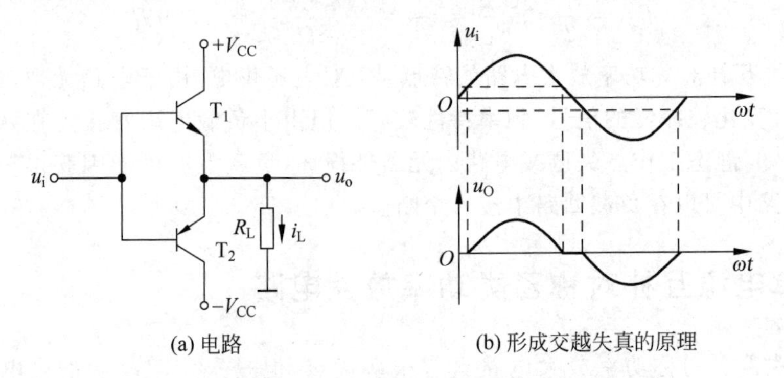

(a) 电路 (b) 形成交越失真的原理

图 8-4 工作在乙类的双电源互补对称电路及信号波形

8.3.1 双电源互补对称甲乙类功率放大电路

图 8-5 所示为采用二极管作为偏置电路的甲乙类双电源互补对称功率放大电路。该电路中，D_1、D_2 上产生的压降为互补输出级 T_1、T_2 提供了一个适当的偏压，使之处于临界导通或微导通的甲乙类状态，且在电路对称时，仍可保持负载 R_L 上的直流电压为 0；而 D_1、D_2 导通后的交流电阻也较小，对放大器的线性放大影响很小。静态时，从 $+V_{CC}$ 经过 R_1、R_2、D_1、D_2、R_3 到 $-V_{CC}$ 有一个直流电流，它在 T_1 和 T_2 管两个基极之间所产生的电压为

$$U_{B1B2} = U_{R2} + U_{D1} + U_{D2} \tag{8-17}$$

使 U_{B1B2} 略大于 T_1 管发射结和 T_2 管发射结开启电压之和，从而使两只管子均处于微导通状态，即都有一个微小的基极电流，分别为 I_{B1} 和 I_{B2}。调节 R_2，可使发射极静态电位 U_E 为 0V，即输出电压 U_o 为 0V。

采用二极管作为偏置电路的缺点是偏置电压不易调整。图 8-6 所示为利用恒压源电路进行偏置的甲乙类互补对称电路。该电路中，由于流入 T_4 的基极电流远小于流过 R_1、R_2 的电流，因此可求出为 T_1、T_2 提供偏压的 T_4 管的 $U_{CE4}=(1+R_1/R_2)U_{BE4}$，而 T_4 管的 U_{BE4}

基本为一固定值，即 U_{CE4} 相当于一个不受交流信号影响的恒定电压源，只要适当调节 R_1、R_2 的比值，就可以改变 T_1、T_2 的偏压值，这是集成电路中经常采用的一种方法。

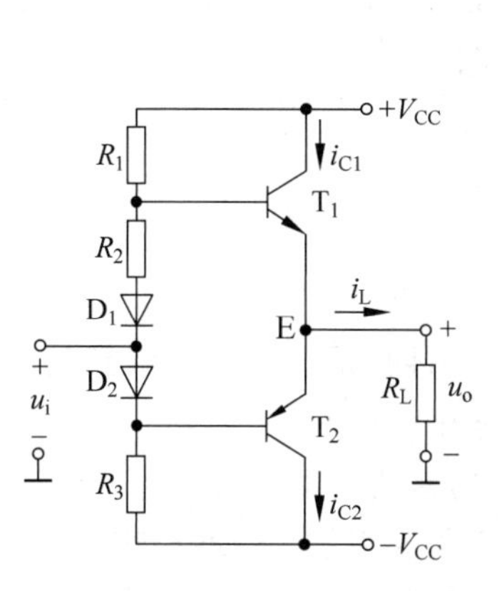

图 8-5 利用二极管进行偏置的互补对称电路

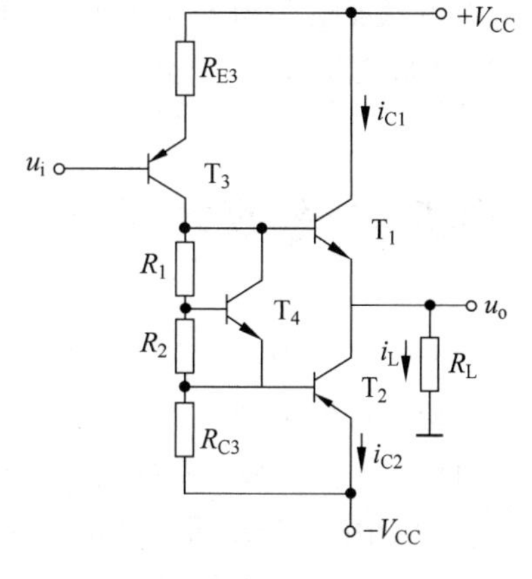

图 8-6 利用恒压源电路进行偏置的互补对称电路

8.3.2 单电源互补对称甲乙类功率放大电路

在有些要求不高而又希望电路简化的场合，可以考虑采用一个电源的互补对称电路，如图 8-7 所示。该电路中，C 为大电容，正常工作时，可使 N 点直流电位 $U_N=V_{CC}/2$，而大电容 C 对交流近似短路，因此 C 上的电压 $u_C \approx U_C = U_N = V_{CC}/2$。当输入信号 u_i 时，由于 T_3 组成的前置放大级具有反相作用，因此，在信号的负半周，T_1 导通，信号电流流过负载 R_L，同时向 C 充电；在信号的正半周，T_2 导通，则已充电的 C 起着双电源电路中的 $-V_{CC}$ 的作用，通过负载 R_L 放电并产生相应的信号电流。所以只要选择时间常数 R_LC 足够大(远大于信号的最大周期)，单电源电路就可以达到与双电源电路基本相同的效果。

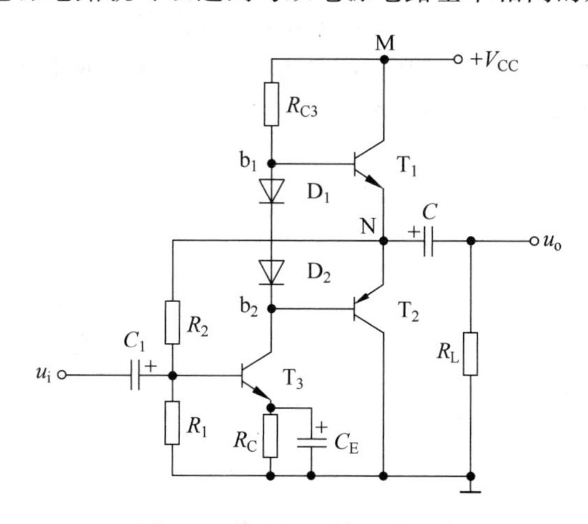

图 8-7 单电源互补对称电路

那么，如何使 N 点得到稳定的直流电压 $V_{CC}/2$ 呢？在该电路中，T_3 管的上偏置电阻 R_2 的一端与 N 点而不是与 M 点相连，即引入直流负反馈，因此只要适当选择 R_1、R_2 的阻值，就可以使 N 点直流电压稳定并很容易得到 $U_N=V_{CC}/2$。需要指出的是，R_1、R_2 还引入了交流负反馈，使放大电路的动态性能指标得到了改善。

采用单电源的互补对称电路，由于每个管子的工作电压不是原来的 V_{CC}，而是 $V_{CC}/2$（输出电压最大也只能达到约 $V_{CC}/2$），所以前面导出的计算最大输出功率 P_{om}、管耗 P_T、直流电源功耗 P_V 和最大管耗 P_{Tmax} 公式中的 V_{CC} 要以 $V_{CC}/2$ 代替。

8.4 集成功率放大电路

集成功率放大器由功率放大集成块和一些外部阻容元件构成。它具有线路简单、性能优越、工作可靠、调试方便等优点，额定输出功率从几瓦至几百瓦不等。

集成功率放大器中最主要的组件是功率放大集成块，功率放大集成块内部通常包括有前置级、推动级和功率级等几部分电路，一般还包括消除噪声、短路保护等一些特殊功能的电路。

功率放大集成块的种类繁多，近年来市场上常见的主要有以下几家公司的产品：

(1) 美国国家半导体公司（NSC），代表芯片有 LM386、LM1875、LM1876、LM3876、LM3886、LM4766 等。

(2) 荷兰飞利浦公司（PHILIPS），代表芯片有 TDA15XX 系列，如 TDA1514、TDA1521 等。

(3) 意-法半导体公司（ST），代表芯片有 TDA20XX 系列，以及 TDA7294、TDA7295、TDA7296 等。

下面以 NSC 公司的小功率音频集成功率放大电路 LM386 为例介绍集成功率放大电路的特点及应用。

NSC 公司的小功率音频集成功率放大电路 LM386 具有外围电路比较简单、自身功耗低、电压增益可调、电源电压范围大和总谐波失真小等优点。在 6V 电源电压下，它的静态功耗仅为 24mW，输出功率为 0.3～0.7W，最大可达 2W。LM386 主要应用于低电压消费类产品，特别适用于电池供电的场合，广泛应用于录音机和收音机中。

LM386 集成功率放大器内部电路如图 8-8 所示，与通用型集成运放相类似，它是一个三级放大电路，图中用虚线将各级划分开。

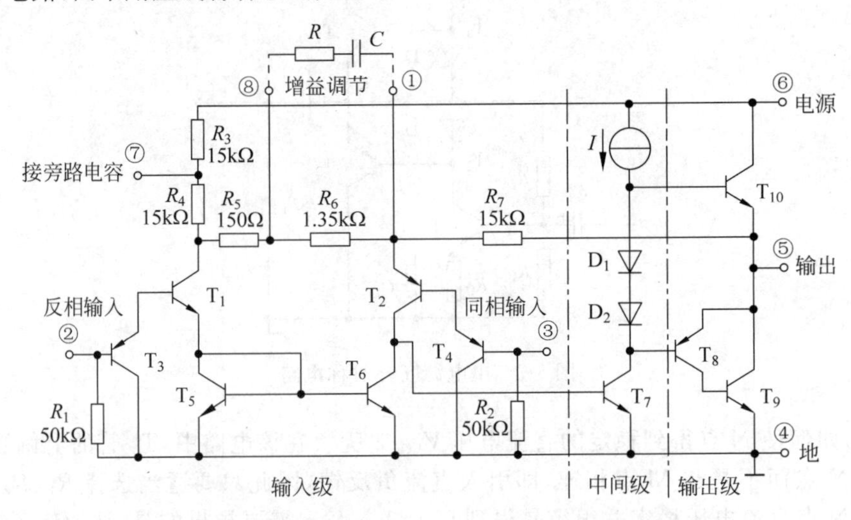

图 8-8　LM386 集成功率放大器内部电路原理图

第一级由差分放大电路构成输入级，其电路形式为双端输入-单端输出结构；

第二级是共射放大电路构成的中间放大级，T_7 为放大管，恒流源作为有源负载；

第三级为 T_8、T_9 和 T_{10} 构成的互补对称电路输出级，采用单电源供电的 OTL 电路形式。

LM386 内部自带反馈回路，电阻 R_7 从输出端连接至输入级，与 R_5、R_6 组成反馈网络，形成电压串联交直流负反馈。可以稳定静态工作点，减小失真，使整个电路具有稳定的电压增益。T_8、D_1、D_2 的作用是为 T_9、T_{10} 提供合适的直流偏置，以防止 T_9、T_{10} 产生交越失真。I 为恒流源，作为中间级的负载。

LM386 集成功率放大器的引脚图如图 8-9(a)所示。图中引脚 2 为反相输入端，引脚 3 为同相输入端，引脚 5 为输出端，引脚 6 接电源 $+V_{CC}$，引脚 4 接地，引脚 7 接一个旁路电容，一般取 10μF，引脚 1 和引脚 8 之间外接串联电阻和电容，便可使电压增益调为任意值(LM386 电压增益可调范围为 20～200)；若引脚 1 和引脚 8 之间开路，则电压放大倍数为固定值 20；若引脚 1 和引脚 8 之间只接一个 10μF 的电容，则电压放大倍数可达 200。

LM386 集成功率放大器的典型应用电路如图 8-9(b)所示。当 $R=1.2\text{k}\Omega$，$C=10\mu\text{F}$ 时，电压放大倍数可达 50。可通过调节电阻 R 的大小来调节电压放大倍数。

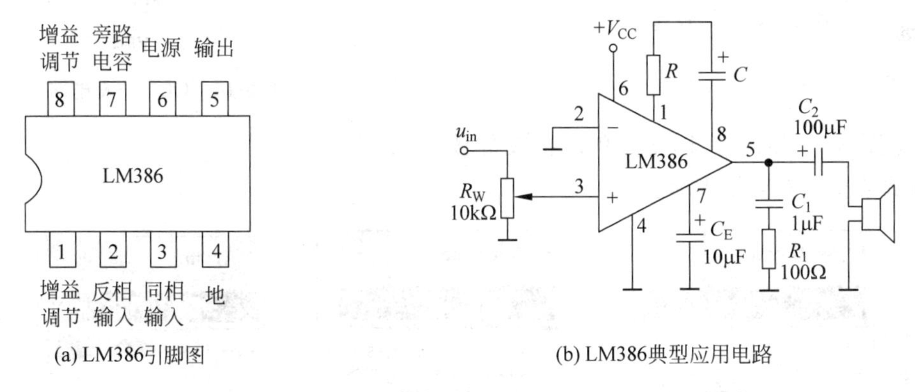

(a) LM386引脚图　　(b) LM386典型应用电路

图 8-9　LM386 集成功率放大器的引脚图和典型应用电路

LM386 在和其他电路结合使用时有可能产生自激，对于高频自激，可在输入端和地之间，引脚 8 与地之间接一个小电容；对于低频自激，可在输入端与地之间接一电阻，同时加大电源引脚与地之间的滤波电容。

选择集成功率放大器时主要应注意芯片的输出功率、供电类型、最大和最小供电电压以及典型供电电压值。其次主要考虑的因素有放大倍数(增益)的大小、效率的高低，还要考虑芯片总谐波失真的大小、频率特性、输入阻抗和负载电阻的大小，最后还要考虑外围电路的复杂程度。

8.5　Multisim 仿真例题

1. 题目

研究 OCL 电路输出功率及效率，并对放大电路的交越失真进行仿真测试。

2. 仿真电路

OCL 功率放大电路如图 8-10 所示。

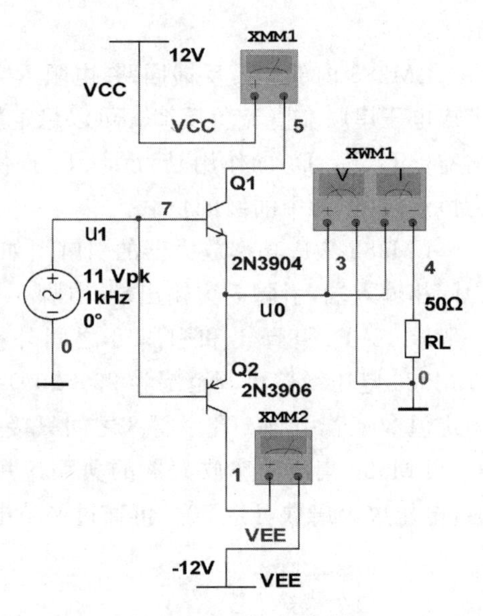

图 8-10 OCL 仿真电路

图中采用 NPN 型晶体管 2N3904，其参数为：$I_{CM}=200mA$，$U_{BR(CEO)}=40V$，$P_D=625mW$，$U_{CES}=0.2V$，PNP 型晶体管 2N3906，其参数为：$I_{CM}=-200mA$，$U_{BR(CEO)}=-40V$，$P_D=625mW$，$U_{CES}=-0.25V$。

输出功率 P_o 为交流功率，用瓦特表测量；电源消耗的功率 P_V 为平均功率，用直流电流表测量电源输出的平均电流，再计算出 P_V。

3. 仿真内容

(1) 观察输出波形信号失真情况。

(2) 分别测量静态时以及输入电压峰值为 11V 时的 P_0 和 P_V，计算效率。

4. 仿真结果

(1) 图 8-11 显示了电流表和瓦特表的读数；仿真测试数据如表 8-1 所示。

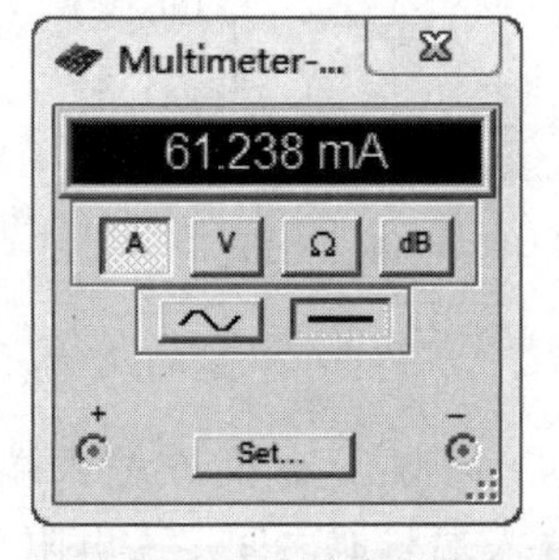

(a) XMM1 电流表示数

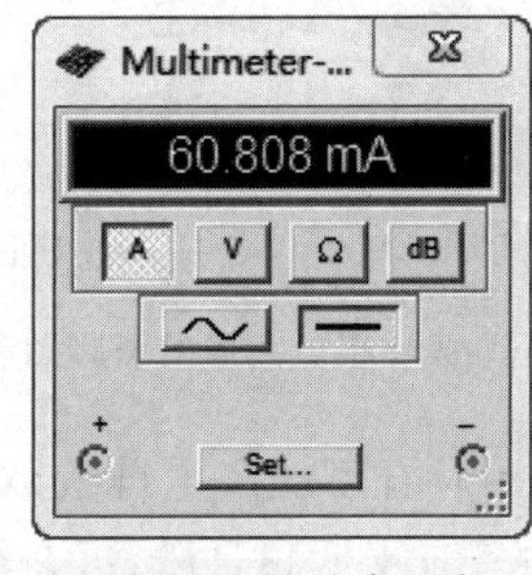

(b) XMM2 电流表示数

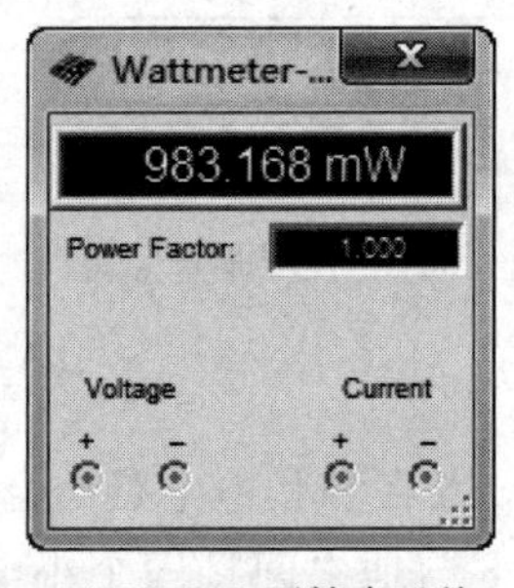

(c) XMM1 瓦特表示数

图 8-11 OCL 仿真电路参数测试数据

表 8-1 OCL 电路测试数据

输入信号 U_1 峰值 /V	直流电流表 XMM1 读数 I_{C1}/mA	直流电流表 XMM2 读数 I_{C2}/mA	电源消耗的功率 P_V/mW	瓦特表读数 P_0/mW	OCL 电路输出信号正负向峰值 U_{Omax}，U_{Omax-}/V（示波器读数）
0	0	0	0	0	0
11	61.238	60.808	1.465	983.168	10.112，−10.100

(2) 功率和效率的计算

根据表 8-1 测试数据，计算电源消耗功率、输出功率和效率，如表 8-2 所示。

表 8-2　功率和效率

输入信号电压峰值 11V	$+V_{CC}$ 功耗 P_{V+}/W	$-V_{CC}$ 功耗 P_{V-}/W	电源总功耗 P_V/W	输出功率 P_{om}/W	效率/%
计算公式	$I_{C1}V_{CC}$	$I_{C2}V_{CC}$	$I_{C1}V_{CC}+I_{C2}V_{CC}$	$\left(\frac{U_{Omax+}+U_{Omax-}}{2}\right)^2\Big/(2R_L)$	P_{om}/P_V
计算结果	0.735	0.730	1.465	1.021	69.7

(3) 观察图 8-12(b)仿真波形图知，第一至第四条曲线，分别对应示波器 A、B、C、D 四个通道。其中 A 通道描绘了输入信号波形，B 和 D 通道描绘了 Q_1、Q_2 三极管集电极电流变化的波形，其中电路图中 1Ω 电阻为测量集电极电流采样电阻，真实电路中不存在；C 通道描绘了负载输出电压波形的变化。

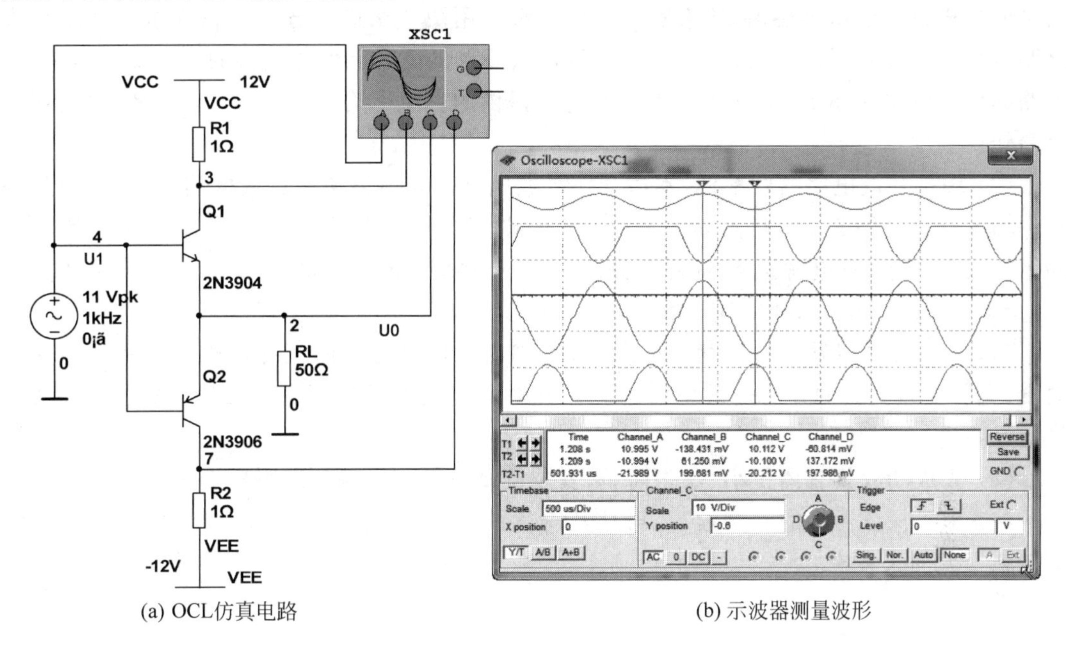

(a) OCL仿真电路　　(b) 示波器测量波形

图 8-12　示波器测量 OCL 仿真电路

5. 结论

(1) OCL 电路输出信号峰值略小于输入信号峰值，输出信号产生了交越失真，且正、负输出幅度略有不对称，如图 8-12(b)中第三条曲线所示。产生交越失真的原因是两只晶体管没有设置合适的静态工作点，正、负输出幅度不对称的原因是两只晶体管特性不是理想对称。

(2) 理论计算电源消耗的功率

$$P_V=\frac{2}{\pi}\cdot\frac{V_{CC}(U_{Omax+}+U_{Omax-})/2}{R_L}\approx 1.544(\mathrm{W})$$

效率

$$\eta=\frac{P_{om}}{P_V}\approx 66.1\%$$

该数据与通过仿真所得结果误差小于5%，产生误差的原因是输出信号产生了交越失真和非对称性失真。由此可见，功率放大电路的仿真对设计具有指导意义。

本章小结

本章主要阐明功率放大电路的特点、组成、工作原理、最大输出功率和效率的估算，以及集成功放的应用，归纳如下：

(1) 功率放大电路研究的重点是如何在允许的失真情况下，尽可能提高输出功率和效率，功放管工作在极限状态。低频功放有乙类推挽电路、OTL、OCL、BTL电路等。

(2) 功率放大电路的特点是信号的电压和电流的动态范围大，是在大信号下工作的，小信号的分析方法已不再使用，功率放大电路通常采用图解法进行分析。首先求出功率放大电路负载上可能获得的最大交流电压的幅值，从而得出负载上可能获得的最大交流功率，即电路的最大输出功率 P_{om}；同时求出此时电压提供的直流平均功率 P_V，P_{om} 与 P_V 之比即为最高转换效率。

(3) 甲类功放电路的效率低，不适合作功放电路。与甲类功率放大电路相比，乙类互补对称功率放大电路的主要优点是效率高，在理想情况下，其最大效率约为78.5%。为保证晶体管安全工作，双电源互补对称电路工作在乙类时，器件的极限参数必须满足 $P_{CM}>P_{Tmax}\approx 0.2P_{om}$，$|U_{CEO(BR)}|>2V_{CC}$，$I_{CM}>V_{CC}/R_L$。

(4) 由于晶体管输入特性存在死区电压，因此工作在乙类的互补对称电路将出现交越失真，克服交越失真的方法是采用甲乙类互补对称电路。通常可利用二极管或三极管 U_{BE} 倍增电路进行偏置。

(5) 集成功放具有体积小、电路简单、安装调试方便等优点而获得广泛的应用。

(6) 为了保证器件的安全运行，可从功率管的散热、防止二次击穿、降低使用定额和保护措施等方面来考虑。

习题

8-1 判断下列说法是否正确，用"√"和"×"表示判断结果。

(1) 在功率放大电路中，输出功率越大，功放管的功耗越大。 ( )

(2) 功率放大电路的最大输出功率是指在基本不失真情况下，负载上可能获得的最大交流功率。 ( )

(3) 当OCL电路的最大输出功率为1W时，功放管的集电极最大功耗应大于1W。 ( )

(4) 功率放大电路与电压放大电路、电流放大电路的共同点是：

① 都使输出电压大于输入电压； ( )

② 都使输出电流大于输入电流； ( )

③ 都使输出功率大于信号源提供的输入功率。 ( )

(5) 功率放大电路与电压放大电路的区别是：

① 前者比后者电源电压高；（　）

② 前者比后者电压放大倍数数值大；（　）

③ 前者比后者效率高；（　）

④ 在电源电压相同的情况下，前者比后者的最大不失真输出电压大。（　）

(6) 功率放大电路与电流放大电路的区别是：

① 前者比后者电流放大倍数大；（　）

② 前者比后者效率高；（　）

③ 在电源电压相同的情况下，前者比后者的输出功率大。（　）

8-2　如何区分晶体管是工作在甲类、乙类还是甲乙类？放大管的导通角分别等于多少？它们中哪一类放大电路效率高？画出在三种工作状态下的静态工作点及相应的工作波形。

8-3　与甲类功率放大电路相比，乙类互补对称功率放大电路的主要优点是什么？乙类互补对称功率放大电路的效率在理想情况可达到多少？设采用双电源互补对称电路，如果要求最大输出功率为 5W，则每只功率晶体管的最大允许管耗 P_{CM} 至少应多大？

8-4　双电源互补对称电路如图 8-13 所示，已知 $V_{CC}=12V$，$R_L=16\Omega$，u_i 为正弦波。

(1) 求在晶体管的饱和压降 U_{CES} 可以忽略不计的条件下，负载上可能得到的最大输出功率 P_{om}。

(2) 每个管子允许的管耗 P_{CM} 至少应为多少？

(3) 每个管子的耐压 $|U_{CEO(BR)}|$ 应大于多少？

8-5　在图 8-14 所示电路中，设晶体管的 $\beta=100$，$U_{BE}=0.7V$，$U_{CES}=0$，$I_{CEO}=0$，电容 C 对交流可视为短路。输入信号 u_i 为正弦波。

(1) 计算电路可能达到的最大不失真输出功率 P_{om}。

(2) 此时 R_B 应调节到什么阻值？

(3) 此时电路的效率 η 为多少？试与工作在乙类的互补对称电路比较。

8-6　电路如图 8-15 所示。在出现下列故障时，分别产生什么现象？

(1) R_1 开路；　(2) D_1 开路；　(3) R_2 开路；

(4) T_1 集电极开路；　(5) R_1 短路；　(6) D_1 短路

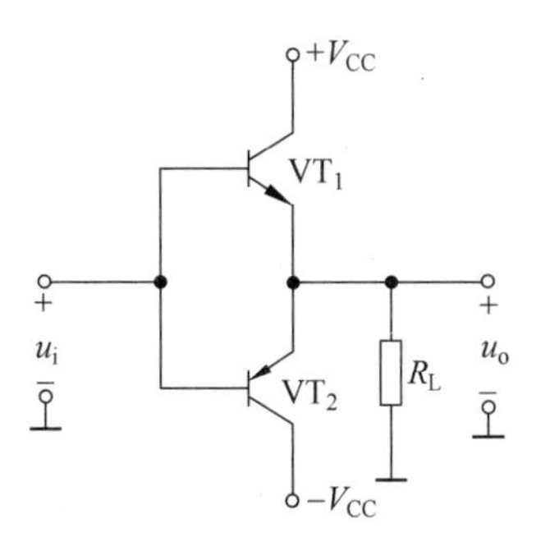

图 8-13　题 8-4 图

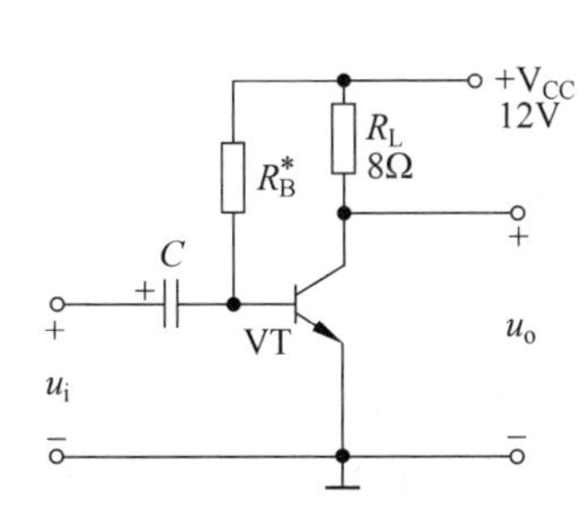

图 8-14　题 8-5 图

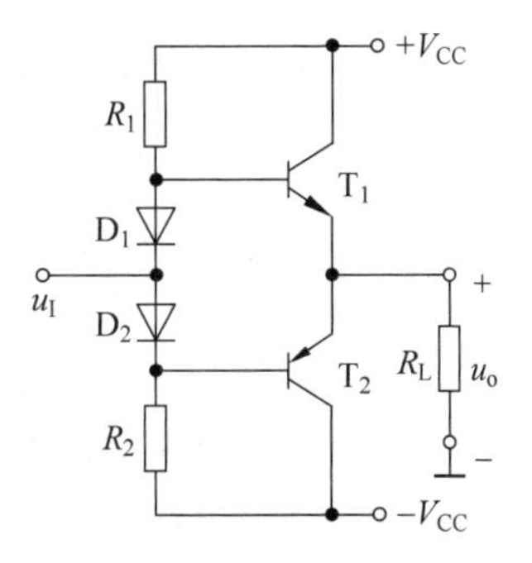

图 8-15　题 8-6 图

8-7　在图 8-15 所示电路中,已知 $V_{CC}=16V$,$R_L=4\Omega$,T_1 和 T_2 管的饱和压降 $|U_{CES}|=2V$,输入电压足够大。试问:

(1) 最大输出功率 P_{om} 和效率 η 各为多少?

(2) 晶体管的最大功耗 P_{Tmax} 为多少?

(3) 为了使输出功率达到 P_{om},输入电压的有效值约为多少?

8-8　在图 8-16 所示电路中,已知二极管的导通电压为 $U_D=0.7V$,晶体管导通时的 $|U_{BE}|=0.7V$,T_2 和 T_3 管发射极静态电位 $U_{EQ}=0V$。试问:

(1) T_1、T_3 和 T_5 管的基极静态电位各为多少?

(2) 设 $R_2=10k\Omega$,$R_3=100\Omega$。若 T_1 和 T_3 管基极的静态电流可以忽略不计,则 T_5 管集电极静态电流约为多少?静态时 $u_I=$?

(3) 若静态时 $i_{B1}>i_{B3}$,则应调节哪个参数可使 $i_{B1}=i_{B3}$?如何调节?

(4) 电路中二极管的个数可以是 1、2、3、4 吗?你认为哪个最合适?为什么?

8-9　电路如图 8-16 所示。在出现下列故障时,会分别产生什么现象?

(1) R_2 开路;　　(2) D_1 开路;　　(3) R_2 短路;

(4) T_1 集电极开路;　　(5) R_3 短路。

8-10　在图 8-16 所示电路中,已知 T_2 和 T_4 管的饱和压降 $|U_{CES}|=2V$,静态时电源电流可以忽略不计。试问:

(1) 负载上可能获得的最大输出功率 P_{om} 和效率 η 各约为多少?

(2) T_2 和 T_4 管的最大集电极电流、最大管压降和集电极最大功耗各约为多少?

8-11　在图 8-17 所示电路中,已知 $V_{CC}=15V$,T_1 和 T_2 管的饱和压降 $|U_{CES}|=2V$,输入电压足够大。

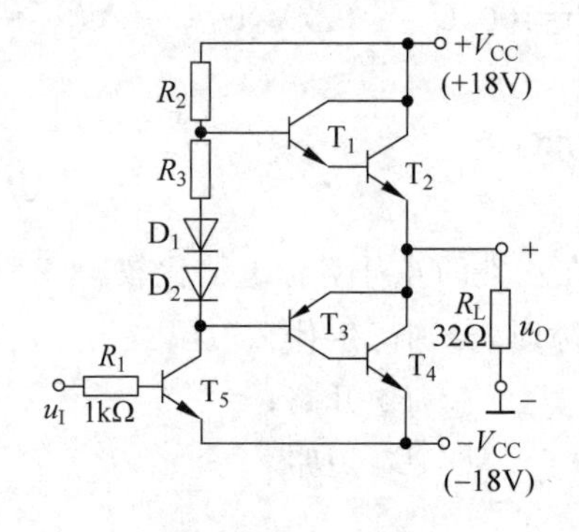

图 8-16　题 8-8 图

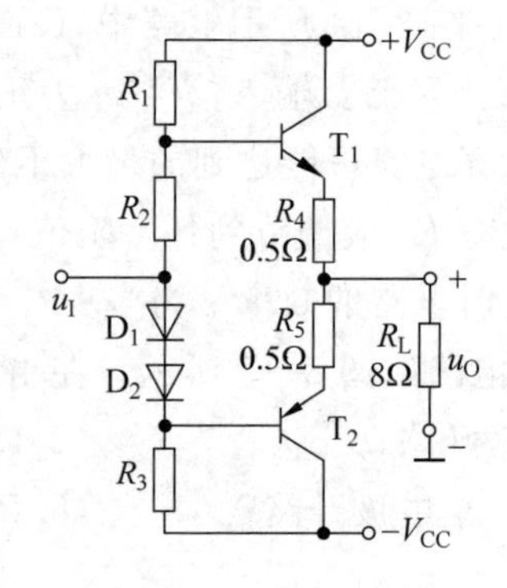

图 8-17　题 8-11 图

求解:

(1) 最大不失真输出电压的有效值;

(2) 负载电阻 R_L 上电流的最大值;

(3) 最大输出功率 P_{om} 和效率 η。

8-12　OTL 电路如图 8-18 所示。

(1) 为了使得最大不失真输出电压幅值最大,静态时 T_2 和 T_4 管的发射极电位应为多少?若不合适,则一般应调节哪个元件参数?

(2) 若 T_2 和 T_4 管的饱和压降 $|U_{CES}|=3V$,输入电压足够大,则电路的最大输出功率

P_{om}和效率 η 各为多少？

(3) T_2 和 T_4 管的 I_{CM}、$U_{(BR)CEO}$和 P_{CM}应如何选择？

8-13　已知图 8-19 所示电路中，T_2 和 T_4 管的饱和压降 $|U_{CES}|=2V$，导通时的 $|U_{BE}|=0.7V$，输入电压足够大。

(1) A、B、C、D 点的静态电位各为多少？

(2) 若管压降 $|U_{CE}|\geqslant 3V$，为使最大输出功率 P_{om}不小于 1.5W，则电源电压至少应取多少？

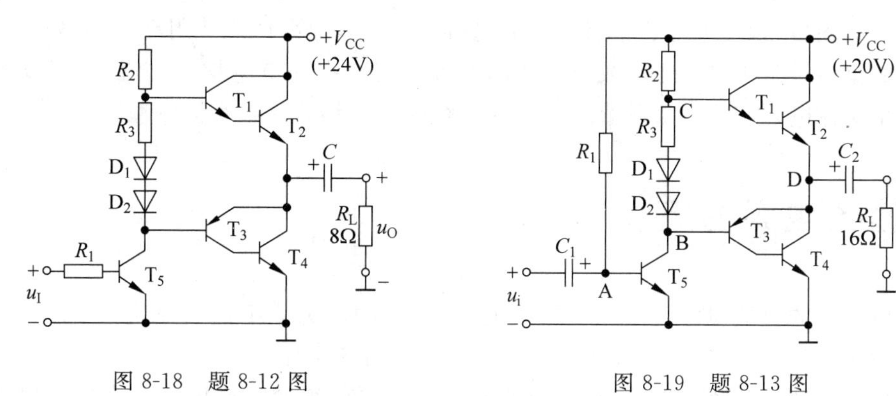

图 8-18　题 8-12 图　　　　图 8-19　题 8-13 图

8-14　LM1877N-9 为两通道低频功率放大电路，单电源供电，最大不失真输出电压的峰-峰值 $U_{OPP}=(V_{CC}-6)V$，开环电压增益为 70dB。图 8-20 所示为 LM1877N-9 中一个通道组成的实用电路，电源电压为 24V，$C_1\sim C_3$ 对交流信号可视为短路；R_3 和 C_4 起相位补偿作用，可以认为负载为 8Ω。

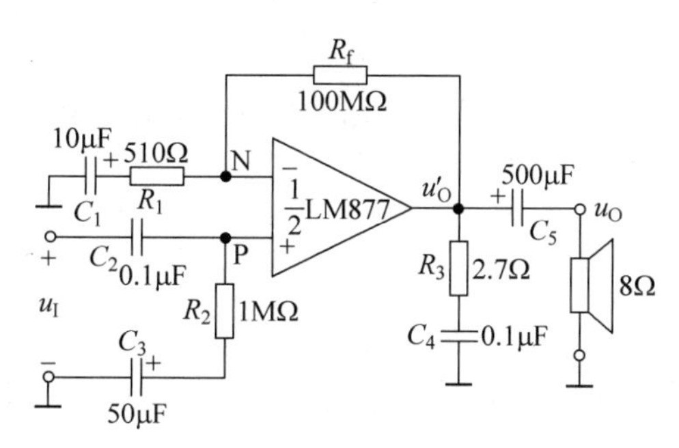

图 8-20　题 8-14 图

(1) 图示电路为哪种功率放大电路？

(2) 静态时 u_P、u_N、u'_O、u_O 各为多少？

(3) 设输入电压足够大，电路的最大输出功率 P_{om}和效率 η 各为多少？

第 9 章　直流稳压电源

在电子仪器和电子设备中，各种电子电路的工作都需要稳定的直流电源供电。获得直流电源的方法很多，如干电池、蓄电池、直流电机等。但电池因使用费用高，一般只用于低功耗便携式的仪器设备中。由于从发电厂传输到各建筑物中的市电均是交流电，所以常用的方法是利用交流电源变换而成的直流电源。本章主要介绍这一种直流电源。

9.1　直流电源的组成

本章所介绍的直流电源为单相小功率电源，它将频率为 50Hz、有效值为 220V 的单相交流电转换为幅值稳定、输出电流为几十安培以下的直流电压。

直流稳压电源由交流电网供电，由**电源变压器**、**整流**、**滤波**和**稳压**等几个环节组成。其方框图及各电路的输出波形如图 9-1 所示。

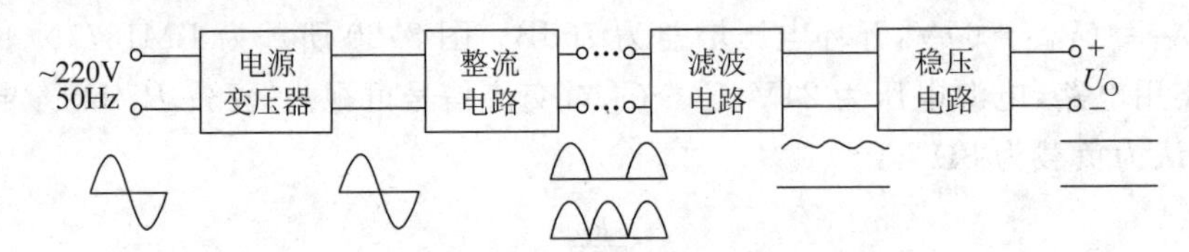

图 9-1　直流稳压电源组成和工作波形图

9.1.1　电源变压器

由于所需的直流电压比起电网的交流电压要小很多，因此常常是利用变压器降压得到比较合适的交流电压再进行转换。也有些电源利用其他方式进行降压，而不用变压器。

9.1.2　整流电路

经过变压器降压后的交流电通过整流电路变成了单方向的直流电。但这种直流电幅值变化很大，倘若作为电源去给电子电路供电时，电路的工作状态也会随直流电源的变化而影响其性能。把整流后的直流电称为脉动的直流电。

9.1.3　滤波电路

将脉动大的直流电处理成平滑的脉动小的直流电，需要利用滤波电路将其中的交流成分滤掉，只留下直流成分，显然，这里需要利用截止频率低于整流输出电压基波频率的低通滤波电路。该滤波电路不同于前边所讲的有源滤波，它是一种无源滤波电路，在输出小电流的滤波电路时，通常采用电容滤波；在输出大电流的滤波电路中，采用电感滤波。

9.1.4 稳压电路

一般来说，经过整流滤波电路后就得到了较平滑的直流电，可以充当某些电子电路的电源。但是此时的电压值还受电网电压波动和负载变化(指电子电路取电流的大小不同)的影响比较大。因此，这样的直流电源是不稳定的，在要求比较高的电子设备中，该直流电源是不符合要求的。针对以上的情况又增加了稳压电路部分。因此，稳压电路的作用是得到基本上不受外界影响的、稳定的直流电。

下面分别讨论各部分电路的组成、工作原理及性能。

9.2 整流电路

整流指利用二极管的单向导电性，将正负交替的正弦交流电压转变成单一方向的直流脉动电压。常用的整流电路有**半波整流**、**全波整流**、**桥氏整流**以及**倍压整流**。

在分析整流电路时，为了突出重点，简化分析过程，一般均假定负载为纯电阻；整流二极管为理想二极管，即将二极管看作是一个理想开关，导通时正向电压和正向电阻为零，相当于开关闭合，截止时反向电流为零，相当于开关断开；忽略变压器的内阻。需要注意的是，在实际工作中，由于二极管不是理想器件，导致整流后的输出波形幅值会减小 0.6～1V；因此，若输出波形的幅值远大于 0.6～1V 时，即可忽略二极管的导通压降，若输出波形的幅值小于 3V 那就要考虑二极管的导通压降了。

9.2.1 单相半波整流电路

1. 工作原理

单相半波整流电路是一种最简单的整流电路，只用了一只二极管，电路如图 9-2(a)所示。图 9-2(a)中的 T 为电源变压器，其作用是将有效值是 220V 的电网电压降为 u_2，设变压器副边电压为 $u_2=\sqrt{2}U_2\sin\omega t$，$U_2$ 为有效值。

当 u_2 处在正半周期时，即 A 为"＋"，B 为"－"时，二极管处于正向导通状态，电流经过二极管流向 R_L，负载 R_L 上得到一个上正下负的输出电压 u_O，当 u_2 处于负半周期时，即 B 为"＋"，A 为"－"时，二极管承受反向电压截止，相当于二极管所在的支路断路，电流基本上为 0，则负载 R_L 上的电压近似为 0，即 $u_O=0$。二极管的单向导电作用将变压器二次侧的交流电压变换为负载 R_L 上的单向脉动电压，达到了整流的目的，其波形如图 9-2(b)所示。由于该电路只在交流电压的半个周期内有电流流过负载，因此称为单相半波整流电路。

2. 性能参数

整流电路的性能指标包括电路参数和器件参数两部分。

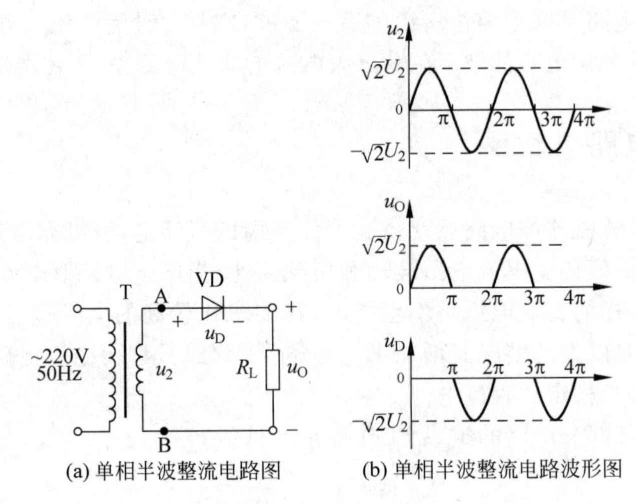

(a) 单相半波整流电路图　(b) 单相半波整流电路波形图

图 9-2　单相半波整流电路

1）电路参数

电路参数是描述整流电路性能的技术指标，用来表示整流电路将交流电转换为直流电的效果，主要包括输出电压平均值和输出电流平均值以及反映输出波形脉动情况的脉动系数。

（1）输出电压平均值 $U_{O(AV)}$ 和输出电流平均值 $I_{O(AV)}$

$U_{O(AV)}$ 定义为整流电路输出电压在一个周期内的平均值，因为半波整流电路的输出为

$$u_O=\begin{cases}\sqrt{2}U_2\sin\omega t & (0\leqslant\omega t\leqslant\pi)\\ 0 & (\pi\leqslant\omega t\leqslant 2\pi)\end{cases}$$

则 $U_{O(AV)}$ 的表达式为

$$U_{O(AV)}=\frac{1}{2\pi}\int_0^{\pi}\sqrt{2}U_2\sin\omega t\,\mathrm{d}(\omega t)=\frac{\sqrt{2}}{\pi}U_2\approx 0.45U_2 \tag{9-1}$$

负载电阻 R_L 上的平均电流（直流电流）为

$$I_{O(AV)}=\frac{U_{O(AV)}}{R_L}\approx 0.45\times\frac{U_2}{R_L} \tag{9-2}$$

（2）输出电压的脉动系数 S

脉动系数 S 可以定量地反映电路输出波形的脉动情况，S 越小，则整流效果越好。脉动系数 S 定义为整流电路输出电压中基波峰值 U_{OM1} 与输出电压平均值 $U_{O(AV)}$ 之比，其表达式为

$$S=\frac{U_{OM1}}{U_{O(AV)}} \tag{9-3}$$

在计算整流电路输出电压 u_O 的基波峰值 U_{OM1} 时，需要对 u_O 的波形进行傅里叶分析，u_O 的傅里叶级数表达式为

$$u_O=U_{O(AV)}+\sum_{n=1}^{\infty}(a_n\cos n\omega t+b_n\sin n\omega t)$$

其中

$$a_n = \frac{1}{\pi}\int_{-\pi}^{\pi} u_O \cos n\omega t \, d(\omega t) \quad b_n = \frac{1}{\pi}\int_{-\pi}^{\pi} u_O \sin n\omega t \, d(\omega t)$$

由于半波整流电路输出电压 u_O 的周期与 u_2 相同，u_O 的基波角频率与 u_2 相同。当 $n=1$ 时，经过计算可知 $a_1=0$，则 U_{OM1} 为

$$U_{OM1} = b_1 = \frac{1}{\pi}\int_0^{\pi} \sqrt{2}U_2 \sin\omega t \sin\omega t \, d(\omega t) = \frac{\sqrt{2}}{2\pi}U_2(\pi - 0) = \frac{U_2}{\sqrt{2}}$$

半波整流电路的脉动系数 S 为

$$S = \frac{U_{OM1}}{U_{O(AV)}} = \frac{\dfrac{U_2}{\sqrt{2}}}{\dfrac{\sqrt{2}}{\pi}U_2} = \frac{\pi}{2} \approx 1.57 \tag{9-4}$$

由此可见，半波整流电路的输出脉动很大，其基波峰值约为平均值的 1.57 倍。

2）器件参数

器件参数描述整流电路中二极管在工作中所承受的各种参数，反映出整流电路对二极管的要求，可以根据器件参数选择合适的整流二极管。

（1）整流二极管正向平均电流 $I_{D(AV)}$

$I_{D(AV)}$ 定义为在一个周期内通过整流二极管的电流平均值。在半波整流电路中，整流二极管与负载串联，因而整流二极管的正向平均电流 $I_{D(AV)}$ 任何时候都等于流过负载的输出平均电流 $I_{O(AV)}$。

$$I_{D(av)} = I_{O(AV)} = \frac{U_{O(AV)}}{R_L} = \frac{\sqrt{2}U_2}{\pi R_L} = \frac{0.45U_2}{R_L} \tag{9-5}$$

当负载电流平均值已知时，可以根据式(9-5)来选定二极管的最大整流平均电流 I_F。

（2）整流二极管最高反向电压 U_{RM}

U_{RM} 是指整流二极管截止时，其两端所承受的最大反向电压，如图 9-2(b)所示，该电压等于变压器副边的峰值电压，即

$$U_{RM} = \sqrt{2}U_2 \tag{9-6}$$

一般情况下，允许电网电压有±10%的波动，即电源变压器原边电压可在 198～242V 这个范围内，因此在选用二极管时，对于最大整流平均值 I_F 和最高反向工作电压 U_{RM} 至少留有 10%的余量，以保证二极管安全工作，即选取

$$\begin{cases} I_F > 1.1 I_{D(AV)} = 1.1 \times 0.45 \dfrac{U_2}{R_L} \\ U_{RM} > 1.1 \times \sqrt{2}U_2 \end{cases} \tag{9-7}$$

单相半波整流电路的优点是电路结构简单易行，所用元器件少。缺点是输出电压平均值低，波形脉动大，电源变压器有半个周期不导通，变压器的利用效率低。这种电路适用于整流电流小，对脉动要求不高的场合。

9.2.2 单相全波整流电路

1. 工作原理

单相全波整流电路如图 9-3(a)所示，波形图如图 9-3(b)所示。设变压器副边电压为

$u_2=\sqrt{2}U_2\sin\omega t$，$U_2$ 为有效值。

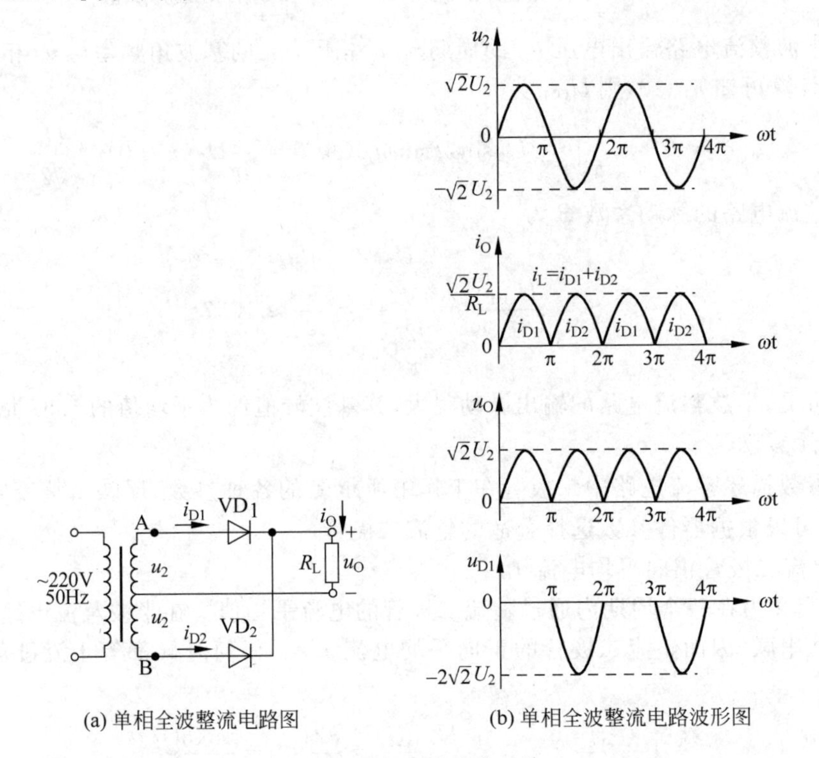

(a) 单相全波整流电路图　　(b) 单相全波整流电路波形图

图 9-3　单相全波整流电路

当 u_2 处于正半周期时，即 A 为"＋"，B 为"－"时，二极管 VD_1 导通，VD_2 截止，电流由二极管 VD_1 流向负载 R_L，$i_{D1}=i_O$，则 $u_O=u_2$。当 u_2 处于负半周期时，即 B 为"＋"，A 为"－"时，二极管 VD_2 导通，VD_1 截止，电流由二极管 VD_2 流向负载 R_L，$i_{D2}=i_O$，则 $u_O=u_2$。由图 9-3(a)可以看出，无论是在 u_2 的正半周期还是负半周期，负载 R_L 上的电流 i_O 的方向始终保持不变，即为直流。因此，输出电压 u_O 也为直流。i_O 和 u_O 的波形如图 9-3(b)所示是脉动直流，由于 u_2 的正、负半周 VD_1、VD_2 轮流导通，在 R_L 上都有输出，所以是全波整流。

2. 性能参数

1）电路参数

(1) 输出电压平均值 $U_{O(AV)}$ 和输出电路平均值 $I_{O(AV)}$

由图 9-3(b)和图 9-2(b)比较可知，单相全波整流电路输出电压波形的面积是半波整流的两倍，所以其输出电压平均值也是单相半波整流电路的两倍。

$$U_{O(AV)}=\frac{1}{\pi}\int_0^{\pi}\sqrt{2}U_2\sin\omega t\,d(\omega t)=\frac{2\sqrt{2}}{\pi}U_2\approx 0.9U_2 \tag{9-8}$$

负载电阻 R_L 上的平均电流(直流电流)为

$$I_{O(AV)}=\frac{U_{O(AV)}}{R_L}\approx 0.9\times\frac{U_2}{R_L} \tag{9-9}$$

(2) 输出电压的脉动系数 S

用傅里叶级数对全波整流电路的输出电压波形进行分析。由波形图可知，输出电压 u_O 为偶函数，u_O 的基波角频率是 u_2 的两倍，则 U_{OM1} 为

$$U_{OM1} = |a_2| = \left|\frac{2}{\pi}\int_0^{\pi}\sqrt{2}U_2\sin\omega t\cos 2\omega t\,d(\omega t)\right| = \frac{4\sqrt{2}}{3\pi}U_2$$

脉动系数 S 为

$$S = \frac{U_{OM1}}{U_{O(AV)}} = \frac{\frac{4\sqrt{2}}{3\pi}U_2}{\frac{2\sqrt{2}}{\pi}U_2} = \frac{2}{3} \approx 0.67 \tag{9-10}$$

由此可见全波整流电路的输出电压波形比半波整流电路的输出平滑，但仍有较大的脉动。

2) 器件参数

(1) 整流二极管正向平均电流 $I_{D(AV)}$

由于全波整流电路中的两个二极管只在半个周期导通，因而流过整流二极管的正向平均电流 $I_{D(AV)}$ 是负载的输出平均电流 $I_{O(AV)}$ 的一半。

$$I_{D(av)} = \frac{I_{O(AV)}}{2} = \frac{0.45U_2}{R_L} \tag{9-11}$$

当负载电流平均值已知时，可以根据上式来选定二极管的最大整流平均电流 I_F。

(2) 整流二极管最高反向电压 U_{RM}

由图 9-3(a)可以看出，在 u_2 的正半周 VD_1 导通，VD_2 所承受的反向电压为 $2u_2$，在负半周时 VD_1 同样承受的反向电压为 $2u_2$。即

$$U_{RM} = 2\sqrt{2}U_2 \tag{9-12}$$

考虑到电网电压有±10%的波动，则二极管的两个极限参数为

$$\begin{cases} I_F > 1.1I_{D(AV)} = 1.1 \times 0.45\dfrac{U_2}{R_L} \\ U_{RM} > 1.1 \times 2\sqrt{2}U_2 \end{cases} \tag{9-13}$$

单相全波整流电路与半波整流电路相比，提高了电源的利用率，在 u_2 相同的情况下其输出电压和输出电流的平均值是半波整流的两倍，交流分量也减小了。但是全波整流电路的电源变压器需要中心抽头，为保证输出均匀，中心抽头两边的线圈需要对称。因此，带中心抽头的变压器制作比较麻烦。

9.2.3 单相桥式整流电路

为了克服前两种电路的缺点，本节提出了单相桥式整流电路。

1. 工作原理

单相桥式整流电路如图 9-4 所示，设变压器副边电压为 $u_2=\sqrt{2}U_2\sin\omega t$，$U_2$ 为有效值。电路如图 9-4(a)所示，电路中采用了 4 个二极管，相互接成桥式结构。当 u_2 为正半周期，

即 A 为“+”,B 为“−”时,二极管 VD_1、VD_3 导通,VD_2、VD_4 截止,电流流向为 A→VD_1→R_L→VD_3→B,如图 9-4(a)中实线箭头所示,输出电压 $u_O=u_2$。当 u_2 为负半周期时,即 B 为“+”,A 为“−”,二极管 VD_2、VD_4 导通,VD_1、VD_3 截止,电流流向为 B→VD_2→R_L→VD_4→A,如图 9-4(a)中虚线箭头所示,输出电压 $u_O=u_2$。不论交流电源处在正半周期或是负半周期,流过负载 R_L 的电流始终保持不变,所以输出的电流和电压都为脉动直流量,波形图如图 9-5 所示。由波形图不难看出单相桥式整流电路的输出电压波形与单相全波整流电路的输出电压波形相同。

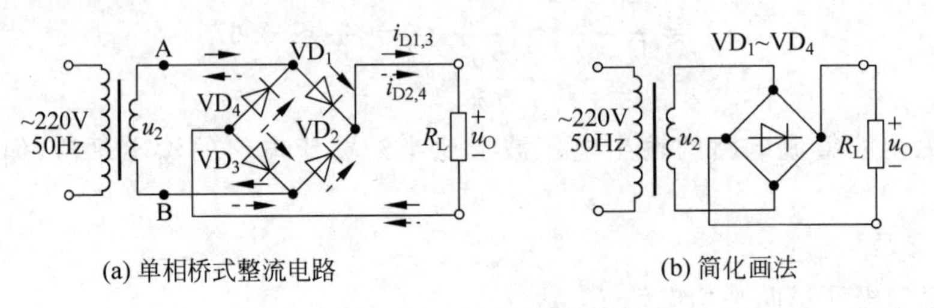

(a) 单相桥式整流电路 (b) 简化画法

图 9-4 单相桥式整流电路

2. 性能参数

1) 电路参数

(1) 输出电压平均值 $U_{O(AV)}$ 和输出电路平均值 $I_{O(AV)}$

单相桥式整流电路输出电压平均值 $U_{O(AV)}$ 为

$$U_{O(AV)}=\frac{1}{\pi}\int_0^{\pi}\sqrt{2}U_2\sin\omega t\,d(\omega t)$$

$$=\frac{2\sqrt{2}}{\pi}U_2\approx 0.9U_2 \tag{9-14}$$

输出电流平均值 $I_{O(AV)}$ 为

$$I_{O(AV)}=\frac{U_{O(AV)}}{R_L}\approx 0.9\times\frac{U_2}{R_L} \tag{9-15}$$

(2) 输出电压的脉动系数 S

由于桥式整流电路的输出电压与全波整流电路的输出电压波形相同,因此其脉动系数与全波整流电路的脉动系数相同,即

$$S=\frac{U_{OM1}}{U_{O(AV)}}\approx 0.67$$

2) 器件参数

(1) 整流二极管正向平均电流 $I_{D(AV)}$

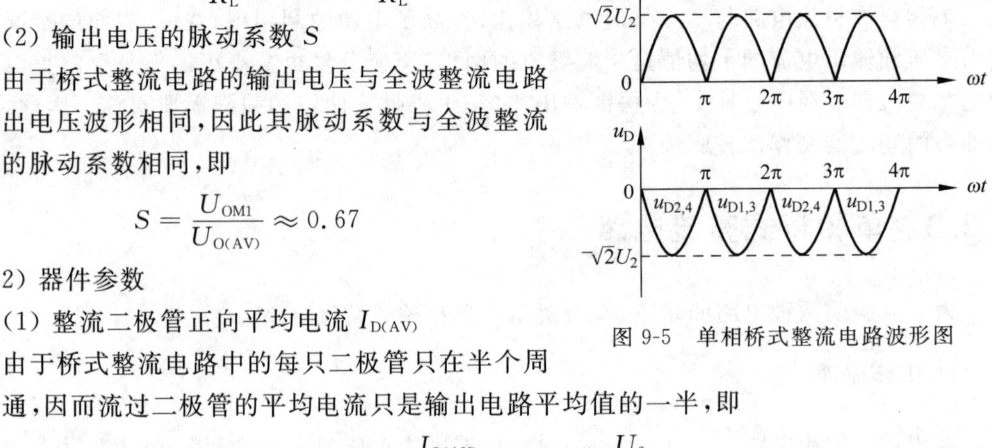

图 9-5 单相桥式整流电路波形图

由于桥式整流电路中的每只二极管只在半个周期导通,因而流过二极管的平均电流只是输出电路平均值的一半,即

$$I_{D(AV)}=\frac{I_{O(AV)}}{2}=0.45\times\frac{U_2}{R_L} \tag{9-16}$$

(2) 整流二极管最高反向电压 U_{RM}

由图 9-5 可知,在 u_2 的正半周期时,VD_1、VD_3 导通,VD_2、VD_4 截止。此时 VD_2、VD_4 所承受的最大反向电压为 u_2 的最大值,即

$$U_{RM} = \sqrt{2}U_2 \tag{9-17}$$

同理,u_2 的负半周期时,VD_2、VD_4 导通,VD_1、VD_3 截止。此时 VD_1、VD_3 承受同样大的反向电压。

在电网电压允许波动±10%的情况下,二极管的两个极限参数为

$$\begin{cases} I_F > 1.1I_{D(AV)} = 1.1 \times 0.45\dfrac{U_2}{R_L} \\ U_{RM} > 1.1 \times \sqrt{2}U_2 \end{cases} \tag{9-18}$$

桥式整流电路的优点是输出的直流电压高,脉动较小,整流二极管所承受的最大反向电压较低,电源变压器利用率高,因此得到广泛应用。

由于桥式整流电路中用到 4 只二极管,为了使用方便目前已有多种不同性能指标的集成桥式整流电路,称为“整流桥堆”。选择整流桥时主要考虑其整流电流和工作电压。包括最大整流电流从 0.5A 到 50A,最高反向峰值电压从 50V 到 1000V 等多种规格。

9.2.4 倍压整流电路

某些电子设备中,需要高电压(几千伏甚至几万伏)、小电流的电源电路。一般都不采用前面讨论过的几种整流方式,因为前几种整流电路的整流变压器的次级电压必须升得很高,圈数势必很多,绕制困难。这里介绍的倍压整流电路,在较小电流的条件下,能提供高于变压器次级输入的交流电压幅值若干倍的直流电压,可以避免使用变压比很高的升压变压器,整流元件的耐压相对也可较低,所以这类整流电路特别适用于需要高电压、小电流的场合。倍压整流是利用电容的充放电效应工作的整流方式,它的基本电路是二倍压整流电路。多倍压整流电路是二倍压电路的推广。

图 9-6 为二倍压整流电路的两种连接方式。它是由变压器,两个整流二极管 VD_1、VD_2 及两个滤波电容 C_1、C_2 组成。设变压器副边电压为 $u_2=\sqrt{2}U_2\sin\omega t$,$U_2$ 为有效值。以图 9-6(a)为例,其工作原理简述如下:当 u_2 为正半周期,即 A 为“+”,B 为“−”时,使得 VD_1 导通,VD_2 截止;C_1 充电,电流流向为 A→VD_1→C_1→B;C_1 上的电压极性如图 9-6(a)所示,最大值可达$\sqrt{2}U_2$。当 u_2 为负半周期,即 B 为“+”,A 为“−”时,使得 VD_2 导通,VD_1 截止;C_2 充电,电流流向为 B→VD_2→C_2→A;C_2 上的电压极性如图 9-6(a)所示,最大值可达 $2\sqrt{2}U_2$。可见,是 C_1 对电荷的存储作用,使输出电压(即电容 C_2 上的电压)为变压器副边电压峰值的两倍,利用同样原理可以实现所需倍数的输出电压。

按照同样的原理,用 n 个二极管和 n 个电容可构成 n 倍压整流电路,如图 9-7 所示。从串联的 C_1、C_3、C_5、…或 C_2、C_4、C_6、…的左右两端的输出电压,可以得到数倍于 U_2 的直流电压。

电路中,每个二极管所承受的最高反向电压是 $2\sqrt{2}U_2$。因此,倍压整流电路的主要优点就是可以利用一个低压变压器和几个低反向电压的整流二极管以及几个低耐压的电容器获得数倍于 U_2 的整流电压。但是这种电路仅适用于高电压、低电流的场合,否则会因为负

载电流过大而使电容放电加快，难以实现倍压的作用。

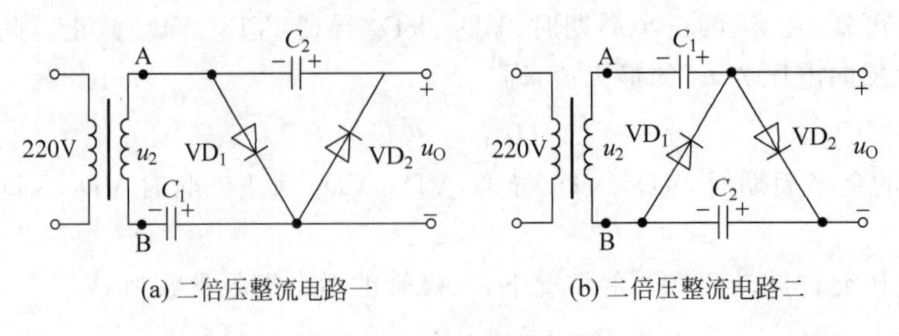

图 9-6 二倍压整流电路

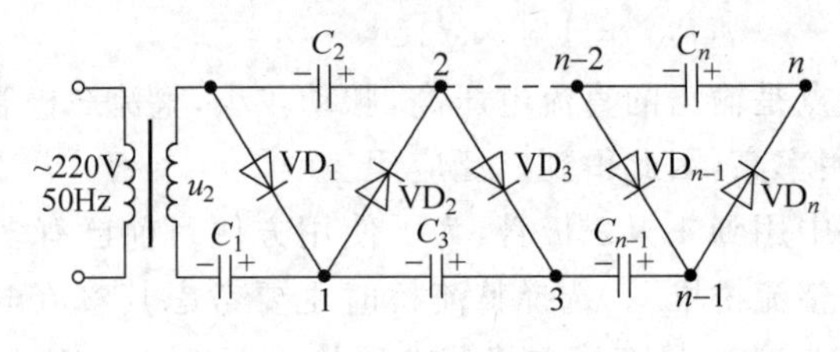

图 9-7 n 倍压整流电路

9.3 滤波电路

整流电路的输出电压虽然是直流电压，但是波形中含有很大的脉动成分与直流相差很大。为了获得理想的直流电压，需要利用具有储能作用的电抗性元件，如电容、电感组成的滤波电路来滤除整流电路输出电压中的脉动成分以获得较好的直流电压。由电容 C 及电感 L 所组成的滤波电路的基本形式如图 9-8 所示。

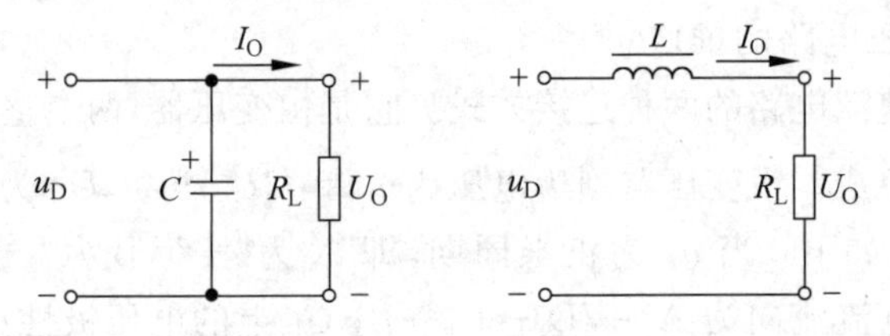

图 9-8 滤波电路的基本形式

因为电容 C 对直流开路，对交流阻抗小，所以电容 C 并联在负载两端。并联的电容 C 在输入电压升高时，给电容充电，可把部分能量存储在电容中；而当输入电压降低时，电容两端电压以指数规律放电，就可以把存储的能量释放给负载；由滤波电容向负载放电，使负载上得到的输出电压比较平滑，起到了滤波作用。

电感 L 对直流阻抗小，对交流阻抗大，因此电感 L 应与负载串联。若采用电感滤波，当输入电压增高时，与负载串联的电感 L 中的电流增加，因此电感将存储部分磁场能量；当输入电压较小时，电感又以电流的形式将能量释放出来，使负载电流变得平滑。因此，电感 L 也有滤波作用。

9.3.1　电容滤波电路

1. 工作原理

以单相桥式整流电流采用电容滤波的情况为例，对滤波电路输出空载和带载时的工作情况分别进行分析，说明电容滤波的工作原理。

1）空载时的情况

空载时桥式整流电路采用的电容滤波电路如图 9-9(a)所示，设初始时电容电压 u_C 为零。接入电源后，在 u_2 的正半周期，通过 VD_1、VD_3 向电容 C 充电；当 u_2 大于电容上的电压 u_C 时，u_2 通过 VD_2、VD_4 向电容 C 充电。其输出波形如图 9-9(b)所示，图中虚线部分是未加滤波电路时输出电压的波形。

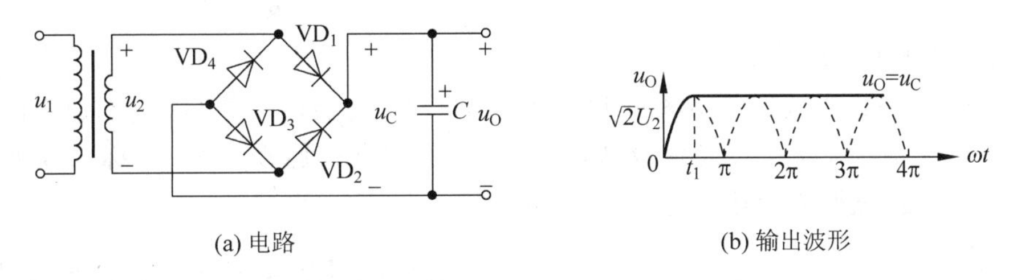

(a) 电路　　(b) 输出波形

图 9-9　空载时桥式整流电容滤波电路

由于分析时变压器的二次侧的绕组的直流电阻和二极管的导通电阻都很小，所以充电时间常数很小，因此电容 C 上的电压很快就充到 u_2 最大值，$u_C=\sqrt{2}U_2$，如图 9-9(b)所示 $t=t_1$ 的时刻。此后，u_2 开始下降，由于电路输出没有接负载，电容没有放电回路，因此，u_C 保持$\sqrt{2}U_2$ 不变；此时因 $u_C>u_2$，4 只整流二极管都承受反向电压，所以均处于截止状态，电路输出维持一个恒定值，$u_O=u_C=\sqrt{2}U_2$。

在实际电路中，电源总要为负载供电，因此必须研究有负载的情况下电容滤波电路的工作情况。

2）带载时的情况

图 9-10 给出了电容滤波电路在带载后的工作情况。忽略变压器的二次端绕线电阻和二极管的导通电阻。设电容两端初始电压为零，且在交流电压 u_2 过零的时候接通交流电源，u_2 从零开始上升。二极管 VD_1、VD_3 导通，一方面给负载供电，另一方面给电容 C 充电。由于变压器的等效电阻和二极管的导通电阻被忽略，所以充电时间常数很小，电容上的电压随着 u_2 的上升而上升，如图 9-10(b)中的 $0\sim t_1$ 段电压波形。在 t_1 处，u_2 和 u_C 均达到了最大值。过了这一点后，电源电压 u_2 开始下降，u_2 以正弦规律下降，电容电压 u_C 以指数规律下降，因此在两个电压下降初期 u_2 的下降速度没有 u_C 快，所以在 t_1 时刻后的一段时间内二极管仍然处于导通状态，如图 9-10(b)中 $t_1\sim t_2$ 段。

随之 u_2 电压的下降，当电源电压下降速度超过电容两端电压下降速度时，电容两端电压大于电源电压，即 $u_C>u_2$，则 4 只整流二极管都截止，电容向负载放电。由于放电时间常数 $\tau=CR_L$ 很大，所以电容两端的电压 u_C 下降速度比电源电压 u_2 的下降速度慢很多。波形如图 9-10(b)中的 $t_2 \sim t_3$ 段。当到达 t_3 时,u_2 的负半周又可使 VD_2、VD_4 导通,电容又被充电,充到 u_2 的最大值后,又进行放电。如此反复进行,就可以得到图 9-10(b)所示的输出波形。由图 9-10 可见,整流电路加了滤波电容之后,输出电压的波形比没有滤波电容时平滑多了。

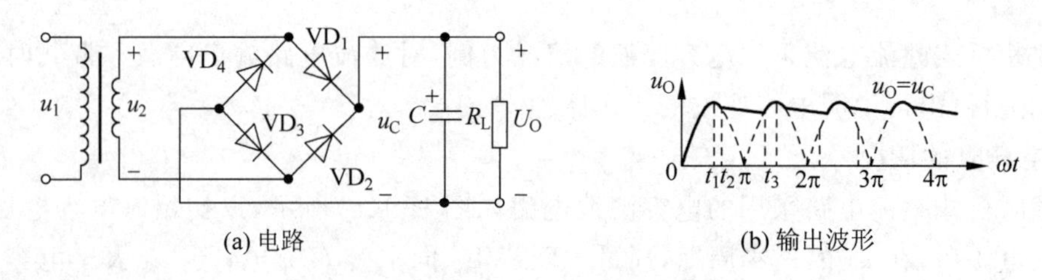

图 9-10　带负载时桥式整流电容滤波电路

2. 性能参数

1) 输出电压平均值 $U_{O(AV)}$

电容滤波电路输出波形可由图 9-11 的锯齿波代替,滤波电路的 $U_{O(AV)}$ 与放电时间常数 R_LC 有关。R_LC 越大,放电速度越慢,则输出电压所包含的脉动成分(为称为纹波)越小,$U_{O(AV)}$ 越大。为获得平滑的输出电压,放电时间常数一般为

$$\tau = R_LC \geqslant (3 \sim 5)\frac{T}{2} \qquad (9\text{-}19)$$

式中,T 为交流电压(工频 50Hz)u_1 的周期,$T=20\text{ms}$。

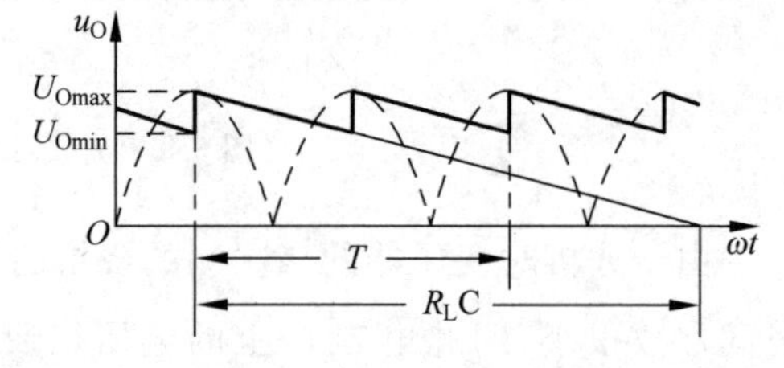

图 9-11　用锯齿波代替电容滤波的输出波形

工程上也常根据式(9-19)来选择滤波电容的容量。一般要考虑负载电阻最小时,也就是考虑对滤波效果最不利的情况下,计算滤波电容值;然后选取最相近的标称值。值得注意的是,滤波电容的容量不是越大越好,因为电容的容量太大,不但电容体积大,而且二极管导通时的峰值电流也大,不利于二极管的选型。一般选取几十至几千微法的电解电容。考虑到电网电压的波动范围为±10%,电解电容的耐压值应大于 $1.1\sqrt{2}U_2$。

假设每当电容 C 充电到 u_2 的峰值,即 $U_{Omax}=\sqrt{2}U_2$ 时,电容就开始放电。根据电路理论可知,若 u_C 按初始放电的斜率直线下降,则当 $t=R_LC$ 时,u_C 下降到零。根据相似三角形的比例关系,可求得

$$\frac{U_{Omax}}{R_LC} = 2 \times \frac{U_{Omax} - U_{Omin}}{T} \qquad (9\text{-}20)$$

因此,桥式整流电容滤波电路的输出电压平均值 $U_{O(AV)}$ 为

$$U_{O(AV)} = \frac{U_{Omax} + U_{Omin}}{2} = U_{Omax} - \frac{U_{Omax} - U_{Omin}}{2} = U_{Omax}\left(1 - \frac{T}{4R_LC}\right) \qquad (9\text{-}21)$$

在忽略整流电路内阻且放电时间常数满足式(9-19)的关系时,计算得

$$U_{O(AV)} \approx 1.2U_2 \qquad (9\text{-}22)$$

一般采用式(9-22)对桥式整流电容滤波电路的输出电压平均值进行估算。

2）脉动系数 S

电容滤波电路的脉动系数也可以近似估算。设基波的峰值为

$$U_{\mathrm{OM1}}=\frac{U_{\mathrm{Omax}}-U_{\mathrm{Omin}}}{2}$$

将上式代入式(9-20)，由此可得

$$U_{\mathrm{OM1}}=\frac{U_{\mathrm{Omax}}-U_{\mathrm{Omin}}}{2}=\frac{T}{4R_{\mathrm{L}}C}\times U_{\mathrm{Omax}}$$

则脉动系数为

$$S=\frac{U_{\mathrm{OM1}}}{U_{\mathrm{O(AV)}}}=\frac{T}{4R_{\mathrm{L}}C-T} \tag{9-23}$$

由式(9-23)可知，为减小输出电压的脉动成分，采用的滤波电容的容量越大越好，交流电源的频率越高越好。频率越高，整流二极管导通的频率也会提高，有利于脉动成分的降低。目前在计算机、电视机等电子设备中采用了高频整流电源，其滤波电容的容量就比50Hz工频交流电的滤波电容小得多。

3）整流二极管的导通角

根据电容滤波原理，只有当 $u_2>u_{\mathrm{C}}$ 时，整流二极管才能导通，因此定义二极管导通时的电角度为导通角，用 θ 表示，如图9-12所示。

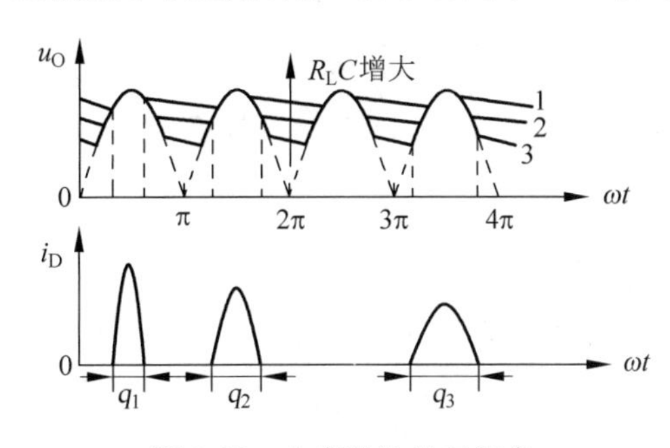

图9-12 电容滤波的导通角

由图中所示的波形可以看出，电容滤波电路中 $\theta<\pi$；电容放电时间常数 $R_{\mathrm{L}}C$ 越大，则电路输出电压 u_{O} 的平均值越大，整流二极管导通角 θ 越小，流过二极管的电流峰值电流就越大，因此流过二极管的瞬间冲击电流比较大，为了减小该电流对二极管寿命的影响应该在选取二极管的 $I_{\mathrm{D(AV)}}$ 时，通常需要比理论值大2～3倍。

4）输出特性和滤波特性

图9-13(a)为电容滤波电流的输出特性，它显示了整流电路输出电压平均值与输出电流平均值的关系。当负载 R_{L} 或是 C 越小，I_{O} 越大时，$U_{\mathrm{O(AV)}}$ 下降越快，电路的输出特性变软，带负载能力变差。所以电容滤波电路适合固定负载或输出电流较小、负载电流变化不大的场合。

图9-13(b)为电容滤波电流的滤波特性，它表示当 R_{L} 或 C 改变时对脉动系数 S 的影响。当 R_{L} 或 C 减小时，S 增大。说明放电时间常数越小输出的直流电压质量越差。

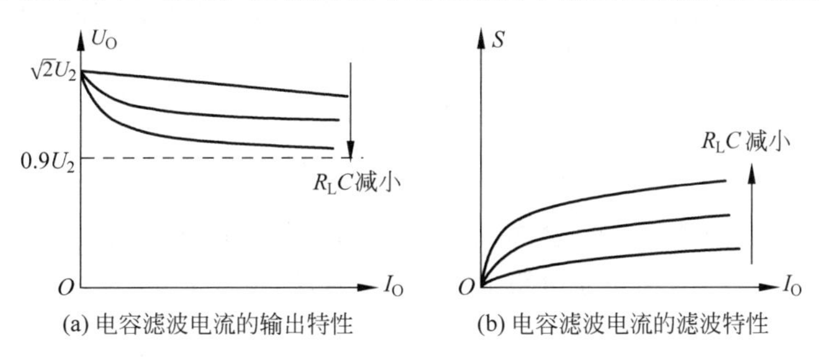

(a) 电容滤波电流的输出特性　(b) 电容滤波电流的滤波特性

图9-13 电容滤波电路的输出特性和滤波特性

9.3.2 电感滤波电路

利用储能元件电感 L 中的电流不能突变的特点,在整流电路的负载回路中串联一个足够大的电感,也可以使输出电流波形较为平滑。从电感的阻抗特性可以知道,因为电感的直流阻抗很小,而交流阻抗很大,所以整流输出电压中的交流成分大多降落在电感上,直流分量损失较小,因此能够得到较好的滤波效果。

桥式整流电感滤波电路及其输出波形如图 9-14 所示。根据电感的特点,当输出电流发生变化时,电感中感应电动势的方向将阻止电流发生变化,在桥式整流电路中,在 u_2 的正半周期,二极管 VD_1、VD_3 导通,电感中的电流将滞后于 u_2。当 u_2 超过 90°开始下降时,为阻止输出电流发生变化,电感将感应出一个反电势,该反电势有助于二极管 VD_1、VD_3 继续导电。当 u_2 处于负半周时,二极管 VD_2、VD_4 导通,变压器二次侧电压全部加到 VD_1、VD_3 两端,使得 VD_1、VD_3 处于反偏截止状态,此时电感中的电流将由 u_2 经过 VD_2、VD_4 提供。由于桥式电路的对称性和电感中电流的连续性,使得 4 个二极管的导通角都是 180°,这一点与电容滤波电路不同。

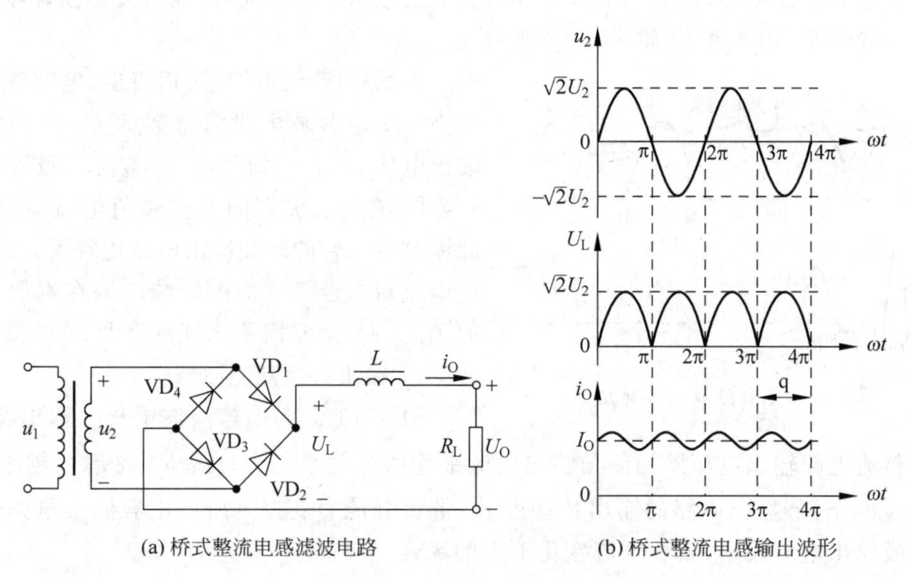

(a) 桥式整流电感滤波电路　　(b) 桥式整流电感输出波形

图 9-14　桥式整理电感滤波电路

已知带有电阻负载的桥式整流电路中,整流二极管的导通角是 180°,整流电路输出电压平均值为 $0.9U_2$。加入电感滤波电路后,整流管的导通角也是 180°,如图 9-14(b)所示。负载上得到的输出电压 $U_{O(AV)}$ 为

$$U_{O(AV)} = \frac{R_L}{R + R_L} 0.9U_2 \tag{9-24}$$

当忽略电感 L 上的等效电阻后,负载上输出的电压平均值为 $0.9U_2$。

需要注意的是,为了保持电感电路中电流的连续性,要求 R_L 不能太大,即应满足 $\omega L \gg R_L$,此时 $I_{O(AV)}$ 可用下式计算

$$I_{O(AV)} = \frac{0.9U_2}{R_L} \tag{9-25}$$

由于电感的直流阻抗小，交流阻抗大，因此直流分量经过电感后的损失很小；但是对于交流分量，经 ωL 和 R_L 的分压，使得很大一部分交流分量降落在电感上，因而降低了输出电压中的脉动成分。电感 L 越大，R_L 越小，则滤波效果越好。

与电容滤波电路相比，采用电感滤波以后，延长了整流管的导通角，从而避免了过大的冲击电流。图 9-15 为电感滤波的输出特性和滤波特性。由图 9-15 可见，随着负载电流的增加，输出电压的平均值下降较小，脉动系数 S 变小。因此电感滤波适用于大负载电流且电流变化较大的场合。

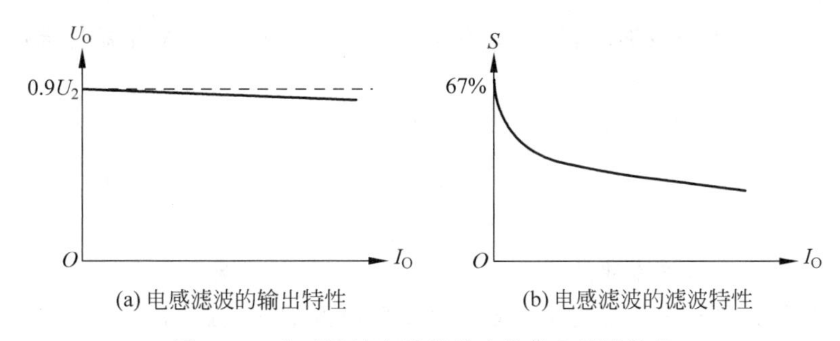

(a) 电感滤波的输出特性　(b) 电感滤波的滤波特性

图 9-15　电感滤波电路的输出特性和滤波特性

9.3.3　复合型滤波电路

当单独采用电容或是电感进行滤波，效果仍不理想时，可采用复合型滤波电路。电容和电感是基本的滤波元件，利用它们对直流分量和交流分量呈现不同电抗的特点，只要合理地接入电路都可以达到滤波的目的。图 9-16(a)所示为 LC 滤波电路，这种滤波电路适用于电流较大、要求输出电压脉动很小的场合，用于高频时更为合适。图 9-16(b)和图 9-16(c)所示为两种 π 型滤波电路。可根据上面的分析方法分析它们的工作原理。

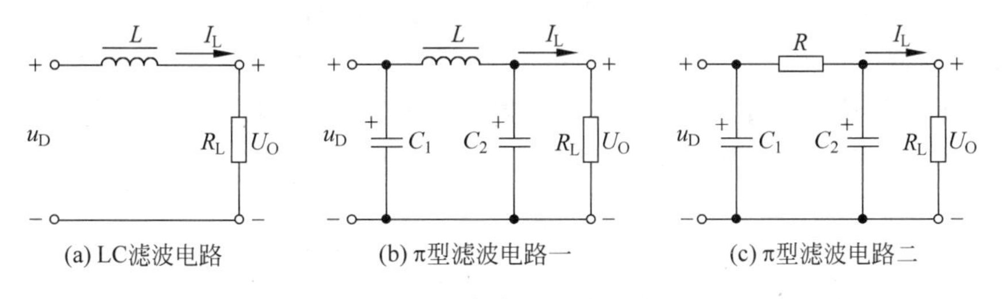

(a) LC滤波电路　(b) π型滤波电路一　(c) π型滤波电路二

图 9-16　复合型滤波电路

9.4　稳压电路

虽然经过整流和滤波后输出的直流电压含有的纹波已经较小了，但是在一些对电源稳定度要求高的场合，其输出仍不能满足需要。引起整流滤波后电路输出电压不稳定的因素有三种，即输入交流电压的变化、负载电流的变化和温度的变化，在整流和滤波电路后接入稳压电路,可以维持输出电压的稳定,不受上述因素的影响。

稳压电路按其工作方式分为**线性稳压电路**和**开关型稳压电路**。最简单的稳压电路是由稳压二极管组成的,在第1章中已经阐述过其工作原理。

9.4.1 稳压电路的主要指标

为了表征稳压电路的性能,用以下指标表征其性能优劣。其中**稳压系数**和**输出电阻**是两个重要的参数,通常以这两个主要指标来衡量稳压电路的质量。

1) 稳压系数

在负载与环境温度不变时,输出直流电压的相对变化量与输入直流电压相对变化量之比,即

$$S_r = \left.\frac{\dfrac{\Delta U_O}{U_O}}{\dfrac{\Delta U_I}{U_I}}\right|_{\Delta I_O=0,\Delta T=0} \tag{9-26}$$

式(9-26)中的 U_I 是整流滤波后的直流电压。S_r 表明电网电压波动对输出直流电压的影响,该值越小表明在电网电压波动时对直流稳压电源的输出影响越小。

2) 电压调整率

当负载电流、环境温度保持不变及给定输入电压变化量(通常是电网电压±10%的波动)时,单位输出电压下的输出电压增量与对应输入电压增量之比,即

$$S_U = \left\{\frac{1}{U_O}\left.\frac{\Delta U_O}{\Delta U_I}\right|_{\Delta I_O=0,\Delta T=0}\right\}\times 100\% \tag{9-27}$$

3) 输出电阻

当输入电压和环境温度保持不变时,输出电压的变化量与输出电流的变化量之比,即

$$R_O = \left.\frac{\Delta U_O}{\Delta I_O}\right|_{\Delta U_I=0,\Delta T=0} \tag{9-28}$$

R_O 的大小衡量负载变化时稳压电路输出电压的稳定情况。

4) 电流调整率

当输入电压和环境温度保持不变及给定输出电流变化量(通常指负载电流从空载到满载时的变化量)时,输出电压相对变化量的百分比,即

$$S_I = \left\{\left.\frac{\Delta U_O}{U_O}\right|_{\Delta U_I=0,\Delta T=0}\right\}\times 100\% \tag{9-29}$$

5) 输出电压的温度系数

当输入电压和负载电流保持不变时,并且在规定的温度范围内,单位温度变化所引起的输出电压相对变化量的百分比,即

$$S_T = \left\{\frac{1}{U_O}\left.\frac{\Delta U_O}{\Delta T}\right|_{\Delta I_O=0,\Delta U_I=0}\right\}\times 100\% \tag{9-30}$$

6) 纹波电压

纹波电压是指稳压电路输出端的交流分量(通常为100Hz),常用有效值或幅值表示。

7）纹波电压抑制比

纹波电压抑制比即输入电压中的纹波电压峰-峰值（或有效值）与输出电压的纹波电压峰-峰值（或有效值）之比的分贝数，即

$$S_{\text{rip}} = 20\lg \frac{U_{\text{ipp}}}{U_{\text{opp}}} \tag{9-31}$$

9.4.2 线性串联型直流稳压电路

所谓串联型稳压电路，就是在输入直流电压和负载之间串联一个晶体管，当 U_I 或 R_L 变化引起输出电压 U_O 的变化时，U_O 的变化将反映到晶体管的发射结电压 U_{BE} 上，引起 U_{CE} 的变化，从而调整 U_O，以保持输出电压的基本稳定。由于晶体管在电路中起到调节输出电压的作用，所以称之为调整管。由于调整管与负载是串联关系，且工作于线性放大区，所以图 9-17 所示电路又称为线性串联型稳压电路。

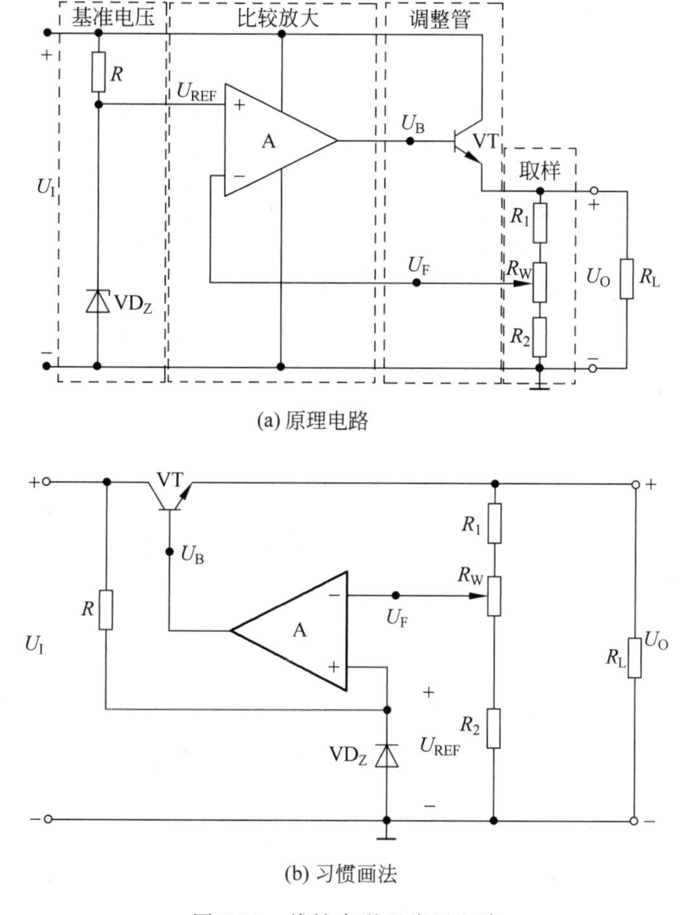

(a) 原理电路

(b) 习惯画法

图 9-17　线性串联型稳压电路

1. 电路组成

如图 9-17 所示的线性串联型稳压电路由 4 部分组成。图中 U_I 是整流滤波电路的输出

电压，电阻 R 和稳压二极管 VDz 组成**基准电压电路**，产生基准电压 U_{REF}；A 是**比较放大电路**，可以由单管放大电路、差分放大电路、集成运算放大电路等组成，用来放大净输入信号 $(U_{REF}-U_F)$，其输出用来调节**调整管 VT** 的输出电压 U_{CE}；R_1、R_W、R_2 组成输出电压的**采样电路**，用来反映输出电压 U_O 的变化。采样电路取出 U_O 的一部分作为反馈电压 U_F，与基准电压 U_{REF} 比较得到比较放大电路的净输入电压$(U_{REF}-U_F)$。

2. 稳压原理

串联型稳压电路是一种典型的电压串联负反馈调节系统。利用电压串联负反馈可以稳定输出电压的原理来维持电路输出电压的稳定。

(1) 设负载阻值不变，电源电网变化引起输入电压 U_I 变化时，通过下述反馈过程，可使输出电压 U_O 稳定，现假设电网电压升高使得 U_I 增大进而使输出电压 U_O 变大。

$$U_I\uparrow\rightarrow U_O\uparrow\rightarrow U_F\uparrow\xrightarrow{U_{REF}\text{一定}}U_{id}(U_{REF}-U_F)\downarrow\rightarrow U_B\downarrow\rightarrow I_E\downarrow\rightarrow U_{CE}\uparrow\rightarrow U_O\downarrow$$

(2) 设 U_I 保持不变，负载电阻变化时引起输出电压 U_O 变化时，通过下述反馈过程使得 U_O、稳定，假设负载 R_L 变小时 U_O 变小。

$$R_L\downarrow\rightarrow U_O\downarrow\rightarrow U_F\downarrow\xrightarrow{U_{REF}\text{一定}}U_{id}(U_{REF}-U_F)\uparrow\rightarrow U_B\uparrow\rightarrow I_E\uparrow\rightarrow U_{CE}\downarrow\rightarrow U_O\uparrow$$

上述调节过程不可能将输出电压的变化完全调回到原值，只能减小因输入电压或输出电流变化引起输出电压变化的数值。为了确保电路正常运行，要求 $U_I>U_O$，使调整管处于线性区。因此，线性串联型稳压电路属于**降压型稳压电路**。

3. 输出电压的调节范围

如图 9-17 所示，假设电位器 R_W 上半部分为 R'_W，其下半部分为 R''_W，则有：

$$U_F=\frac{U_O}{R_1+R_W+R_2}(R_2+R''_W)$$

由于运放工作在线性区，由"虚短"、"虚断"知道 $U_F\approx U_{REF}$，所以输出电压 U_O 为：

$$U_O=\frac{U_{REF}}{R_2+R''_W}(R_1+R_W+R_2) \tag{9-32}$$

改变电位器的滑动端的位置可以调节输出电压 U_O 的大小。

输出电压的调节范围为：R_W 滑动端的位置在最上端时，输出电压 U_O 最小，为：

$$U_{Omin}=\frac{U_{REF}}{R_2+R_W}(R_1+R_W+R_2) \tag{9-33}$$

R_W 滑动端的位置在最下端时，输出电压 U_O 最大，为：

$$U_{Omax}=\frac{U_{REF}}{R_2}(R_1+R_W+R_2) \tag{9-34}$$

4. 调整管的选择

调整管是串联型稳压电路的核心器件，它的安全工作是电路正常运行的保证，因此除了要求电路的 $U_I>U_O$，使调整管工作在线性区，还应考虑管子的主要参数，在这些主要参数中为了确保管子的安全性主要考虑的是其极限参数：最大集电极电流 I_{CM}、c-e 间的反向击穿电压 $U_{(BR)CEO}$ 以及集电极最大管耗 P_{CM}。按下式选择其极限参数：

$$\begin{cases} I_{CM} \geqslant I_{Lmax} + I_R \\ U_{(BR)CEO} \geqslant U_{Imax} - U_{Omin} \\ P_{CM} \geqslant (U_{Imax} - U_{Omin}) \times (I_{Lmax} - I_R) \end{cases} \tag{9-35}$$

5. 三端集成稳压器

随着集成电路技术的发展，集成稳压器也产生了。集成稳压器具有体积小、可靠性高以及温度特性好、使用灵活方便、价格低廉等优点，被广泛应用于仪器、仪表及其他各种电子设备中。特别是三端集成稳压器，芯片只引出三个端子，分别接输入端、输出端和公共端，芯片内部集成了各种保护电路，使用更加安全、可靠。

1）三端集成稳压器分类

三端集成稳压器有**固定输出**和**可调输出**两种不同的类型。根据输出电压的正负又可分为正输出和负输出两大类。

（1）固定输出三端稳压器

所谓固定输出三端稳压器是指这类集成稳压器输出电压固定，这类器件又分为两大类。一类是 78XX 系列，78 表示输出电压为正电压，XX 表示输出电压的数值。另一类是 79XX 系列，79 表示输出电压为负电压，XX 仍然表示的是输出电压的数值。以 W78XX 和 W79XX 系列为例，它们的电压输出值可分为±5V、±6V、±9V、±12V、±15V、±18V 和±24V 几个系列。输出电流分为 1.5A（W78XX 和 W79XX 系列）、500mA（W78MXX 和 W79MXX 系列）和 100mA（W78LXX 和 W79LXX 系列）三个等级。W78XX 的外形与符号如图 9-18 所示，79 系列与之类似。

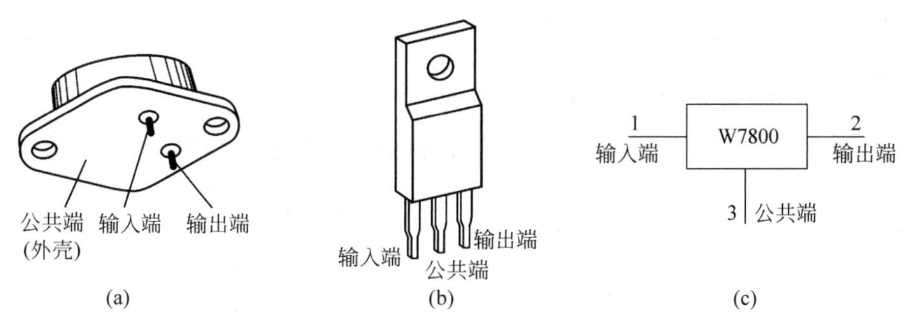

图 9-18　W78XX 系列的外形与符号

固定三端集成稳压器的基本应用电路如图 9-19 所示，电路中的电容 C_i 作用是抵消长线电感效应，消除自激振荡，C_o 作用是消除高频噪声，可改善负载的瞬态响应。正常工作时，其输入和输出电压的电压差至少大于 2V，对于输入电压 U_I 的要求要视具体电路而定。在稳压器输出断开时，C_o 会通过稳压器放电，会造成稳压器的损坏。为此，可在稳压器的输入与输出端接一个二极管以起保护

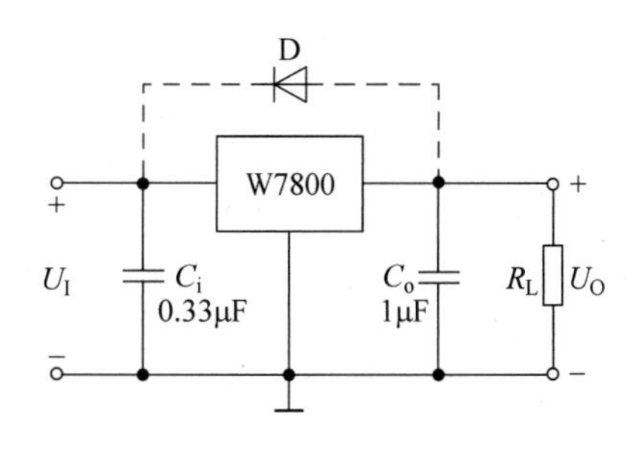

图 9-19　固定式三端集成稳压器典型电路

作用，如图 9-19 虚线部分所示。

(2) 可调式三端集成稳压器

可调式三端集成稳压器分为正电压输出和负电压输出两个系列，正电压输出的有 W117、W217 和 W317，负电压输出有 W137、W237 和 W337。其外形和符号如图 9-20 所示。

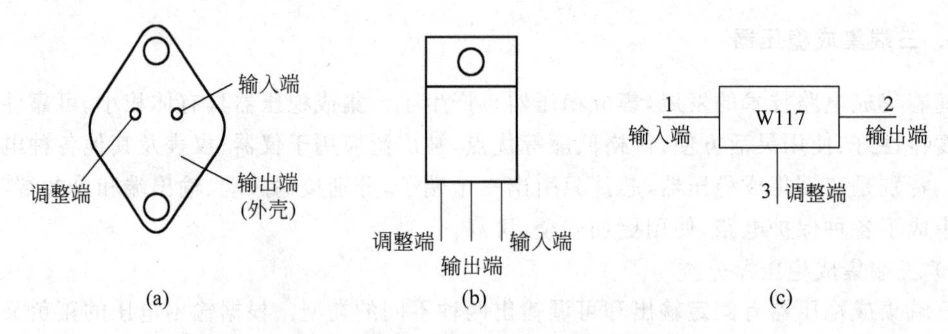

图 9-20 可调式三端集成稳压器外形与符号

W117 有 W117、W117M 和 W117L 三种型号，它们的最大输出电流分别是 1.5A、500mA 和 100mA。

可调式集成稳压器的输入端和输出端电压之差为 3～40V，过低时不能保证调整管工作在放大区，过高时调整管可能因为管压降过大而击穿。可调式集成稳压器的输出端与调整端内部是一个标准稳压二极管，$U_Z=U_{REF}=1.25\text{V}$。图 9-21 所示电路是将三端集成稳压器接成一个输出电压为 U_{REF} 的基准电压源电路。

可调式三端集成稳压器的典型电路如图 9-22 所示。电路的输出电压 U_O 可通过电位器 R_2 调节，输出电压为：

$$U_O = U_{REF} + \left(\frac{U_{REF}}{R_1} + I_{adj}\right) \times R_2 \approx 1.25 \times \left(1 + \frac{R_1}{R_2}\right) \tag{9-36}$$

式中 1.25V 为稳压器的参考电压 U_{REF}，I_{adj} 为调整端的电流，该电流很小一般可忽略不计。

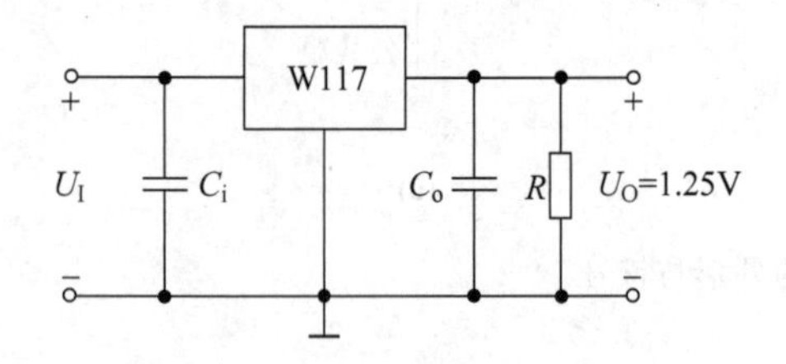

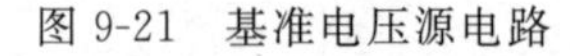
图 9-21 基准电压源电路

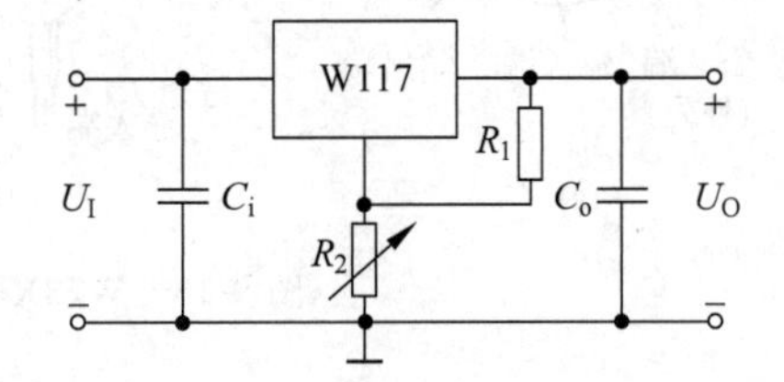

图 9-22 可调式三端集成稳压器的典型应用电路

2) 三端集成稳压器应用电路

(1) 正、负电压同时输出电路

如图 9-23(a)所示电路是正、负固定电压同时输出电路，如图 9-23(b)所示电路是正、负可调电压同时输出电路。

(2) 提高输出电压的稳压电路

如图 9-24 所示电路能使输出电压高于固定输出电压，图中，U_{XX} 为 W78XX 稳压器的固

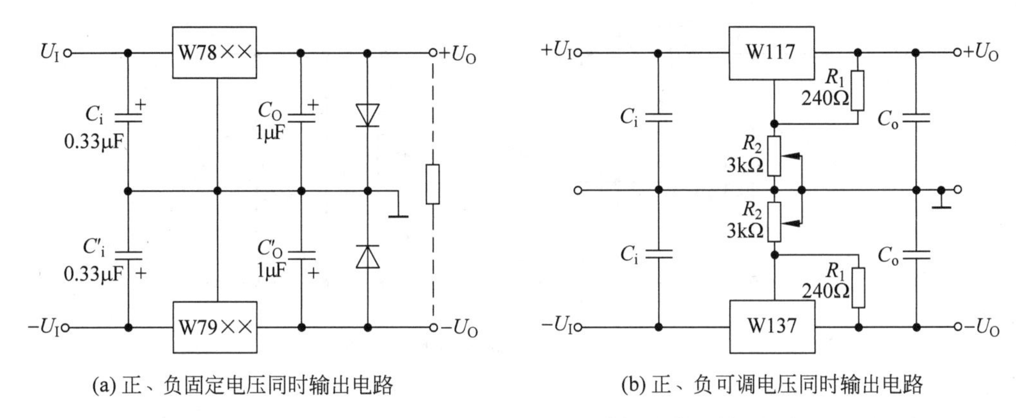

(a) 正、负固定电压同时输出电路　　(b) 正、负可调电压同时输出电路

图 9-23　正、负电压同时输出电路

定输出电压，有

$$U_O = U_{XX} + U_Z \tag{9-37}$$

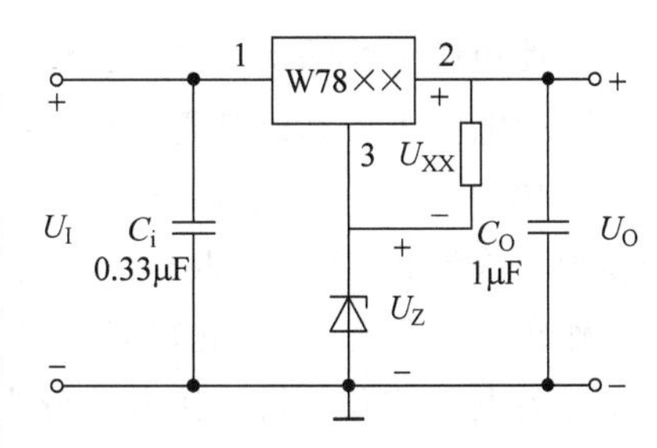

图 9-24　提高输出电压的电路

（3）扩大输出电流电路

当电路所需电流大于 1.5A 时，常常可以用多个相同等级输出电压三端固定稳压器并联使用。另外，也可以用外接功率管的方法来扩大输出电流，如图 9-25 所示。图中，I_O 为稳压器的输出电流；I_C 是功率管的集电极电流；I_R 是电阻 R 上的电流。一般 I_W 很小，可以忽略不计，则可得出：

$$I_O \approx I_I = I_R + I_B = -\frac{U_{BE}}{R} + \frac{I_C}{\beta} \tag{9-38}$$

式中 β 为功率管的电流放大系数。图中 R 的阻值要使功率管只能在输出电流较大时才导通。

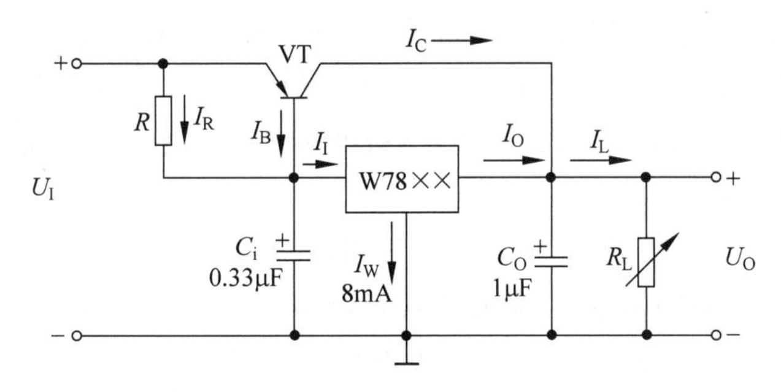

图 9-25　扩大输出电流的电路

（4）输出电压可调的稳压电路

利用三端固定输出稳压电路也可以接成输出电压可调的稳压电路，如图 9-26 所示。其调节范围为

$$\frac{R_1 + R_W + R_2}{R_1 + R_W} U_{XX} \leqslant U_O \leqslant \frac{R_1 + R_W + R_2}{R_1} U_{XX} \tag{9-39}$$

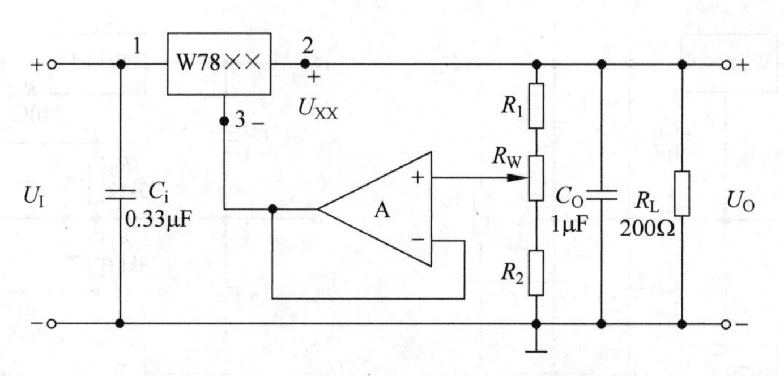

图 9-26　输出电压可调的稳压电路

9.4.3　开关型直流稳压电路

线性稳压电路的优点是输出电压稳定、结构简单、纹波电压小、响应速度快和维修方便，但是这种电路由于其调整管工作在线性放大区，因此该电路的主要缺点是效率低，一般只有20%～40%。另外，由于调整管消耗的功率较大，有时需要在调整管上安装散热器，故电源的体积和重量大，比较笨重。而开关型稳压电路可克服上述缺点，开关型稳压电路中的调整管工作在开关状态，并因此得名，其效率可达70%～95%。

开关电路按开关管连接方式分为串联型、并联型和脉冲变压器耦合型。

按电路拓扑结构分为降压型、升压型和反相型。

限于篇幅本节只介绍串联型和并联型两种电路。

1. 串联开关型稳压电路

1）换能电路的基本原理

开关型稳压电路的换能电路将输入的直流电压通过三极管VT转换成脉冲电压，再将脉冲电压经过LC滤波转换成直流电压，如图9-27(a)所示。输入电压U_I是未经稳压的直流电压，这个电压也就是整流滤波后的直流电压；晶体管VT为调整管，即开关管；VT的基极电压u_B为矩形波，控制开关管的工作状态；**电感*L*和电容*C*组成滤波电路，VD为续流二极管**。

当u_B为高电平时，VT导通并工作在饱和区，其管压降$u_{CE}=U_{CES}$，VD因承受反向电压而截止，等效电路如图9-27(b)所示，电流由A经过电感L后，由电容C和负载R_L分流后流向地；电感L储能，电容C充电；VT的发射极电位$u_E=U_I-U_{CES}\approx U_I$。当$u_B$为低电平时，VT工作在截止区，此时虽然发射极电流为零，但是L释放能量，其感生电动势使得VD导通，等效电路如图9-27(c)所示；与此同时，电容C放电，负载电流方向不变，$u_E=-U_D\approx 0$。

根据上述分析，可画出u_B、u_E和u_O的波形，如图9-28所示。在u_B的一个周期T内，T_{on}为调整管导通时间，T_{off}为调整管截止时间，占空比$q=T_{on}/T$。

u_E为脉冲波形，只要L和C足够大，输出电压u_O就是连续的，而且L和C越大，u_O的波形就越平滑。若将u_E视为直流分量和交流分量之和，则输出电压的平均值将等于u_E的直流分量，即

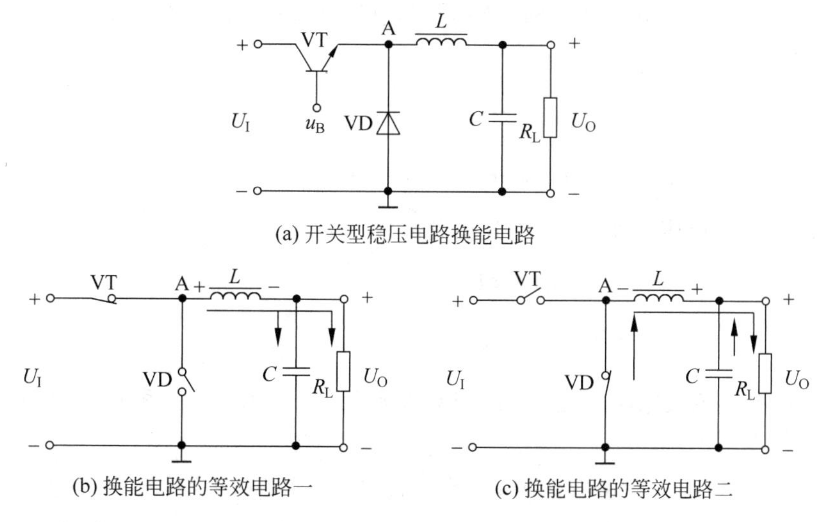

图 9-27　换能电路的基本原理图及其等效电路

$$U_O = \frac{T_{on}}{T}(U_I - U_{CES}) + \frac{T_{off}}{T}(-U_D)$$

$$\approx \frac{T_{on}}{T}U_I \tag{9-40}$$

设占空比为 q，则

$$U_O \approx qU_I \tag{9-41}$$

改变占空比 q，即可改变输出电压的大小。

2）串联开关型稳压电路的组成及工作原理

在图 9-27 所示的换能电路中，当输入电压波动或负载变化时，输出电压将随之变化。如果能在 U_O 增大时自动减小占空比，而在 U_O 减小时自动增大占空比，那么输出电压就可获得稳定。

在保持调整管开关周期 T 不变的情况下，通过改变其导通时间 T_{on} 来改变脉冲占空比，称为脉宽调制；由此实现稳压目的的开关电源，称为脉宽调制型开关型电源。

图 9-29 所示为脉宽调制型开关型稳压电路，PWM 为脉宽调制控制器，R_1 和 R_2 为采样电阻，R_L 为负载电阻。

当 U_O 升高时，采样电压 U_A 会同时增大，并作用于

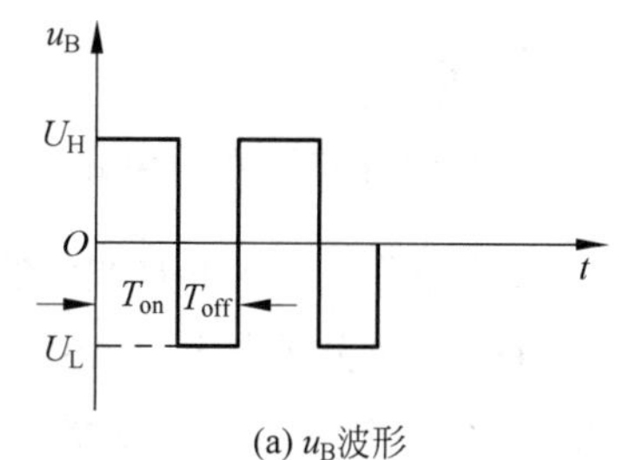

(a) u_B波形

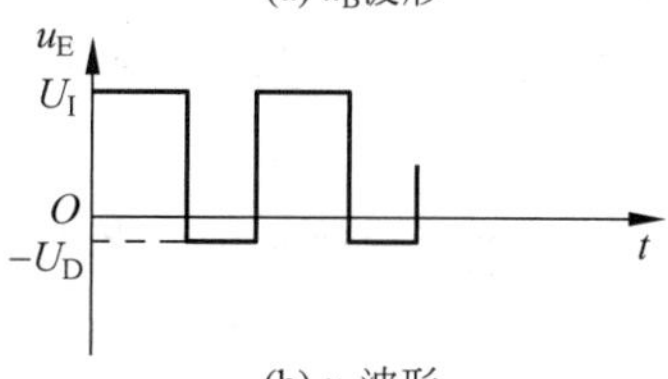

(b) u_E波形

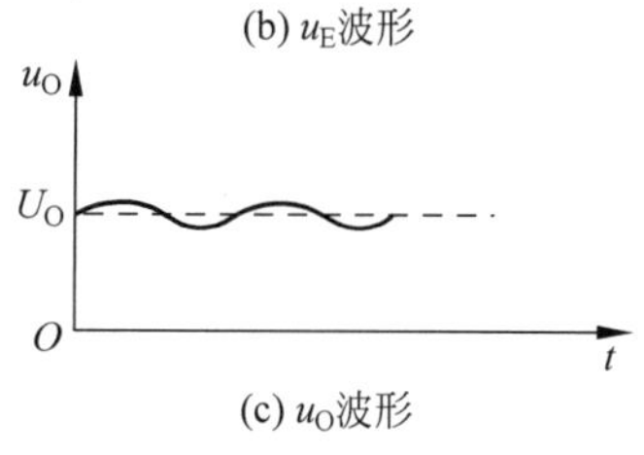

(c) u_O波形

图 9-28　换能电路的波形分析

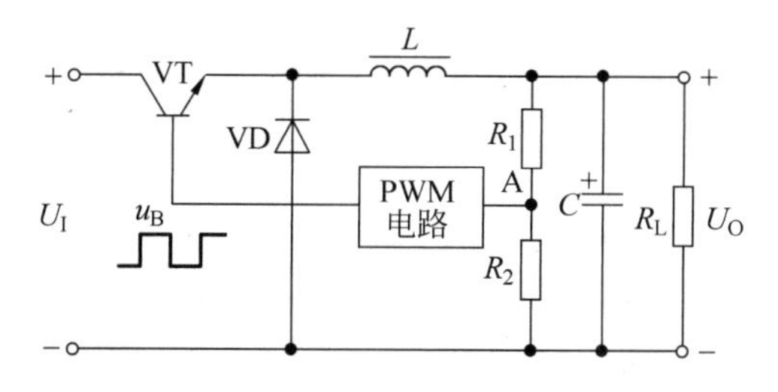

图 9-29　脉宽调制型开关型稳压电路

PWM，使 u_B 的占空比小，因此 U_O 随之降低，调节的结果使 U_O 基本不变。上述变化过程可简述如下：

$$U_O\uparrow\rightarrow U_A\uparrow\rightarrow u_B\text{的}q\downarrow\rightarrow U_O\downarrow$$

当 U_O 因为某种原因减小时，与上述变化相反，即

$$U_O\downarrow\rightarrow U_A\downarrow\rightarrow u_B\text{的}q\uparrow\rightarrow U_O\uparrow$$

应当指出，由于负载电阻变化时影响 LC 滤波效果，因而开关型稳压电路不适合用于负载变化较大的场合。

调节脉冲占空比的方式还有两种，一种是固定开关管的导通时间 T_{on}，通过改变振荡频率 f(即周期 T)调节开关管的截止时间 T_{off} 以实现稳压的方式，称为频率调节型开关电路；另一种是同时调整导通时间 T_{on} 和截止时间 T_{off} 来稳定输出电压的方式称为混合调制型开关电路。

2. 并联开关型稳压电路

串联开关型稳压电路调整管与负载串联，输出电压总是小于输入电压，所以称为降压型稳压电路。在实际应用中，还需要将输入直流电压经过稳压电路转换成大于输入电压的输出电压，称为升压型稳压电路。常用电路中开关管与负载并联，故称为并联型开关型稳压电路；它通过电感的储能作用，将感生电动势与输入电压相叠加后作用于负载，因而，$U_O>U_I$。

图 9-30(a)所示为并联开关型稳压电路的换能电路，输入电压 U_I 为直流供电电压，晶体管 VT 为开关管，u_B 为矩形波，电感 L 和电容 C 组成滤波电路，VD 为续流二极管。

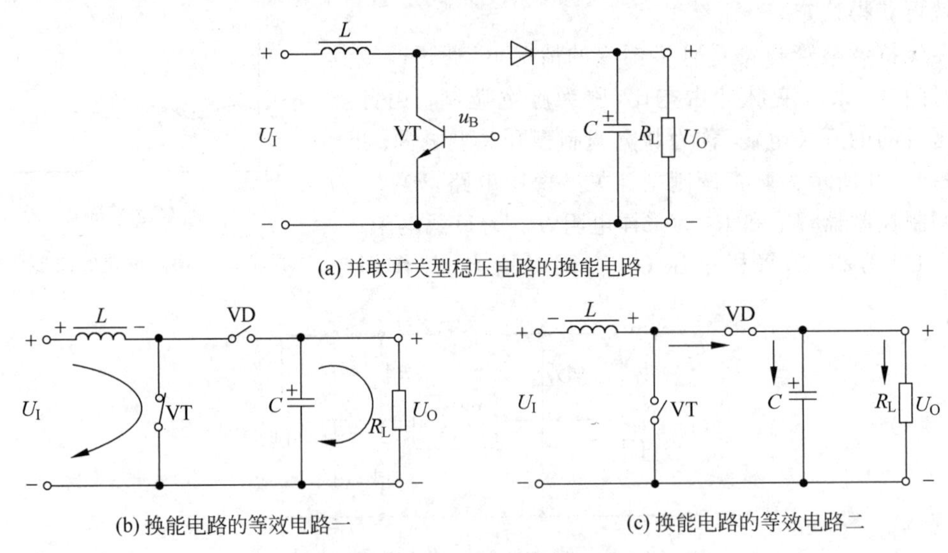

(a) 并联开关型稳压电路的换能电路

(b) 换能电路的等效电路一

(c) 换能电路的等效电路二

图 9-30　换能电路的基本原理图及其等效电路

开关管的开关状态受 u_B 的控制。当 u_B 是高电平时，VT 导通，工作于饱和区，U_I 通过 VT 给电感充电储能；VD 因承受反向电压而截止；滤波电容 C 对负载电阻放电，等效电路如图 9-30(b)所示，各部分电流方向如图所示。当 u_B 为低电平时，VT 工作在截止状态，电感 L 产生感生电动势，其方向阻值电流的变化，因而与 U_I 同方向，两个电压相加后通过二极管 VD 对电容 C 充电，等效电路如图 9-30(c)所示。因此，不论 VT 和 VD 的状态如何，负载电流方向始终不变。

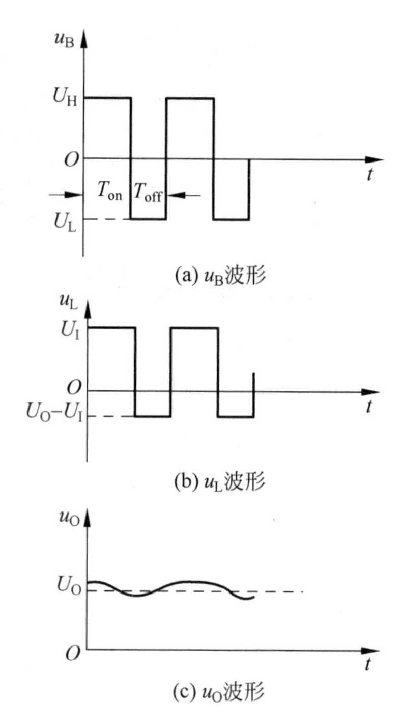

图 9-31　换能电路的波形分析

根据上述分析，可以画出控制信号 u_B、电感上的电压 u_L 和输出电压 u_O 的波形，如图 9-31 所示。从波形可分析出，只有当 L 足够大时，输出电压的脉动才可能足够小；当 u_B 的周期不变时，其占空比越大，输出电压将越高。

如图 9-30(a)中所示若给电路中加上脉宽调制电流后，便可得到并联开关型稳压电路，如图 9-32 所示，其稳压原理与图 9-29 所示电路相同，其原理可自行分析。

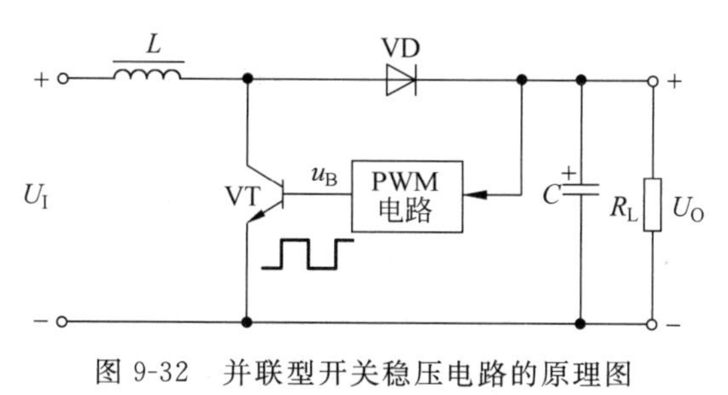

图 9-32　并联型开关稳压电路的原理图

9.5　Multisim 仿真例题

9.5.1　桥式整流电容滤波电路仿真

1. 题目

桥式整流电容滤波电路仿真。

2. 仿真电路

桥式整流电容滤波电路如图 9-33 所示。其中整流二极管 1N4007 参数为：最大正向平均整流电流 1A，最高反向耐压 1000V，正向压降 1.0V。变压器原边输入交变电压 220V，次边电压输出 22V。C_1 反向耐压 500V，容值 50μF。

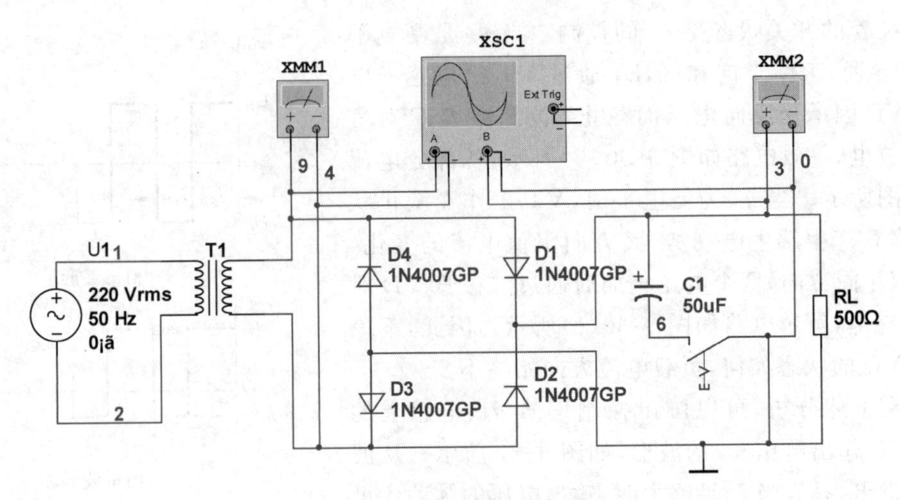

图 9-33　桥式整流电容滤波电路

3. 仿真内容

(1) 测量变压器二次电压有效值；

(2) 在给定电路参数下，当开关处在不同状态下时，用示波器观察 R_L 上的输出电压波形；

(3) 利用 Multisim 参数扫描功能，观察滤波电容参数发生变化时，R_L 上输出电压波形的变化；

(4) 改变负载电阻 R_L 数值为 50Ω，测量 R_L 上输出电压数值。

4. 仿真结果

仿真电路整流前后，滤波前后的电压值如图 9-34 所示；所有仿真结果如表 9-1 所示。

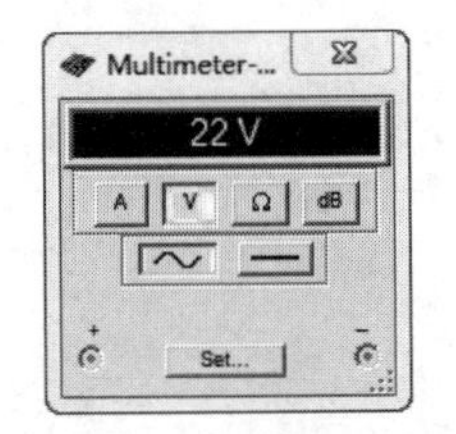

(a) 变压器次边电压输出测量值

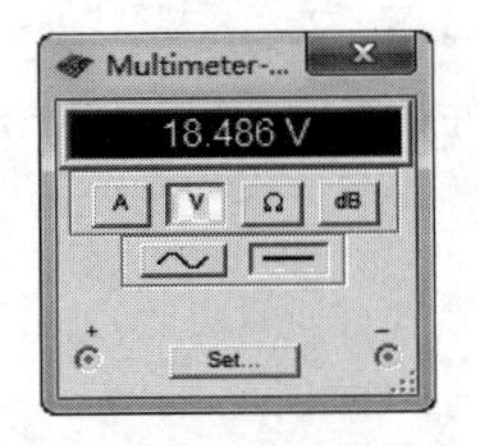

(b) 桥式整流输出电压测量

(c) 桥式整流电容滤波输出电压测量

图 9-34　桥式整流电容滤波电路参数测量

表 9-1　桥式整流电容滤波电路测试表

$C_1=50\mu F$ 选项	变压器二次电压 U_2(有效值)/V $U_2=\frac{1}{10}U_1$	全桥整流电压输出/V (开关打开) $U_O\approx0.9U_2$		桥式整流电容滤波电压输出/V(开关闭合) $U_O\approx1.2U_2$	
负载	$R_L=500\Omega$ 或 $R_L=50\Omega$	$R_L=500\Omega$	$R_L=50\Omega$	$R_L=500\Omega$	$R_L=50\Omega$
理论值	22	19.8	19.8	26.4	26.4
仿真值	22	18.486	18.181	26.131	19.261

(1) 在图 9-33 电路参数条件下，打开开关，利用示波器测量桥式整流输出电压波形，如图 9-35(a)所示。

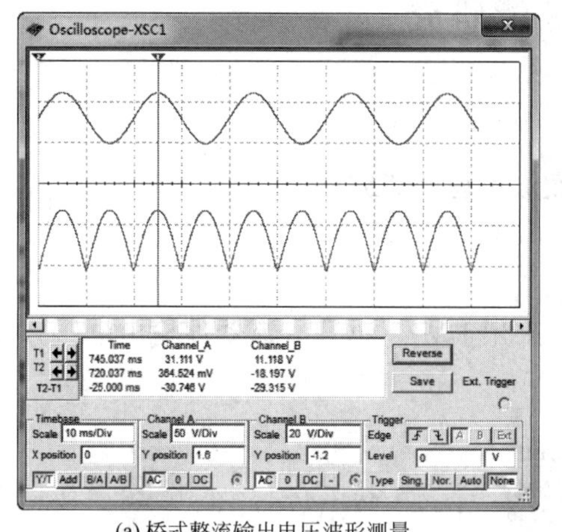

(a) 桥式整流输出电压波形测量

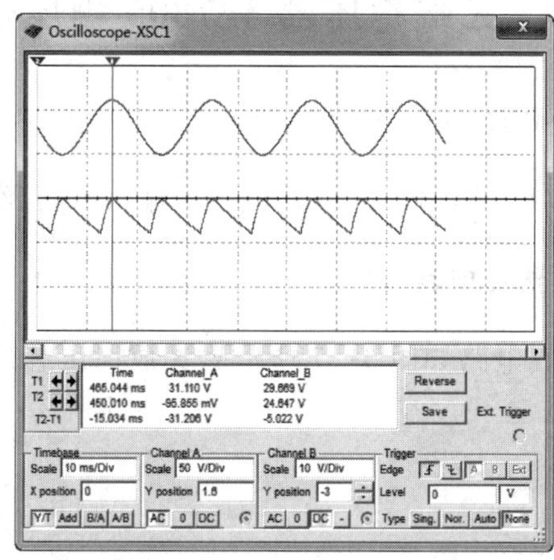

(b) 桥式整流电容滤波输出电压波形测量

图 9-35　桥式整流电容滤波电路波形测量

(2) 在图 9-33 电路参数条件下，闭合开关，利用示波器测量桥式整流电容滤波电压输出波形，如图 9-35(b)所示。

(3) 当 $R_L=500\Omega$ 时，打开开关，万用表直流电压挡测得 $U_O=18.486V$；当闭合开关，且 $C_1=50\mu F$ 时，测得 $U_O=26.131V$；当开关闭合且 $C_1=100\mu F$ 时，测得 $U_O=27.588V$。

(4) 当 $R_L=50\Omega$ 时，打开开关，测得 $U_O=18.181V$；当开关闭合且 $C_1=50\mu F$ 时，测得 $U_O=19.261V$；当开关闭合且 $C_1=100\mu F$ 时，测得 $U_O=20.822V$。

5. 结论

(1) 全桥整流输出电压基本符合 $U_O\approx0.9U_2$ 的参数关系。

(2) 桥式整流电容滤波电压输出基本满足 $U_O\approx1.2U_2$ 的关系。

(3) 如图 9-36 波形所示，当负载为合适值时，滤波电容 C_1 越大，输出波形的脉动成分越小，而 U_O 值越大。

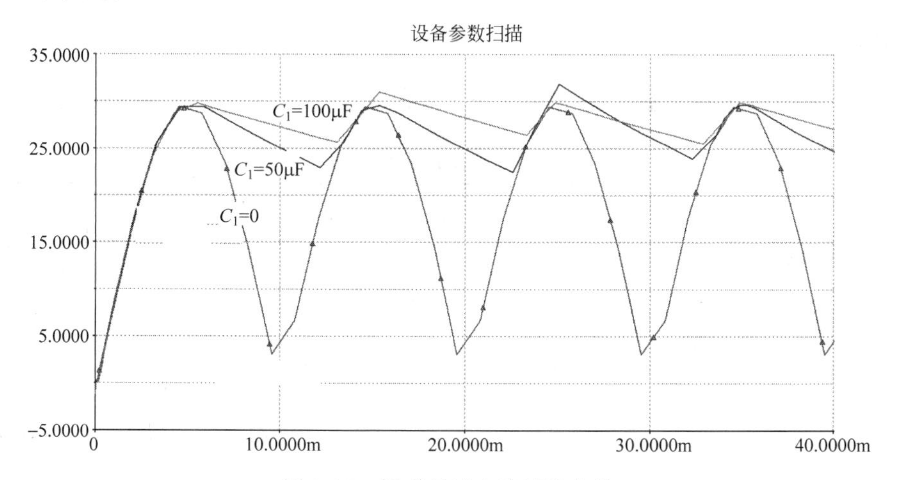

图 9-36　桥式整流电容滤波电路

(4) 依据表 9-1 可知，当负载电阻 R_L 变小时，会使得负载上电流变大，U_O 输出变小。

9.5.2　三端稳压器 W7805 稳压性能研究

1. 题目

W7805 输出电压、稳压系数、输出电阻、纹波电压的研究。

2. 仿真电路

仿真电路如图 9-37 所示。集成稳压芯片采用 LM7805CT。该器件输出电压 5V，输出电流 1A。

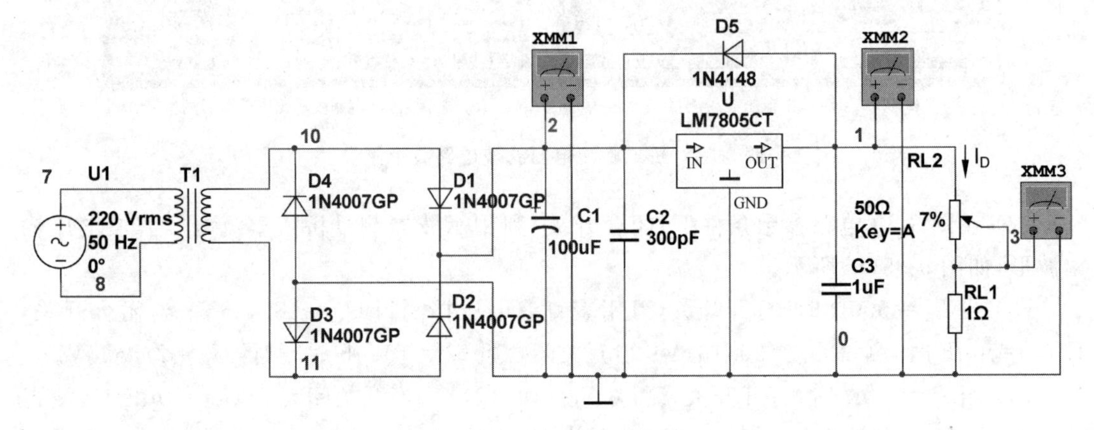

图 9-37　W7805 稳压电路

3. 仿真内容

(1) 当 U_1 从 220V 变化到 240V 和 198V 时，测量图 9-37 的电路稳压系数，测量条件 $I_O=500$mA。

(2) 测量输出电阻，测量条件 5mA $\leqslant I_O \leqslant$ 20mA。

(3) 观察纹波电压的输出。

4. 仿真结果

(1) 稳压电路输出值测量仿真结果如表 9-2 所示。

表 9-2　稳压系数测量表

U_1/V	负载电阻/Ω	稳压器输入电压 XMM1 直流电压表读数/V	稳压器输出电压 XMM2 直流电压表读数/V	输出电流 XMM3 电压表读数/mA	稳压系数 S_r
220	10	19.738	4.97	502	0.116%
240	10	22.109	5.003	500	
198	9.6	17.17	4.824	502	

(2) 表 9-3 为输出电阻仿真测量结果。

表 9-3　输出电阻仿真结果

U_1/V	负载电阻/Ω	稳压器输入电压 XMM1 直流电压表读数/V	稳压器输出电压 XMM2 直流电压表读数/V	输出电流 XMM3 电压表读数/mA	输出电阻计算/Ω
220	500	29.121	5.008	9.997	1.5×10^{-4}
220	300	28.851	5.007	16.638	1.5×10^{-4}

(3) 纹波电压测量

利用万用表交流挡测量输出端电压。当直流稳压输出为 5.003V 时,纹波电压有效值为 150μV。随着负载电流增大,纹波电压也会慢慢变大。

5. 结论

(1) W7805 稳压系数约为 0.1%,说明电路稳压性能好。

(2) 纹波电压会跟随输出电流的数值略有变化,纹波电压越小,电路稳压性能越好。

本章小结

(1) 直流电源是电子电路中不可或缺的部分,如何将交流电能转换为直流电能是本章讨论的重点。直流电源主要由整流、滤波和稳压三个部分组成。

(2) 整流电路是将交流电压转换成单向脉动直流电压,利用二极管的单向导电性可以组成整流电路。小功率整流电路包括单相半波、单相全波和单相桥式整流电路等。与单相半波整流电路相比,单相桥式整流电路的输出电压较高、输出波形的脉动较小,电源变压器的利用率比较高,因此单相桥式整流电路在直流电源电路得到了广泛应用。整流电路的主要参数包括输出波形的电压平均值、电流平均值、脉动系数、二极管的最大平均整流电流和二极管承受的最大反向电压,应熟悉这些技术指标的定义和设计方法。

(3) 由于整流电路输出有较大的脉动,在大多数情况下达不到要求,因此需要进一步滤掉输出波形中的交流分量,又要尽量保持其中的直流分量,滤波电路正是起到这个作用。滤波电路主要由电容、电感等储能元件构成。因为电抗性元件对直流和交流电的阻抗不同,所以电容应该与负载并联,而电感要与负载串联,并且电容滤波电路适用于小负载电流的情况,电感滤波电路适用于大负载电流的情况。在实际工作中常常将两者结合使用,以便进一步降低脉动成分。

(4) 稳压电路的主要任务是在电网电压波动或负载变化时,使输出电压保持基本稳定。常用的稳压电路有以下几种:

① 线性串联型稳压电路

该电路主要包括 4 个组成部分:调整管、采样电阻、基准电压和比较放大电路。其稳压的原理实质上是引入了电压串联负反馈来稳定输出电压。线性串联型稳压电路的输出电压可以在一定的范围内进行调整。

② 集成稳压电路

三端集成稳压器的内部，实质上就是将串联型稳压电路再加上各种保护电路和启动电路集成在一个芯片上做成的，目前常用的三端集成稳压器，主要包括固定输出电压、可调输出电压两大类，每大类中又分正电压输出和负电压输出两种。

③ 开关型稳压电路

与线性稳压电路相比，开关型稳压电路的调整管工作在开关状态，因为其效率高、体积小、重量轻以及对电网电压要求不高等突出优点，被广泛应用。本章重点介绍了串联型和并联型两种开关型稳压电路。

习题

9-1 选择一个正确答案填入空内。

已知电源变压器次级电压有效值为10V，其内阻和二极管的正向电阻可忽略不计，整流电路后无滤波电路。

(1) 若采用半波整流电路，则输出电压平均值 $U_{O(AV)} \approx$________。

A. 12V　　B. 9V　　C. 4.5V

(2) 若采用桥式整流电路，则输出电压平均值 $U_{O(AV)} \approx$________。

A. 12V　　B. 9V　　C. 4.5V

(3) 半波整流电路输出电压的交流分量________桥式整流电路输出电压的交流分量。

A. 大于　　B. 等于　　C. 小于

(4) 半波整流电路中二极管所承受的最大反向电压________桥式整流电路中二极管所承受的最大反向电压。

A. 大于　　B. 等于　　C. 小于

9-2 在图9-38所示半波整流电路中，已知变压器内阻和二极管正向电阻均可忽略不计，$R_L = 200 \sim 500\Omega$，输出电压平均值 $U_{O(AV)} \approx 10V$。

(1) 变压器次级电压有效值 $U_2 \approx$？

(2) 考虑到电网电压波动范围为±10%，二极管的最大整流平均电流 I_F 至少应取多少？

9-3 在如图9-39所示电路中，已知 $VD_1 \sim VD_3$ 的正向压降及变压器的内阻均可忽略不计，变压器次级所标电压为交流有效值，试求：

(1) R_{L1}、R_{L2} 两端电压的平均值和电流平均值。

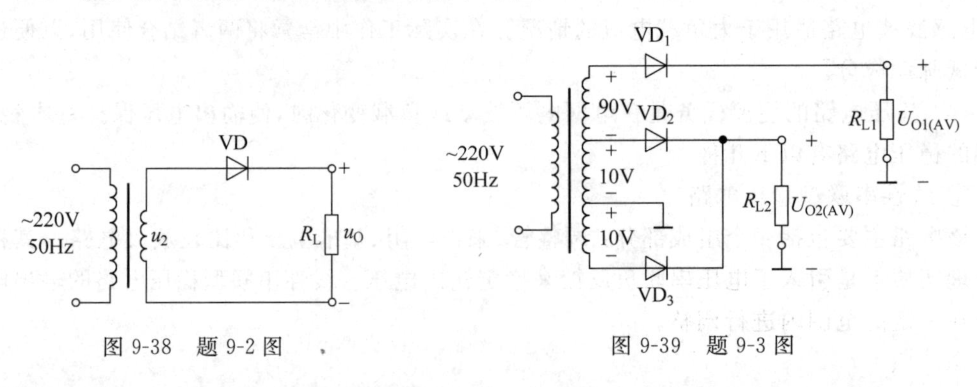

图9-38 题9-2图　　图9-39 题9-3图

(2) 通过整流二极管 VD_1、VD_2、VD_3 的平均电流和二极管承受的最大反向电压。

9-4　在如图 9-40 所示桥式整流电路中，已知电网电压波动范围为±10%，二极管的最大整流平均电流 $I_F=300mA$，最高反向工作电压 $U_{RM}=25V$，能否用于电路中？请简述理由。

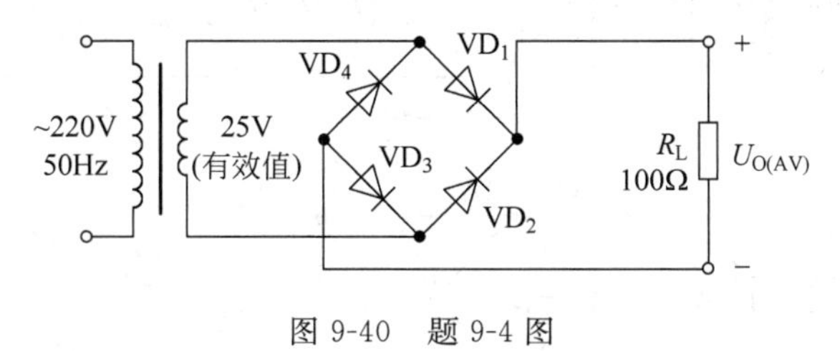

图 9-40　题 9-4 图

9-5　在图 9-10(a)所示单相桥式整流电容滤波电路中，若发生下列情况之一时，对电路正常工作会有什么影响？

(1) 负载开路；

(2) 滤波电容短路；

(3) 滤波电容断路；

(4) 整流桥中一只二极管断路；

(5) 整流桥中一只二极管极性接反。

9-6　指出图 9-41 所示电路中哪些可以作为直流电源的滤波电路，简述理由。

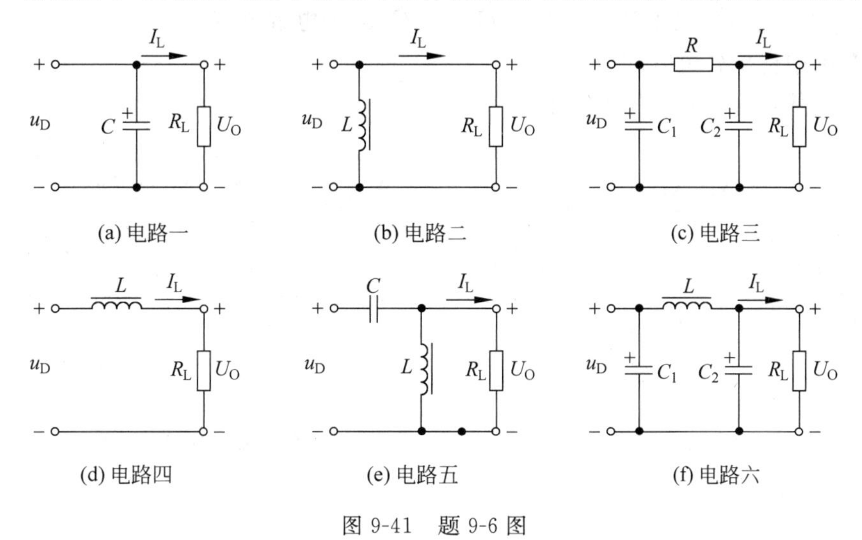

图 9-41　题 9-6 图

9-7　已知变压器内阻及二极管导通电压均可忽略不计，图 9-42(a)所示电路中桥式整流电路输出电压波形 u_D 如图 9-42(a)所示，$R \ll R_L$（R 为电感线圈电阻）；图 9-42(b)所示电路中 $R_LC=(3\sim5)T/2$（T 为电网电压的周期）。试求：

(1) 输出电压平均值 $U_{O1(AV)}$、$U_{O2(AV)}$；

(2) 当空载时，输出电压平均值 $U_{O1(AV)}$、$U_{O2(AV)}$。

9-8　在如图 9-43 所示桥式整流电容滤波电路中，已知变压器次级电压 $u_2=10\sqrt{2}\sin\omega t\,V$，电容的取值满足 $R_LC=(3\sim5)\frac{T}{2}$（$T=20ms$），$R_L=100\Omega$。要求：

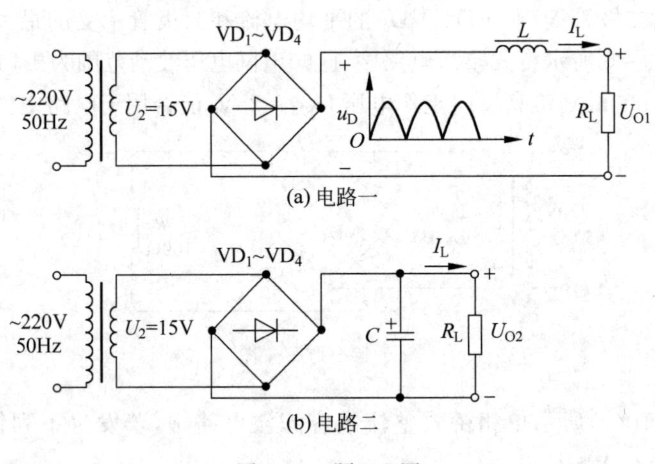

图 9-42　题 9-7 图

(1) 估算输出电压平均值 $U_{O(AV)}$；

(2) 估算二极管的正向平均电流 $I_{D(AV)}$ 和反向峰值电压 U_{RM}；

(3) 试选取电容 C 的容量及耐压；

(4) 如果负载开路，$U_{O(AV)}$ 将产生什么变化？

9-9　在如图 9-44 所示电路中，已知变压器副边电压 $u_2=20\sin\omega t\,\text{V}$，变压器内阻及二极管的正向电阻均可忽略不计，电容 C_1、C_2、C_3、C_4 均为电解电容。

(1) 在图中标出各电容的极性；

(2) 分别估算各电容上的电压值。

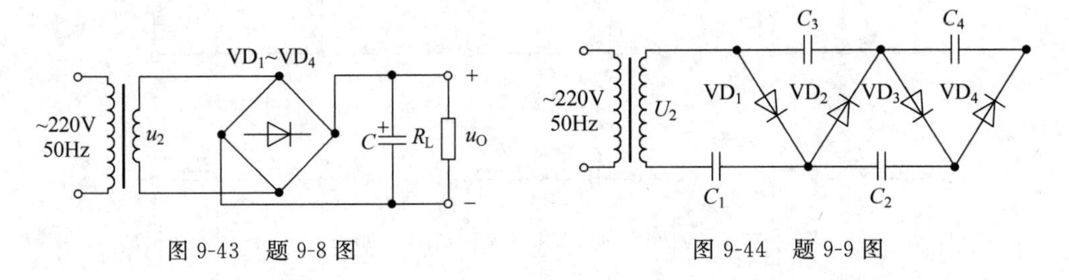

图 9-43　题 9-8 图　　　　图 9-44　题 9-9 图

9-10　如图 9-45 所示的桥式整流电路中，设 $u_2=\sqrt{2}U_2\sin\omega t\,\text{V}$，试分别画出下列情况下输出电压 u_{AB} 的波形。

(1) S_1、S_2、S_3 打开，S_4 闭合。

(2) S_1、S_2 闭合，S_3、S_4 打开。

(3) S_1、S_4 闭合，S_2、S_3 打开。

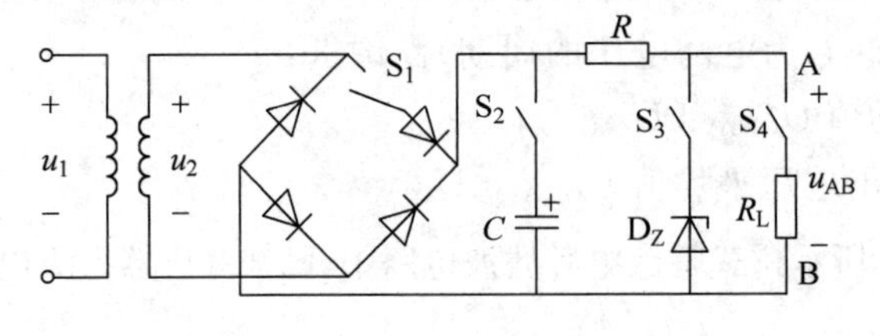

图 9-45　题 9-10 图

(4) S_1、S_2、S_4 闭合，S_3 打开。

(5) S_1、S_2、S_3、S_4 全部闭合。

9-11　串联式稳压电路如图 9-46 所示。

(1) 改正电路中的错误，使之能正常工作。要求不得改变 U_I 和 U_O 的极性；

(2) 若已知：$U_Z=6V$，$U_I=30V$，$R_1=2k\Omega$，$R_2=1k\Omega$，$R_3=2k\Omega$，调整管 T 的电流放大系数 $\beta=50$，试求输出电压 U_O 的调节范围；

(3) 当 $U_O=15V$，$R_L=150\Omega$ 时，试求调整管 T 的管耗和运算放大器的输出电流。

9-12　如图 9-47 所示电路为串联型稳压电路。

(1) 在图中标出集成运放的同相输入端及反相输入端；

(2) 定性说明当 U_I 升高时，U_O 的稳定过程；

(3) 写出 U_O 的表达式。

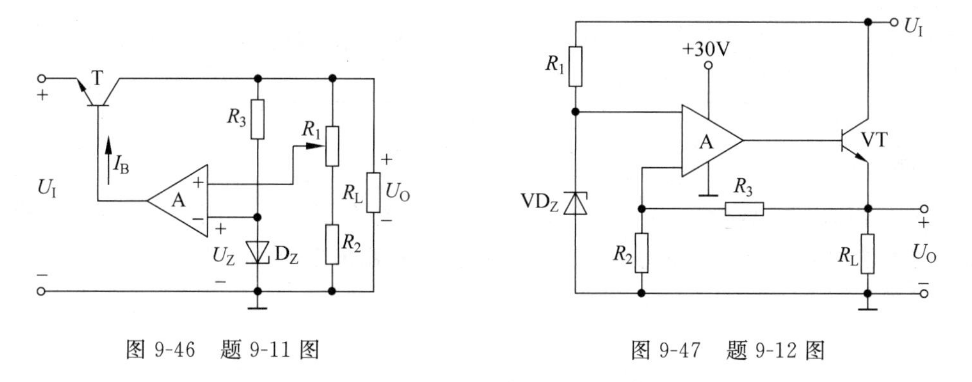

图 9-46　题 9-11 图　　　　图 9-47　题 9-12 图

9-13　如图 9-48 所示各元器件，已有部分连接好，将其余部分合理连接，构成串联型稳压电源。

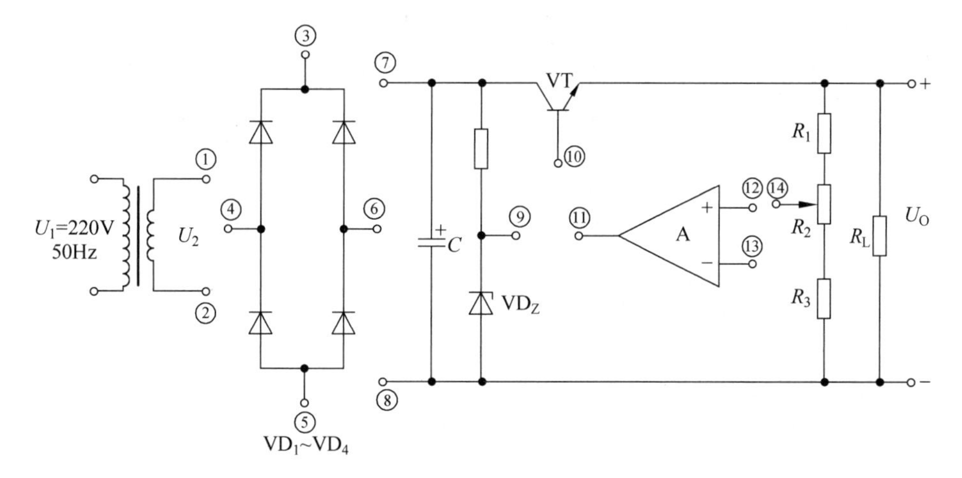

图 9-48　题 9-13 图

9-14　在如图 9-49 所示串联型稳压电路中，已知 C_1 的取值满足 $RC_1=(3\sim5)\dfrac{T}{2}$（$T$ 为电网电压的周期，R 为 C_1 放电回路的等效电阻）；所有晶体管的 U_{BE} 均为 0.7V。试问：

(1) $U_I\approx$?

(2) A点开路时,$U_I\approx$?

(3) 电路正常工作时,$U_O=$?

(4) 设VT_1、VT_2管的电流放大系数均为40,R_1、R_3中的电路均可忽略不计,$R_c=10k\Omega$;C_1上纹波电压近似为锯齿波,其幅值是其平均值的±10%。为保证电路正常稳压,负载电阻的最小值$R_{Lmin}=$?

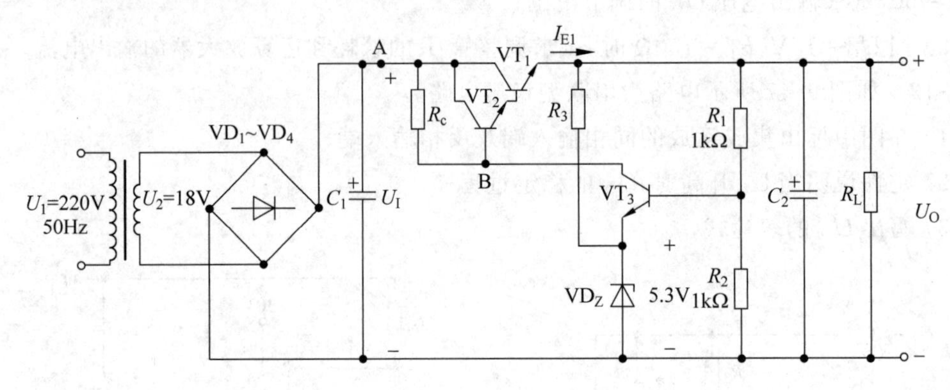

图9-49 题9-14图

9-15 合理连线,构成输出电压$U_O=12V$的直流稳压电源。图9-50中三端稳压器W7812的1端为输入端,2端为输出端,3端为公共端,输出电压为12V。

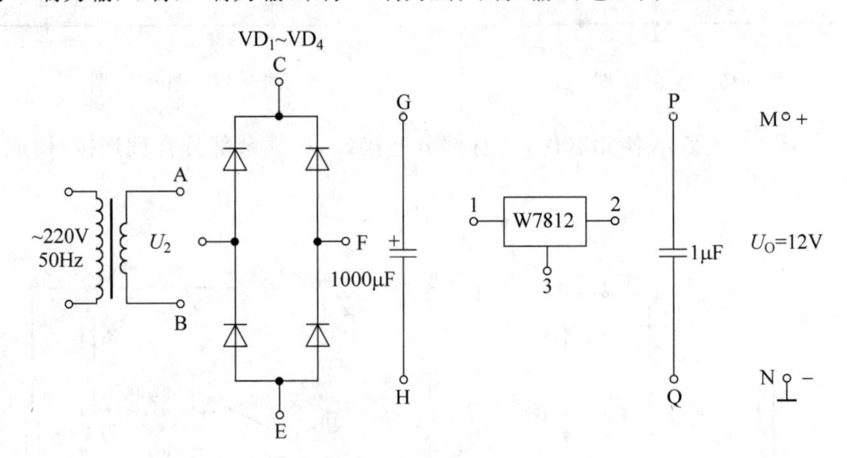

图9-50 题9-15图

9-16 在如图9-51所示的直流稳压电路中,W78L12的最大输出电流$I_{Omax}=0.1A$;输出电压为12V,1、2端之间电压大于3V才能正常工作。试问:

(1) 输出电压U_O的调节范围;

(2) U_I的最小值至少应取多少伏?

9-17 在图9-52所示电路中,三极管的电流放大系数$\beta=100$,$|U_{BE}|=0.7V$,$U_{O1}=U_{O2}=10V$。试求解图中的R_2应为多少?

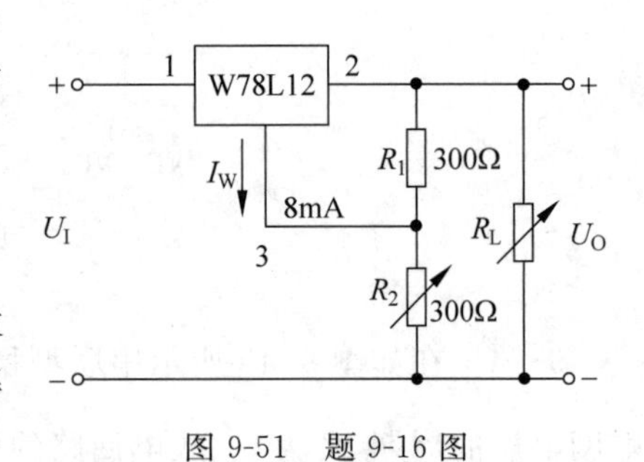

图9-51 题9-16图

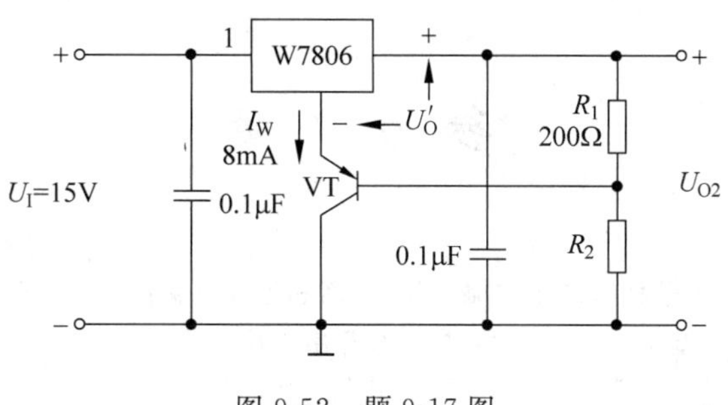

图 9-52　题 9-17 图

9-18　在图 9-53 所示电路中，$R_1=240\Omega$，$R_2=3\text{k}\Omega$；W117 输入端和输出端电压允许范围为 3～40V，输出端和调整端之间的电压 U_R 为 1.25V。试求解：

（1）输出电压的调节范围；

（2）输入电压允许的范围；

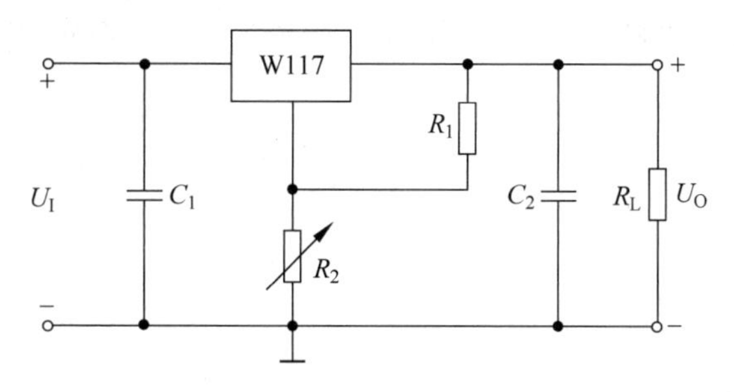

图 9-53　题 9-18 图

参 考 文 献

[1] 童诗白,华成英.模拟电子技术基础.4版.北京：高等教育出版社,2009.

[2] 杨栓科.模拟电子技术基础.2版.北京：高等教育出版社,2010.

[3] 路勇.模拟集成电路基础.3版.北京：中国铁道出版社,2010.

[4] 杨素行.模拟电子技术基础简明教程.3版.北京：高等教育出版社,2009.

[5] 王淑娟,等.模拟电子技术基础.北京：高等教育出版社,2009.

[6] 华成英.模拟电子技术基本教程.北京：清华大学出版社,2001.

[7] 高文焕,刘润生.电子线路基础.北京.高等教育出版社,1997.

[8] 林玉江.模拟电子技术基础.2版.哈尔滨.哈尔滨工业大学出版社,2011.

[9] 孙肖子.模拟电子电路及技术基础.2版.西安：西安电子科技大学出版社,2011.

[10] 华中理工大学电子学教研室,康华光,等.电子技术基础(模拟部分).4版.北京.高等教育出版社,1999.